新国标
液压图形符号
规范应用实例

唐颖达　编著

化学工业出版社

·北京·

内 容 简 介

本书详细解读了最新国家标准 GB/T 786.1—2021《流体传动系统及元件　图形符号和回路图　第 1 部分：图形符号》并对其进行了勘误，加之摘录 GB/T 786.1—2021 和 GB/T 786.2—2018《流体传动系统及元件　图形符号和回路图　第 2 部分：回路图》（勘误了其中的液压回路图示例）中和绘制的液压回路图，以及对现行液压元件试验方法标准中的液压（系统）原理图的勘误和一些文献中的液压系统（回路）图的重绘及讨论，或可对读者正确认识、理解液压图形符号和回路图提供一些帮助。

本书可供从事液压传动系统及元件设计、制造、安装、使用和维护等工作的工程技术人员以及高等院校相关专业师生等使用，也可供从事流体传动及控制专业书刊编写、审校和绘图人员参考。

图书在版编目（CIP）数据

新国标液压图形符号规范应用实例 / 唐颖达编著.
北京：化学工业出版社，2024. 11. -- ISBN 978-7-122-
46037-0

Ⅰ. TH13-65
中国国家版本馆 CIP 数据核字第 2024J60N19 号

责任编辑：张燕文　张兴辉　　　　装帧设计：刘丽华
责任校对：王　静

出版发行：化学工业出版社
　　　　　（北京市东城区青年湖南街 13 号　邮政编码 100011）
印　　刷：北京云浩印刷有限责任公司
装　　订：三河市振勇印装有限公司
787mm×1092mm　1/16　印张 23½　字数 606 千字
2025 年 1 月北京第 1 版第 1 次印刷

购书咨询：010-64518888　　　售后服务：010-64518899
网　　址：http://www.cip.com.cn
凡购买本书，如有缺损质量问题，本社销售中心负责调换。

定　　价：158.00 元

前言

截至 2021 年 5 月 21 日，GB/T 786《流体传动系统及元件 图形符号和回路图》三部分都已颁布了，作者是其中 GB/T 786.1—2021《流体传动系统及元件 图形符号和回路图 第 1 部分：图形符号》这项国家标准的主要起草人之一。

本书按照标准、全面、准确、实用、新颖的原则编写，共分为 5 章。

GB/T 786《流体传动系统及元件 图形符号和回路图》（所有部分）国家标准是流体传动及控制领域的基础标准之一，其具有广泛的适用范围。液压图形符号看似简单，但绘制起来却很难无错，包括最新颁布的国家标准中也有错误。液压图形符号与液压元件和配管是相对应的，读者如对液压元件和配管结构、原理和功能（作用）不够了解，则无法准确、深入地认识、清晰地理解液压图形符号。

根据 GB/T 786.2—2018《流体传动系统及元件 图形符号和回路图 第 2 部分：回路图》的要求，例如"元件要求的技术信息应包含在回路图中""对于硬管，回路图中应给出符合 GB/T 2351—2005（2021）规定的公称外径和壁厚信息""应按照流体传动介质的种类绘制各自独立的回路图"等，本书第 1 章首先从液压传动系统及元件的名词术语切入，说明了各液压元件的命名原则和定义中的主要区别特征，介绍了液压泵、液压阀、液压缸、液压马达、液压过滤器、液压蓄能器、油冷却器等液压元件和配管以及液压流体的相关标准和基本参数，还介绍了用于收集液压系统和元件数据的表格，力求使读者能够全面准确地掌握绘制液压回路图或液压系统图所需的必备知识。

液压回路图是使用 GB/T 786.1 规定的图形符号表示的，液压图形符号是由基本要素构成的，绘制图形符号需要遵守一些原则。本书第 2 章介绍了绘制液压图形符号的原则和基本要素，列举了液压应用示例，以"作者注"的形式进一步解读了一些图形符号，并对最新国家标准 GB/T 786.1—2021 进行了勘误，使读者能方便地使用正确的图形符号。

液压图形符号的主要应用在于绘制回路图。GB/T 786.2—2018 规定了绘制液压回路图的规则，本书摘录了该项标准并对其中液压回路图示例进行了勘误。按照 GB/T 786.1—2021 中规定的流体传动系统及元件图形符号，以及按照 GB/T 786.2—2018 中规定的液压回路图的绘制规则，作者在本书第 3 章中摘录及重绘了多例液压回路图，供读者在设计液压系统时参考使用，读者也可以此为依据，判断所见液压回路图、液压系统原理图绘制得是否规范、原理是否正确。

在 GB/T 786.1—2021 颁布、实施前，GB/T 786.1—2009《流体传动系统及元件图形符号和回路图 第 1 部分：用于常规用途和数据处理的图形符号》即没有得到很好的执行。

在一些标准、手册、专著和论文中液压图形符号存在的问题并不少见，就是在一些专门写如何识图的书中，液压图形符号也有绘制得不规范的情况，为此作者曾在"爱液压论坛"上发表过《谈谈流体传动系统及元件的图形符号和回路图问题》一文，呼吁液压工作者同作者一起提高对流体传动系统及元件图形符号和回路图的重视程度，以及认识、分析和应用水平。在 GB/T 786.1—2021 颁布、实施后，一些标准、手册、专著和论文中液压图形符号存在的问题仍很严重，由此也督促作者要尽快完成这样一本规范使用液压图形符号的书。

根据 GB/T 1.1—2020《标准化工作导则 第 1 部分：标准化文件的结构和起草规则》的规定："文件中各类图形的绘制需要遵守相应的规则"，在本书第 4 章中，作者根据 GB/T 786.1—2021 和 GB/T 786.2—2018 对现行的液压元件试验方法标准中的液压原理图进行了勘误，以使这些标准更加完整、准确、可遵守。

本书第 5 章选取了分别于 2021 年和 2022 年出版的两本参考书和 2019～2023 年间发表的 12 篇论文中一些液压回路图或液压系统图，按照 GB/T 786.1—2021 和 GB/T 786.2—2018 进行了重新绘制，并对其中一些问题进行了初步讨论（一般不深度涉及其液压系统原理问题），希望同读者一道进一步规范流体传动系统及元件的图形符号使用和回路图绘制。

GB/T 786.3—2021《流体传动系统及元件 图形符号和回路图 第 3 部分：回路图中的符号模块和连接符号》对 GB/T 786.1 和 GB/T 786.2 进行了补充，规定了回路图中可连接的元件符号创建和组合的规则，以减少设计工作量和回路图中管路数量。为此本书对该标准也进行了介绍。

宣贯新版标准，遵守现行标准，推动液压技术进步，提高液压系统设计、制造、安装、使用与维护水平，是每位液压技术工作者的责任，本书作者也想为此做一点工作。但因本人学识、水平所限，本书不妥之处在所难免，恳请专家、读者批评指正。

编著者

目录

第 **1** 章

液压传动系统、元件、配管及液压流体

根据 GB/T 786.2—2018《流体传动系统及元件 图形符号和回路图 第 2 部分：回路图》的规定，液压回路图中应包含回路功能、电气参考名称和元件要求的技术信息，以及额外的技术信息。本章的主要内容是绘制液压回路图或液压系统图所需要的一些必备知识。

在可行的情况下，在设计、制造液压回路或液压系统时，宜使用符合国家标准或行业标准的元件和配管以及液压流体。

作者注 根据 GB/T 17446—2024《流体传动系统及元件 词汇》，在液压领域"液压传动回路图"的定义应为："用图形符号绘制液压传动系统或其局部的功能的图样。"本书没有严格区分如"液压系统回路图""液压系统图""液压回路图""液压系统原理图""液压原理图"等，且把它们作为"液压传动回路图"的同义词使用。这些不同的称谓，来源于不同的标准和资料，本书不作严格统一。

1.1 液压传动系统及元件

1.1.1 液压传动系统及元件的常用术语

液压传动系统及元件的通用术语和定义见表 1-1。

表 1-1 液压传动系统及元件的通用术语和定义

序号	术语	定义
3.1.2.1	流体传动	使用受压流体作为介质传递、控制、分配信号和能量的方式或方法
3.1.2.2	流体传动系统	产生、传递、控制和转换流体传动能量的相互连接元件的配置
3.1.2.3	液压	〈液压〉使用受压液体作为流体传动介质的科学技术 作者注 尖括号内的文字标示出所属的技术领域余同。
3.1.2.5	液压运动学	〈液压〉作为液压的分支,研究液体运动所独立产生的力的科学技术
3.1.2.6	液压静力学	〈液压〉作为液压的分支,研究静止状态的液体及其作用力的科学技术
3.1.2.7	液体动力学	研究液体的运动和液体与边界相互作用的科学技术
3.1.2.8	静液压传动	〈液压〉一个(台)或多个(台)液压泵与液压马达组合的形式
3.1.2.9	整体式 静液压传动装置	以单一元件形式呈现的静液压传动 作者注 在 JB/T 10831—2008 中给出了术语"静液压传动装置"的定义:"集液压泵、马达于一体,将机械能通过液压泵转化为液压能,液压马达又将液压能转化为机械能的传动装置。"
3.1.2.11	布置	与应用和场所有关的一个或多个流体传动系统的配置
3.1.2.12	系统冲洗	〈液压〉以专用的清洗介质在低压力下清洗系统内部通路和腔室的操作 注:在系统服役之前,须使用正确的工作介质替换冲洗介质
3.1.2.13	系统加注	〈液压〉将规定量的液压流体加注到系统中的行为
3.1.2.14	系统排放	将流体从系统中去除
3.1.2.15	系统排气	〈液压〉去除滞留在液压系统中的空气
3.1.2.17	总成	包括两个或多个相互连接的元件组成的流体传动系统或子系统的部件

序号	术语	定义
3.1.2.18	安装	固定元件、配管或系统的方式
3.1.2.23	公称规格	参数值的名称,是为便于参考的圆整值(制造参数仅是宽松关联) 注:公称直径(通径)通常由缩写 DN 表示
3.1.2.25	元件	由除配管以外的一个或多个零件组成,作为流体传动系统的一个功能件的独立单元 示例:缸、马达、阀、过滤器
3.1.2.26	执行元件	将流体能量转换成机械功的元件 示例:马达、缸
3.1.2.27	原动机	在流体传动系统中驱动泵或压缩机的机械动力源装置 示例:电动机、内燃机
3.1.2.32	额定工况	通过测试确定,以基本特性的最高值和最低值(必要时)表示,保证元件或配管的设计满足服役寿命的工况
3.1.2.33	极限工况	在给定时间内,特定应用的极端工况下,元件、配管或系统能满足运行工况的最大、最小值
3.1.2.34	规定工况	在运行或测试期间需要满足的工况
3.1.2.35	环境条件	系统当前的环境状态 示例:压力、温度等
3.1.2.36	空载工况	当没有外部负载引起的流动阻力时,系统、子系统、元件或配管所呈现的特性值
3.1.2.37	间歇工况	元件、配管或系统工作与非工作(停机或空运行)交替的运行工况
3.1.2.38	运行工况	系统、子系统、元件或配管在实现其功能时所呈现的特征值 注:这些工况可能在操作过程中变化
3.1.2.39	循环	周期性重复的一组完整事件或工况
3.1.2.41	待起动状态	〈液压〉液压系统和元件或装置处于开始工作循环之前且所有能源关闭的状态
3.1.2.45	额定温度	通过测试确定的,元件或配管按其设计能保证足够的使用寿命的温度 注:技术规格中可以包括一个最高、最低额定温度
3.1.2.46	环境温度	元件、配管或系统工作时周围环境的温度
3.1.2.50	液压功率	〈液压〉元件或系统单位时间内做功的能力(液压流体的流量和压力的乘积)
3.1.2.52	装机功率	原动机额定功率
3.1.2.53	功率损失	流体传动元件或系统所吸收的而没有等量可用输出的功率
3.1.2.54	功率消耗	规定工况下元件或系统消耗的总功率
3.1.2.56	缓冲	运动件在趋近其运动终点时借以减速的手段(有固定或可调两种)
3.1.2.59	节流孔	长度不大于其直径,设计成基本不受温度或黏度影响,保持恒定流量的孔
3.1.2.60	喷嘴	具有平滑形状的进口和平滑形状的或突然打开的出口的节流结构
3.1.2.61	流道	输送流体的通道
3.1.2.62	气液的	借助于液体和压缩气体来发挥功能
3.1.2.63	定位机构	借助于辅助阻力把一个运动件保持在特定位置的装置
3.1.2.64	子系统	在一个流体传动系统中,提供设定功能的相互连接元件的配置
3.1.2.65	流体动力源	产生和维持受压流体的流量的动力源
3.1.2.66	动力单元	〈液压〉原动机和泵(带或者不带油箱)以及辅助装置(例如控制装置、溢流阀)的总成
3.1.2.68	放气	〈液压〉从系统或元件中排出气体的方法 作者注 将术语"排气"归属于气动
3.1.2.73	气动消声器	〈气动〉降低排气的噪声等级的元件 作者注 在液压缸上有应用
3.1.2.74	压力脉动阻尼器	〈液压〉减小压力变动和压力脉动的幅值的元件 作者注 在 GB/T 30208—2013 中给出了"抑制器(泵脉动抑制器)"的图形符号,见附录 C

注: 1. 摘自 GB/T 17446—2024《流体传动系统及元件 词汇》。
 2. 为了读者进一步查对方便,表中的序号采用与 GB/T 17446—2024 相同的序号。

液压传动系统及元件的流量与流动特性术语和定义见表1-2。

表 1-2 液压传动系统及元件的流量与流动特性术语和定义

序号	术语	定义
3.1.4.1	流量	在规定工况下,单位时间内通过流道横截面的流体体积 注:也用"体积流量"
3.1.4.2	额定流量	通过测试确定的,元件或配管按此设计、工作的流量
3.1.4.3	负载流量/带载流量	在负载压差下,通过阀出口的流量
3.1.4.4	供给流量	由动力源所产生的流量
3.1.4.5	进口流量	流过进口横截面的流量
3.1.4.6	控制流量	实现控制功能的流量
3.1.4.7	先导流量	先导管路或先导回路的流量
3.1.4.8	质量流量	单位时间流过流道横截面的流体质量
3.1.4.9	总流量	先导流量、泄漏流量和出口流量的总和
3.1.4.10	流量放大率	输出流量与控制流量之间的比值
3.1.4.11	流量非线性度	实际流量曲线与理想流量曲线(斜率等于实际流量的增益)之间存在的偏差 注1:线性度被定义为最大偏差,并以额定信号的百分比表示 注2:对于具有循环特征的流量曲线,实际流量曲线是其中心轨迹线
3.1.4.12	流量恢复率	出口空载流量与供给流量之比
3.1.4.13	流量特性	对相关参数变化导致流量变化的描述(通常以图形表达)
3.1.4.14	流量系数	表征流体传动元件或配管的流通能力的系数
3.1.4.15	流量增益	在给定点,输出流量的变化与输入信号变化之比
3.1.4.20	流量冲击	〈液压〉在某一时间段内流量急剧上升和下降
3.1.4.21	流量脉动	〈液压〉液压流体中流量的变动
3.1.4.22	液动力	由流体流动引起的,作用在元件内运动件上的力
3.1.4.23	流动	压力差引起的流体运动
3.1.4.24	流动损失	〈液压〉由于液体运动引起的功率损失
3.1.4.25	流体缓冲	通过回油节流或排气节流而实现的缓冲
3.1.4.26	流体摩擦	由流体的黏度所引起的摩擦
3.1.4.27	静摩擦	静止状态下对运动趋势的约束
3.1.4.28	层流	以流体层(层板)之间按有序方式相互滑动为特征的流体流动 注:这种类型的流动的摩擦最小 参见:紊流
3.1.4.29	紊流	以质点随机运动为特征的流体流动 参见:层流
3.1.4.30	临界雷诺数	在给定条件下,表示流动是层流或紊流的参考数值
3.1.4.31	泄漏	相对少量的流体不做有用功而引起能量损失的流动
3.1.4.32	内泄漏	元件内腔之间的泄漏
3.1.4.33	外泄漏	从元件或配管的内部向周围环境的泄漏

注:1. 摘自 GB/T 17446—2024《流体传动系统及元件 词汇》。
2. 为了读者进一步查阅方便,表中的序号采用与 GB/T 17446—2024 相同的序号。

液压传动系统及元件的压力术语和定义见表1-3。

表 1-3 液压传动系统及元件的压力术语和定义

序号	术语	定义
3.1.5.1	压力	受约束的流体施加于单位面积的法向力 注:物理领域通常称作压强
3.1.5.2	水头 标高压力	基准面以上的液体的高度 注:表述时要注明长度单位和流体类型
3.1.5.3	压头	产生给定压力所对应的液柱高度

序号	术语	定义
3.1.5.4	标准大气压	海平面处的平均大气压(等于101325Pa)
3.1.5.5	大气压	在给定时间与地点的大气的绝对压力 参见:GB/T 17446—2024 图2,图3
3.1.5.6	真空	压力或质量密度低于当地大气水平的状态 注:以绝对压力或负表压力表示
3.1.5.7	静压	由固定仪器测量的相对静止或运动流体的压力 参见:动压,GB/T 17446—2024 图4 注:静压通常在壁上测量,垂直于流动方向
3.1.5.8	动压	在等熵条件下流动流体被阻断时上升的压力
3.1.5.9	总压	静压、动压和水头的总和 注:对于气动通常可以忽略水头,总压力等于滞止压力
3.1.5.10	表压	所测量的绝对压力减去大气压 参见:GB/T 17446—2024 图2,图3 注:可以取正值或负值
3.1.5.11	绝对压力	以绝对真空作为基准的压力 参见:GB/T 17446—2024 图2,图3
3.1.5.12	基准压力	确认作为基准的压力
3.1.5.13	外压	从外部作用于元件或系统的压力
3.1.5.14	内压	在系统、元件或配管内部作用的压力
3.1.5.15	背压	因下游阻力产生的压力
3.1.5.16	爆破压力	引起元件或配管爆破破坏且流体外泄的压力 参见:GB/T 17446—2024 图3
3.1.5.17	充气(液)压力	元件充气(液)或膨胀后达到的压力 参见:预充气压力、预载压力和设定压力
3.1.5.18	进口压力	元件、配管或系统的进口处的压力
3.1.5.19	出口压力	元件、配管或系统的出口处的压力
3.1.5.20	额定压力	通过测试确定的,元件或配管按其设计、工作以保证达到足够的使用寿命的压力 参见:最高工作压力 注:技术规格中可以包括一个最高、最低额定压力
3.1.5.21	公称压力	为了方便表示和标识所属的系列而指派给系统、元件或配管的压力值
3.1.5.22	负载压力	由外部载荷引起的压力
3.1.5.23	供给压力	由动力源所产生的压力
3.1.5.24	关闭压力	在限定条件下使元件关闭的压力
3.1.5.25	缓冲压力	为使总运动质量体减速而产生的压力
3.1.5.26	回油压力	〈液压〉由流动阻力、压力油箱引起的回油管路中的压力
3.1.5.27	空转压力	在空转期间,维持系统或元件的流量、负载所需的压力 参见:GB/T 17446—2024 图2
3.1.5.28	控制压力	油(气)口用来提供控制功能的压力
3.1.5.29	耐压压力	在装配后施加的,超过元件或配管的最高额定压力,不引起损坏或导致故障的试验压力
3.1.5.30	启动压力	启动某一项功能时的压力
3.1.5.31	起动压力	开始运动所需的最低压力 注:起动压力又称为最低工作压力
3.1.5.32	切换压力	系统或元件起动、停止或反向的启动压力
3.1.5.33	设定压力	压力控制元件被设置的压力
3.1.5.34	实际压力	在给定时间和特定点的压力
3.1.5.35	试验压力	元件、配管、子系统或系统为达到试验目的所承受的压力
3.1.5.36	所需压力	在给定时间和特定点所需要的压力

序号	术语	定义
3.1.5.37	先导压力	先导管路或先导回路中的压力
3.1.5.38	循环压力	〈液压〉当系统或系统的一部分循环时,其内部的压力
3.1.5.39	循环试验压力	在疲劳试验中,循环试验高压下限值和循环试验低压上限值之差
3.1.5.40	循环试验高压下限值	在疲劳(压力)试验的每次循环期间,实际试验压力的高压区间的最小值
3.1.5.41	循环试验低压上限值	在疲劳(压力)试验的每个循环期间,要求实际试验压力所低于的压力
3.1.5.42	预充气压力	〈液压〉充气式蓄能器充气(液)压力
3.1.5.43	预载压力	〈液压〉施加在元件或者系统上的预设背压
3.1.5.44	最低工作压力	在稳态工况下,系统或子系统工作的最低压力 参见:GB/T 17446—2024 图 2 注:对于元件和配管,参见相关术语"额定压力"
3.1.5.45	最高工作压力	在稳态工况下,系统或子系统工作的最高压力 参见:GB/T 17446—2024 图 2 注1:对于元件和配管,参见相关术语"额定压力" 注2:对于"最高工作压力"的定义,当它涉及液压软管和软管总成时,请参阅 ISO 8330
3.1.5.46	最高压力	可能出现的对元件或系统的性能或寿命没有严重影响的短时极限压力 参见:GB/T 17446—2024 图 2
3.1.5.47	滞止压力	运动流体在等熵过程中停止时的压力 参见:GB/T 17446—2024 图 4 注:皮托管常用来测量滞止压力
3.1.5.48	压差	在不同测量点同时出现的两个压力之间的差 作者注 即"压力差"
3.1.5.49	压降	流动过程中阻尼的两端的压力差 参见:GB/T 17446—2024 图 2
3.1.5.50	压力变动	压力随时间的不可控的变化 参见:GB/T 17446—2024 图 2
3.1.5.51	压力波	压力以相对小的振幅在长时间内呈现的周期性变化
3.1.5.52	压力峰值	超过稳态压力,甚至可能超过最高压力的压力脉冲 参见:GB/T 17446—2024 图 2
3.1.5.53	压力脉冲	压力短暂升降或降升 参见:GB/T 17446—2024 图 2
3.1.5.54	压力脉动	压力的周期性变化 参见:GB/T 17446—2024 图 2
3.1.5.55	压力波动	流量波动源与系统的相互作用引起的液压流体中压力的变动
3.1.5.56	压力冲击	〈液压〉在某一时间段的压力的变化 参见:GB/T 17446—2024 图 2
3.1.5.57	压力损失	由未转化为有用功的能量消耗引起的压力降低
3.1.5.58	压力梯度	稳态流动中压力随位置的变化率
3.1.5.59	运行压力范围	系统、子系统、元件或配管在实现其功能时承受的压力区间 参见:GB/T 17446—2024 图 2 注:有关液压软管和软管组件的"最高工作压力"的定义,请参阅 ISO 8330 作者注 在 GB/T 7528—2019/ISO 8330:2014《橡胶和塑料软管及软管组合件 术语》中给出了术语"最大工作压力(额定压力)"的定义:"软管设计承受的最大压力,包括使用期间任何瞬间冲击"
3.1.5.60	工作压力范围	在稳态工况下,系统或子系统正常工作的压力区间
3.1.5.61	压力变化率	〈液压〉单位时间系统压力的变化量 注:压力增大(正)和压力降低(负)都存在压力变化率 参见:最大压力变化率
3.1.5.62	最大压力变化率	压力范围内压力增加或降低时最大的允许变化率

序号	术语	定义
3.1.5.63	压力放大率	出口压力与进口压力之比
3.1.5.65	压力衰减时间	流体压力从一个规定值下降到另一个较低的规定值所经历的时间
3.1.5.66	爆破	由过高压力引起结构破坏
3.1.5.67	冲击波	〈液压〉以声速在流体中传播的压力脉冲
3.1.5.68	气穴	〈液压〉在局部压力降低到临界压力(通常是液体的蒸气压)处,在液流中形成的气体或蒸气的空穴 注:在气穴状态下,液体以高速通过气穴空腔,产生锤击效应,不仅会产生噪声,还可能损坏元件 作者注　在 GB/T 10123—2022《金属和合金的腐蚀　术语》和 GB/T 6383—2024《空蚀试验方法》中都给出了术语"空蚀"的定义:"由腐蚀和空泡联合作用引用的损伤过程。"
3.1.5.69	水锤	〈液压〉在系统内由流量骤减所产生的压力急剧上升现象

注：1. 摘自 GB/T 17446—2024《流体传动系统及元件　词汇》。

2. 为了读者进一步查对方便,表中的序号采用与 GB/T 17446—2024 相同的序号。

控制回路术语和定义见表 1-4。

表 1-4　控制回路术语和定义

序号	术语	定义
3.2.1	闭式回路	〈液压〉返回的流体被引入泵进口的回路
3.2.2	开式回路	〈液压〉返回的流体在循环前被引入油箱的回路
3.2.3	出口节流控制	通过节流的方式对元件的输出流量的控制
3.2.4	进口节流控制	通过节流的方式对元件的输入流量的控制
3.2.5	旁通回路	旁路流体的额外通道
3.2.6	负载敏感控制	〈液压〉能改变流量和压力以匹配负载需求的泵控技术
3.2.7	同时操作回路	控制多个操作同时发生的回路
3.2.8	差动回路	〈液压〉从执行元件(通常是液压缸)排出的液压流体被直接引到执行元件或系统的进口,以降低执行元件输出力为代价提高速度的回路 注:又称再生回路
3.2.9	先导回路	在流体传动系统中实现先导控制的回路
3.2.10	卸荷回路	〈液压〉当系统不需要供油时,使泵输出的流体在最低压力下返回油箱的回路
3.2.11	压力控制回路	调整或控制系统中流体压力的回路
3.2.12	压力补偿	在元件或回路中压力的自动调节
3.2.13	功率控制系统	系统中控制执行元件的流体功率的部分
3.2.14	流体传动回路图	用图形符号绘制流体传动系统或其局部的功能的图样

注：1. 摘自 GB/T 17446—2024《流体传动系统及元件　词汇》。

2. 为了读者进一步查对方便,表中的序号采用与 GB/T 17446—2024 相同的序号。

1.1.2　液压传动系统及元件相关标准目录

液压系统及元件相关标准目录见表 1-5。

表 1-5　液压系统及元件相关标准目录

序号	标准
1	GB/T 2346—2003《流体传动系统及元件　公称压力系列》
2	GB/T 3766—2015《液压传动　系统及其元件的通用规则和安全要求》
3	GB/T 786.1—2021《流体传动系统及元件　图形符号和回路图　第 1 部分:图形符号》
4	GB/T 786.2—2018《流体传动系统及元件　图形符号和回路图　第 2 部分:回路图》
5	GB/T 786.3—2021《流体传动系统及元件　图形符号和回路图　第 3 部分:回路图中的符号模块和连接符号》
6	GB/T 7935—2005《液压元件　通用技术条件》
7	GB/T 17446—2024《流体传动系统及元件　词汇》
8	GB/T 19934.1—2021《液压传动　金属承压壳体的疲劳压力试验　第 1 部分:试验方法》
9	GB/T 23572—2009《金属切削机床　液压系统通用技术条件》

序号	标准
10	GB/T 24668—2009《农林拖拉机和机具 副液压系统》
11	GB 25974.3—2010《煤矿用液压支架 第3部分:液压控制系统及阀》
12	GB/T 28782.1—2023《液压传动 测量技术 第1部分:通则》
13	GB/T 28782.2—2023《液压传动 测量技术 第2部分:密闭回路中平均稳态压力的测量》
14	GB/T 30208—2013《航空航天液压、气动系统和组件图形符号》
15	GB/T 35023—2018《液压元件可靠性评估方法》
16	GB/T 36896.2—2018《轻型有缆遥控水下机器人 第2部分:机械手与液压系统》
17	GB/T 37400.16—2019《重型机械通用技术条件 第16部分:液压系统》
18	GJB 638A—97《飞机Ⅰ、Ⅱ型液压系统设计、安装要求》
19	GJB 1772—93《飞机液压系统及附件试验台通用规范》
20	GJB 3849—99《飞机液压作动筒、阀、压力容器 脉冲试验要求和方法》
21	CB/T 1102—2008《船用液压系统通用技术条件》
22	CB 1103—84《液压件脉冲试验方法》
23	CB 1375—2005《登陆舰艉部液压泵站规范》
24	CB 1377—2005《登陆舰艉部液压控制系统规范》
25	CB 1389—2008《舰船用液压泵站规范》
26	CB/T 3754—1995《船用液压泵站技术条件》
27	CB/T 3799—2013《船舶液压系统修理清洗技术要求》
28	CB/T 3936—2001《工程船用液压元件修理技术要求》
29	JB/T 2184—2007《液压元件 型号编制方法》
30	JB/T 3277—2017《矿井提升机和矿用提升绞车 液压站》
31	JB/T 4030.3—2013《汽车起重机和轮胎起重机试验规范 第3部分:液压系统试验》
32	JB/T 6105—2007《数控机床液压泵站 技术条件》
33	JB/T 7316—2015《谷物联合收割机 液压系统 试验方法》
34	JB/T 10427—2004《风力发电机组一般液压系统》
35	JB/T 10831—2008《静液压传动装置》
36	JB/T 13601—2018《液压驱动装置 技术条件》
37	JB/T 13791—2020《土方机械 液压元件再制造 通用技术规范》
38	LS/T 3501.8—93《粮油加工机械通用技术条件 液压系统技术要求》
39	MT/T 188.1—2006《煤矿用乳化液泵站 第1部分:泵站》
40	MT/T 250.6—91《矿车修理机械 液压站》
41	MT/T 459—2007《煤矿机械用液压元件通用技术条件》
42	MT/T 776—2004《煤矿机械液压系统总成出厂检验规范》
43	MT/T 827—2005《煤矿机械液压系统通用技术条件》
44	NB/T 10750—2021《煤矿高压大流量乳化液泵站系统性能测试方法》
45	QC/T 825—2010《自卸汽车液压系统技术条件》
46	SC/T 8097—2000《渔船中高压液压系统安装、调试通用技术条件》
47	TB/T 2125—90《T·CSY液压绳索牵引推送小车液压传动系统技术条件》

1.1.3　几项液压系统及元件标准的适用范围

现行几项液压系统及元件标准的适用范围见表1-6。

表1-6　现行几项液压系统及元件标准的适用范围

序号	标准	适用范围	备注
1	GB/T 23572—2009《金属切削机床 液压系统通用技术条件》	在GB/T 23572—2009中规定了金属切削机床液压系统的技术要求、装配要求、安全要求、试验方法、检验规则及其他要求,适用于以液压油为工作介质的金属切削机床液压传动及控制系统	液压系统所用液压油应符合GB/T 3766及GB/T 7632

序号	标准	适用范围	备注
2	GB 25974.3—2010《煤矿用液压支架 第3部分:液压控制系统及阀》	在 GB 25974.3—2010 中规定了煤矿用液压支架(以下简称支架)液压系统及阀的术语和定义、分类、要求、试验方法、检验规则、标志、包装和贮存 适用于各种煤矿用支架和其他具有支护功能设备的液压控制系统及阀,包括各种液压控制系统、安全阀类、液控单向阀类、换向阀类、截止阀类等 不适用于增压器、立柱和千斤顶内部的阀(如立柱底阀)	工作液应符合 MT/T 76—2011《液压支架用乳化油、浓缩液及其高含水液压液》的规定
3	GB/T 37400.16—2019《重型机械通用技术条件 第16部分:液压系统》	在 GB/T 37400.16—2019 中规定了重型机械(以下称为机械设备)液压系统的系统设计,液压油,系统设备总成、铸件、锻件、焊接件和管件的质量,焊接,电器(气)配线,控制,冲洗,试验,涂装,包装,运输和贮存的要求,适用于机械设备公称压力不大于 40MPa,液压介质为矿物油型液压油的液压系统 注:重型机械主要包括冶金、轧制及重型锻压等机械设备 作者注 在 GB/T 37400.1—2019《重型机械通用技术条件 第1部分:产品检验》中规定的重型产品主要包括冶金、轧制、重型锻压、连铸、矿山机械等与其配套的机械	液压系统中液压油的使用应符合 GB/T 7631.2 的规定或采用液压油品制造商的推荐
4	CB/T 1102—2008《船用液压系统通用技术条件》	在 CB/T 1102—2008 中规定了船用液压系统的要求、元件与辅件的应用、配管和清洗等,适用于船舶机械设备的液压传动和控制系统,包括全船的和配套设备的液压系统的设计和制造	使用的工作油液的品种和特性应适应系统中所有元件和辅件。但该标准未规定具体的工作介质
5	JB/T 10831—2008《静液压传动装置》	在 JB/T 10831—2008 中规定了静液压传动装置的基本参数、技术要求、试验方法、检验规则、标志和包装等要求,适用于以液压油液或性能相当的其他液体为工作介质的静液压传动装置,仅适用于由变量柱塞泵、定量柱塞马达组成的整体闭式系统的静液压传动装置	静液压传动装置以液压油液或性能相当的其他液体为工作介质
6	MT/T 459—2007《煤矿机械用液压元件通用技术条件》	在 MT/T 459—2007 中规定了煤矿机械液压元件的技术要求、安全要求、试验要求、标志和包装,适用于以液压油(液)为工作介质的煤矿机械用各类液压元件(以下简称元件),也适用于煤矿机械用液压辅件	煤矿机械液压元件以液压油(液)为工作介质
7	MT/T 827—2005《煤矿机械液压系统通用技术条件》	在 MT/T 827—2005 中规定了煤矿机械液压系统设计和制造的通用技术条件,适用于以液压油(液)为工作介质,公称压力不高于 31.5MPa 的煤矿机械设备的液压系统	煤矿机械液压系统以液压油(液)为工作介质
8	QC/T 825—2010《自卸汽车液压系统技术条件》	在 QC/T 825—2010 中规定了自卸汽车液压系统(以下简称液压系统)的要求、检验规则、标志、使用说明书和随机文件、包装、运输、储存,适用于自卸汽车的液压系统,其他专用汽车液压系统参照执行	未规定具体工作介质(液压油)

1.1.4 液压系统设计基本要求与设计条件

(1) 基本要求

液压系统设计基本要求的内容应包括:

① 人员安全;

② 设备安全;

③ 作业安全可靠;

④ 运转正常;

⑤ 节能、效率高;

⑥ 原理可靠、完善；

⑦ 维修方便；

⑧ 噪声低；

⑨ 无外漏；

⑩ 系统寿命长；

⑪ 成本经济。

(2) 设计条件

液压系统设计技术协议和/或设计任务书应包括以下内容：

① 机械设备的主要用途；

② 机械设备的工艺流程、动作及周期；

③ 系统使用地区的气候情况，系统周围的环境温度、湿度、盐度及其变化范围；

④ 液压执行元件、液压泵站、液压阀组（站）及其他液压装置的安装位置［如室内或室外安装，固定机械设备或行走机械设备上安装，地下室、地平面或高架（层）的安装等］，必要时应提供机械设备布置图；

⑤ 冷却系统使用介质的各种参数；

⑥ 对于高粉尘、高温度、强辐射、易腐蚀、易燃（爆）环境，外界扰动（如冲击、振动等），高海拔（1000m 以上），严寒地带以及高精度、高可靠性等特殊情况下的系统设计、制造及使用要求；

⑦ 液压执行机构的能力、运动参数、安装方式和有关的特殊要求（如保压、泄压、同步精度及动态特性等）；

⑧ 系统操作运行的自动化程度和联锁要求；

⑨ 系统使用的工作液压油的种类；

⑩ 明确用户电网参数。

1.1.5 用于收集液压系统和元件数据的表格

1. 一般要求

(1) 设备说明

_____

_____

_____

(2) 试运行

地点： _____

日期： _____

(3) 有关人员的姓名和联系方式

买方

公司名称： _____

主要联系人： _____

地址： _____

电话： _____

传真： _____

电子信箱： _____

卖方

公司名称： _____

主要联系人： _____

地址：_____

电话：_____

传真：_____

电子信箱：_____

(4) 适用的标准、规范和法规

文件编号	文件标题	版本	来源

作者注　GB/T 1.1—2020规定文件编号由文件代号、顺序号及颁布年份号构成。

(5) 现场或工作环境的条件

最低环境温度：_____℃。

最高环境温度：_____℃。

安装地点的相对湿度范围：_____%（如果知道）。

空气污染度等级：_____。

正常大气压力：_____kPa。

电网详细信息：

电压：_____V±_____V；

频率：_____Hz；

可用功率（如果有限制）：_____W；

相位：_____。

可用气源：

流量：_____m³/min；

压力：_____MPa。

冷却水源：

流量：_____m³/min；进口温度：_____℃；

压力：_____MPa。

可用加热介质和能力：_____。

可用蒸汽源：

输出流量：_____kg/h，在_____℃温度下，在_____MPa压力下；

品质：_____%。

其他有用的：_____

电气装置的保护：_____IP（符合GB/T 4208）。

振动风险：_____。

最大振动等级和频率（如已知）：

等级1：_____；

频率1：_____Hz；

等级2：_____；

频率2：_____Hz；

等级3：_____；

频率3：_____Hz。

燃烧或爆炸危险：_____。

可用的搬运设施（例如，举升用具、通道、地面荷载）：_____

_____。

专用通道或安装要求：_____

_____。

对人员和液压系统及元件的保护要求：_____

其他特殊的法律和/或安全要求：＿＿＿＿＿＿＿＿＿＿＿＿＿＿＿＿＿＿＿＿＿＿＿＿＿
＿＿＿＿＿＿＿＿＿＿＿＿＿＿＿＿＿＿＿＿＿＿＿＿＿＿＿＿＿＿＿＿＿＿＿＿＿＿＿。

（6）系统要求

最高工作压力：＿＿＿＿＿＿MPa；

最高流体工作温度：＿＿＿＿＿℃；

最低流体工作温度：＿＿＿＿＿℃；

极限温度范围（起动或间歇运转）：＿＿＿＿＿＿＿＿＿＿℃；

人体接触到的最高表面温度：＿＿＿＿＿℃；

所用流体类型：＿＿＿＿＿＿＿＿＿＿；

最高流体污染度：＿＿＿＿＿/＿＿＿＿＿/＿＿＿＿＿（按GB/T 14039表示）；

泵最大流量：＿＿＿＿＿L/min；

工作循环：＿＿＿＿＿＿＿＿＿＿＿；

系统使用寿命（如时间、循环等）：＿＿＿＿＿＿＿＿＿＿；

系统可靠性要求（如平均无故障时间）：＿＿＿＿＿＿＿＿＿；

润滑要求：＿＿＿＿＿＿＿＿＿＿＿＿＿＿＿＿＿＿＿＿＿＿＿＿＿＿＿＿＿＿＿＿；

元件和/或系统的起重装置：＿＿＿＿＿＿＿＿＿＿＿＿＿＿＿＿＿＿＿＿＿＿＿＿＿；

应急、安全和能量隔离要求：＿＿＿＿＿＿＿＿＿＿＿＿＿＿＿＿＿＿＿＿＿＿＿＿；

喷漆或保护涂层要求：＿＿＿＿＿＿＿＿＿＿＿＿＿＿＿＿＿＿＿＿＿＿＿＿＿＿＿；

标签：＿＿＿＿＿＿＿＿＿＿＿＿＿＿＿＿＿＿＿＿＿＿＿＿＿＿＿＿＿＿＿＿＿＿＿；

最高噪声等级要求：＿＿＿＿＿＿＿＿＿＿＿＿＿＿＿＿＿＿＿＿＿＿＿＿＿＿＿＿＿。

2. 元件要求

（1）泵

项目编号	类型	轴转速/(r/min)	排量/(mL/r)	额定压力/MPa	适用标准	供应商

注：见 GB/T 3766—2015 的 5.4.1 条。

（2）马达

项目编号	类型	轴转速/(r/min)	排量/(mL/r)	额定压力/MPa	适用标准	供应商

注：见 GB/T 3766—2015 的 5.4.1 条。

（3）缸

项目编号	类型	额定压力/MPa	缸径/mm	活塞杆直径/mm	行程/mm	速度/(m/s)		适用标准	供应商
						min	max		

注：见 GB/T 3766—2015 的 5.4.2 条。

（4）旋转执行器

项目编号	额定压力/MPa	额定转矩/N·m	适用标准	供应商

注：见 GB/T 3766—2015 的 5.4.2 条。

作者注　因 GB/T 3766—2015 的 5.4.2 条为"5.4.2　液压缸"，所以此"旋转执行器"不是 GB/T 17446—2024 中规定的"摆动执行器"。其是缸筒与（活塞和）活塞杆相对转动的缸。

（5）蓄能器

项目编号	类型	额定压力 /MPa	气体腔容积 /L	卸荷流量 /(L/min)	适用标准	供应商

注：见 GB/T 3766—2015 的 5.4.3 条。

（6）阀组件或阀集成块总成

项目编号	类型	额定压力 /MPa	额定流量 /(L/min)	适用标准	供应商

注：见 GB/T 3766—2015 的 5.4.4 条。

（7）换向阀

项目编号	类型	额定压力 /MPa	额定流量 /(L/min)	允许的最高背压 /MPa	适用标准	供应商

注：见 GB/T 3766—2015 的 5.4.4 条。

（8）比例阀和/或伺服阀

项目编号	类型	额定压力 /MPa	额定流量 /(L/min)	滞环 /%	频率 /Hz	适用标准	供应商

注：见 GB/T 3766—2015 的 5.4.4 条。

（9）流量控制阀

项目编号	类型	额定压力 /MPa	额定流量 /(L/min)	适用标准	供应商

注：见 GB/T 3766—2015 的 5.4.4 条。

（10）压力控制阀

项目编号	类型	额定压力 /MPa	控制压力范围 /MPa	额定流量 /(L/min)	适用标准	供应商

注：见 GB/T 3766—2015 的 5.4.4 条。

（11）过滤器和进口滤网

项目编号	类型	额定压力 /MPa	额定流量 /(L/min)	过滤比	适用标准	供应商

注：见 GB/T 3766—2015 的 5.4.5 条。

（12）压力表和压力表开关

项目编号	类型	额定压力 /MPa	可调节压力范围 /MPa	适用标准	供应商

注：见 GB/T 3766—2015 的 5.4.8 条。

（13）热交换器和加热器

项目编号	类型	热交换能力/(kJ/h)	适用标准	供应商

注：见 GB/T 3766—2015 的 5.4.5 条。

（14）用于压力等于或高于7MPa的管路

项目编号	材料	额定压力/MPa	适用标准	供应商

注：见GB/T 3766—2015的5.4.6条。

（15）用于压力低于7MPa的管路

项目编号	材料	额定压力/MPa	适用标准	供应商

注：见GB/T 3766—2015的5.4.6条。

（16）油箱

项目编号	类型、材料及说明	容积/L	适用标准	供应商

注：见GB/T 3766—2015的5.4.5条。

（17）附件

此类可包括：油箱用空气滤清器、排气阀、快换接头、压力表保护装置、液位指示器、磁铁、压力/真空限制装置等。

项目编号	类型及说明	适用标准	供应商

注：见GB/T 3766—2015的5.4.5条。

作者注　在GB/T 17446—2024中没有"附件"这一术语和定义。

（18）其他元件

项目编号	类型及说明	适用标准	供应商

注：见GB/T 3766—2015的5.4.5条。

1.2　液压泵

1.2.1　液压泵相关术语和定义

液压泵相关术语和定义见表1-7。

表1-7　液压泵相关术语和定义

序号	术语	定义
3.4.1.1	液压泵	〈液压〉将机械能转换成液压能的元件
3.4.1.2	气动液压泵	靠压缩空气驱动的液压泵 注：气动液压泵通常是一个连续增压器
3.4.1.3	容积式泵	〈液压〉利用密闭容腔内的容积变化来输送液体的液压泵
3.4.1.4	柱塞泵	〈液压〉由一个或多个柱塞往复运动排出液体的液压泵
3.4.1.5	轴向柱塞泵	〈液压〉柱塞轴线与缸体轴线平行或略有倾斜的柱塞泵
3.4.1.6	摆盘式轴向柱塞泵	〈液压〉驱动轴与缸体同轴线，斜盘连接于驱动轴，柱塞被斜盘所驱动的轴向柱塞泵
3.4.1.7	斜盘式轴向柱塞泵	〈液压〉驱动轴与缸体同轴线且斜盘与驱动轴不连接的轴向柱塞泵
3.4.1.8	斜轴式轴向柱塞泵	〈液压〉驱动轴与缸体轴线成一定角度的轴向柱塞泵
3.4.1.9	直列式柱塞泵	〈液压〉在同一个平面内，若干个柱塞轴线相互平行排列的柱塞泵
3.4.1.10	径向柱塞泵	具有若干个柱塞径向配置的柱塞泵
3.4.1.11	齿轮泵	〈液压〉由两个或多个齿轮相互啮合的液压泵
3.4.1.12	内啮合齿轮泵	内啮合形式的齿轮泵

序号	术语	定义
3.4.1.13	外啮合齿轮泵	〈液压〉外啮合形式的齿轮泵
3.4.1.14	螺杆泵	〈液压〉由一个或多个旋转的螺杆排出液体的液压泵
3.4.1.15	摆线泵	〈液压〉具有一个或多个摆线齿轮相互啮合的液压泵 参见:摆线马达
3.4.1.16	补油泵	在另一个(台)液压泵的进口提供必需的流量以建立补油压力的液压泵 注:典型应用是为闭式回路的主泵补充流量
3.4.1.17	增压泵	〈液压〉其作用是提高另一(台)液压泵的进口压力的液压泵
3.4.1.19	单流向泵	流动方向与驱动轴的旋转方向无关的泵
3.4.1.20	双向泵	〈液压〉通过改变驱动轴的旋转方向使液体反向流动的泵
3.4.1.21	多级泵	〈液压〉带有串联工作的泵送组件的液压泵
3.4.1.22	串联泵	〈液压〉采用液压方式串联在一起的两个(台)或多个(台)液压泵
3.4.1.23	多联泵	由同一个公共轴驱动的两个(台)或多个(台)液压泵
3.4.1.24	过中位泵	在不改变驱动轴旋转方向的情况下,流动方向可以逆转的泵
3.4.1.25	叶片泵	〈液压〉通过一组径向滑动叶片排出液体的液压泵
3.4.1.26	手动泵	〈液压〉靠手动操作的液压泵
3.4.1.27	循环泵	〈液压〉通过使液压流体循环实现冷却、过滤、润滑等主要功能的液压泵
3.4.1.28	通轴驱动联(连)接套	〈液压〉连接两个泵轴的机械联(连)接元件 注:通常设计为带有内部相互传动装置的套筒轴,以传递扭(转)矩并补偿可能出现的位置蹿(窜)动

注:1. 摘自 GB/T 17446—2024《流体传动系统及元件　词汇》。
　　2. 为了读者进一步查对方便,表中的序号采用与 GB/T 17446—2024 相同的序号。

液压泵特性与参数术语和定义见表 1-8。

表 1-8　液压泵特性与参数术语和定义

序号	术语	定义
3.4.3.1	排量	每一行程、每一转或每一循环所吸入或排出的流体体积 注:其可以是固定的或可变的
3.4.3.2	导出排量	基于规定工况下实际测量值所计算出的排量
3.4.3.3	几何排量	不考虑公差、间隙或变形,用几何关系计算出的排量
3.4.3.14	泵总效率	〈液压〉泵的有效输出液压功率与输入的机械功率之比
3.4.3.15	泵的液压机械效率	〈液压〉液压泵的导出转矩与吸收液压转矩之比
3.4.3.16	泵吸收功率	〈液压〉在某一时刻或在给定的负载条件下,泵的驱动轴处所吸收的功率
3.4.3.17	泵功率损失	〈液压〉泵所吸收功率未转换成流体传动功率的部分,包括容积损失和机械损失
3.4.3.18	泵导出流量	〈液压〉泵的导出排量与单位时间转数或循环数之积
3.4.3.19	泵容积损失	〈液压〉泵因泄漏而损失的流量
3.4.3.20	泵容积效率	〈液压〉泵有效输出流量与泵导出流量之比
3.4.3.21	整体式静液压传动装置的自由位	〈液压〉泵和马达均处于零排量位置的配置
3.4.3.23	泵的零位	〈液压〉泵处于零排量的位置
3.4.3.24	通轴驱动	通过同轴将扭(转)矩从第一个(台)泵传递至第二个(台)泵,泵轴和法兰可拆卸的机械联(连)接方式
3.4.3.25	最大通轴驱动转矩	〈液压〉液压泵通轴驱动其串联的单泵或多泵时能够获得的最大转矩
3.4.3.26	旋转方向	从泵、马达或其他元件的轴端视角观察到的轴的转动方向
3.4.3.27	马达或泵的刚度	施加于马达或泵轴的转矩变化与轴的角位置变化之比
3.4.3.28	吸油压力	〈液压〉泵进口处流体的绝对压力
3.4.3.29	补油压力	通常给闭式回路或次级泵补油的压力

注:1. 摘自 GB/T 17446—2024《流体传动系统及元件　词汇》。
　　2. 为了读者进一步查对方便,表中的序号采用与 GB/T 17446—2024 相同的序号。

1.2.2　液压泵相关标准目录

液压泵相关标准目录见表 1-9。

表 1-9　液压泵相关标准目录

序号	标准
1	GB 2347—80《液压泵及马达公称排量系列》
2	GB/T 7936—2012《液压泵和马达　空载排量测定方法》
3	GB/T 13853—2009《船用液压泵液压马达技术条件》
4	GB/T 17483—1998《液压泵空气传声噪声级测定规范》
5	GB/T 17485—1998《液压泵、马达和整体传动装置参数定义和字母符号》
6	GB/T 17491—2023《液压传动　泵、马达　稳态性能的试验方法》
7	GB/T 23253—2009《液压传动　电控液压泵　性能试验方法》
8	GB/T 38045—2019《船用水液压轴向柱塞泵》
9	GB/T 42431—2023《飞机交流感应电动机驱动的变量液压泵通用规范》
10	GB/T 42434—2023《飞机恒压变量液压泵通用规范》
11	CB 1388—2008《舰船用液压泵、马达规范》
12	CB 1399—2008《舰船用低噪声液压泵规范》
13	CB/T 3564—93《船用中高压子母式叶片泵》(压力级 E—16MPa)
14	CB/T 3719—1995《船用高压齿轮泵技术条件》(公称压力为 20~25MPa)
15	CB/T 3834—2013《船用中压双作用叶片泵》(中压 6.3MPa)
16	CB/T 3839—2013《船用高压双作用叶片泵》(高压 16MPa)
17	JB/T 7041.1—2023《液压泵　第 1 部分:叶片泵》
18	JB/T 7041.2—2020《液压泵　第 2 部分:齿轮泵》
19	JB/T 7041.3—2023《液压泵　第 3 部分:轴向柱塞泵》
20	JB/T 7554—2007《手动超高压油泵》
21	JB/T 7876—2014《手动泵》
22	JB/T 9090—2014《容积泵零部件液压与渗漏试验》
23	JB/T 9835.1—2014《农用齿轮泵　第 1 部分:技术条件》
24	JB/T 13788—2020《土方机械　液压泵再制造　技术规范》
25	MT/T 188.2—2000《煤矿用乳化液泵站　乳化液泵》
26	MT/T 489—2020《矿用液压轴向柱塞泵》
27	SY/T 7015—2020《石油天然气钻采设备　固井压裂柱塞泵》

1.2.3　几种液压泵的基本参数

现行标准规定的几种液压泵的基本参数见表 1-10。

表 1-10　现行标准规定的几种液压泵的基本参数

序号	标准	基本参数	备注
1	GB/T 38045—2019《船用水液压轴向柱塞泵》	额定压力、额定转速和公称排量	以不含颗粒(过滤精度达到 $10\mu m$)的海水、淡水为工作介质,额定压力不大于 16MPa
2	CB/T 3564—93《船用中高压子母式叶片泵》	单泵或双联泵排量、压力级 16MPa 等	以石油基液压油为工作介质

序号	标准	基本参数	备注
3	CB/T 3719—1995《船用高压齿轮泵技术条件》	—	CB/T 3719—1995 规定了公称压力为 20～25MPa 的船用高压齿轮泵的技术要求、试验方法、检验规则、标志和包装 适用于以液压油或性能相当的其他矿物油为工作介质的船用高压外啮合齿轮泵，特殊用途的船用高压外啮合齿轮泵亦可参照使用
4	CB/T 3834—2013《船用中压双作用叶片泵》	公称排量、(额定和/或最高)压力、(额定和/或最低)转速、容积效率、总效率、重量	CB/T 3834—2013 规定了船用中压(6.3MPa)双作用叶片泵的分类和标记、要求、检验规则等内容 适用于工作介质为液压油的船用中压双作用叶片泵的设计、生产与验收
5	CB/T 3839—2013《船用高压双作用叶片泵》	公称排量、(额定和/或最高)压力、(额定和/或最低)转速、容积效率、总效率、重量	CB/T 3839—2013 规定了船用高压(16MPa)双作用叶片泵的分类和标记、要求、检验规则等内容 适用于工作介质为液压油的船用高压双作用叶片泵的设计、生产与验收
6	JB/T 7041.1—2023《液压泵　第 1 部分:叶片泵》	液压叶片泵(以下简称叶片泵)的基本参数应包括公称排量、额定压力和额定转速	在 JB/T 7039—2006《液压叶片泵》中规定的基本参数与 JB/T 7041.1—2023 相同
7	JB/T 7041.2—2020《液压泵　第 2 部分:齿轮泵》	公称排量、额定压力和额定转速	在 JB/T 7041—2006《液压齿轮泵》中规定的基本参数与 JB/T 7041.2—2020 相同
8	JB/T 7041.3—2023《液压泵　第 3 部分:轴向柱塞泵》	液压轴向柱塞泵(以下简称柱塞泵)的基本参数应包括公称排量、额定压力和额定转速	JB/T 7043—2006《液压轴向柱塞泵》中规定的基本参数与 JB/T 7041.3—2023 相同
9	MT/T 489—2020《矿用液压轴向柱塞泵》	额定压力、额定转速和公称排量	适用于以液压油或性能相当的其他矿物油为工作介质，额定压力不大于 40MPa 的矿用液压轴向柱塞泵

作者注　现在没有标准规定"中高压""高压"或"中压"。

1.3　液压阀

1.3.1　液压阀相关术语和定义

控制术语和定义见表 1-11。

表 1-11　控制术语和定义

序号	术语	定义
3.3.1.1	控制系统	控制流体传动系统与操纵者和控制信号源(如有)连接起来的方法
3.3.1.2	控制机构	向元件提供输入信号的装置 示例:控制杆、电磁铁
3.3.1.3	电气控制	靠改变电气状态来操纵的控制方式
3.3.1.4	机械控制	采用机械方法操纵的控制方式
3.3.1.5	液压控制	〈液压〉通过改变先导管路中的液压压力来操纵的控制方式
3.3.1.6	气动控制	通过改变先导管路中的气动压力来操纵的控制方式
3.3.1.7	人工控制	用手或脚操纵的控制方式
3.3.1.8	应急控制	用于失效情况下的替代控制方式
3.3.1.9	越权控制	优先于正常控制方式的替代控制方式
3.3.1.10	人工越权装置	提供越权控制，安装在阀上的人工操作装置 注:该装置可直接或通过先导配置作用于阀芯

序号	术语	定义
3.3.1.11	缸控	使用缸的一种控制
3.3.1.12	间接压力控制	通过中间先导装置,靠控制压力的变化来控制运动部件的位置的控制方式
3.3.1.13	直接压力控制	靠改变控制压力直接控制运动部件位置的控制方式
3.3.1.14	喷嘴挡板控制	喷嘴和配套的冲击平板或圆板,造(形)成一个可变的缝隙,借以控制穿过该喷嘴的流量的方式
3.3.1.15	压力操纵控制	通过控制管路中流体压力的变化来操纵系统的控制方式
3.3.1.17	操纵装置	向控制机构提供输入信号的装置
3.3.1.18	单向棘爪	仅从规定方向操作时才提供操作力的控制机构
3.3.1.19	单向踏板	单向操作的脚踏控制机构
3.3.1.20	双向踏板	双向操作的脚踏控制机构
3.3.1.21	滚轮	借助(于)凸轮或滑块操纵的控制机构的旋转件
3.3.1.22	滚轮杠杆	带滚轮的杠杆控制机构
3.3.1.23	滚轮推杆	带滚轮的推杆控制机构
3.3.1.24	滚轮摇杆	两端带滚轮的杠杆控制机构
3.3.1.25	过中位控制机构	一种运动部件不能停在过渡位置的控制机构
3.3.1.26	推杆控制机构	推杆直接作用在阀芯上的控制机构
3.3.1.27	弹簧复位	在控制力去除后,运动件靠弹簧力返回初始位置
3.3.1.29	有源输出	装置在所有状态下的功率输出均来自于动力源

注：1. 摘自 GB/T 17446—2024《流体传动系统及元件　词汇》。

2. 为了读者进一步查对方便,表中的序号采用与 GB/T 17446—2024 相同的序号。

液压阀术语和定义见表 1-12。

表 1-12　液压阀术语和定义

序号	术语	定义
3.6.1		方向阀
3.6.1.1	方向控制阀	连通或阻断一个或多个流道的阀
3.6.1.3	单向阀	仅允许(流体)在一个方向上流动的阀
3.6.1.5	优先梭阀	当对元件施加两个相等的进口压力时,其中一个进口优先接通出口的梭阀
3.6.1.6	低压优先梭阀	较低压力的进口与出口连通,另一个进口关闭,并且在反向流动时仍保持这种位置的梭阀
3.6.1.7	高压优先梭阀	较高压力的进口与出口连通,另一个进口关闭,并且在反向流动时仍保持这种位置的梭阀
3.6.1.8	防气穴阀	〈液压〉有助于防止空化气穴的单向阀
3.6.1.10	充液阀	〈液压〉在工作循环中,快进阶段(使油液)从油箱到工作液压缸全流量流动,工作阶段封闭且承受运行压力,回程阶段(使油液从)油(液压)缸向油箱自由流动的阀
3.6.2		压力阀
3.6.2.1	压力控制阀	主要功能是控制压力的阀
3.6.2.2	缓冲阀	通过限制流体流动的加速度的变化率来减少冲击的阀
3.6.2.4	平衡阀	用以维持执行元件的压力,使其能保持住负载,防止负载因自重下落或下行超速的阀
3.6.2.5	顺序阀	当进口压力超过设定值时,阀打开允许流体经出口流动的阀 注：有效设定值不受出口压力的影响
3.6.2.6	卸荷阀	〈液压〉开启出口允许油液自由流入油箱的阀
3.6.2.7	溢流阀	当达到设定压力时,通过将流体排出或(使其)返回油箱来限制压力的阀
3.6.2.8	交叉型溢流阀	〈液压〉由一个共用阀体中内置的两个溢流阀组成,以使油液可以在两个方向上流动的阀 注：它用于释放某些液压马达或缸应用时产生的高的压力冲击
3.6.2.9	双向溢流阀	有两个油(气)口,无需对阀做(进行)任何改动或调整,其中任何一个可以作为进口而另一个作为出口的溢流阀

序号	术语	定义
3.6.2.11	减压阀	当进口压力或输出流量变化时,出口压力基本上保持恒定的阀 注:仅当进口压力高于设定的调节压力时,压力调节装置(减压阀)才能正常工作
3.6.2.12	膜片压力控制阀	压力靠作用于膜片上的力来控制的一种压力控制阀
3.6.2.14	溢流减压阀	〈液压〉为防止出口压力超过设定压力而配备溢流装置的减压阀
3.6.3		流量阀
3.6.3.1	流量控制阀	主要功能是控制流量的阀
3.6.3.2	流量放大器	放大流量的阀
3.6.3.3	串联式流量控制阀 二口流量控制阀	〈液压〉仅在一个方向上工作的带压力补偿的流量控制阀
3.6.3.4	单向流量控制阀	允许在一个方向自由流动,在另一方向上流动受控的阀
3.6.3.5	旁道流量控制阀 三口流量控制阀	〈液压〉调节工作流量,使多余的流体流动到油箱或另一回路的一种带压力补偿的流量控制阀
3.6.3.6	压力补偿型流量控制阀	〈液压〉对流量的控制与负载压力变化无关的流量控制阀
3.6.3.7	最大流量控制阀	当阀的压降超过预定值时限制流动的阀
3.6.3.8	分流阀	将进口流量按选定的比例分开成两路输出流量的流量控制阀
3.6.3.9	集流阀	〈液压〉将两路或多路进口流量汇合成一股出口流量的流量控制阀
3.6.3.10	节流阀	可调节的流量控制阀
3.6.3.11	节流器	不可调节的流量控制阀
3.6.3.12	固定节流阀	在其进口与出口间通过一个截面不变的节流流道连通的流量控制阀
3.6.3.13	可调节流阀	在进口与出口之间有截面可变的节流流道的流量控制阀
3.6.3.14	减速阀	〈液压〉逐渐减少流量以使执行元件减速的流量控制阀
3.6.3.16	排放阀	流体、污染物能够借以从系统(中)排出的元件
3.6.4		按安装型式及安装＋结构型式分类的阀
3.6.4.1	蝶阀	由一个与流动方向垂直的可绕直径轴旋转的圆盘作为阀芯的直通阀
3.6.4.2	座阀	由阀芯提升或下降来开启或关闭流道的阀
3.6.4.3	滑阀	靠阀体中可移动的滑动件来连通或阻断流道的阀
3.6.4.4	膜片阀	由膜片变形来控制油(气)口开启和关闭的阀
3.6.4.5	球阀	靠转动具有流道的球形阀芯连通或封闭油(气)口的阀
3.6.4.6	梭阀	有两个进口和一个公共出口,流体仅从一个进口通过,另一个进口封闭的阀
3.6.4.7	旋塞阀	通过旋转一个含有流道的圆柱形、圆锥形或球形阀芯连通或封闭油(气)口的阀
3.6.4.8	圆柱滑阀	其阀芯是滑动圆柱件的阀
3.6.4.9	针阀	可调节阀芯是针形结构的流量控制阀
3.6.4.10	闸阀	其进口和出口成一条直线,且阀芯垂直于油(气)口的轴线滑动以控制开启和关闭的一种两口截止阀
3.6.4.11	板式阀	安装在底板、底座或集成块上的阀
3.6.4.12	插装阀	只能与含有必要流道的对应油路块结合才能使用的阀
3.6.4.13	液压或二通盖板式插装阀	圆柱形阀体可以插入油路块内配合腔室的插装阀
3.6.4.14	螺纹插装阀	具有带螺纹的、可旋入油块内配合腔室圆柱阀体的插装阀
3.6.4.15	叠加阀	位于一个阀体和安装底板之间的阀
3.6.4.16	集成式阀	用于集成阀组中的阀
3.6.4.17	整体式阀	在同一阀体内多个阀的总成
3.6.4.18	底板	具有安装连接的油(气)口,用于安装板式阀的安装装置
3.6.4.19	叠加底板	〈液压〉为提供公用的供油、回油系统,设计相似且固定在一起的两个或多个底板
3.6.4.20	多位底板	〈液压〉具有配管连接(的)油(气)口,用于安装多个板式阀的安装装置

序号	术语	定义
3.6.4.27	油路块	〈液压〉通常可以安装插装阀和板式阀,根据回路图通过流道使阀口相互连通的立方基体
3.6.4.28	阀块总成	阀、油路块、集成底板或组合集成基板的整个总成 参见:阀岛
3.6.5		按操控方式分类的阀
3.6.5.1	阀	控制流体的方向、压力或流量的元件
3.6.5.2	自对中阀	当所有外部控制力去除时,阀芯返回中位的阀
3.6.5.3	伺服阀	死区小于阀芯行程3%的电调制连续控制阀
3.6.5.4	比例阀	其输出量与控制输入量成比例的阀
3.6.5.5	比例控制阀	死区大于或等于阀芯行程3%的电调制连续控制阀
3.6.5.6	电控阀	通过电气控制来操纵的阀
3.6.5.7	机械操纵阀	采用机械控制驱动的阀
3.6.5.8	间接操作	控制信号不直接作用在阀芯的阀 注:另见先导式阀
3.6.5.9	连续控制阀	响应连续的输入信号以连续方式控制系统能量流的阀 注:包括所有类型的伺服阀和比例控制阀 作者注 在GB/T 15623.2—2017《液压传动 电调制液压控制阀 第2部分:三通方向流量控制阀试验方法》中规定:"在液压系统中,电调制液压三通方向流量控制阀是能通过电信号连续控制三个主阀口流量和方向变化的连续控制阀,一般包括伺服阀和比例阀等不同类型产品。"
3.6.5.11	先导阀	被操纵用于提供控制信号的阀
3.6.5.12	先导式阀	主阀芯受液压先导控制或气动先导控制的阀 参见:间接操作阀
3.6.5.13	弹簧对中阀	阀芯通过弹簧力返回到中位的自对中阀
3.6.5.14	带弹簧的单向阀	阀芯借助于弹簧保持关闭,直至流体压力克服弹簧力的单向阀
3.6.5.15	弹簧偏置阀	当所有控制力去除时,阀芯通过弹簧力保持于指定位置的阀
3.6.5.19	直动式阀	阀芯被控制机构直接操纵的阀
3.6.5.20	截止阀	截断流体流动的阀
3.6.5.21	提动式截止阀	阀内部某一点的流动方向与正常流动方向成直角,且阀芯是提动式,其抬起或落座以开启或关闭流道的截止阀
3.6.5.23	自动关闭阀	由于流动增加使通过阀的压降超过预定值时自动关闭的阀
3.6.6		按结构型式分类的阀
3.6.6.1	常位	撤除外加操作力和控制信号后阀芯的位置
3.6.6.2	阀芯	通过其运动实现方向、压力或流量控制的阀的内部零件
3.6.6.3	主级	〈液压〉用于连续控制阀的液压功率放大的最终级
3.6.6.4	动作阀位	阀芯在驱动力作用下的最终位置
3.6.6.5	阀芯位移	阀芯沿任一方向上的位移
3.6.6.6	阀芯位置	控制基本功能的阀芯位置
3.6.6.7	遮盖	圆柱滑阀的固定节流边与可动节流边的轴向关系 注:以正遮盖、负遮盖和零遮盖表达
3.6.6.8	阀中位	位的个数为奇数的阀的阀芯处于中间的位置
3.6.6.9	封闭位置	〈液压〉使所有阀油(气)口都关闭的阀芯位置
3.6.6.11	封闭中位	阀的所有油(气)口都处于关闭状态时的阀中位
3.6.6.12	浮动位置	〈液压〉所有工作口均被连接到回油管路或回油口的阀芯位置
3.6.6.14	开启浮动中位	〈液压〉阀的所有油(气)口连通的阀中位
3.6.6.15	开启位置	〈液压〉使阀的进口和工作口连通的阀芯位置
3.6.6.17	开启中位	〈液压〉进口和回油口连通,而工作口封闭的阀中位
3.6.6.19	阀口/阀位标识	用于方向控制阀的数字标识方法(利用由斜线隔开的两个数字表示,例如3/2,5/3) 注:第一个数字表示阀具有的主阀口数量,第二个数字表示其阀芯所能采取的特定位置数

序号	术语	定义
3.6.6.20	主阀口	阀的控制机构动作后,其与另一个油(气)口连通或断开的油(气)口 注:先导口、泄油口和其他辅助油口不属于主阀口
3.6.6.21	二口阀	具有两个主阀口的阀 注:"二通阀""三通阀"等不再建议使用
3.6.6.23	三口阀	具有三个主阀口的阀
3.6.6.24	四口阀	具有四个主阀口的阀
3.6.6.25	五口阀	具有五个主阀口的阀
3.6.6.26	六口阀	具有六个主阀口的阀
3.6.6.27	常闭阀	在常位时,进口关闭的阀 注:"常闭"通常用缩写 NC 表示
3.6.6.28	常开阀	在常位时,进口与出口连通的阀 注:"常开"通常用缩写 NO 表示
3.6.6.29	单稳阀	具有一个确定的常位的一类阀 注:在撤除驱动力或控制信号后,阀返回到规定的位置,并保持该位置 示例:弹簧偏置阀
3.6.6.30	双稳阀	具有两个常位,且最后的一个工作位相当于常位的一类阀 注:其常位通过定位机构和静摩擦力保持,只要没有施加驱动力或控制信号,阀在每个位置上都是稳定的

注:1. 摘自 GB/T 17446—2024《流体传动系统及元件 词汇》。
2. 为了读者进一步查对方便,表中的序号采用与 GB/T 17446—2024 相同的序号。
3. 尽管在 GB/T 17446—2024 中给出了注:"'二通阀'、'三通阀'等不再建议使用",但考虑到人们习惯和市售产品不会立即随之改变,在本书中仍采用了"二通阀"和"三通阀"等。

1.3.2 液压阀相关标准目录

液压阀相关标准目录见表 1-13。

表 1-13 液压阀相关标准目录

序号	标准
1	GB/T 7934—2017《液压二通盖板式插装阀 技术条件》
2	GB/T 8100.2—2021《液压阀安装面 第 2 部分:调速阀》
3	GB/T 8100.3—2021《液压阀安装面 第 3 部分:减压阀、顺序阀、卸荷阀、节流阀和单向阀》
4	GB 8104—87《流量控制阀 试验方法》
5	GB 8105—87《压力控制阀 试验方法》
6	GB 8106—87《方向控制阀 试验方法》
7	GB/T 8107—2012《液压阀 压差-流量特性的测定》
8	GB/T 13852—2009《船用液压控制阀技术条件》
9	GB/T 13854—2008《射流管电液伺服阀》
10	GB/T 14043.1—2022《液压传动 阀的标识代号 第 1 部分:安装面和阀孔》
11	GB/T 15623.1—2018《液压传动 电调制液压控制阀 第 1 部分:四通方向流量控制阀试验方法》
12	GB/T 15623.2—2017《液压传动 电调制液压控制阀 第 2 部分:三通方向流量控制阀试验方法》
13	GB/T 15623.3—2022《液压传动 电调制液压控制阀 第 3 部分:压力控制阀试验方法》
14	GB/T 17490—1998《液压控制阀 油口、底板、控制装置和电磁铁的标识》
15	GB 25974.3—2010《煤矿用液压支架 第 3 部分:液压控制系统及阀》
16	CB 1114—84《液压系统放气针形螺塞》
17	CB 1142.2—85《船用液压二通插装阀 基本参数和型号编制方法》
18	CB 1142.3—85《船用液压二通插装阀 技术条件》
19	CB/T 3312—2013《船用液压球形截止阀》
20	CB/T 3398—2013《船用电液伺服阀放大器》
21	CB/T 3566—93《船用液压管道破裂保护阀》
22	CB/T 3809—1997《船用二通插装阀阀位开关》
23	CB/T 3941—2001《船用叠加式液压组合阀》
24	CB/T 4157—2011《船用液压控制截止阀》

序号	标准
25	CB/T 4232—2013《液压控制阀开度指示器》
26	CB/T 4333—2013《船用液压控制蝶阀》
27	CB/T 4334—2013《船用液压控制球阀》
28	CB/T 4448—2017《船用液压绞车恒张力控制阀组》
29	CB/T 4449—2017《液压舵机专用平衡阀组》
30	JB/T 5244—2021《液压阀用电磁铁》
31	JB/T 5922—2005《液压二通插装阀　图形符号》
32	JB/T 8729—2013《液压多路换向阀》
33	JB/T 10159—2019《交流本整湿式阀用电磁铁》
34	JB/T 10160—2015《直流湿式阀用电磁铁》
35	JB/T 10161—2019《直流干式阀用电磁铁》
36	JB/T 10162—2019《交流干式阀用电磁铁》
37	JB/T 10282—2013《液压挖掘机用先导阀　技术条件》
38	JB/T 10364—2014《液压单向阀》
39	JB/T 10365—2014《液压电磁换向阀》
40	JB/T 10366—2014《液压调速阀》
41	JB/T 10367—2014《液压减压阀》
42	JB/T 10368—2014《液压节流阀》
43	JB/T 10369—2014《液压手动及滚轮换向阀》
44	JB/T 10370—2013《液压顺序阀》
45	JB/T 10371—2013《液压卸荷溢流阀》
46	JB/T 10372—2014《液压压力继电器》
47	JB/T 10373—2014《液压电液动换向阀和液动换向阀》
48	JB/T 10374—2013《液压溢流阀》
49	JB/T 10414—2004《液压二通插装阀　试验方法》
50	JB/T 10830—2008《液压电磁换向座阀》
51	JB/T 11303—2013《液压挖掘机用整体多路阀　技术条件》
52	JB/T 12396—2015《比例阀用电磁铁》
53	JB/T 13652—2019《交流湿式阀用电磁铁》

1.3.3　十几种液压阀的基本参数

现行标准规定的十几种液压阀的基本参数见表1-14。

表1-14　现行标准规定的十几种液压阀的基本参数

序号	标准	基本参数	备注
1	GB/T 7934—2017《液压二通盖板式插装阀　技术条件》	阀的基本参数包括公称通径、额定流量和最大流量	没有公称压力和/或额定压力
2	GB/T 13854—2008《射流管电液伺服阀》	伺服阀(射流管电液伺服阀简称伺服阀)的基本参数包括额定电流、额定压力和额定流量	—
3	JB/T 8729—2013《液压多路换向阀》	多路阀(液压多路换向阀简称多路阀)的基本参数包括公称压力、公称流量和公称通径	—
4	JB/T 10364—2014《液压单向阀》	单向阀(液压传动用普通单向阀和液控单向阀简称单向阀)基本参数包括公称通径、额定压力、开启压力、最大流量、额定流量等	JB/T 10364—2014 与 JB/T 10364—2002相比主要基本变化之一:在基本参数中,取消了公称压力,增加了额定压力

序号	标准	基本参数	备注
5	JB/T 10365—2014《液压电磁换向阀》	电磁换向阀[6(mm)通径和10(mm)通径液压电磁换向阀简称电磁换向阀]的基本参数包括公称通径、额定压力、额定流量、滑阀机能和背压	JB/T 10365—2014与JB/T 10365—2002相比主要技术变化之一:在基本参数中,取消了公称压力,增加了额定压力
6	JB/T 10366—2014《液压调速阀》	调速阀(液压传动用调速阀和单向调速阀简称调速阀)的基本参数包括公称通径、公称压力、额定压力、额定流量和最小控制流量	JB/T 10366—2014与JB/T 10366—2002相比主要技术变化之一:在基本参数中,取消了公称流量,增加了额定压力
7	JB/T 10367—2014《液压减压阀》	减压阀(减压阀和单向减压阀简称减压阀)的基本参数包括公称通径、额定压力、额定流量和调压范围	JB/T 10367—2014与JB/T 10367—2002相比主要技术变化之一:在基本参数中,取消了公称压力、公称流量,增加了额定压力
8	JB/T 10368—2014《液压节流阀》	节流阀(液压传动用节流阀、单向节流阀、节流截止阀、单向节流截止阀简称节流阀)的基本参数包括公称通径、额定压力、公称压力和额定流量	JB/T 10368—2014与JB/T 10368—2002相比主要技术变化之一:在基本参数中,取消了公称流量,增加了额定压力
9	JB/T 10369—2014《液压手动及滚轮换向阀》	手动及滚轮换向阀(液压手动及滚轮换向阀简称手动及滚轮换向阀)的基本参数包括公称通径、额定压力、额定流量、滑阀机能和背压	JB/T 10369—2014与JB/T 10369—2002相比主要技术变化之一:在基本参数中,取消了公称压力、公称流量,增加了额定压力
10	JB/T 10370—2013《液压顺序阀》	顺序阀(液压顺序阀包括内控顺序阀、外控顺序阀、内控单向顺序阀、外控单向顺序阀,简称顺序阀)的基本参数包括公称通径、公称压力、额定压力、额定流量和调压范围	—
11	JB/T 10371—2013《液压卸荷溢流阀》	卸荷溢流阀(液压卸荷溢流阀和电磁卸荷溢流阀简称卸荷溢流阀)的基本参数包括公称通径、公称压力、额定压力、额定流量、公称切换压差比率和调压范围	在JB/T 10371—2002《液压卸荷溢流阀》中规定:卸荷溢流阀的基本参数应包括公称压力、公称流量、公称通径、额定流量、调压范围
12	JB/T 10372—2014《液压压力继电器》	压力继电器(液压压力继电器简称压力继电器)的基本参数包括公称压力和调压范围	JB/T 10372—2014与JB/T 20372—2002相比主要技术变化之一:在基本参数中,取消了公称通径
13	JB/T 10373—2014《液压电液动换向阀和液动换向阀》	电液动换向阀和液动换向阀的基本参数包括额定压力、公称压力、公称通径、额定流量、滑阀机能和背压	在JB/T 20373—2002《液压电液动换向阀和液动换向阀》中规定:液压电液动换向阀和液动换向阀的基本参数应包括公称压力、公称通径、公称流量、额定流量、滑阀机能、背压
14	JB/T 10374—2013《液压溢流阀》	溢流阀(液压溢流阀和电磁溢流阀统称溢流阀)的基本参数包括公称通径、公称压力、额定压力、额定流量和调压范围	在JB/T 10374—2002《液压溢流阀》中规定:溢流阀的基本参数应包括公称压力、公称流量、公称通径、额定流量、调压范围等
15	JB/T 10830—2008《液压电磁换向座阀》	电磁座阀(液压电磁换向座阀简称电磁座阀)的基本参数应包括公称压力、公称通径、公称流量、座阀机能和背压	—

1.4 液压缸

1.4.1 液压缸相关术语和定义

液压缸种类与组件术语和定义见表 1-15。

表 1-15　液压缸种类与组件术语和定义

序号	术语	定义
3.5.1.1	缸	实现直线运动的执行元件
3.5.1.2	差动缸	活塞两侧的有效面积不同(等)的双作用缸
3.5.1.3	冲击缸	配置有整体式油箱和座阀,在伸出过程中能使活塞和活塞杆组件快速加速的双作用缸
3.5.1.4	活塞杆防转缸	能防止缸筒与活塞杆相对转动的缸
3.5.1.5	膜片缸	靠作用于膜片上的流体压力产生机械力的缸
3.5.1.6	柱塞缸	缸筒内没有活塞,压力直接作用于活塞杆的单作用缸
3.5.1.7	多级缸	使用中空活塞杆使得另一个活塞杆在其内部滑动来实现两级或多级伸缩的缸
3.5.1.8	串联缸	在同一活塞杆上至少有两个活塞在同一个缸的分隔腔室内运动的缸
3.5.1.9	可调行程缸	可以通过停止位置的改变以实现行程变化的缸
3.5.1.10	单出杆缸	只从一端伸出活塞杆的缸
3.5.1.11	双出杆缸	活塞杆从缸体两端伸出的缸
3.5.1.12	单作用缸	流体力仅能在一个方向上作用于活塞(柱塞)的缸
3.5.1.13	双作用缸	流体力可以沿两个方向作用于活塞的缸
3.5.1.14	双活塞杆缸	具有两根互相平行动作的活塞杆的缸
3.5.1.15	多杆缸	在不同轴线上具有一个以上活塞杆的缸
3.5.1.16	多位缸	除了静止位置外,提供至少两个独立位置的缸 示例:由至少两个在同一轴线上,在分成几个独立控制腔的公共缸筒中运动的活塞组成的缸;由两个单独控制的,用机械连接(方式连接)在一个公共轴(上)的缸组成的元件或总成(其通常称为双联缸)
3.5.1.17	伺服缸	〈气动〉能够响应可变控制信号实现特定行程位置的缸
3.5.1.22	磁性活塞缸	一种活塞上带有永磁体,能够触发沿行程长度方向布置的传感器的缸
3.5.1.23	带缓冲的缸	具有缓冲装置或结构的缸
3.5.1.24	液压阻尼器	〈气动〉作用于气缸使其运动减速的辅助液压装置
3.5.1.25	波纹管执行器	一种不用活塞和活塞杆,而是靠带一个或多个波纹的挠性波纹管的膨胀产生机械力和运动的单作用线性执行元件
3.5.1.26	活塞	由流体的压力作用,在缸筒中运动并传递机械力和运动的缸零件
3.5.1.27	活塞杆	与活塞同轴并连为一体,传递来自活塞的机械力和运动的缸零件
3.5.1.28	缸的活塞杆端,缸头端,缸前端	缸的活塞杆伸出端
3.5.1.29	活塞杆连接方式	活塞杆外露端部的连接的方式 示例:带螺纹的,平面的,耳环
3.5.1.30	活塞杆锁	一种连接到缸上或安装在缸组件中机械地夹紧活塞杆的装置(当活塞杆静止时将活塞杆保持在行程末端) 注:其保持静止位置的能力具有额定值,通常不能制动
3.5.1.31	活塞杆制动器	一个连接到缸上,在活塞杆运动时机械地夹紧活塞杆并使缸停止的装置 注:其停止运动的能力是有额定值的
3.5.1.32	缸底	缸没有活塞杆的一端
3.5.1.33	缸筒	活塞或柱塞在其内部运动的中空承压零件

注:1. 摘自 GB/T 17446—2014《流体传动系统及元件　词汇》。

2. 为了读者进一步查对方便,表中的序号采用与 GB/T 17446—2024 相同的序号。

液压缸安装方式术语和定义见表 1-16。

表 1-16　液压缸安装方式术语和定义

序号	术语	定义
3.5.2.1	缸的单耳环安装	利用突出缸结构外的耳环,以销轴或螺栓穿过它实现缸的铰接安装
3.5.2.2	缸的双耳环安装	利用一个 U 字形安装装置,以销轴或螺栓穿过它实现缸的铰接安装
3.5.2.3	缸的端螺纹安装	借助于与缸轴线同轴的外螺纹或内螺纹进行的安装 示例:加长螺纹,在端盖耳环上承装大螺母的螺纹,固定端盖的双头螺栓(柱),在端头处的螺柱或压盖,在端盖中的内螺纹和缸头中的内螺纹
3.5.2.4	缸有杆端螺纹安装	在缸有杆端借助(于)与缸轴线同轴的凸台上的螺纹进行的安装
3.5.2.5	缸的铰接安装	允许缸有角运动的安装
3.5.2.6	缸的球铰安装	允许缸在包含其轴线的任何平面内角运动的安装 示例:在耳环或双耳环安装中的球面轴承
3.5.2.7	缸的耳轴安装	利用缸两侧与缸轴线垂直的一对销轴或销孔来实现的铰接安装
3.5.2.8	缸的拉杆安装	借助于在缸筒外侧并与之平行的缸装配用拉杆的延长部分,从缸的一端或两端进行的安装
3.5.2.9	缸横向安装	靠与缸的轴线成直角的一个平面来界定的安装
3.5.2.10	缸脚架安装	用角形结构支架来固定缸的安装

注:1. 摘自 GB/T 17446—2024《流体传动系统及元件　词汇》。
2. 为了读者进一步查对方便,表中的序号采用与 GB/T 17446—2024 相同的序号。

液压缸参数术语和定义见表 1-17。

表 1-17　液压缸参数术语和定义

序号	术语	定义
3.5.3.1	活塞位移	活塞从一个位置移动到另一个位置所走过的距离
3.5.3.2	缸径	缸筒的内径
3.5.3.3	缸行程	可移动件从一个极限位置到另一个极限位置的距离
3.5.3.4	缸行程时间	完成一个缸行程的时间
3.5.3.5	缸进程	活塞杆或柱塞从缸筒伸出的运动(对双出杆缸或无杆缸是活塞离开其初始位置的运动)
3.5.3.6	缸回程	活塞杆缩进缸筒的运动(对双出杆缸或无杆缸,是指活塞返回其初始位置的运动)
3.5.3.7	缸回程排量	在一次完整的回程期间缸的排量
3.5.3.8	缸回程时间	活塞回程所用的时间
3.5.3.9	缸回程输出力	在回程期间缸产生的力
3.5.3.10	缸进程排量	在一个完整的进程期间的排量
3.5.3.11	缸进程时间	活塞进程所用的时间
3.5.3.12	缸进程输出力	在进程期间缸产生的力
3.5.3.13	缸理论输出力	忽略背压或摩擦产生的力以及泄漏的影响所计算出的缸输出力
3.5.3.14	缸输出力	由作用在活塞或柱塞上的压力产生的力
3.5.3.15	缸的有效输出力	在规定工况下,缸所传递的可用的力
3.5.3.16	缸输出力效率	缸的实际输出力与理论输出力之间的比值 注:又称缸负载效率
3.5.3.17	活塞杆面积	活塞杆的横截面积
3.5.3.18	缸有效作用面积	流体压力作用其上,以提供可用力的面积
3.5.3.19	有杆端有效面积	在有杆端的缸有效作用面积
3.5.3.20	缸的缓冲长度	缓冲开始点与缸行程末端之间的距离

注:1. 摘自 GB/T 17446—2024《流体传动系统及元件　词汇》。
2. 为了读者进一步查对方便,表中的序号采用与 GB/T 17446—2024 相同的序号。

1.4.2　液压缸相关标准目录

液压缸相关标准目录见表 1-18。

表 1-18　液压缸相关标准目录

序号	标准
1	GB/T 2348—2018《流体传动系统及元件　缸径及活塞杆直径》
2	GB 2349—80《液压气动系统及元件——缸活塞行程系列》
3	GB/T 2350—2020《流体传动系统及元件　活塞杆螺纹型式和尺寸系列》
4	GB/T 9094—2020《流体传动系统及元件　缸安装尺寸和安装型式代号》
5	GB/T 13342—2007《船用往复式液压缸通用技术条件》
6	GB/T 15622—2023《液压缸　试验方法》
7	GB/T 24655—2009《农业拖拉机　牵引农具用分置式液压油缸》
8	GB/T 24946—2010《船用数字液压缸》
9	GB/T 32216—2015《液压传动　比例/伺服控制液压缸的试验方法》
10	GB/T 37476—2019《船用摆动转角液压缸》
11	GB/T 38178.2—2019《液压传动　10MPa 系列单杆缸的安装尺寸　第 2 部分:短行程系列》
12	GB/T 38205.3—2019《液压传动　16MPa 系列单杆缸的安装尺寸　第 3 部分:缸径 250mm～500mm 紧凑型系列》
13	GB/T 39949.1—2021《液压传动　单杆缸附件的安装尺寸　第 1 部分:16MPa 中型系列和 25MPa 系列》
14	GB/T 39949.2—2021《液压传动　单杆缸附件的安装尺寸　第 2 部分:16MPa 缸径 25mm～220mm 紧凑型系列》
15	GB/T 39949.3—2021《液压传动　单杆缸附件的安装尺寸　第 3 部分:16MPa 缸径 250mm～500mm 紧凑型系列》
16	CB/T 3004—2005《船用往复式液压缸基本参数》
17	CB/T 3317—2001《船用柱塞式液压缸基本参数与安装连接尺寸》
18	CB/T 3318—2001《船用双作用液压缸基本参数与安装连接尺寸》
19	CB/T 3812—2013《船用舱口盖液压缸》
20	JB/T 2162—2007《冶金设备用液压缸(PN≤16MPa)》
21	JB/T 3042—2011《组合机床　夹紧液压缸　系列参数》
22	JB/ZQ 4181—2006《冶金设备用 UY 型液压缸(PN≤25MPa)》
23	JB/T 6134—2006《冶金设备用液压缸(PN≤25MPa)》
24	JB/T 7939—2010《单活塞杆液压缸两腔面积比》
25	JB/T 9834—2014《农用双作用油缸　技术条件》
26	JB/T 10205—2010《液压缸》(新标准 JB/T 10205.1—××××《液压缸　第 1 部分:通用技术条件》正在制定中)
27	JB/T 10205.2—××××《液压缸　第 2 部分:缸筒技术条件》(报批稿,计划代替 JB/T 11718—2013《液压缸　缸筒技术条件》)
28	JB/T 10205.3—2020《液压缸　第 3 部分:活塞杆技术条件》
29	JB/T 11588—2013《大型液压油缸》
30	JB/T 11772—2014《机床　回转油缸》
31	JB/T 12706.1—2016《液压传动　16MPa 系列单杆缸的安装尺寸　第 1 部分:中型系列》
32	JB/T 12706.2—2017《液压传动　16MPa 系列单杆缸的安装尺寸　第 2 部分:缸径 25mm～220mm 紧凑型系列》
33	JB/T 13101—2017《机床　高速回转油缸》
34	JB/T 13141—2017《拖拉机　转向液压缸》
35	JB/T 13291—2017《液压传动　25MPa 系列单杆缸的安装尺寸》
36	JB/T 13514—2018《自卸低速汽车液压缸　技术条件》
37	JB/T 13644—2019《回转油缸　可靠性试验规范》
38	JB/T 13790—2020《土方机械　液压油缸再制造　技术规范》
39	JB/T 13800—2020《液压传动　10MPa 系列单杆缸的安装尺寸》
40	JB/T 13985—2021《有色金属连铸机用内导式液压缸》
41	JB/T 14001—2020《液压传动　电液推杆》
42	JT/T 443—2021《液压舵机推舵液压缸试验方法》
43	MT/T 291.2—1995《悬臂式掘进机　液压缸检验规范》
44	MT/T 472—1996《悬臂式掘进机　液压缸内径活塞杆及销轴直径系列》

序号	标准
45	MT/T 900—2000《采掘机械用液压缸技术条件》
46	NB/T 35019—2013《卧式液压启闭机(液压缸)系列参数》
47	QC/T 460—2010《自卸汽车液压缸技术条件》
48	QJ 1098—86《地面设备液压缸通用技术条件》
49	QJ 2478—1993《电液伺服机构及其组件装配、试验规范》
50	T/CCMA 0149—2023《旋挖钻机用液压缸技术要求》
51	T/T CAMER 001—2018《煤矿用液压支架检修与再制造技术规范》
52	YB/T 028—2021《冶金设备用液压缸》
53	DB37/T 2688.2—2015《再制造煤矿机械技术要求 第2部分:液压支架立柱、千斤顶》
54	DB44/T 1169.1—2013《伺服液压缸 第1部分:技术条件》(已废止,仅供参考)
55	DB44/T 1169.2—2013《伺服液压缸 第2部分:试验方法》

1.4.3 十种液压缸的基本参数

现行标准规定的十种液压缸的基本参数见表 1-19。

表 1-19　现行标准规定的十种液压缸的基本参数

序号	标准	基本参数	备注
1	GB/T 13342—2007《船用往复式液压缸通用技术条件》	液压缸的基本参数和油口尺寸按照 CB/T 3004—2005《船用往复式液压缸基本参数》、CB/T 3317—2001《船用柱塞式液压缸基本参数与安装连接尺寸》和 CB/T 3318—2001《船用双作用液压缸基本参数与安装连接尺寸》的规定 按照 CB/T 3004—2005 规定的有:液压缸的公称压力、液压缸内径、柱塞直径、活塞杆外径、面积比、行程和油口公称通径等 按照 CB/T 3317—2001 规定的有:公称压力,柱塞直径,内球头型缸的柱塞行程,缸的进出油口尺寸,安装型式和连接尺寸 按照 CB/T 3318—2001 规定的有:公称压力,缸的内径,面积比,活塞杆直径,缸的活塞行程,缸的进出油口(尺寸),安装型式和连接尺寸	—
2	GB/T 24946—2010《船用数字液压缸》	公称压力、缸径、杆径、行程,数字缸的脉冲当量一般为 0.01～0.2mm/脉冲	—
3	JB/T 2162—2007《冶金设备用液压缸(PN≤16MPa)》	液压缸内径、活塞杆直径、极限行程、公称压力、公称压力下推力和拉力、安装型式	JB 2162—91 与 JB/T 2162—2007 的基本参数相同
4	JB/T 3042—2011《组合机床 夹紧液压缸系列参数》	基孔直径、活塞杆直径、活塞杆行程、进出油口联(连)接螺纹、较小活塞杆直径	在 JB/T 3042—1999 中称"缸孔直径",其他参数相同
5	JB/ZQ 4181—2006《冶金设备用 UY 型液压缸(PN≤25MPa)》	液压缸内径、活塞杆直径、活塞面积、活塞杆端环形面积、工作压力(范围)、液压缸工作环境温度、工作速度	在 JB/ZQ 4181—97 中规定的基本参数为液压缸内径、活塞杆直径、活塞面积、活塞杆端环形面积、公称工作压力
6	JB/T 6134—2006《冶金设备用液压缸(PN≤25MPa)》	液压缸内径、两腔面积比、活塞直径、液压缸活塞速度、公称压力、公称压力下推力和拉力、极限行程	在 JB 6134—92 中没有明确基本参数

序号	标准	基本参数	备注
7	JB/T 11588—2013《大型液压油缸》	缸径、活塞杆外径、油口(尺寸)、公称压力下推力和拉力、安装型式和连接尺寸、质量、最大行程等	—
8	JB/T 13141—2017《拖拉机 转向液压缸》	液压缸内径、活塞杆直径、公称压力、行程。一般情况下,这些参数在设计转向系统时确定,详细设计由液压缸制造厂家完成	—
9	QC/T 460—2010《自卸汽车液压缸技术条件》	液压缸产品型号由级数代号、液压缸类别代号、压力等级代号、主参数代号、连接和安装方式代号、产品序号组成,其中主参数代号用缸径乘以行程表示,单位为 mm,活塞缸缸径指缸的内径,柱塞缸缸径指柱塞直径,套筒缸缸径指伸出第一级套筒直径,行程指总行程	在 QC/T 460—1999 中规定的主要参数包括公称压力、缸径、活塞杆直径、套筒或柱塞直径、行程
10	YB/T 028—2021《冶金设备用液压缸》	公称压力、缸径、活塞杆直径、液压缸两腔面积比、液压缸的型式与尺寸、液压缸的安装型式	在 YB/T 028—92 中没有明确基本参数

作者注　1. "额定压力"见于 JB/T 9834—2014《农用双作用油缸 技术条件》等标准。
　　2. GB/T 7935—2005 的规范性引用文件包括了公称压力、缸内径和活塞杆直径、缸活塞行程、活塞杆螺纹型式和尺寸、油口(尺寸)、活塞杆端带关节轴承耳环安装尺寸等标准。

1.5　液压马达

1.5.1　液压马达相关术语和定义

液压马达术语和定义见表 1-20。

表 1-20　液压马达术语和定义

序号	术语	定义
3.4.2.1	马达	提供旋转运动的执行元件
3.4.2.2	容积式马达	轴转速与输入流量相关的马达
3.4.2.3	液压马达	〈液压〉靠受压的液压流体驱动的马达
3.4.2.5	摆动执行器	轴旋转角度受限制的马达
3.4.2.6	摆线马达	具有一个或多个摆线齿轮相互啮合的马达
3.4.2.7	齿轮马达	由两个或多个齿轮相互啮合的马达
3.4.2.8	内啮合齿轮马达	内啮合形式的齿轮马达
3.4.2.9	外啮合齿轮马达	外啮合形式的齿轮马达
3.4.2.10	螺杆马达	〈液压〉有两个或多个螺杆啮合的液压马达
3.4.2.11	柱塞马达	由作用在一个或多个往复运动柱塞上的流体压力实现轴旋转的马达
3.4.2.12	径向柱塞马达	具有若干个柱塞径向配置的柱塞马达
3.4.2.13	轴向柱塞马达	〈液压〉柱塞轴线与缸体轴线平行或略有倾斜的柱塞马达
3.4.2.14	斜盘式轴向柱塞马达	驱动轴平行于公共轴且斜盘与驱动轴不连接的轴向柱塞马达
3.4.2.15	斜轴式轴向柱塞马达	驱动轴与缸体轴线成一定角度的轴向柱塞马达
3.4.2.16	多联马达	具有一个公共轴的两个或多个马达
3.4.2.17	过中位马达	不改变流动方向的情况下,可改变驱动轴的旋转方向的马达
3.4.2.18	叶片马达	通过作用在一组径向叶片上的流体压力来实现轴旋转的马达
3.4.2.19	平衡式叶片马达	作用于内部转子上的径向力保持平衡的叶片马达
3.4.2.20	双向马达	通过改变流体流动方向来改变输出轴转向方向的马达

序号	术语	定义
3.4.2.21	液压泵-马达	〈液压〉既可作为液压泵又可做(作)为液压马达的元件
3.4.2.22	液压步进马达	〈液压〉按照步进输入信号的指令实现位置控制的液压马达

注：1. 摘自 GB/T 17446—2024《流体传动系统及元件 词汇》。

2. 为了读者进一步查对方便，表中的序号采用与 GB/T 17446—2024 相同的序号。

液压马达特性与参数术语和定义见表 1-21。

表 1-21 液压马达特性与参数术语和定义

序号	术语	定义
3.4.3.4	有效转矩	在规定工况下轴伸上的可用转矩
3.4.3.5	导出转矩	〈液压〉基于规定工况下实际测量值所计算出的转矩
3.4.3.6	起动转矩	在规定工况和给定压差下，马达从静止状态起动时在轴上输出的最小转矩
3.4.3.7	马达总效率	马达输出的机械功率与马达进口的液压功率之比
3.4.3.8	马达的液压机械效率	〈液压〉液压马达的实际转矩与导出转矩之比
3.4.3.9	马达输出功率	马达输出的机械功率
3.4.3.10	马达功率损失	马达有效液压(输入)功率中没有转化为输出功率的部分(包括容积损失、液压动力损失和机械损失)
3.4.3.11	马达导出进口流量	马达的导出排量与转速的乘积
3.4.3.12	马达容积损失	马达因泄漏而损失的流量 注：为了补偿泄漏,需要相应地增加马达进口流量
3.4.3.13	马达容积效率	马达导出进口流量与有效的进口流量之比
3.4.3.22	马达零位	马达被调整到零排量的位置

注：1. 摘自 GB/T 17446—2024《流体传动系统及元件 词汇》。

2. 为了读者进一步查对方便，表中的序号采用与 GB/T 17446—2024 相同的序号。

1.5.2 液压马达相关标准目录

液压马达相关标准目录见表 1-22。

表 1-22 液压马达相关标准目录

序号	标准
1	GB/T 13853—2009《船用液压泵液压马达技术条件》
2	GB/T 20421.1—2006《液压马达特性的测定 第 1 部分:在恒低速和恒压力下》
3	GB/T 20421.2—2006《液压马达特性的测定 第 2 部分:起动性》
4	GB/T 20421.3—2006《液压马达特性的测定 第 3 部分:在恒流量和恒转矩下》
5	GB/T 34887—2017《液压传动 马达噪声测定规范》
6	GB/T 37533—2019《船用摆缸式径向柱塞液压马达》
7	CB 1017—82《船用内曲线径向柱塞式液压马达基本参数》
8	CB 1137—85《船用轴向球塞式液压马达》
9	CB/T 3565—93《船用曲轴连杆式径向柱塞液压马达》
10	CB/T 3683—1995《船用曲轴连杆径向柱塞液压马达修理技术要求》
11	CB/T 4215—2013《船用内曲线径向球塞式低速大转矩液压马达》
12	CB/T 4450—2017《船用内曲线径向滚柱式低速大转矩液压马达》
13	JB/T 8728—2010《低速大转矩液压马达》
14	JB/T 10206—2010《摆线液压马达》
15	JB/T 10829—2008《液压马达》
16	JB/T 12804—2016《矿用非圆齿轮液压马达》
17	JB/T 13789—2020《土方机械 液压马达再制造 技术规范》
18	MT/T 487—1995《矿用摆线液压马达试验方法》
19	MT/T 488—1995《矿用摆线液压马达产品质量分等》
20	MT/T 581—1996《矿用内曲线液压马达试验方法》

注：行业标准《液压马达 第 1 部分:齿轮马达》、《液压马达 第 2 部分:摆线马达》、《液压马达 第 3 部分:低速大转矩马达》、《液压马达 第 4 部分:柱塞马达》正在修订中。

1.5.3 几种液压马达的基本参数

现行标准规定的几种液压马达的基本参数见表1-23。

表 1-23 现行标准规定的几种液压马达的基本参数

序号	标准	基本参数	备注
1	JB/T 10206—2010《摆线液压马达》	轴配流和平面配流两种结构型式摆线液压马达的基本参数为公称排量、额定压力、转速范围	基本参数与 JB/T 10206—2000 相同
2	JB/T 10829—2008《液压马达》	液压马达的基本参数为公称排量、额定压力、额定转速、额定转矩	—
3	JB/T 8728—2010《低速大转矩液压马达》	曲轴连杆径向柱塞马达、曲轴无连杆径向柱塞马达、曲轴摆缸径向柱塞马达、内曲线径向柱塞马达、径向钢球马达(内曲线径向球塞式马达)、双斜盘轴向柱塞马达六种结构型式的低速大转矩液压马达的基本参数为公称排量、公称压力、额定转速	JB/T 8728—2010 与 JB/T 8728—1998 相比,将"扭矩"改称为"转矩",增加了"曲轴摆缸径向柱塞马达"

1.6 其他液压元件

1.6.1 其他液压元件相关术语和定义

仪器、仪表术语和定义见表1-24。

表 1-24 仪器、仪表术语和定义

序号	术语	定义
3.10.1.1	压差表	用以测量两个测试点压力值之差的一种压力表
3.10.1.2	压差开关	当压差达到预设值时开关触点动作,带一个或多个电器(气)开关的器件
3.10.1.3	压力表	测量和指示表压的装置
3.10.1.4	压力表保护器	靠近压力表进口安装的,保护其免受压力过度变化影响的装置
3.10.1.5	压力测量仪	测量和指示压力值(及其)变化和差异的装置
3.10.1.6	压力传感器	将流体压力转换成模拟电信号的器件
3.10.1.7	压力开关	由流体压力控制的带电气或电子开关的元件(当流体压力达到预定值时引发开关的触点动作)
3.10.1.8	压力指示器	指示有无压力的装置
3.10.1.9	U 形管测压计	靠充有液体的 U 形管液面来测量流体压力的装置 注:在液(测)计相连的每个支管位置之间的液面差表示流体压差。如果一个支管与大气相通,则另一个支管中的压力是相对(于)大气压的
3.10.1.13	传感器	探测系统或元件中的状态并产生输出信号的器件
3.10.1.14	流动指示(器)	直观指示流动流体存在的装置
3.10.1.15	流量变送器	将流量转换为电信号的装置
3.10.1.16	流量计	直接测量并指示流体流量的装置
3.10.1.17	累积式流量计	测量和显示通过测量点的流体总体积的装置
3.10.1.18	流量记录仪	提供流量记录的装置
3.10.1.19	流量开关	带有在预定流量下动作的开关的装置
3.10.1.20	流体控制器	能够检测流体特性(例如压力、温度)的变化,并自动进行调整以保持这些特性在预定值范围内的一种组合总成
3.10.1.21	液位开关	由液体液位控制的带有电气或电子触点的元件(当液位达到预定值时引发开关的触点动作)
3.10.1.22	液位计	测量和指示液体液面位置的装置
3.10.1.23	视液窗	连接到元件上显示液面位置(高度)的透明装置
3.10.1.24	温度控制器	〈液压〉协助将流体温度维持在预定(值)范围(内)的装置

序号	术语	定义
3.10.1.25	真空表	测量并显示真空的装置
3.10.1.27	真空吸盘	利用真空产生吸力的合成橡胶盘
3.10.1.28	电气接头	将导线与适配件连接或断开的终端元件

注：1. 摘自 GB/T 17446—2024《流体传动系统及元件　词汇》。
　　2. 为了读者进一步查对方便，表中的序号采用与 GB/T 17446—2024 相同的序号。

过滤、分离、蓄能装置与热交换器术语和定义见表1-25。

表 1-25　过滤、分离、蓄能装置与热交换器术语和定义

序号	术语	定义
3.8.1	过滤器	阻留流体中的颗粒污染物的元件 参见:分离器
3.8.2	网式粗滤器	通常具有丝线编织结构的粗过滤器
3.8.3	并联过滤器	具有两个或多个并联滤芯的过滤器
3.8.4	注油过滤器	〈液压〉安装在油箱加油口上,过滤加注液压流体的过滤器
3.8.5	带旁通过滤器	当达到预定压差时,能提供绕过滤芯的替代流道的过滤器
3.8.6	两级过滤器	具有两个串联滤芯的过滤器
3.8.7	双联过滤器	包含两个过滤器,通过切换阀可选择全流量通过任何一个过滤器的总成
3.8.8	双向过滤器	在两个方向上均能过滤流体的过滤器
3.8.9	箱置回油过滤器	〈液压〉安装在油箱上且其外壳穿过油箱壁,采用可更换滤芯对回油管路流回的液压流体进行过滤的过滤器
3.8.10	箱置吸油过滤器	〈液压〉安装在油箱上且其外壳穿过油箱壁,采用可更换滤芯对吸油管的液压流体进行过滤的过滤器
3.8.11	旋装过滤器	〈液压〉靠螺纹连接固定于系统中,由滤芯、壳体和其他附加件组装成的不可分割的过滤器总成
3.8.12	一次性过滤器	使用后即废弃的过滤器
3.8.13	直线过滤器	一种进口和出口及滤芯的中心线同轴的过滤器
3.8.14	通气器	可以使元件(例如油箱)与大气之间进行空气交换的器件
3.8.15	滤芯	过滤器中起过滤作用的多孔部件
3.8.16	复合滤芯	由两种或多种类型、等级或配置的滤材所构成的,能提供单一滤材无法得到的特性的滤芯
3.8.17	一次性滤芯	使用后即废弃的滤芯
3.8.18	可清洗滤芯	当堵塞时,通过适当方法可以恢复到初始流量-压差特性可接受程度的滤芯
3.8.19	过滤器旁通阀	当达到预定压差时,允许流体绕过滤芯通过的装置
3.8.20	过滤器堵塞指示器	指示滤芯堵塞的装置 示例:背压指示器和压差指示器
3.8.21	聚结式过滤器	〈液压〉烃类液压液中的自由水滴被捕获而汇合长大,然后沉降于过滤器壳体的底部而被排出的过滤器
3.8.26	分离器	靠滤芯以外的手段(例如比重、磁性、化学性质、密度等)阻留污染物的元件
3.8.29	离心分离器	利用径向加速度来分离比重不同于被净化流体的液体和/或固体颗粒的分离器
3.8.30	磁性滤芯	依靠磁力阻留铁磁性颗粒的分离器
3.8.43	排气阀	〈液压〉用来排出液压系统中液体所含气体的元件 作者注　在 GB/T 3766—2015 中,将"排气阀"归类为附件,见"B.2.17附件"
3.8.44	多次通过试验	具有恒定污染浓度的油液反复循环通过滤芯的试验方法
3.8.45	过滤比	单位体积的流入流体与流出流体中大于规定尺寸的颗粒数量之比 注:可以采用以颗粒尺寸为下标的 β 值来表达。例如:$\beta_{10}=75$,表示过滤器上游流体中大于 $10\mu m$ 的颗粒数量是下游的 75 倍

序号	术语	定义
3.8.47	过滤效率	过滤器在规定工况下阻留污染物能力的度量
3.8.48	纳污容量	在规定工况下达到给定的过滤器压差时,过滤器能够阻留污染物的总量
3.8.49	有效过滤面积	在滤芯中,流体通过的多孔滤材的总面积
3.8.50	滤芯疲劳	滤材(滤芯)因周期性变化的压差或流动引起的反复屈伸而导致的结构失效
3.8.51	通气器容量	通过通气器的空气流量的度量
3.8.52	压溃	由过高压差引起的向内的结构破坏 示例:滤芯压溃
3.10.2.1	液压蓄能器	〈液压〉用于储存和释放液压能量的元件
3.10.2.2	充气式蓄能器	〈液压〉利用惰性气体(例如氮气)的可压缩性对液体加压的液压蓄能器(液体与气体之间可以隔离或不隔离) 注:有隔离时,隔离靠气囊、隔膜、活塞等来实现
3.10.2.3	传递式蓄能器	〈液压〉气瓶通过一根总管与蓄能器的气口连接,具有一个或多个附加气瓶的充气式蓄能器
3.10.2.4	弹簧式蓄能器	〈液压〉通过弹簧加载活塞使液压流体产生压力的液压蓄能器
3.10.2.5	隔膜式蓄能器	〈液压〉液体和气体之间的隔离靠一个柔性隔膜实现的一种充气式蓄能器
3.10.2.6	活塞蓄能器	〈液压〉靠一个带密封的往复运动活塞来实现气液隔离的充气式蓄能器
3.10.2.7	囊式蓄能器	〈液压〉内部液体和气体之间用柔性囊隔离的一种充气式蓄能器
3.10.2.8	重力式蓄能器	〈液压〉用重物加载活塞使流体产生压力的液压蓄能器
3.10.2.25	冷却器	降低流体温度的元件
3.10.2.27	加热器	给流体加温的装置
3.10.2.28	热交换器	通过与另一种液体或气体进行热交换来维持或改变流体温度的装置

注:1. 摘自 GB/T 17446—2024《流体传动系统及元件　词汇》。以正式发布、实施的标准版本为准。
　　2. 为了读者进一步查对方便,表中的序号采用与 GB/T 17446—2024 相同的序号。

1.6.2　其他液压元件相关标准目录

其他液压元件相关标准目录见表 1-26。

表 1-26　其他液压元件相关标准目录

序号	标准
1	GB/T 2352—2003《液压传动　隔离式充气蓄能器压力和容积范围及特征量》
2	GB/T 14041.4—2019《液压传动　滤芯　第 4 部分:额定轴向载荷检验方法》
3	GB/T 18853—2015《液压传动过滤器　评定滤芯过滤性能的多次通过方法》
4	GB/T 18854—2015《液压传动　液体自动颗粒计数器的校准》
5	GB/T 19925—2005《液压传动　隔离式充气蓄能器优先选择的液压油口》
6	GB/T 19926—2005《液压传动　充气式蓄能器　气口尺寸》
7	GB/T 20079—2006《液压过滤器技术条件》
8	GB/T 20080—2017《液压滤芯技术条件》
9	GB/T 21486—2019《液压传动　滤芯　检验性能特性的试验程序》
10	GB/T 21540—2022《液压传动　在线液体自动颗粒计数系统　校准和验证方法》
11	GB/T 36997—2018《液压传动　油路块总成及其元件的标识》
12	GB/T 38175—2019《液压传动　滤芯　用高黏度液压油测定流动疲劳耐受力》
13	GB/T 39926—2021《液压传动　滤芯试验方法　热工况和冷启动模拟》
14	JB/T 5921—2006《液压系统用冷却器　基本参数》
15	JB/T 7034—2006《液压隔膜式蓄能器　型式和尺寸》
16	JB/T 7035—2006《液压囊式蓄能器　型式和尺寸》
17	JB/T 7036—2006《液压隔离式蓄能器　技术条件》
18	JB/T 7356—2016《列管式油冷却器》
19	JB/T 12921—2016《液压传动　过滤器的选择与使用规范》

1.6.3　其他液压元件的基本参数

现行标准规定的几种其他液压元件的基本参数见表 1-27。

表 1-27　标准规定的几种其他液压元件的基本参数

序号	标准	基本参数	备注
1	GB/T 2352—2003《液压传动　隔离式充气蓄能器压力和容积范围及特征量》	以下特征量用于定义和设计蓄能器 ①压力 ②容积 ③流量 ④温度	公称压力范围 6.3,10,16,20,25,31.5,40,50,63(MPa) 公称容积范围 0.25,0.4,0.5,0.63,1.0,1.6,2.5,4.0, 6.3,10,16,20,25,32,40,50,63,100,160, 200(L)
2	GB/T 20079—2006《液压过滤器技术条件》	过滤器的基本参数包括过滤精度、额定流量、公称压力、纳垢容量、发讯压降、旁通阀性能、过滤器初始压降等	旁通阀开启压降的 65%≤发讯器≤旁通阀开启压降的 80%
3	JB/T 5921—2006《液压系统用冷却器　基本参数》	冷却器的基本参数包括公称传热面积和公称压力	公称压力为 0.63、1.0、1.6、2.5(MPa)
4	JB/T 7036—2006《液压隔离式蓄能器　技术条件》	—	JB/T 7036—2006 规定了液压隔离式蓄能器的技术要求、试验方法、检验规则及标志、包装、运输和贮存,适用于公称压力不大于 63MPa,公称容积不大于 250L,工作温度为 −10~70℃,以氮气/石油基液压油或乳化液为工作介质的蓄能器
5	JB/T 7356—2016《列管式油冷却器》	冷却器的基本参数包括公称压力和公称传热面积	公称压力为 0.63、1.0、1.6(MPa)

1.7　配管

1.7.1　配管相关术语和定义

管路与端口术语和定义见表 1-28。

表 1-28　管路与端口术语和定义

序号	术语	定义
3.1.6.1	工作管路	将流体传送到执行元件的流道
3.1.6.2	补油管路	〈液压〉根据需要向系统提供流体以补充损失的流道
3.1.6.3	供压管路	从压力源向控制元件供给流体的流道
3.1.6.4	回油管路	〈液压〉使液压流体返回油箱的流道
3.1.6.5	排气管路	〈液压〉将空气从液压系统排出的流道
3.1.6.6	泄流管路	〈液压〉使内泄漏返回油箱的流道
3.1.6.7	先导管路	通过它提供流体以实现控制功能的流道
3.1.6.8	出口	为输出流动提供通道的油(气)口
3.1.6.9	进口	为输入流动提供通道的油(气)口
3.1.6.10	法兰口	法兰管接头的油(气)口
3.1.6.11	工作口	与工作管路配合使用的元件的油(气)口
3.1.6.12	回油口	〈液压〉元件上液压流体通往油箱的油口
3.1.6.13	螺纹口	用于安装带螺纹管接头的油(气)口

序号	术语	定义
3.1.6.16	先导口	连接先导管路的油（气）口
3.1.6.17	泄流口	〈液压〉通向泄流管路的油（气）口
3.1.6.18	油（气）口	可以对外连接的元件流道的终端
3.1.6.19	通气口	通向基准压力（通常指环境压力）的气口

注：1. 摘自 GB/T 17446—2024《流体传动系统及元件　词汇》。

2. 为了读者进一步查对方便，表中的序号采用与 GB/T 17446—2024 相同的序号。

管件与管接头术语和定义见表 1-29。

表 1-29　管件与管接头术语和定义

序号	术语	定义
3.7.1	配管	允许流体在元件之间流动的管接头、快换接头、硬管、软管的组合
3.7.2	导管	在管接头之间输送流体的硬管或软管
3.7.3	软管	通常由（增强型）橡胶或塑料制成的柔性导管
3.7.4	软管总成	在软管的一端或两端带有管接头（软管接头）的组合件
3.7.5	硬管	用于传输流体的刚性导管
3.7.6	主支	T 形管接头的同一轴线上两个油（气）口所在的流道；十字形管接头最大油（气）口与同一轴线上油（气）口所在的流道
3.7.7	分支	T 形管接头或十字形管接头的非主支油（气）口所在的流道
3.7.8	夹套	紧贴在硬管外表面起箍紧作用，但不起密封作用，经硬化处理的纵向开缝环
3.7.9	卡套	通过旋紧管接头螺母起到连接处的密封作用，并靠嵌入硬管外表面将管接头固定在硬管上的环状物
3.7.10	管夹	固定和支撑配管的装置
3.7.11	焊接接管	通过焊接（或钎焊）永久地固定在配管上的管接头零件
3.7.13	芯尾	软管接头中插入软管并加以紧固的部分
3.7.14	管接头	将硬管、软管相互连接或连接到元件的连接件 注：与软管相连接的管接头称为软管接头
3.7.15	活接式管接头	无需旋转配管即可使之连接或分离的管接头
3.7.16	T 形管接头	T 字形的管接头
3.7.17	Y 形管接头	Y 字形的管接头
3.7.18	十字形管接头	十字形的管接头
3.7.19	变径管接头	进出口管径不同的管接头
3.7.20	螺柱端不可调管接头	不可调方向的螺柱端管接头
3.7.21	螺柱端可调管接头	在最终紧固之前，可调方向的螺柱端管接头
3.7.23	隔板式管接头	用于连接隔板两侧的硬管或软管的流体管路的管接头
3.7.25	端面密封管接头	带有密封件且密封面垂直于流动方向的螺纹管接头 示例：O 形圈端面密封管接头
3.7.26	自封接头	当被分离时能自动密封一端或两端管路的管接头
3.7.27	过渡接头	可将接合部位尺寸或型式不同的元件或导管相连接的管接头
3.7.28	双端内螺纹过渡接头	两端都是内螺纹的过渡接头
3.7.29	外-内螺纹过渡接头	一端是外螺纹另一端为内螺纹的过渡接头
3.7.30	外-外螺纹过渡接头	两端都是外螺纹的过渡接头
3.7.31	快换接头	不用工具即可连接或分离的管接头 注：此类管接头可带或不带自动关闭阀
3.7.32	卡口式快换接头	公端或母端相对于另一端转动四分之一圈来实现连接的快换接头
3.7.33	拉脱式快换接头	当施加预定的轴向力时，接头的两个半体自动分离的快换接头
3.7.34	可旋式管接头	允许有限的但不能连续转动的管接头
3.7.35	铰接式管接头	利用一个空心螺栓固定，允许油（气）口在与空心螺栓的轴线呈 $90°$ 的平面上沿任何方向（$360°$）转动的管接头
3.7.36	法兰管接头	密封面垂直于流动方向轴线，利用法兰和螺钉安装的管接头

序号	术语	定义
3.7.37	卡套式管接头	利用螺母挤压卡套实现密封的管接头
3.7.38	扣压式软管接头	通过软管接头一端的永久变形实现与软管装配的软管接头
3.7.39	扩口式管接头	与扩口的硬管端部连接以实现密封的管接头
3.7.40	旋转接头	能连续转动的管接头
3.7.41	弯管接头	在相配管路之间形成一个角度的管接头 注：除非有其他说明，角度为90°。角度为45°称为45°弯管接头
3.7.42	分接点	在元件或配管上的用于流体供给或测量的辅助连接
3.7.43	堵帽	带有内螺纹，用于对具有外螺纹的螺柱端进行封闭和密封的配件
3.7.44	堵头	用于封闭和密封孔[如内螺纹油(气)口]的配件
3.7.45	螺孔端	与外螺纹管接头连接的内螺纹端
3.7.46	螺柱端	与油(气)口连接的管接头的外螺纹端
3.7.47	平面型快换接头	为实现公端或母端向一侧滑动分离，使用端面密封管接头连接元件或配管的快换接头 注：断开连接时不影响快换接头的其他部分
3.7.48	法兰安装	通过法兰平面与元件油口安装面进行连接的方式

1.7.2 配管相关标准目录

配管相关标准目录见表1-30。

表1-30 配管相关标准目录

序号	标准
1	GB/T 2351—2021《流体传动系统及元件 硬管外径和软管内径》
2	GB/T 2878.1—2011《液压传动连接 带米制螺纹和O形圈密封的油口和螺柱端 第1部分：油口》
3	GB/T 2878.2—2011《液压传动连接 带米制螺纹和O形圈密封的油口和螺柱端 第2部分：重型螺柱端(S系列)》
4	GB/T 2878.3—2017《液压传动连接 带米制螺纹和O形圈密封的油口和螺柱端 第3部分：轻型螺柱端(L系列)》
5	GB/T 2878.4—2011《液压传动连接 带米制螺纹和O形圈密封的油口和螺柱端 第4部分：六角螺塞》
6	GB/T 3639—2021《冷拔或冷轧精密无缝钢管》
7	GB/T 3683—2023《橡胶软管及软管组合件 油基或水基流体适用的钢丝编织增强液压型 规范》
8	GB/T 3733—2008《卡套式端直通管接头》
9	GB/T 7937—2008《液压气动管接头及其相关元件 公称压力系列》
10	GB/T 7939.3—2023《液压传动连接 试验方法 第3部分：软管总成》
11	GB/T 8163—2018《输送流体用无缝钢管》
12	GB/T 9065.1—2015《液压软管接头 第1部分：O形圈端面密封软管接头》
13	GB/T 9065.2—2010《液压软管接头 第2部分：24°锥密封端软管接头》
14	GB/T 9065.3—2020《液压传动连接 软管接头 第3部分：法兰式》
15	GB/T 9065.4—2020《液压传动连接 软管接头 第4部分：螺柱端》
16	GB/T 9065.5—2010《液压软管接头 第5部分：37°扩口端软管接头》
17	GB/T 9065.6—2020《液压传动连接 软管接头 第6部分：60°锥形》
18	GB/T 10544—2022《橡胶软管及软管组合件 油基或水基流体适用的钢丝缠绕增强外覆橡胶液压型 规范》
19	GB/T 14034.1—2023《液压传动连接 金属管接头 第1部分：24°锥形》
20	GB/T 14034.2—2023《液压传动连接 金属管接头 第2部分：37°扩口式》
21	GB/T 14034.4—2023《液压传动连接 金属管接头 第4部分：60°锥形》
22	GB/T 14976—2012《流体输送用不锈钢无缝钢管》
23	GB/T 15329—2019《橡胶软管及软管组合件 油基或水基流体适用的织物增强液压型 规范》
24	GB/Z 18427—2001《液压软管组合件 液压系统外部泄漏分级》
25	GB/T 19674.1—2005《液压管接头用螺纹油口和柱端 螺纹油口》
26	GB/T 19674.2—2005《液压管接头用螺纹油口和柱端 填料密封柱端(A型和E型)》

序号	标准
27	GB/T 19674.3—2005《液压管接头用螺纹油口和柱端　金属对金属密封柱端(B型)》
28	GB/T 32957—2016《液压和气动系统设备用冷拔或冷轧精密内径无缝钢管》
29	GB/T 39311—2020《热塑性软管和软管组合件　液压用钢丝或合成纱线增强单一压力型　规范》
30	GB/T 39313—2020《橡胶软管及软管组合件　输送石油基或水基流体用致密钢丝编织增强液压型　规范》
31	GB/T 40565.2—2021《液压传动连接　快换接头　第2部分:20MPa～31.5MPa平面型》
32	GB/T 40565.3—2021《液压传动连接　快换接头　第3部分:螺纹连接通用型》
33	GB/T 40565.4—2021《液压传动连接　快换接头　第4部分:72 MPa 螺纹连接型》
34	GB/T 41028—2021《航空航天流体系统液压软管、管道和接头组件的脉冲试验要求》
35	GB/T 41354—2022《液压传动　无缝或焊接型的平端精密钢管　尺寸与公称压力》
36	GB/T 41981.1—2022《液压传动连接　测压接头　第1部分:非带压连接式》
37	GB/T 41981.2—2022《液压传动连接　测压接头　第2部分:可带压连接式》
38	GB/T 42086.1—2022《液压传动连接　法兰连接　第1部分:3.5MPa～35MPa、DN13～DN127 系列》
39	GB/T 42086.2—2022《液压传动连接　法兰连接　第2部分:42MPa、DN13～DN76 系列》
40	GB/Z 43075—2023《液压传动连接　标识与命名》
41	GB/T 43077.4—2023《液压传动连接　普通螺纹平油口和螺柱端　第4部分:六角螺塞》
42	GB/Z 43078—2023《液压传动连接　螺柱端可调管接头的安装指导》
43	JB/T 966—2005《用于流体传动和一般用途的金属管接头　O形圈平面密封接头》
44	JB/T 8727—2017《液压软管总成》
45	JB/T 10760—2017《工程机械　焊接式液压金属管总成》
46	JB/T 12942—2016《管端挤压式高压管接头》

1.7.3　配管的基本参数

现行标准规定的几种配管的基本参数见表1-31。

表 1-31　现行标准规定的几种配管的基本参数

序号	标准	基本参数	备注
1	GB/T 3639—2021《冷拔或冷轧精密无缝钢管》	钢管通常以公称外径(D)和公称壁厚(S)交货	钢管也可以公称外径和公称内径(d)或公称内径和公称壁厚交货
2	GB/T 3683—2023《橡胶软管及软管组合件　油基或水基流体适用的钢丝编织增强液压型　规范》	公称内径 软管每隔760mm应标记出型别、公称内径、最大工作压力等信息	公称内径与GB/T 9575中的内径相适应 按结构、工作压力和耐油性能的不同,软管分为6种型别(1ST型、2ST型、1SN和R1ATS型、2SN型和R2ATS型)
3	GB/T 8163—2018《输送流体用无缝钢管》	钢管的公称外径和公称壁厚应符合GB/T 17395的规定	钢管的通常长度为3000～12000mm
4	GB/T 10544—2022《橡胶软管及软管组合件　油基或水基流体适用的钢丝缠绕增强外覆橡胶液压型　规范》	公称内径 软管每隔760mm应标记出型别、公称内径、最大工作压力等信息	按结构、工作压力和耐油性能规定了5种型别(4SP型、4SH型、R12型、R13型、R15型)的软管
5	GB/T 14976—2012《流体输送用不锈钢无缝钢管》	钢管应按公称外径和公称壁厚交货	钢管可按公称外径和最小壁厚或其他尺寸规格方式交货
6	GB/T 15329—2019《橡胶软管及软管组合件　油基或水基流体适用的织物增强液压型　规范》	公称内径 软管每隔760mm应标记出型别、公称内径、最大工作压力等信息	根据结构、工作压力和最小弯曲半径的不同,软管分为5种型别(1TE型、2TE型、3TE型、R3型、R6型)
7	GB/T 39311—2020《热塑性软管和软管组合件　液压用钢丝或合成纱线增强单一压力型　规范》	公称内径 软管每隔760mm或更短应标明型号和级别、公称内径、最大工作压力等信息	软管依据其最大工作压力分为8类(类别),每类可最多包括10种公称尺寸 软管依据其结构分为2种型别(1型、2型) 软管根据脉冲性能分为A,B,C和D 4个级别

序号	标准	基本参数	备注
8	GB/T 39313—2020《橡胶软管及软管组合件 输送石油基或水基流体用致密钢丝编织增强液压型 规范》	公称内径 软管每隔760mm应标记出型别、公称内径、最大工作压力等信息	按结构、工作压力和最小弯曲半径的不同,软管分为 5 种型别(1SC 型、2SC 型、R16S 型、R17 型、R19 型)

1.8 液压流体

1.8.1 液压流体相关术语和定义

液压流体、特性与污染控制术语和定义见表 1-32。

表 1-32 液压流体、特性与污染控制术语和定义

序号	术语	定义
3.1.3.1	流体	在流体传动系统中用作传动介质的液体或气体
3.1.3.2	牛顿流体	黏度与剪切应变率无关的流体
3.1.3.4	液压流体	〈液压〉液压系统中用作传动介质的液体
3.1.3.5	矿物油	〈液压〉由可能含有不同精炼程度和其他成分的石油烃类组成的液压流体
3.1.3.6	合成液压油	〈液压〉通过不同的聚合工艺生产的主要基于酯、聚醇或 α-烯烃的液压流体 注1:合成液压油,可以含有其他成分,不含水分 注2:合成液压油的一个例子是磷酸酯液
3.1.3.7	抗燃液压油	〈液压〉不易点燃,且火焰传播(速度)趋于极小的液压流体
3.1.3.8	磷酸酯液	〈液压〉由磷酸酯组成(为主要成分)的合成液压流体 注:可以包含其他成分。其难燃性来自该油液的分子结构。它有良好的润滑性、抗磨性、贮存稳定性和耐高温性
3.1.3.9	氯代烃类液	〈液压〉不含水,由于部分氢原子被氯原子代替而具有抗燃特性的芳香烃或链烷烃流体组成(为主要成分)的合成液压流体 注1:这类难燃液压油具有良好的润滑性和抗磨性、良好的贮存稳定性和耐高温性 注2:由于环境风险和生物积累,氯化烃类液的使用受到普遍限制
3.1.3.10	可生物降解的流体	可由生物进行降解的流体 示例1:甘油三酯(植物油) 示例2:聚乙二醇 示例3:合成脂类
3.1.3.11	水基液	〈液压〉除了其他成分外,含有(由)水作为主要成分的液压流体 示例1:水包油乳化液 示例2:油包水乳化液 示例3:水聚合物溶液 作者注 GB/T 38045—2019《船用水液压轴向柱塞泵》适用的工作介质为不含颗粒(过滤精度达到 $10\mu m$)的海水、淡水
3.1.3.12	水包油乳化液	〈液压〉油微滴在水中形成的悬油液 注:水包油乳化液具有很低的溶解油含量并高度难燃
3.1.3.13	油包水乳化液	〈液压〉微细的分散水滴在矿物油的连续相中的悬浮液(带有特殊的乳化剂、稳定剂和抑制剂)
3.1.3.14	水聚合物溶液	〈液压〉主要成分是水和一种或多种乙二醇或聚乙二醇的难燃液压流体
3.1.3.15	流体稳定性	在规定条件下,流体对永久改变其性质(性质永久改变)的抵抗力
3.1.3.16	流体相容性	材料抵抗受流体影响而性质变化的能力或一种流体抵抗受另一种流体影响而性质变化的能力
3.1.3.17	相容流体	对系统、元件、配管或其他流体的性质和寿命没有不良影响的流体
3.1.3.18	不相容流体	对系统、元件、配管或其他流体的性质和寿命具有不良影响的流体

序号	术语	定义
3.1.3.19	液体可混合性	〈液压〉液体以任何比率混合而无不良后果的能力
3.1.3.20	液压流体劣化	〈液压〉液压流体的化学或力学性能降低 注:这类变化可能由油液与氧的反应或过高温度所致
3.1.3.21	乳化不稳定性	乳化液分离成两相的能力
3.1.3.22	乳化稳定性	乳化液在规定条件下对分离的抵抗力
3.1.3.23	剪切稳定性	流体受到剪切时保持其黏度的能力
3.1.3.24	抗磨性-润滑性 (抗磨-润滑性)	〈液压〉在已知的运行工况下,液压流体通过在运动表面之间保持润滑膜来抵抗摩擦副磨损的能力
3.1.3.25	耐腐蚀性	〈液压〉液压流体防止金属腐蚀的能力 注:这在含水液体中尤为重要
3.1.3.26	消泡性	〈液压〉液压流体排出悬浮于其中的气泡的能力
3.1.3.27	流体调节	获得系统流体期望特性的过程 示例:加热、冷却、净化、添加添加剂
3.1.3.28	黏度指数改进剂	添加到流体中以改变其黏度与温度特性关系的化合物
3.1.3.29	添加剂	〈液压〉添加到液压流体中以产生新的性质或增强已有性质的化学品
3.1.3.30	抑制剂	减缓、防止或改变流体产生诸如腐蚀或氧化之类的化学反应的一种添加剂
3.1.3.31	露点	水蒸气开始凝结的温度
3.1.3.32	大气露点	在大气压下测量的露点
3.1.3.34	黏度	由内部摩擦造成的抵抗流体流动的特性
3.1.3.35	运动黏度	流体的动力黏度与流体质量密度之比 注:在国际单位中,运动黏度的单位是平方米每秒(m^2/s),部分文件也使用单位厘斯(cSt)是 $10^{-6} m^2/s$,即 $1cSt = 1mm^2/s$
3.1.3.36	动力黏度	流体单位速度梯度下的切应力 注:它通常表达为动力黏度系数,或简称(动力)黏度。在国际单位中,动力黏度的单位是帕斯卡秒($Pa \cdot s$),部分文件也使用单位厘泊(cP)是 $10^{-3} Pa \cdot s$,即 $1cP = 1mPa \cdot s$
3.1.3.37	黏度指数	流体黏度与温度的特性关系的经验度量 注:当黏度变化小时,黏度指数高
3.1.3.38	流体密度	在规定温度下,流体单位体积的质量
3.1.3.39	流体压缩率	流体的体积变化率(量)与所施加的压力变化量之比 注:流体压缩率是流体体积弹性模量的倒数
3.1.3.40	流体体积弹性模量	施加于流体的压力变化(量)与所引起的体积应变之比 注:流体体积弹性模量是流体压缩率的倒数
3.1.3.42	倾点	规定工况下液体能够流动的最低温度
3.1.3.43	燃点	在规定的试验条件下,应用外部热源使液体表面起火并持续燃烧一定时间所需的最低温度
3.1.3.44	闪点	在受控条件下,液体蒸发出的足量蒸气在空气中遇微小明火被点燃的最低温度
3.1.3.45	自燃温度	流体在没有外部火源的情况下达到燃烧的温度 注:实际值可以用几种认可的测试方法之一测定
3.1.3.46	含水量	流体中所含水的量
3.1.3.47	溶解水	〈液压〉以分子形式分散于液压流体中的水
3.1.3.48	游离水	进入系统但与系统中的流体的密度不同而具有分离趋势的水
3.1.3.49	含气量	〈液压〉系统流体中的空气体积 注:含气量以体积百分比(体积分数)表示
3.1.3.50	空气混入	〈液压〉空气被带入液压流体中的过程
3.1.3.51	混入空气	〈液压〉与液体形成乳化液的空气或气体(其中气泡趋于从液相分离) 注:在使用矿物油的液压系统中混入空气可能对元件、密封件和塑料件产生十分有害的影响
3.1.3.52	溶解空气	〈液压〉以分子形式分散于液压流体中的空气
3.1.3.54	游离气体	〈液压〉困在液压系统中的未冷凝、乳化或溶解的气体

序号	术语	定义
3.1.3.55	蒸气	处于其临界温度以下，并可以通过绝热压缩被液化的气体
3.1.3.56	污染	污染物侵入或存在
3.1.3.57	污染代码	〈液压〉用于简略描述液压流体中污染物颗粒尺寸分布的一组数字
3.1.3.58	污染度	定量表示污染的程度
3.1.3.59	清洁度	定量表示清洁的程度
3.1.3.60	污染敏感度	由污染物引起的元件性能降低的程度
3.1.3.61	污染物	对系统、子系统、元件、配管及流体有不良影响的所有物质(固体、液体、气体或其组合)
3.1.3.62	环境污染物	存在于系统当前周围环境中的污染物
3.1.3.63	生成污染	在系统或元件的工作过程中产生的污染
3.1.3.64	初始污染	初次使用之前，在流体、元件、配管、子系统或系统中已存在的或在装配过程中产生的残留污染
3.1.3.65	蒸气污染	在规定的运行温度下，以质量比表示的蒸气形态的污染
3.1.3.66	污染物颗粒尺寸分布	依照颗粒尺寸范围表达污染物颗粒的数量和分布的表格或图形 作者注　在 GB/T 18854—2015 中规定的术语"颗粒尺寸分布"的定义为："按颗粒尺寸函数表示的颗粒数量浓度。"
3.1.3.67	颗粒污染物迁移	被阻留污染物颗粒的脱落
3.1.3.68	颗粒	小的离散的固态或液态物质
3.1.3.69	团粒	不能被轻微扰动及由此而产生的微弱剪切力所分开的两个或多个紧密接触的颗粒
3.1.3.70	磨损	因磨耗、磨削或摩擦造成材料的损失 注：磨损的产物在系统中形成颗粒污染
3.1.3.71	冲蚀	流体或含有悬浮颗粒的流体以冲刷、微射流等方式造成机械零件的磨损 注：冲蚀的产物在系统中形成颗粒污染
3.1.3.72	微动磨损	由两个表面滑动或周期性压缩造成，产生微细颗粒污染而没有化学变化的磨损
3.1.3.73	卡紧	元件内部的运动件因非预期力而卡住
3.1.3.74	液压卡紧	〈液压〉由于一定量的受困液体阻止运动，致使活塞或阀芯产生的不良卡住
3.1.3.75	淤积	〈液压〉由流体所裹挟的微小污染物颗粒在系统中特定部位的聚集
3.1.3.76	淤积卡紧	活塞或阀芯因污染物淤积导致的卡住
3.1.3.77	堵塞	由于固体或液体颗粒沉积，致使流动减缓、压差增大的现象
3.1.3.78	自动颗粒计数	采用自动方式测量流体中颗粒污染的方法
3.1.3.79	颗粒计数分析	利用计数法在给定时间测量给定体积的流体样品中颗粒尺寸分布的分析方式
3.1.3.80	颗粒污染监测仪	自动测量悬浮在流体中一定尺寸颗粒的浓度，输出为一定范围的颗粒尺寸分布或污染代码，但不适用(于)液体自动颗粒计数器(自动颗粒计数)校准方法的仪器
3.1.3.81	可视颗粒计数	以光学手段测量流体中固体污染颗粒尺寸分布的方法
3.1.3.82	流体取样	从系统中提取流体的样品
3.1.3.83	主线分析	向永久连接于工作管路中的仪器直接提供流体，管路中的液体全部通过传感器的污染分析方式 另见在线分析
3.1.3.84	离线分析	〈液压〉对从系统中提取的液样进行污染分析的方式
3.1.3.85	在线分析	〈液压〉通过连续管路直接将液压系统的液样供给仪器检测的污染分析方式 注：仪器既可以固定连接在工作管路上，也可以在分析前连接。 另见主线分析

注：1. 摘自 GB/T 17446—2024《流体传动系统及元件　词汇》。
　　2. 为了读者进一步查对方便，表中的序号采用与 GB/T 17446—2024 相同的序号。

1.8.2 液压流体相关标准目录

液压流体相关标准目录见表 1-33。

表 1-33 液压流体相关标准目录

序号	标准
1	GB/T 3141—94《工业液体润滑剂 ISO 黏度分类》
2	GB/T 7631.1—2008《润滑剂、工业用油和有关产品(L类)的分类 第1部分:总分组》
3	GB/T 7631.2—2003《润滑剂、工业用油和相关产品(L类)的分类 第2部分:H组(液压系统)》
4	GB 11118.1—2011《液压油(L-HL、L-HM、L-HV、L-HS、L-HG)》
5	GB/T 14039—2002《液压传动 油液 固体颗粒污染等级代号》
6	GB/T 16898—1997《难燃液液使用导则》
7	GB/T 17489—2022《液压传动 颗粒污染分析 从工作系统管路中提取液样》
8	GB/Z 19848—2005《液压元件从制造到安装达到和控制清洁度的指南》
9	GB/T 20082—2006《液压传动 液体污染 采用光学显微镜测定颗粒污染度的方法》
10	GB/T 20110—2006《液压传动 零件和元件的清洁度与污染物的收集、分析和数据报告相关的检验文件和准则》
11	GB/T 21449—2008《水-乙二醇型难燃液压液》
12	GB/T 25133—2010《液压系统总成 管路冲洗方法》
13	GB/T 27613—2011《液压传动 液体污染 采用称重法测定颗粒污染度》
14	GB/T 30504—2014《船舶和海上技术 液压油系统 组装和冲洗导则》
15	GB/T 30508—2014《船舶和海上技术 液压油系统 清洁度等级和冲洗导则》
16	GB/T 33540.4—2017《风力发电机组专用润滑剂 第4部分:液压油》
17	GB/T 37162.1—2018《液压传动 液体颗粒污染度的监测 第1部分:总则》
18	GB/T 37162.3—2021《液压传动 液体颗粒污染度的监测 第3部分:利用滤膜阻塞技术》
19	GB/T 37162.4—2023《液压传动 液体颗粒污染度的监测 第4部分:遮光技术的应用》
20	GB/T 37163—2018《液压传动 采用遮光原理的自动颗粒计数法测定液样颗粒污染度》
21	GB/T 39095—2020《航空航天 液压流体零部件 颗粒污染度等级的表述》
22	GB/T 42087—2022《液压传动 系统 清洗程序和清洁度检验方法》
23	GB/Z 42533—2023《液压传动 系统 系统清洁度与构成该系统的元件清洁度和油液污染度理论关联法》
24	GJB 1177A—2013《15 号航空液压油规范》
25	CB 1102.4—86《船用液压系统通用技术条件 清洗》
26	CB/T 3445—2019《船用液压油净化装置技术条件》
27	CB/T 3799—2013《船舶液压系统修理清洗技术要求》
28	CB/T 3997—2008《船用油颗粒污染度检测方法》
29	DL/T 432—2018《电力用油中颗粒度测定方法》
30	DL/T 571—2014《电厂用磷酸酯抗燃油运行维护导则》
31	DL/T 1096—2018《变压器油中颗粒度限值》
32	DL/T 1978—2019《电力用油颗粒污染度分级标准》
33	JB/T 7158—2010《工程机械 零部件清洁度测定方法》
34	JB/T 7858—2006《液压元件清洁度评定方法及液压元件清洁度指标》
35	JB/T 9954—1999《锻压机械液压系统 清洁度》
36	JB/T 10223—2014《工程机械 液力变矩器清洁度检测方法及指标》
37	JB/T 10607—2006《液压系统工作介质使用规范》
38	JB/T 12675—2016《拖拉机液压系统清洁度限值及测量方法》
39	JB/T 12920—2016《液压传动 液压油含水量检测方法》
40	JB/T 12921—2016《液压传动 过滤器的选择与使用规范》
41	Q/XJ 2007—1992《12 号航空液压油》
42	QC/T 1012—2015《汽车液压助力转向系统清洁度技术要求及测定方法》
43	QC/T 29104—2013《专用汽车液压系统液压油固体颗粒污染度的限值》
44	QC/T 29105.1—1992《专用汽车液压系统液压油固体污染度测试方法 术语及其定义》
45	QC/T 29105.2—1992《专用汽车液压系统液压油固体污染度测试方法 装置及装置的清洗》
46	QC/T 29105.3—2013《专用汽车液压系统液压油固体颗粒污染度测试方法 取样》
47	QC/T 29105.4—1992《专用汽车液压系统液压油固体污染度测试方法 显微镜颗粒计数法》
48	SH 0358—1995《10 号航空液压油》

1.8.3　几种液压流体

在 GB/T 17446—2012《流体传动系统及元件　词汇》中给出的术语为"液压油液"，在 GB/T 17446—2024/ISO 5598：2020 中将其修改为"液压流体"。

(1) 液压油牌号及主要应用

GB/T 7631.1 规定了润滑剂、工业用油和有关产品（L类）的分类原则，GB/T 7631.2《润滑剂、工业用油和相关产品（L类）的分类　第 2 部分：H 组（液压系统）》属于 GB/T 7631 系列标准的第 2 部分，本类产品的类别名称用英文字母"L"为字头表示。

液压系统常用工作介质应按 GB/T 7631.2—2003/ISO 6743-4：1999（2015）规定的牌号选择。根据 GB/T 7631.2 的规定，将液压油分为 L-HL 抗氧防锈液压油、L-HM 抗磨液压油（高压、普通）、L-HV 低温液压油、L-HS 超低温液压油和 L-HG 液压导轨油五个品种。特别强调："在存在火灾危险处，应考虑使用难燃液压油液。"

表 1-34 给出了 H 组（液压系统）常用工作介质的牌号及主要应用。

表 1-34　H 组（液压系统）常用工作介质的牌号及主要应用（摘自 JB/T 10607—2006）

工作介质		组成、特征和主要应用
牌号	黏度等级	
L-HH	15 22 32 46 68 100 150	本产品为无(或含有少量)抗氧剂的精制矿物油 适用于对液压油无特殊要求(如低温性能、防锈性、抗乳化性和空气释放能力等)的一般循环润滑系统、低压液压系统和十字头压缩机曲轴箱等的循环润滑系统，也可适用于轻负荷传动机械、滑动轴承和滚动轴承等油浴式非循环润滑系统 无本产品时可选用 L-HL 液压油
L-HL	15 22 32 46 68 100	本产品为精制矿物油，并改善其防锈和抗氧(化)性的液压油 常用于低压液压系统，也可适用于要求换油(周)期较长的轻负荷机械的油浴式非循环润滑系统 无本产品时可选用 L-HM 液压油或其他抗氧防锈型液压油
L-HM	15 22 32 46 68 100 150	本产品为在 L-HL 液压油基础上改善其抗磨性的液压油 适用于低、中、高压液压系统,也可适用于中等负荷机械润滑部位和对液压油有低温性能要求的液压系统 无本产品时,可选用 L-HV 和 L-HS 液压油
L-HV	15 22 32 46 68 100	本产品为在 L-HM 液压油基础上改善其黏温性的液压油 适用于环境温度变化较大和工作条件恶劣的低、中、高压液压系统和中等负荷的机械润滑部位,对油有更高的低温性能要求 无本产品时,可选用 L-HS 液压油
L-HR	15 32 46	本产品为在 L-HL 液压油基础上改善其黏温性的液压油 适用于环境温度变化较大和工作条件恶劣的(野外工程和远洋船舶等)低压液压系统和其他轻负荷机械的润滑部位。对于有银部件的液压元件,在北方可选用 L-HR 液压油,而在南方可选用对青铜或银部件无腐蚀的无灰型 HM 和 HL 液压油
L-HS	10 15 22 32 46	本产品为无特定难燃性的合成液,它可以比 L-HV 液压油的低温黏度更小 主要应用同 L-HV 油,可用于北方寒季,也可全国四季通用
L-HG	32 68	本产品为在 L-HM 液压油基础上改善其黏滑性的液压油 适用于液压和导轨润滑系统合用的机床,也可适用于要求有良好黏附性的机械润滑部位

作者注　各产品可用统一的形式表示。一个特定的产品可用一种完整的形式表示为ISO-L-HV32，或用缩写形式（简式）表示为L-HV32，数字表示GB/T 3141—94/ISO 3448：1992《工业液体润滑剂　ISO黏度分类》中规定的黏度等级（40℃时中间点运动黏度）。

（2）抗磨液压油的技术要求

GB 11118.1—2011/ISO 11158：1997（2023），NEQ《液压油（L-HL、L-HM、L-HV、L-HS、L-HG）》规定的液压系统常用的L-HM（高压、普通）抗磨液压油的技术要求见表1-35，试验方法见GB 11118.1—2011中表2，但一些试验标准已经更新。

作者注　在GB/T 1.2—2020中给出了术语"采用"的定义："以对应ISO/IEC标准化文件作为基础编制，并说明和标示了两者之间变化的国家标准化文件的发布。"且规定："国家标准化文件与对应ISO/IEC标准化文件的一致性分为："等同（IDT）、修改（MOD）和非等效（NEQ）。其中，等同、修改属于采用了ISO/IEC标准化文件。"

表1-35　L-HM（高压、普通）抗磨液压油的技术要求

项目		质量指标								
		L-HM(高压)				L-HM(普通)					
黏度等级(GB/T 3141)		32	46	68	100	22	32	46	68	100	150
密度①(20℃)/(kg/m³)		报告				报告					
色度/号		报告				报告					
外观		透明				透明					
闪点(开口)/℃　不低于		175	185	195	205	165	175	185	195	205	215
运动黏度/(mm²/s) 40℃		28.8~35.2	41.4~50.6	61.2~74.8	90~110	19.8~24.2	28.8~35.2	41.4~50.6	61.2~74.8	90~110	135~165
0℃　不大于		—	—	—	—	300	420	780	1400	2560	—
黏度指数②　不小于		95				85					
倾点③/℃　不高于		−15	−9	−9	−9	−15	−15	−9	−9	−9	−9
酸值(以KOH计)④/(mg/g)		报告				报告					
水分(质量分数)/%　不大于		痕迹				痕迹					
机械杂质		无				无					
清洁度		⑤				⑤					
铜片腐蚀(100℃,3h)/级　不大于		1				1					
硫酸盐灰分/%		报告				报告					
液相腐蚀(24h)　A法		—				无锈					
B法		无锈				—					
泡沫性(泡沫倾向/泡沫稳定性)/(mL/mL) 程序Ⅰ(24℃)　不大于		150/0				150/0					
程序Ⅱ(93.5℃)　不大于		75/0				75/0					
程序Ⅲ(后24℃)　不大于		150/0				150/0					
空气释放值(50℃)/min　不大于		6	10	13	报告	5	6	10	13	报告	报告
抗乳化性(乳化液到3mL的时间)/min 54℃　不大于		30	30	30	—	30	30	30	30	—	—
82℃　不大于		—	—	—	报告	—	—	—	—	30	30
密封适应性指数　不大于		12	10	8	报告	13	12	10	8	报告	报告
氧化安定性 1500h后总酸值(以KOH计)/(mg/g)　不大于		2.0				—					
1000h后总酸值(以KOH计)/(mg/g)　不大于		—				2.0					
1000h后油泥/mg		报告				报告					

项目	质量指标									
	L-HM(高压)				L-HM(普通)					
旋转氧弹(150℃)/min	报告				报告					
抗磨性　齿轮机试验⑥/失效级　不小于	10	10	10	10	—	10	10	10	10	10
叶片泵试验（100h，总失重）/mg　不大于	—	—	—	—	100	100	100	100	100	100
磨斑直径（392N，60min，75℃，1200r/min）/mm	报告				报告					
双泵（T6H20C）试验⑥　叶片和柱销总失重/mg　不大于	15				—					
柱塞总失重/mg　不大于	300				—					
水解安定性　铜片失重/(mg/cm²)　不大于	0.2				—					
水层总酸度（以 KOH 计）/mg　不大于	4.0				—					
铜片外观	未出现灰、黑色				—					
热稳定性(135℃,168h)　铜棒失重/(mg/200mL)　不大于	10				—					
钢棒失重/(mg/200mL)	报告				—					
总沉渣重/(mg/100mL)　不大于	100				—					
40℃运动黏度变化率/%	报告				—					
酸值变化率/%	报告				—					
铜棒外观	报告				—					
钢棒外观	不变色				—					
过滤性/s　无水　不大于	600				—					
2%水⑦　不大于	600				—					
剪切安定性（250 次循环后，40℃运动黏度下降率）/%　不大于	1				—					

① 测定方法也包括用 SH/T 0604。

② 测定方法也包括用 GB/T 2541。结果有争议时，以 GB/T 1995 为仲裁方法。

③ 用户有特殊要求时，可与生产单位协商。

④ 测定方法也包括用 GB/T 264。

⑤ 由供需双方协商确定。也包括用 NAS 1638 分级。

⑥ 对于 L-HM（普通）油，在产品定型时，允许只对 L-HM22（普通）进行叶片泵试验，其他各黏度等级油所含功能剂类型和量应与产品定型时 L-HM22（普通）试验油样相同。对于 L-HM（高压）油，在产品定型时，允许只对 L-HM32（高压）进行齿轮机试验和双泵试验，其他各黏度等级油所含功能剂类型和量应与产品定型时 L-HM32（高压）试验油样相同。

⑦ 有水时的过滤时间不超过无水时的过滤时间的两倍。

作者注　"泡沫性"数据中斜杠右侧的"0"表示在静止周期结束时的泡沫体积是 0mL。

(3) 15 号航空液压油的质量指标要求

GJB 1177A—2013《15 号航空液压油规范》规定的成品油的质量指标应符合表 1-36 的要求。15 号航空液压油是以精制的石油馏分为基础油，加入多种添加剂调合而成的。

表 1-36　成品油的质量指标要求

项目		质量指标	试验方法
外观		无悬浮物,红色透明液体	目测
钡含量/(mg/kg)	不大于	10	GB/T 17476
密度(20℃)/(kg/m³)		报告	GB/T 1884
运动黏度/(mm²/s)			GB/T 265
100℃	不小于	4.90	
40℃	不小于	13.2	
−40℃	不大于	600	
−54℃	不大于	2500	
倾点/℃	不高于	−60	GB/T 3535
闪点(闭口)/℃	不低于	82	GB/T 261
酸值(以 KOH 计)/(mg/g)	不大于	0.20	GB/T 7304
水溶性酸或碱		无	GB/T 259
橡胶膨胀率(NBR-L 型标准胶)/%		19.0～30.0	SH/T 0691
蒸发损失(71℃,6h)(质量分数)/%	不大于	20	GB/T 7325
铜片腐蚀(135℃,72h)/级		2e	GB/T 5096
水分(质量分数)/%	不大于	0.01	GB/T 11133
磨斑直径(75℃,1200r/min,392N,60min)/mm		1.0	SH/T 0189
腐蚀和氧化安定性(160℃,100h)			GJB 563
40℃运动黏度变化/%		−5～20	
氧化后酸值(以 KOH 计)/(mg/g)	不大于	0.04	
油外观[1]		无不溶物或沉淀	
金属腐蚀(质量变化)/(mg/cm²)			
钢(15♯)	不大于	±0.2	
铜(T₂)(T2)	不大于	±0.6	
铝(LY12)	不大于	±0.2	
镁(MB₂)(MB2)	不大于	±0.2	
阳极镉[2](Cd-0)	不大于	±0.2	
金属片外观		金属表面上不应有点蚀或看得见的腐蚀,铜片腐蚀不大于 3 级	用 20 倍放大镜观察
低温稳定性(−54℃±1℃,72h)		合格	SH/T 0644
剪切安定性			SH/T 0505
40℃黏度下降率/%	不大于	16	
−40℃黏度下降率/%	不大于	16	
固体颗粒杂质			GJB 380.4A—2004
自动颗粒计数法			
可允许的颗粒数/(个/100mL)			
5～15μm	不大于	10000	
>15～25μm	不大于	1000	
>25～50μm	不大于	150	
>50～100μm	不大于	20	
>100μm	不大于	5	
重量法/(mg/100mL)	不大于	0.3	附录 A
过滤时间/min	不大于	15	附录 A
泡沫性能(24℃)			GB/T 12579
吹起 5min 后泡沫体积/mL	不大于	65	
静置 10min 后泡沫体积/mL		0	
贮存安定性(24℃±3℃,12 个月)		无混浊、沉淀、悬浮物等,符合全部技术要求	SH/T 0451

　① 试验结束后立即观察。
　② 阳极镉的组装为 GJB 563 图 2 中银的位置。

（4）风力发电机组专用液压油的技术要求

GB/T 33540.4—2017《风力发电机组专用润滑剂　第 4 部分：液压油》规定的风力发电机组专用液压油的技术要求见表 1-37。

表 1-37　风力发电机组专用液压油的技术要求

项目		质量指标 黏度等级（GB/T 3141） 32	试验方法
密度（20℃）/（kg/m³）		报告	GB/T 1884 和 GB/T 1885 或 SH/T 0604①
色度/号		报告	GB/T 6540
外观		透明	目测
闪点（开口）/℃	不低于	200	GB/T 3536
运动黏度（40℃）/（mm²/s）		28.8～35.2	GB/T 265 或 NB/SH/T 0870②
运动黏度 1500mm²/s 时的温度/℃	不高于	−18	GB/T 265 或 NB/SH/T 0870②
黏度指数	不小于	140	GB/T 1995 或 GB/T 2541③
倾点/℃	不高于	−42	GB/T 3535
酸值（以 KOH 计）/（mg/g）		报告	GB/T 4945 或 GB/T 7304④
水分（质量分数）/%	不大于	痕迹	GB/T 260
清洁度⑤/级	不大于	8	DL/T 432
铜片腐蚀（100℃，3h）/级	不大于	1	GB/T 5096
硫酸盐灰分/%		报告	GB/T 2433
液相锈蚀（24h）		无锈	GB/T 11143（B 法）
泡沫特性（泡沫倾向/泡沫稳定性）/（mL/mL） 　程序Ⅰ（24℃） 　程序Ⅱ（93.5℃） 　程序Ⅲ（后 24℃）	 不大于 不大于 不大于	 150/0 75/0 150/0	GB/T 12579
空气释放值（50℃）/min	不大于	5	SH/T 0308
水分释放值（乳化液到 3mL 的时间）/min 　54℃	 不大于	 30	GB/T 7305
剪切安定性（250 次循环后，40℃运动黏度下降率）/%	 不大于	 6	SH/T 0103
橡胶相容性⑥ 　NBR1（100℃，168h） 　体积变化/% 　硬度变化		 0～12 0～−7	GB/T 14832
氧化安定性 　1500h 后总酸值（以 KOH 计）/（mg/g） 　1000h 后油泥/mg	 不大于	 1.5 报告	GB/T 12581 SH/T 0565
承载能力 　FZG 齿轮机试验/失效级	 不大于	 10	NB/SH/T 0306
叶片泵磨损特性（35VQ25） 　总失重/mg	 不大于	 90	SH/T 0787
水解安定性 　铜片失重/（mg/cm²） 　水层总酸度（以 KOH 计）/mg 　铜片外观	 不大于 不大于	 0.2 4.0 未出现灰、黑色	SH/T 0301

项目		质量指标 黏度等级(GB/T 3141) 32	试验方法
热稳定性(135℃,168h)			SH/T 0209
铜棒失重/(mg/200mL)	不大于	10	
钢棒失重/(mg/200mL)		报告	
总沉渣重/(mg/100mL)	不大于	100	
40℃运动黏度变化率/%		报告	
酸值变化率/%		报告	
铜棒外观		报告	
钢棒外观		不变色	
过滤性/s			SH/T 0210
无水	不大于	300	
2%水[⑦]	不大于	300	

① 结果有争议时,以 GB/T 1884 和 GB/T 1885 为仲裁方法。
② 结果有争议时,以 GB/T 265 为仲裁方法。
③ 结果有争议时,以 GB/T 1995 为仲裁方法。
④ 结果有争议时,以 GB/T 4945 为仲裁方法。
⑤ 按照 DL/T 432 的测定方法进行判定,在客户需要时,可同时提供按 GB/T 14039 的分级结果。
⑥ 橡胶试验件的种类、试验条件和指标可与用户协商确定。
⑦ 有水时的过滤时间不超过无水时的过滤时间的两倍。

(5) 磷酸酯抗燃油的质量标准

DL/T 571—2014《电厂用磷酸酯抗燃油运行维护导则》规定的新磷酸酯抗燃油的质量标准应符合表 1-38 的规定,油中颗粒污染度分级标准见 DL/T 571—2014 附录 B。

表 1-38 新磷酸酯抗燃油的质量标准

项目		质量指标	试验方法
外观		透明,无杂质或悬浮物	DL/T 429.1
颜色		无色或淡黄	DL/T 429.2
密度(20℃)/(kg/m³)		1130~1170	GB/T 1884
运动黏度(40℃)/(mm²/s)	ISO VG32	28.8~35.2	GB/T 265
	ISO VG46	41.4~50.6	
倾点/℃		≤−18	GB/T 3535
闪点(开口)/℃		≥240	GB/T 3536
自燃点/℃		≥530	DL/T 706
颗粒污染度　SAE AS4059F/级		≤6	DL/T 432
水分/(mg/L)		≤600	GB/T 7600
酸值(以 KOH 计)/(mg/g)		≤0.05	GB/T 264
氯含量/(mg/kg)		≤50	DL/T 433 或 DL/T 1206
泡沫特性/(mL/mL)	24℃	≤50/0	GB/T 12579
	93.5℃	≤10/0	
	后 24℃	≤50/0	
电阻率(20℃)/Ω·cm		≥1×10^{10}	DL/T 421
空气释放值(50℃)/min		≤6	SH/T 0308
水解安定性(以 KOH 计)/(mg/g)		≤0.5	EN 14833
氧化安定性	酸值(以 KOH 计)/(mg/g)	≤1.5	EN 14832
	铁片质量变化/mg	≤1.0	
	铜片质量变化/mg	≤2.0	

(6) 水-乙二醇型难燃液压液的技术要求

GB/T 21449—2008《水-乙二醇型难燃液压液》规定的水-乙二醇型难燃液压液的技术要求,见表 1-39。

表 1-39　水-乙二醇型难燃液压液的技术要求

项目		质量指标				试验方法
黏度等级(按 GB/T 3141)		22	32	46	68	—
运动黏度(40℃)/(mm²/s)		19.8～24.2	28.8～35.2	41.4～50.6	61.2～74.8	GB/T 265
外观		清澈透明[①]				目测
水分(质量分数)/%	不小于	35				SH/T 0246
倾点/℃		报告				GB/T 3535
泡沫特性(泡沫倾向/泡沫稳定性)/(mL/mL) 　25℃　　　　　　　　　　　不大于 　50℃　　　　　　　　　　　不大于		300/10 300/10				GB/T 12579
空气释放值(50℃)/min　　　　不大于		20	20	25	25	SH/T 0308
pH 值(20℃)		8.0～11.0				ISO 20843
剪切安定性 　黏度变化率(20℃)/% 　黏度变化率(40℃)/% 　剪切前后 pH 值变化　　　　不大于 　剪切前后水分变化/%　　　　不大于		报告 报告 ±1.0 8				SH/T 0505 ISO 20843 SH/T 0246
抗(耐)腐蚀性(35℃±1℃,672h±2h)[②]		通过				SH/T 0752
密度(20℃)/(kg/m³)		报告				GB/T 1884,GB/T 1885 或 GB/T 2540 或 SH/T 0604
橡胶相容性(60℃/168h) 　丁腈橡胶(NBR1) 　体积变化率/%　　　　　　　不大于 　硬度变化　　　　　不小于/不大于 　拉伸强度变化率/% 　扯断伸长率变化率/%		7 −7/+2 报告 报告				GB/T 14832
芯式燃烧持久性		通过				SH/T 0785
歧管燃烧试验		通过				SH/T 0567
喷射燃烧试验		③				ISO 15029-1
老化特性 　pH 增长 　不溶物/%		③ ③				ISO 4263-2
四球机试验: 　最大无卡咬负荷 P_B 值/N 　磨斑直径(1200r/min,294N,30min,常温)/mm		③ ③				GB/T 3142 SH/T 0189
FZG 齿轮机试验		③				SH/T 0306

注：本产品一般以配好的成品供应。根据 GB/T 16898《难燃液压液使用导则》，使用温度一般为−20～50℃。

① 用一个直径大约 10cm 的干净玻璃容器盛装水-乙二醇型难燃液压液，并在室温可见光下观察，外观应是清澈透明的，并且无可见的颗粒物质。

② 抗(耐)腐蚀试验所用的金属试片由生产单位和使用单位协商确定。若仅使用铜片，可采用 GB/T 5096 石油产品铜片腐蚀试验(条件为 T2 铜片，50℃，3h)，作为出厂检验项目，不大于 1 级为通过。

③ 指标值由供应者和使用者协商确定。

第**2**章

液压图形符号

2.1 总则（摘自 GB/T 786.1—2021）

① 采用 GB/T 786.1—2021 规定的基本要素与规则创建元件符号。

② 多数符号表示元件和具有特定功能的要素；部分符号表示功能或操作方法。

③ 符号不用来表示元件的实际结构。

④ 元件符号表示的是元件未受激励的状态（初始状态）。对于没有明确定义未受激励状态（初始状态）的元件的符号，应按 GB/T 786.1—2021 中列出的符号创建的特定规则给出。

注：ISO 1219-2 中给出了适用于回路的规则。

⑤ 元件符号应给出所有的接口。

⑥ 符号应预留用于指示端口/连接口的标识，如压力、流量、电气连接等参数及其设定所需的空间。

⑦ 依据 ISO 81714-1，当创建图形符号时，可对基本要素进行镜像或旋转。

⑧ 符号要按 GB/T 786.1—2021 和 ISO 81714-1 中定义的初始状态来表示。在不改变它们含义的前提下可将它们镜像或 90°旋转。

⑨ 如果一个符号用于表示具有两个或更多主要功能的流体传动元件，并且这些功能之间相互联系，则这个符号应由实线外框包围标出。

注 1：例如，方向控制阀控制机构的工作方式和过滤器的堵塞指示都不是主要功能。

注 2：此处与 GB/T 786.1—1993 的要求不同，从点画线变为实线，目的是提高区分度。

⑩ 当一个元件由两个或者更多元件集成时，应由点画线包围标出。

⑪ 点线在 GB/T 786.1—2021 中用来表示邻近的基本要素或元件，在图形符号中不使用。

⑫ GB/T 786.1—2021 中的图形符号按照 ISO 14617、ISO 81714-1 以及 IEC 81714-2 中的规则绘制。符合 ISO 14617 的图形符号按模数尺寸 M=2.5mm、线宽 0.25mm 绘制。为了缩小符号尺寸，GB/T 786.1—2021 的图形符号按模数尺寸 M=2.0mm、线宽 0.25mm 绘制。但是，对这两种模数尺寸，字符大小应为高 2.5mm、线宽 0.25mm。可根据需要来改变图形符号的大小以用于元件标识或样本。

⑬ 字符和端口标识的尺寸应按照 ISO 3098-5 中的规则绘制，字体类型 CB 型。

⑭ GB/T 786.1—2021 中的每个图形符号按照 ISO 14617 赋有唯一的登记序号。在登记序号之后用 V1、V2、V3 等表示图形符号的改动。

对于 ISO 14617 中仍未规定的登记序号，使用基本的登记序号。在流体传动领域，用"F"来标识基本要素，用"RF"来标识应用规则。

用"X"来标识符号示例，流体传动技术领域的登记序号保留范围是 X10000～X39999。

2.2 图形符号的基本要素（摘自 GB/T 786.1—2021）

图形符号的基本要素见表 2-1，原标准中的一些问题已经修改。

表 2-1 图形符号的基本要素

要素	图形	描述
线 （共 3 种）	0.1M	供油/气管路、回油/气管路、元件框线、符号框线（见 ISO 128）
	0.1M	内部和外部先导(控制)管路、泄油管路、冲洗管路、排气管路（见 ISO 128）
	0.1M	组合元件框线（见 ISO 128）
连接和管接头 （共 12 种）	0.75M	两个流体管路的连接
	0.5M	两个流体管路的连接(在一个元件符号内表示)
	2M	端口 油/气口
	2M	带控制管路或泄油管路的端口 作者注 (先导)泄油管路的端口绘制在距离阀框线 1M 处
	2M 1M 3M 45°	位于溢流阀内的控制管路 作者注 弹簧绘制问题已修改
	45° 4M 1M 2M	位于减压阀内的控制管路

要素	图形	描述
连接和管接头（共 12 种）		位于三通减压阀内的控制管路
		软管,蓄能器囊
		封闭管路或封闭端口
		流体管路中的堵头 作者注　GB/T 786.3—2021 规定其为"液压管路内堵头"
		旋转连接
		三通球阀
流动通道和方向的指示（共 20 种）		流体流过阀的通道和方向
		流体流过阀的通道和方向
		流体流过阀的通道和方向
		流体流过阀的通道和方向
		阀内部的流动通道
		阀内部的流动通道

要素	图形	描述
流动通道和方向的指示（共 20 种）	4M 2M 4M 2M	阀内部的流动通道
	4M 2M 2M	阀内部的流动通道
	4M 2M 2M	阀内部的流动通道
	30° 1M	流体的流动方向 作者注　在冷却器或加热器（温度调节器）中其也是热能的流动方向
	1M 1M 1M	液压力的作用方向
	2M 2M 2M	液压力的作用方向
	1M 3M 30°	线性运动方向的指示
	1M 3M 30°	双方向线性运动的指示
	9M 60° 1M 30°	顺时针方向旋转的指示

要素	图形	描述
流动通道和方向的指示（共 20 种）		逆时针方向旋转的指示
		双方向旋转的指示
		压力指示
		转矩指示
		速度指示
机械基本要素（共 59 种）		单向阀的运动部分（小规格）
		单向阀的运动部分（大规格）
		测量仪表、控制元件、步进电机的框线
		能量转换元件的框线（泵、压缩机、马达）

要素	图形	描述
机械基本要素 （共 59 种）	3M 6M	摆动泵或摆动马达的框线
	□2M	控制方式（简略表示）、蓄能器重锤、润滑点的框线
	□3M	开关、转换器和其他类似器件的框线
	□4M	最多四个主油/气口阀的机能位的框线
	□6M	原动机的框线（如：内燃机）
	4M	流体处理装置的框线（如：过滤器、分离器、油雾器和热交换器）
	3M 2M	控制方式的框线（标准图）
	4M 2M	控制方式的框线（加长图）
	5M 3M	显示单元的框线
	6M 4M	五个主油/气口阀的机能位的框线
	8M 4M	双压阀（与阀）的框线
	4M 1M	无杆缸的滑块

要素	图形	描述
机械基本要素（共 59 种）		功能单元的框线
		柱塞缸的活塞杆(柱塞)
		缸筒
		多级缸的缸筒
		活塞杆
		大直径活塞杆
		多级缸的活塞杆
		双作用多级缸的活塞杆
		双作用多级缸的活塞杆
		使用独立控制元件解锁的锁定装置

要素	图形	描述
机械基本要素 （共 59 种）		永磁铁
		膜片，囊
		增压器的壳体
		增压器的活塞
		排气口
		缸内缓冲
		缸的活塞
		盖板式插装阀的阀芯
		盖板式插装阀的阀套（可插装滑阀芯）
		盖板式插装阀的阀芯（可插装滑阀芯）

要素	图形	描述
机械基本要素 （共 59 种）		盖板式插装阀的插孔
		盖板式插装阀的阀芯（锥阀结构）
		盖板式插装阀的阀芯（锥阀结构）
		盖板式插装阀的阀套（可插装主动型锥阀芯）
		盖板式插装阀的阀芯（主动型锥阀结构）
		盖板式插装阀的阀芯（主动型锥阀结构）
		无端口控制盖板 盖板的最小高度尺寸为 4M 为实现功能扩展,盖板高度应调整为 2M 的倍数 作者注　原标准中"$n2M$"改为"$n\times2M$",以更符合一般书写习惯。其余类同

要素	图形	描述
机械基本要素 （共 59 种）	0.5M 3M	机械连接 轴 杆 机械反馈
	1M 3M	机械连接（如：轴、杆）
	1M 3M	机械连接 轴 杆 机械反馈
	1M 0.5M 2M	联轴器
	0.125M 1.25M 2.5M 2.5M	M与登记序号为 2065V1 的符号（能量转换元件的框线）结合使用表示电动机
	90° 0.75M	单向阀的阀座（小规格）
	90° 1M	单向阀的阀座（大规格）
	2.5M 1M 0.5M 2.5M	机械行程限制
	0.8M 1M 1.5M	节流（小规格） 作者注　其在阀框线内使用

要素	图形	描述
机械基本要素 （共 59 种）		节流（流量控制阀,取决于黏度） 作者注　节流缺中间点线已修改
		节流（小规格）
		节流（锐边节流,很大程度上与黏度无关） 作者注　节流缺中间点线已修改
		弹簧（嵌入式）
		弹簧（缸用）
		活塞杆制动器
		活塞杆锁定机构
控制机构要素 （共 31 种）		锁定元件（锁）
		机械连接 轴 杆

要素	图形	描述
控制机构要素 （共 31 种）	0.25M 1M 3M	机械连接 轴 杆
	3M 0.25M 1M	机械连接 轴 杆
	6M 0.5M 2M	双压阀的机械连接 *作者注　未见其在液压上应用*
	60° 0.75M 0.25M	锁定槽
	1M 0.5M	锁定销
	0.5M	非锁定位置指示
	1.5M	手动越权控制要素
	0.75M 2M	推力控制要素
	0.75M 2M	拉力控制要素
	3M 2M 0.75M 1.5M	推拉控制要素

要素	图形	描述
控制机构要素 （共 31 种）		转动控制要素
		控制元件,可拆卸把手
		控制要素,钥匙
		控制要素,手柄
		控制要素,踏板
		控制要素,双向踏板
		控制机构的操作防护要素
		控制要素,推杆

要素	图形	描述
控制机构要素 （共 31 种）		铰接
		控制要素,滚轮
		控制要素,弹簧
		控制要素,带控制机构的弹簧 作者注　在序号 7.1.2.14 的描述中为扭力杆
		不同控制面积的直动操作要素
		步进可调符号
		M与登记序号为 F002V1 的符号（测量仪表框线）结合使用表示与元件连接的电动机
		直动式液控机构(用于方向控制阀)
		控制要素,线圈,作用方向指向阀芯(电磁铁、力矩马达、力马达)
		控制要素,线圈,作用方向背离阀芯(电磁铁、力矩马达、力马达)

続表

要素	图形	描述
控制机构要素 （共 31 种）	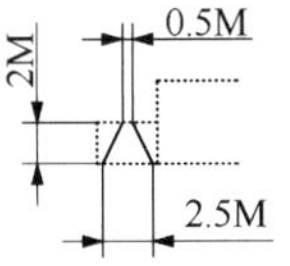	控制要素，双线圈，双向作用
调节要素 （共 8 种）	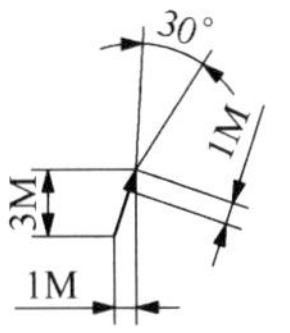	可调节（如：行程限制）
	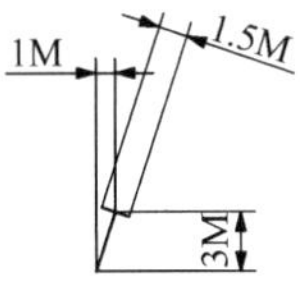	预设置（如：行程限制）
	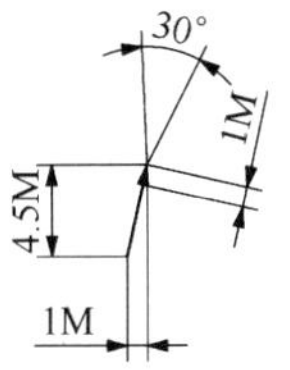	可调节（弹簧或比例电磁铁）
	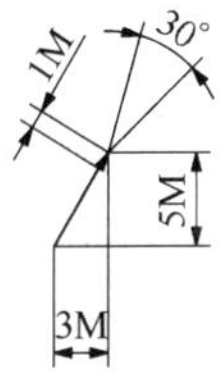	可调节（节流）
	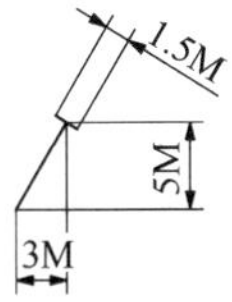	预设置（节流）
	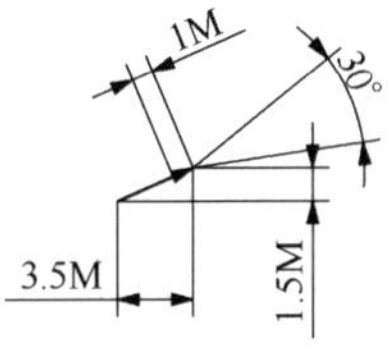	可调节（节流）
	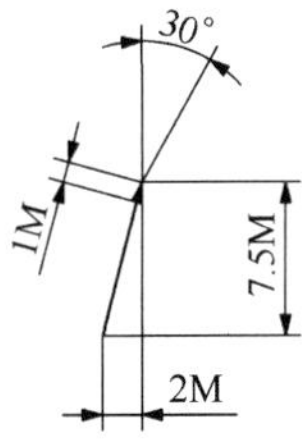	可调节（末端缓冲）

要素	图形	描述
调节要素 (共 8 种)		可调节(泵/马达)
附件 (共 37 种)	□3M	信号转换器(常规) 测量传感器
	□4M	信号转换器(常规) 测量传感器
		* ——输入信号 * * ——输出信号
	F——流量 G——位置或长度 L——液位 P——压力或真空度 S——速度或频率 T——温度 W——重量或力	输入信号
		压电控制机构的元件
		电线
		输出信号(电气开关信号)
		输出信号(电气模拟信号)
		输出信号(电气数字信号)

要素	图形	描述
附件 （共 37 种）		电气常闭触点
		电气常开触点
		电气转换开关
		集成电子器件
		液位指示
		加法器
		流量指示

要素	图形	描述
附件 （共 37 种）	3M	温度指示
	1.5M	光学指示要素
	1M 2M 0.5M 1M	声音指示要素
	1.8M 0.35M 0.6M	浮子开关要素
	0.75M 0.75M 1.5M	时间控制要素
	3M	计数器要素
	1.5M 4M	截止阀 作者注　在 GB/T 38276—2019 中对常开、常闭球阀，常开、常闭闸阀，常开、常闭截止阀和蝶阀的图形符号进行了区别
	5.65M	滤芯
	1M	过滤器聚结功能

要素	图形	描述
附件 （共 37 种）		过滤器真空功能
		流体分离器要素（手动排水）
		分离器要素
		流体分离器要素（自动排水）
		过滤器要素（离心式）
		热交换器要素（冷却）
		油箱
		回油箱 　作者注　是回到左面所示的油箱,而不是其他油箱
		下列元件的要素： 压力容器 压缩空气储气罐 蓄能器 气源 波纹管执行器软管缸

要素	图形	描述
附件 (共37种)		液压油源
		消音(声)器 作者注　1. 排气口绘制问题已修改 2. 在GB/T 17446—2024中给出了"气动消声器"的术语和定义
		风扇

作者注　表2-1的图形中，所有尺寸界线均已按有关国家标准规定修改为细实线。

2.3　应用规则（摘自GB/T 786.1—2021）

应用规则见表2-2，原标准中一些问题已经修改。

表2-2　应用规则

类别	图形	描述
常规符号 (共3种)		机能位的大小可随需要改变
		需要时,未连接排气口应标明
		要素应居中且与相应符号有1M间隔
阀 (共25种)		控制机构中心线位于长方形/正方形底边之上1M 两个并联控制机构的中心线间距为2M,且不能超出功能要素的底边
		根据控制机构的工作状态,操作一端的控制机构可使阀芯从初始位置移入邻位 同时操纵四位阀两端的控制机构,可以控制阀芯从初始位置移动两个位置

类别	图形	描述
	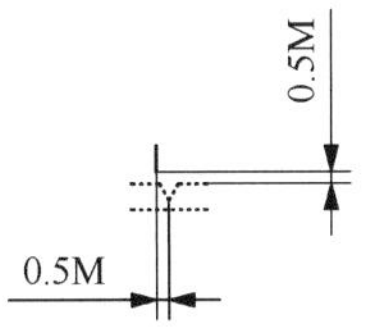	锁定机构应居中,或者在距凹口右或左0.5M的位置,且在轴上方0.5M处
	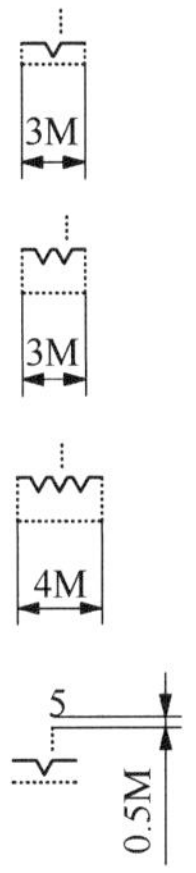	锁定槽应均匀置于轴上。对于三个以上锁定槽,在锁定槽(销)上方0.5M处用数字表示
		如有必要,应当标明非锁定的切换位置
阀 (共25种)	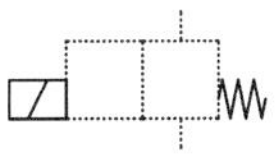	控制机构应当在图中相应的矩形/正方形中直接标明
	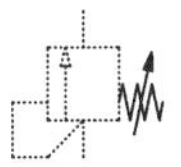	控制机构应画在矩形/正方形的右侧,除非两侧均有
		如果尺寸不足,需要画出延长线,在机能位的两侧均可
	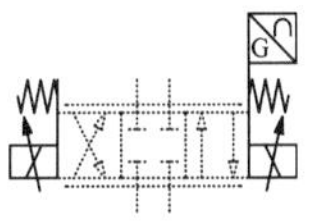	控制机构和信号转换器并联工作时,从底部到顶部应遵循以下顺序: 液控/气控 电磁铁 弹簧 手动控制元件 转换器 如果同样的控制机构作用于机能位的两侧,其顺序必须对称放置,不允许符号重叠
		控制机构串联工作时应按照控制顺序表示
	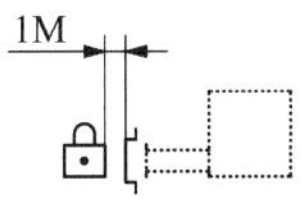	锁定符号应在距离锁定机构1M距离处标出,该锁定符号表示带锁调节

类别	图形	描述
阀 （共 25 种）		符号设计时应使端口末端在 2M 倍数的网格上
		单线圈比例电磁铁
		可调节弹簧
		阀符号由各种机能位组成，每个机能位代表一种阀芯位置和不同机能
		应在未受激励状态下的机能位（初始位置）上标注工作端口
		符号连接应位于 2M 的倍数网格上。相邻端口线的距离应为 2M，以保证端口标识的标注空间
		功能：无泄漏（阀）
		功能：内部流道节流（负遮盖）
		压力控制阀符号的基本位置由流动方向决定（供油/气口通常画在底部）

类别	图形	描述
阀 (共 25 种)		比例阀、高频响和伺服阀的中位机能,零遮盖或 正遮盖
		比例阀、高频响和伺服阀的中位机能,零遮盖或 负遮盖(不超过 3%)
		安全位应在控制范围以外的机能位表示
		可调节要素应位于节流的中心位置
		有两个及以上机能位且连续控制的阀,应沿符 号画两条平行线 作者注　缺少的阀右位右侧框线已添加
二通盖板插装阀 (共 9 种)		符号包括两个部分:控制盖板和插装阀芯(插装 阀芯和/或控制盖板可包含更基础的要素或符号)
		控制盖板的连接端口应位于框线中网格上,位 置固定
		外部连接端口应画在两侧 作者注　已修改为管路通过可更换节流,见 2.5 节

类别	图形	描述
二通盖板插装阀 （共 9 种）	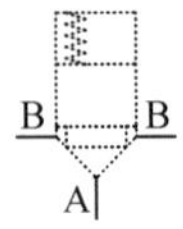	工作端口位于底部和符号两侧 A 口位于底部，B 口可在右侧，或者左边，或者两边都有
	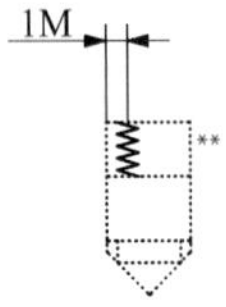	开启压力应在符号旁边标明（＊＊处）
	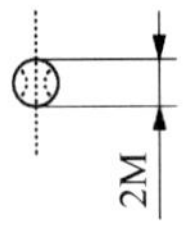	如果节流可更换，其符号应画一个圆 作者注　已修改为管路通过可更换节流，见 2.5 节
	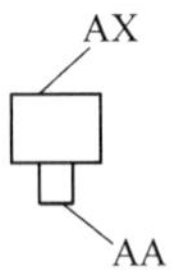	锥阀结构，阀芯面积比 $\dfrac{AA}{AX} \leqslant 0.7$
	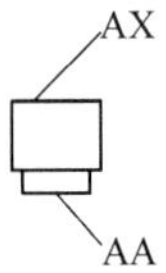	锥阀结构，阀芯面积比 $\dfrac{AA}{AX} > 0.7$
		有节流功能的，应按图示涂黑
泵和马达 （共 6 种）	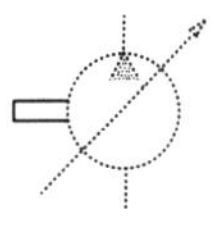	泵的驱动轴位于左边（首选位置）或右边，且可延长 2M 的倍数
	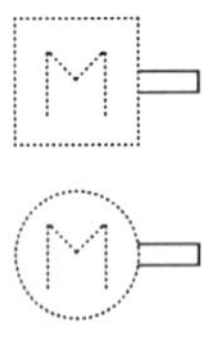	电动机的轴位于右边（首选位置）或左边
	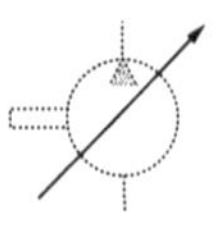	表示可调节的箭头位置于能量转换装置符号的中心，如果需要，可画得更长些
	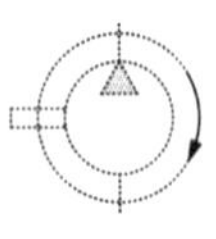	顺时针方向箭头表示泵轴顺时针方向旋转，并画在泵轴的对侧。应面对轴端判断旋转方向 注意：符号镜像时，应将指示旋转方向的箭头反向
	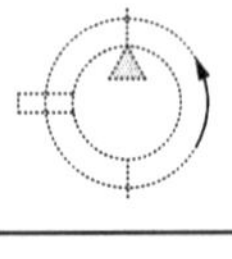	逆时针方向箭头表示泵轴逆时针方向旋转，并画在泵轴的对侧。应面对轴端判断旋转方向 注意：符号镜像时，应将指示旋转方向的箭头反向

类别	图形	描述
泵和马达 (共6种)		泵或马达的泄油管路画在右下底部,与端口线夹角小于45°
缸 (共5种)	1M 0.5M 0.5M 8M	活塞应距离缸端盖1M以上,连接端口距离缸的末端应当在0.5M以上
		缸筒应与活塞杆要素相匹配
		行程限位应在缸筒末端标出
	2M 4M 8M 4M 2M 8M	机械限位应以对称方式标出
		可调节机能由标识在调节要素中的箭头表示。如果有两个可调节要素,可调节机能应表示在其中间位置
附件—管接头 (共5种)	10M 2M 1 1 2 2 2M 3 3 4 4 5 5	多路旋转管接头两边的接口都是2M间隔。数字可自定义并扩展。接口标号表示在接口符号上方 流道的汇集线应居中绘制
	0.75M	两条管路的连接应标出连接点

类别	图形	描述
附件—管接头 （共 5 种）		两条管路交叉但没有连接点,表明它们之间没有连接
		符号的所有端口应标出
		各种端口的标注示例 A—油口 B—油口 P—供油口 T—回油口 X—先导供油口 Y—先导泄油口 3,5—排气口 2,4—工作口 1—供气口 14—控制口 在每个端口的上方或者左边应留出充足的空间进行标注。每个端口的字母/数字标注:液压符合 ISO 9461,气动符合 ISO 11727
附件—电气装置 （共 4 种）		机电式位置开关(如:阀芯位置)
		带开关量输出信号的接近开关(如:监视方向控制阀中的阀芯位置)
		带模拟信号输出的位置信号转换器
		两个及以上触点可以画在一个框内,每个触点可有不同功能(常闭触点、常开触点、开关触点) 如果多于三个触点,可用数字标注在触点上方 0.5M 位置
附件—测量设备和指示器		指示器中箭头和星号的绘制位置 * 处为指示要素的位置
附件—能量源		液压油源

2.4 液压应用示例（摘自 GB/T 786.1—2021）

液压应用示例见表 2-3，原标准中一些问题已经修改。

表 2-3　液压应用示例

类别	图形	描述
阀—控制机构 （共 16 种）		带有可拆卸把手和锁定要素的控制机构
		带有可调行程限位的推杆 作者注　可调节图形符号位置有修改
		带有定位的推/拉控制机构
		带有手动越权锁定的控制机构
		带有五个锁定位置的旋转控制机构 作者注　节流可调节箭头指向与单向阀阀座相对位置关系已修改，见 2.5 节
		用于单向行程控制的滚轮杠杆
		使用步进电机的控制机构
		带有一个线圈的电磁铁（动作指向阀芯）
		带有一个线圈的电磁铁（动作背离阀芯）
		带有两个线圈的电气控制装置（一个动作指向阀芯，另一个动作背离阀芯）
		带有一个线圈的电磁铁（动作指向阀芯，连续控制） 作者注　根据 JB/T 12396—2015，或可称为"比例阀用电磁铁"。以下同
		带有一个线圈的电磁铁（动作背离阀芯，连续控制）

类别	图形	描述
阀—控制机构 (共16种)		带(有)两个线圈的电气控制装置(一个动作指向阀芯,另一个动作背离阀芯,连续控制)
		外部供油的电液先导控制机构
		机械反馈
		外部供油的带有两个线圈的电液两级先导控制机构(双向工作,连续控制)
阀—方向控制阀 (共18种)		二位二通方向控制阀(双向流动,推压控制,弹簧复位,常闭) 　作者注　在 GB/T 17446—2024 中将"通"改为"口",以下同
		二位二通方向控制阀(双向流动,电磁铁控制,弹簧复位,常开) 　作者注　原描述中没有"双向流动"
		二位四通方向控制阀(电磁铁控制,弹簧复位)
		二位三通方向控制阀(带有挂锁)
		二位三通方向控制阀(单向行程的滚轮杠杆控制,弹簧复位)
		二位三通方向控制阀(单电磁铁控制,弹簧复位)
		二位三通方向控制阀(单电磁铁控制,弹簧复位,手动越权锁定)
		二位四通方向控制阀(单电磁铁控制,弹簧复位,手动越权锁定)

类别	图形	描述
阀—方向控制阀 （共 18 种）	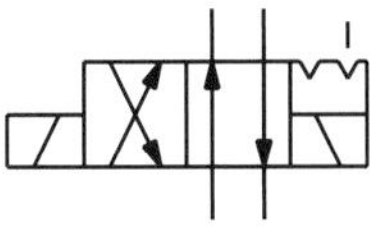	二位四通方向控制阀（双电磁铁控制，带有锁定机构，也称脉冲阀） 　作者注　在 GB/T 17446—2024 中没有"脉冲阀"这样的术语和定义
	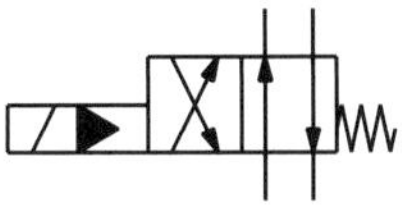	二位四通方向控制阀（电液先导控制，弹簧复位）
	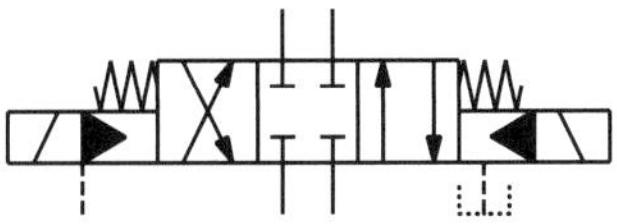	三位四通方向控制阀（电液先导控制，先导级电气控制，主级液压控制，先导级和主级弹簧对中，外部先导供油，外部先导回油） 　作者注　外部先导回油绘制在距离阀框线 1M 处
	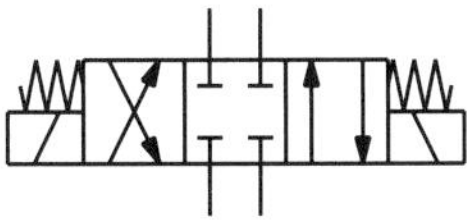	三位四通方向控制阀（双电磁铁控制，弹簧对中）
	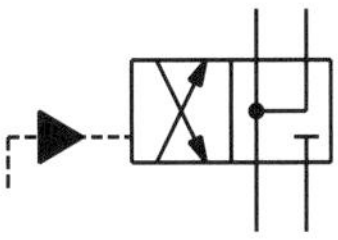	二位四通方向控制阀（液压控制，弹簧复位）
	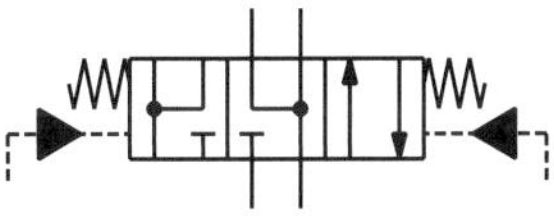	三位四通方向控制阀（液压控制，弹簧对中）
	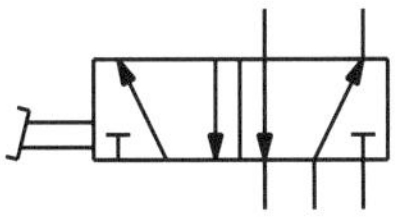	二位五通方向控制阀（双向踏板控制）
	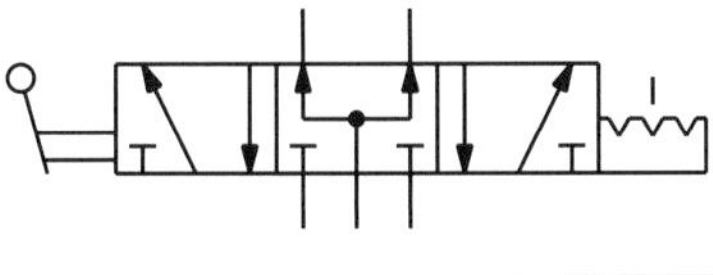	三位五通方向控制阀（手柄控制，带有定位机构）
	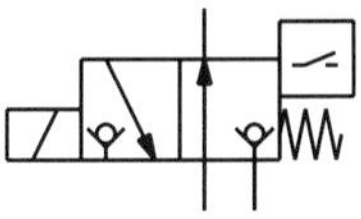	二位三通方向控制阀［电磁（铁）控制，无泄漏，带有位置开关］
	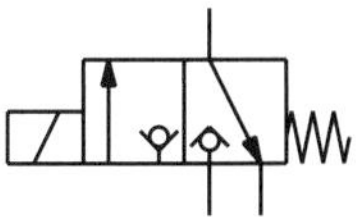	二位三通方向控制阀［电磁（铁）控制，无泄漏］

类别	图形	描述
阀—压力控制阀 （共9种）		溢流阀（直动式，开启压力由弹簧调节）
		顺序阀（直动式，手动调节设定值）
		顺序阀（带有旁通单向阀） 　作者注　在 JB/T 10370—2013 中规定了"内控单向顺序阀"和"外控单向顺序阀"等，左侧图形符号称为"单向顺序阀"比较合适
		二通减压阀（直动式，外泄型）
		二通减压阀（先导式，外泄型）
		防气蚀溢流阀（用来保护两条供油管路） 　作者注　在 GB/T 17446—2024 中给出了术语"防气穴阀"的定义："〈液压〉有助于防止空化气穴的单向阀。"
		蓄能器充液阀 　作者注　弹簧可调节箭头方向已修改，见 2.5 节
		电磁溢流阀（由先导式溢流阀与电磁换向阀组成，通电建立压力，断电卸荷）
		三通减压阀（超过设定压力时，通向油箱的出口开启）

类别	图形	描述
阀—流量控制阀 (共 7 种)		节流阀
		单向节流阀
		流量控制阀(滚轮连杆控制,弹簧复位) 作者注 或应为连续流量控制阀
		二通流量控制阀(开口度预设置,单向流动,流量特性基本与压降和黏度无关,带有旁通单向阀)
		三通流量控制阀(开口度可调节,将输入流量分成固定流量和剩余流量)
		分流阀(将输入流量分成两路输出流量)
		集流阀(将两路输入流量合成一路输出流量)
阀—单向阀和梭阀 (共 5 种)		单向阀(只能在一个方向自由流动)
		单向阀(带有弹簧,只能在一个方向自由流动,常闭)
		液控单向阀(带有弹簧,先导压力控制,双向流动)
		双液控单向阀
		梭阀(逻辑"或",压力高的入口自动与出口接通) 作者注 "单向阀的运动部分"也可绘制在右侧

类别	图形	描述
阀—比例方向控制阀（共7种）		比例方向控制阀（直动式）
		比例方向控制阀（直动式）
		比例方向控制阀（主级和先导级位置闭环控制，集成电子器件）
		伺服阀（主级和先导级位置闭环控制，集成电子器件）
		伺服阀（先导级带双线圈电气控制机构，双向连续控制，阀芯位置机械反馈到先导级，集成电子器件）
		伺服阀控缸（伺服阀由步进电机控制，液压缸带有机械位置反馈） 作者注　机械反馈（杆）长度按1.5M绘制
		伺服阀（带有电源失效情况下的预留位置，电反馈，集成电子器件）
阀—比例压力控制阀（共6种）		比例溢流阀（直动式，通过电磁铁控制弹簧来控制）
		比例溢流阀（直动式，电磁铁直接控制，集成电子器件）
		比例溢流阀（直动式，带有电磁铁位置闭环控制，集成电子器件）
		比例溢流阀（带有电磁铁位置反馈的先导控制，外泄型）
		三通比例减压阀（带有电磁铁位置闭环控制，集成电子器件） 作者注　减压端油口位置已按"三通减压阀"修改
		比例溢流阀（先导式，外泄型，带有集成电子器件，附加先导级以实现手动调节压力或最高压力下溢流功能）

类别	图形	描述
阀—比例流量控制阀（共 4 种）		比例流量控制阀（直动式）
		比例流量控制阀（直动式,带有电磁铁位置闭环控制,集成电子器件）
		比例流量控制阀（先导式,主级和先导级位置控制,集成电子器件）
		比例节流阀（不受黏度变化影响） 作者注 节流可调节箭头相对节流的位置已修改
阀—二通盖板式插装阀（共 30 种）		压力控制和方向控制插装阀插件（锥阀结构,面积比 1:1） 作者注 通常以弹簧腔为 C 腔
		压力控制和方向控制插装阀插件（锥阀结构,常开,面积比 1:1）
		方向控制插装阀插件（带有节流端的锥阀结构,面积比≤0.7）
		方向控制插装阀插件（带有节流端的锥阀结构,面积比＞0.7）
		方向控制插装阀插件（锥阀结构,面积比≤0.7）
		方向控制插装阀插件（锥阀结构,面积比＞0.7）
		主动方向控制插装阀插件（锥阀结构,先导压力控制）

类别	图形	描述
阀—二通盖板式插装阀 （共 30 种）		主动方向控制插装阀插件（B 端无面积差）
		方向控制插装阀插件（单向流动,锥阀结构,内部先导供油,带有可替换的节流孔）
		溢流插装阀插件（滑阀结构,常闭）
		减压插装阀插件（滑阀结构,常闭,带有集成的单向阀）
		减压插装阀插件（滑阀结构,常开,带有集成的单向阀）
		无端口控制盖板
		带有先导端口的控制盖板
		带有先导端口的控制盖板（带有可调行程限制装置和遥控端口）
		可安装附加元件的控制盖板
		带有梭阀的控制盖板,梭阀液压控制
		带有梭阀的控制盖板

类别	图形	描述
		带有梭阀的控制盖板(可安装附加元件)
		带有溢流功能的控制盖板
		带有溢流功能和液压卸荷的控制盖板
		带有溢流功能的控制盖板(带有流量控制阀用来限制先导级流量)
阀—二通盖板式插装阀 (共 30 种)		二通插装阀(带有行程限制装置)
		二通插装阀(带有内置方向控制阀)
		二通插装阀(带有内置方向控制阀,主动控制)

类别	图形	描述
阀—二通盖板式插装阀 （共 30 种）	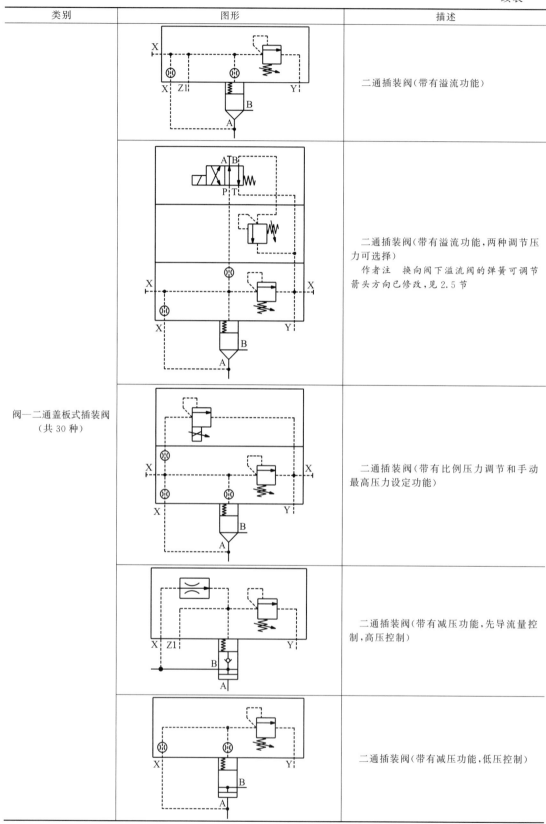	二通插装阀（带有溢流功能）
		二通插装阀（带有溢流功能，两种调节压力可选择） 作者注　换向阀下溢流阀的弹簧可调节箭头方向已修改，见 2.5 节
		二通插装阀（带有比例压力调节和手动最高压力设定功能）
		二通插装阀（带有减压功能，先导流量控制，高压控制）
		二通插装阀（带有减压功能，低压控制）

类别	图形	描述
泵和马达(共 17 种)		变量泵(顺时针单向旋转)
		变量泵(双向流动,带有外泄油路,顺时针单向旋转)
		变量泵/马达(双向流动,带有外泄油路,双向旋转)
		定量泵/马达(顺时针单向旋转)
		手动泵(限制旋转角度,手柄控制) *作者注 两油口按相距 3M 绘制。以下同。*
		摆动执行器/旋转驱动装置(带有限制旋转角度功能,双作用)
		摆动执行器/旋转驱动装置(单作用)
		变量泵(先导控制,带有压力补偿功能,外泄油路,顺时针单向旋转) *作者注 溢流阀的弹簧可调节箭头方向已修改,见 2.5 节*
		变量泵(带有压力/流量控制,负载敏感型,外泄油路,顺时针单向旋转) *作者注 溢流阀的弹簧可调节箭头方向已修改,见 2.5 节*
		变量泵(带有机械/液压伺服控制,外泄油路,逆时针单向旋转)

类别	图形	描述
泵和马达(共17种)		变量泵(带有电液伺服控制,外泄油路,逆时针单向旋转)
		变量泵(带有功率控制,外泄油路,顺时针单向旋转)
		变量泵(带有两级可调限行程压力/流量控制,内置先导控制,外泄油路,顺时针单向旋转)
		变量泵(带有两级可调限行程压力/流量控制,电气切换,外泄油路,顺时针单向旋转)
		静液压传动装置(简化表达) 泵控马达闭式回路驱动单元(由一个单向旋转输入的双向变量泵和一个双向旋转输出的定量马达组成)
		变量泵(带有控制机构和调节元件,顺时针单向旋转,箭头尾端方框表示调节能力可扩展,控制机构和元件可连接箭头的任一端,＊＊＊是复杂控制器的简化标志)
	p1 p2	连续增压器(将气体压力 p1 转换为较高的液体压力 p2) *作者注　在气动应用示例中称为"连续气液增压器"*
缸(共15种)		单作用单杆缸(靠弹簧力回程,弹簧腔带连接油口)
		双作用单杆缸
		双作用双杆缸(活塞杆直径不同,双侧缓冲,右侧缓冲带调节)

类别	图形	描述
缸 (共 15 种)		双作用膜片缸(带有预定行程限位器)
		单作用膜片缸(活塞杆终端带有缓冲,带排气口)
		单作用柱塞缸
		单作用多级缸
		双作用多级缸
		双作用带式无杆缸(活塞两端带有位置缓冲)
		双作用绳索式无杆缸(活塞两端带有可调节位置缓冲)
		双作用磁性无杆缸(仅右边终端带有位置开关)
		行程两端带有定位的双作用缸
		双作用双杆缸(左终点带有内部限位开关,内部机械控制,右终点带有外部限位开关,由活塞杆触发)
		单作用气液压力转换器(将气体压力转换为等值的液体压力)
	p1 p2	单作用增压器(将气体压力 p1 转换为更高的液体压力 p2) 作者注 此图形符号有问题,两活塞间容腔可能困油(气)。排气口为作者添加
附件—连接和管接头 (共 8 种)		软管总成
	1 2 3 1 2 3	三通旋转式接头

类别	图形	描述
附件—连接和管接头 （共 8 种）		快换接头（不带有单向阀，断开状态） 作者注　两个封闭端口按相距 1M 绘制。 以下同
		快换接头（带有一个单向阀，断开状态）
		快换接头（带有两个单向阀，断开状态）
		快换接头（不带有单向阀，连接状态）
		快换接头（带有一个单向阀，连接状态）
		快换接头（带有两个单向阀，连接状态）
附件—电气装置 （共 3 种）		压力开关（机械电子控制，可调节）
		电调节压力开关（输出开关信号）
		压力传感器（输出模拟信号）
附件—测量仪和指示器 （共 19 种）		光学指示器 作者注　指示器中箭头按压力指示绘制。以下同
		数字显示器
		声音指示器
		压力表

类别	图形	描述
附件—测量仪和指示器 (共 19 种)		压差表
		带有选择功能的多点压力表 　作者注　对多点压力表添加了端口,见 2.5 节
		温度计
		电接点温度计(带有两个可调电气常闭 触点)
		液位指示器(油标) 　作者注　仅作为"液位指示器(油标)"一 般没有"浮子开关要素"
		液位开关(带有四个常闭触点)
		电子液位监控器(带有模拟信号输出和 数字显示功能)
		流量指示器
		流量计
		数字流量计
		转速计
		扭(转)矩仪
		定时开关
		计数器

类别	图形	描述
附件—测量仪和指示器 (共 19 种)		在线颗粒计数器 作者注　1. 在线颗粒计数器的框线按 8M×4M 绘制 2. 根据 GB/T 37162.1—2018 中给出的术语和定义以及"工作方式示意图",此"在线颗粒计数器"带流向的出口管路应删掉,出口液样应回到油箱或废液箱
附件—过滤器与分离器 (共 13 种)		过滤器
		通气过滤器 作者注　1. 两排气口按 1M 距离绘制 2. 在 GB/T 17446—2024 中给出了术语"通气器"的定义:"可以使元件(例如油箱)与大气之间进行空气交换的器件。"
		带有磁性滤芯的过滤器
		带有光学阻塞指示器的过滤器 作者注　其与压力控制阀基本位置(供油/气口通常画在底部)不同,其上端是液压流体入口
		带有压力表的过滤器
		带有旁路节流(装置)的过滤器
		带有旁路(通)单向阀的过滤器 作者注　此图形符号所示为液压流体由上端进入、下端排出过滤器,而非相反
		带有旁路(通)单向阀和数字显示器的过滤器
		带有旁路(通)单向阀、光学阻塞指示器和压力开关的过滤器

类别	图形	描述
附件—过滤器与分离器 （共 13 种）		带有光学压差指示器的过滤器 　作者注　靠一点压力起作用工作的是"阻塞"指示器,靠两点压力起作用工作的是"压差"指示器
		带有压差指示器和压力开关的过滤器
		离心式分离器
		带有手动切换功能的双过滤器
附件—热交换器 （共 5 种）		不带有冷却方式指示的冷却器
		采用液体冷却的冷却器
		采用电动风扇冷却的冷却器
		加热器
		温度调节器
附件—蓄能器（压力容器、气瓶）（共 5 种）		隔膜式蓄能器

类别	图形	描述
附件—蓄能器（压力容器、气瓶）（共 5 种）		囊式蓄能器
		活塞式蓄能器
		气瓶
		带有气瓶的活塞式蓄能器
附件—润滑点	■	润滑点

GB/T 30208—2013 规定的一些图形符号及说明，对正确理解 GB/T 786.1—2021 规定的图形符号或有参考价值，具体参见附录 C。

例如，先导控制，术语"先导"可理解为①阀芯末端用活塞移动阀芯；②滑阀、单向阀、提升阀等独立活塞机械连接，伺服装置；③两（二）通、三通或四通微型阀将压力直接作用于主选择阀阀芯末端；④提升阀的微型受载弹簧作为压力限制器将形成一个压力平衡来移动主提升阀；⑤喷嘴挡板或电液伺服阀第一级相似部分。术语"差动控制"可理解为①和滑阀、提升阀等非相等面积机械连接，小面积处有一恒值压力；②传感器活塞面积大于和其机械连接的先导阀面积，但开与关提供了范围较宽的差动值。

再如，关于直接作用式二通减压阀的说明为"只要进口压力高于出口压力，则在进口压力变化的情况下，输出压力基本恒定。如果出口管路是闭塞的，由于阀内泄漏的影响，出口压力将经常上升至进口压力的水平。"

2.5 最新国家标准图形符号勘误

GB/T 786.1—2021《流体传动系统及元件 图形符号和回路图 第 1 部分：图形符号》于 2021-05-21 颁布，自 2021-12-01 实施，作者是该项国家标准的主要起草人之一。

根据中国标准出版社出版发行的 2021 年 5 月第一版第一次印刷的该标准，作者认为其中还存在一些问题，如"8.7.4 输入信号（英文字母）"与"8.7.8 输出信号（电气模拟信号）"大小不一致，在 6.1.9.27、6.1.9.28、6.1.9.29、6.1.9.30 等中两个流体管路在一个元件内的连接圆点画大了，在 6.2.1、6.2.2、6.2.3、6.2.4、6.2.6、6.2.7、6.2.8、6.2.9、6.2.10、6.2.11、6.2.12、6.2.13、6.2.14、6.2.15、6.2.16 等中泵旋转方向指示箭头绘制得不规范，在 6.3.3、6.3.10、7.3.3、7.3.7、A.5.1 中缸末端缓冲可调节箭头位置有偏差（参见 GB/T 786.1—2021 中的 9.5.5），其他见表 2-4。

表 2-4 GB/T 786.1—2021 图形符号勘误表

序号	标准序号	图形或文字描述	勘误	说明
1	5.9	注 2：……，从点划线变为实线，……	点画线	根据 GB/T 4457.4—2002
2	5.10	……，应由点划线包围标出	点画线	根据 GB/T 4457.4—2002
3	6.1.1.5 7.1.1.5			如与 6.1.4.2 和 9.2.24 进行比较，节流可调节箭头指向与单向阀的阀座相对位置不一致
4	6.1.3.7			流体的流动方向箭头与弹簧可调节箭头指向相反
5	6.1.9.27			流体的流动方向箭头与弹簧可调节箭头指向相反
6	6.2.8			流体的流动方向箭头与弹簧可调节箭头指向相反
7	6.2.9			流体的流动方向箭头与弹簧可调节箭头指向相反
8	6.4.3.6			多点压力表缺端口

序号	标准序号	图形或文字描述	勘误	说明
9	7.4.4.18			两三通球阀间缺同时切换的机械连接(杆)
10	9.3.3 9.3.6			可更换节流中间缺管路线
11	A.2.4	线型:点划线	点画线	根据 GB/T 4457.4—2002

第3章

液压回路图

3.1　液压回路图的绘制规则（摘自 GB/T 786.2—2018）

液压回路图是使用规定的图形符号表示的液压传动系统或其局部功能的图样。

在 GB/T 786.2—2018《流体传动系统及元件　图形符号和回路图　第 2 部分：回路图》中规定了绘制液压和气动回路图的规则，适用于液压和气动系统，也适用于冷却系统、润滑系统以及与流体传动相关的应用特殊气体的系统。

作者注　在 GB/T 15565—2020《图形符号　术语》中给出的术语"图形符号"的定义为："以图形为主要特征，信息的传递不依赖于语言的符号。"其中"图形"是二维空间以点、线和面构建的可视形状；"符号"是表达一定事物或概念、具有简化特征的视觉形象。本书并未将"图形"与"符号"严格区别，经常称为"图形符号"。

(1) 总则

① 一般要求

a. 回路图应标识清晰，并能实现系统所要求的动作和控制功能。

b. 回路图应表示出所有流体传动元件及其连接关系。

c. 回路图不必考虑元件及配管在实际装配中的位置关系。关于元件本身及其在系统中的装配关系的信息（包括图样和其他相关细节信息），应按 GB/T 3766—2015 和 GB/T 7932—2017 的相关要求编制完整的技术文件。

d. 应按照流体传动介质的种类绘制各自独立的回路图。

例如：使用气压作为动力源（如气液油箱或增压器）的液压传动系统应绘制单独的气动回路图。

作者注　在 GB/T 17446—2012 中没有"气液油箱"，而有术语"压力油箱"；"增压器"不一定是气液的，如在 GB/T 7785—2013 中规定的"增压器"；或应为"气液（增压）转换器"。

② 幅面　纸质版回路图应采用 A4 或 A3 幅面。如果需要提供 A3 幅面的回路图，应按 GB/T 14689—2008《技术制图　图纸幅面和格式》规定的方法将回路图折叠成 A4 幅面。在供需双方同意的前提下，可以使用其他载体形式传递回路图，其要求应符合 GB/T 14691—1993《技术制图　字体》的规定。

③ 布局

a. 不同元件之间的连接处应使用最少的交叉点来绘制。连接处的交叉应符合 GB/T 786.1 的规定。

b. 元件名称及说明不得与元件连接线及符号重叠。

c. 代码和标识的位置不应与元件和连接线的预留空间重叠。

d. 根据系统的复杂程度，回路图应根据其控制功能分解成各种功能模块。一个完整的控制功能模块（包括执行元件）应尽可能绘制在一张图样上，并用双点画线作为各功能模块的分界线。

e. 由执行元件操纵的元件，如限位阀和限位开关，其元件的图形符号应绘制在执行元件（如液压缸）运动的位置上，并标记一条标注线和其标识代码。如果执行元件是单向运动，应在标注线上加注一个箭头符号（→）。

f. 回路图中，元件的图形符号应按照从底部到顶部，从左到右的顺序排列，规则如下。

ⅰ. 动力源：左下角。

ⅱ. 控制元件：从下向上，从左到右。

ⅲ. 执行元件：顶部，从左到右。

g. 如果回路图由多张图样组成，并且回路图从一张延续到另一张，则应在相应的回路图中用连接标识对其标记，使其容易识别。连接标识应位于线框内部，至少由标识代码（相应回路图中的标识代码应标识一致）、"—"符号，以及关联页码组成，见 GB/T 786.2—2018 中图 1。如果需要，连接标识可进一步说明回路图类型（如液压回路、气动回路等）以及连接标识在图样中网格坐标或路径，见 GB/T 786.2—2018 中图 2。

④ 元件

a. 流体传动元件的图形符号应符合 GB/T 786.1 的规定。

b. 依据 GB/T 786.1 的规定，回路图中元件的图形符号表示的是非工作状态。在特殊情况下，为了更好地理解回路的功能，允许使用与 GB/T 786.1 中不一致的图形符号。例如：活塞杆伸出的液压缸（待命状态）；机械控制型方向阀正在工作的状态。

(2) 回路图中元件的标识规则

① 元件和软管总成的标识代码　元件和软管总成的标识代码见 GB/T 786.2—2018，其中规定的传动介质代码的字母符号为：H—液压传动介质；P—气压传动介质；C—冷却介质；K—冷却润滑介质；L—润滑介质；G—气体介质。

② 连接口标识　在回路图中，连接口应按照元件、底板、油路块的连接口特征进行标识。

为清晰表达功能性连接的元件或管路，必要时，在回路图中的元件上或附近宜添加所有隐含的连接口标识。

③ 管路标识代码　以"应用标识代码"的首字符表示回路图中不同类型的管路时，应使用以下字母符号：P—压力供油管路和辅助压力供油管路；T—回油管路；L，X，Y，Z—其他的管路代码，如先导管路、泄油管路等。

作者注　在 GB/T 17446—2012 中没有"压力供油管路""辅助压力供油管路"和"先导管路"。

如果回路中使用了多种传动介质，"管路应用代码"应包含"传动介质代码"。如果只使用一种介质，"传动介质代码"可以省略。

作者注　"管路应用代码"见 GB/T 786.2—2018 中 5.4.1.2 的图 5。

其他管路标识代码见 GB/T 786.2—2018。

(3) 回路图中的技术信息

① 总则

a. 回路功能、电气参考名称和元件要求的技术信息应包含在回路图中，标识在相关符号或回路图的附近。可包含额外的技术信息，且应满足"布局"的要求。

b. 在同一回路中，应避免同一参数（如流量或压力等）使用不同的量纲单位。

② 回路功能　功能模块的每个回路应根据其功能进行规定，如夹紧、举升、翻转、钻孔或驱动。该信息应标识在回路图中每个回路的上方位置。

③ 电气参考名称　电气原理图中使用的参考名称应在回路图所指示的电磁铁或其他电气连接元件处进行说明。

④ 元件

a. 油箱、储气罐、稳压罐

ⅰ. 对于液压油箱，回路图中应给出以下信息：

• 最大推荐容量，单位为升（L）；

• 最小推荐容量，单位为升（L）；

• 符合 GB/T 3141—94《工业液体润滑剂 ISO 黏度分类》、GB/T 7631.2—2003《润滑剂、工业用油和相关产品（L 类）的分类　第 2 部分：H 组（液压系统）》的液压传动介质型号、类别以及黏度等级；

• 当油箱与大气不连通时，油箱最大允许压力，单位为兆帕（MPa）。

ⅱ. 对于气体储气罐、稳压罐，回路图中应给出以下信息：

• 容量，单位为升（L）；

• 最大允许压力，单位为千帕（kPa）或兆帕（MPa）。

b. 泵

ⅰ. 对于定量泵，回路图中应给出以下信息：

• 额定流量，单位为升每分（L/min）；

• 排量，单位为毫升每转（mL/r）；

• 额定流量和排量同时标记。

ⅱ. 对于带有转速控制功能的原动机驱动的定量泵，回路图中应给出以下信息：

• 最大旋转速度，单位为转每分（r/min）；

• 排量，单位为毫升每转（mL/r）。

ⅲ. 对于变量泵，回路图中应给出以下信息：

• 额定最大流量，单位为升每分（L/min）；

• 最大排量，单位为毫升每转（mL/r）；

• 设置控制点。

c. 原动机　回路图中应给出以下信息：

• 额定功率，单位为千瓦（kW）；

• 转速或转速范围，单位为转每分（r/min）。

d. 方向控制阀

ⅰ. 方向控制阀的控制机构应使用元件上标示的图形符号在回路图中给出标识。为了准确地表达工作原理，必要时，应在回路中、元件上或元件附近增加所有缺失的控制机构的图形符号。

ⅱ. 回路图中应给出方向控制阀处于不同的工作位置对应的控制功能。

e. 流量控制阀、节流孔和固定节流阀

ⅰ. 对于流量控制阀，其设定值（如角度位置或转速）及受其影响的参数（如缸运行时间），应在回路图中给出。

ⅱ. 对于节流孔或固定节流阀，其节流口尺寸应在回路图上给出标识，由符号"ϕ"后用直径（由符号"ϕ"及其后直径数值）表示（如 $\phi1.2$mm）。

作者注　在 GB/T 17446—2012 中定义了术语"固定节流阀"，但在 GB/T 786.1—2009

中没有"固定节流阀"及其图形符号。

f. 压力控制阀和压力开关　回路图中应给出压力控制阀和压力开关的设定压力值标识，单位为千帕（kPa）或兆帕（MPa），必要时，压力设定值可进一步标记调节范围。

g. 缸　回路图中应给出以下信息：

* 缸径，单位为毫米（mm）；
* 活塞杆直径，单位为毫米（mm）［仅为液压缸要求，气缸不做（作）此要求］；
* 最大行程，单位为毫米（mm）。

示例：液压缸的信息为缸径100 mm，活塞杆直径56 mm，最大行程50 mm，可以表示为"$\phi100/56\times50$"。

h. 摆动马达　回路图中应给出以下信息：

* 排量，单位为毫升每转（mL/r）；
* 旋转角度，单位为度（°）。

作者注　在GB/T 3766—2015中使用的是"旋转执行器"；在GB/T 786.1—2021中使用的是"摆动执行器/旋转驱动装置"；在GB/T 17446—2024中给出了术语"摆动执行器"的定义"轴旋转角度受限制的马达"。

i. 马达

ⅰ. 对于定量马达，回路图中应给出排量信息，单位为毫升每转（mL/r）。

ⅱ. 对于变量马达，回路图中应给出以下信息：

* 最大和最小排量，单位为毫升每转（mL/r）；
* 转矩范围，单位为牛米（N·m）；
* 转速范围，单位转每分（r/min）。

j. 蓄能器

ⅰ. 对于所有种类的蓄能器，回路图中应给出容量信息，单位为升（L）。

ⅱ. 对于气体加载式蓄能器，除上条要求的以外，回路图中应给出以下信息：

* 在指定温度［单位为摄氏度（℃）］范围内的预充压力（p_0），单位为兆帕（MPa）；
* 最大工作压力（p_2）以及最小工作压力（p_1），单位为兆帕（MPa）；
* 气体类型。

k. 过滤器

ⅰ. 对于液压过滤器，回路图中应给出过滤比信息。过滤比应按照GB/T 18853—2015《液压传动过滤器　评定滤芯过滤性能的多次通过方法》的规定。

ⅱ. 对于气体过滤器，回路图中应给出公称过滤精度信息，单位为微米（μm）或被使用过的过滤系统的具体参数值。

l. 管路

ⅰ. 对于硬管，回路图中应给出符合GB/T 2351—2005《液压气动系统用硬管外径和软管内径》（已被GB/T 2351—2021《流体传动系统及元件　硬管外径和软管内径》代替）规定的公称外径和壁厚信息，单位为毫米（mm）（如$\phi38\times5$）。必要时，外径和内径信息均应在回路图中给出，单位为毫米（mm）（如$\phi8/5$）。

ⅱ. 对于软管或软管总成，回路图中应给出符合GB/T 2351—2021或相关软管标准规定的软管公称内径尺寸信息（如$\phi16$）。

m. 液位指示器　回路图中应给出以适当的单位标识的介质容量的报警液面的参考信息。

n. 温度计　回路图中应给出介质的报警温度信息，单位为摄氏度（℃）。

o. 恒温控制器　回路图中应给出温度设置信息，单位为摄氏度（℃）。

p. 压力表　回路图中应给出最大压力或压力范围信息，单位为千帕（kPa）或兆帕（MPa）。

q. 计时器　回路图中应给出延迟时间或计时范围信息，单位为秒（s）或毫秒（ms）。

（4）补充信息

① 元件清单作为补充信息，应在回路图中给出或单独提供，以便保证元件的标识代码与其资料信息保持一致。

元件清单应至少包含以下信息：

- 标识代码；
- 元件型号；
- 元件描述。

元件清单示例参见 GB/T 786.2—2018 附录 B。

② 功能图作为补充信息，其使用是非强制性的。可以在回路图中给出或单独提供，以便进一步说明回路图中的电气元件处于受激励状态和非受激励状态时，所对应动作或功能。

功能图应至少包含以下信息：

- 电气参考名称；
- 动作或功能描述；
- 动作或功能与对应处于受激励状态和非受激励状态的电气元件的对应标识。

说明

① 在 GB/T 786.2—2018《流体传动系统及元件　图形符号和回路图　第2部分：回路图》中的一些表述并不十分准确，如"回路图应标识清晰，并按照回路实现系统所有的动作和控制功能。"因为回路图可能只是系统局部功能的图样，对其不能笼统表述为可"实现系统所有的动作和控制功能。"

② 在 GB/T 786.2—2018 中使用很多没有被 GB/T 17446—2012 标准界定的术语和定义。一些如"表示""标记""标识""标示"等，存在名词、动词混用，以及它们之间相互混用的问题。

作者注　在 GB/T 5226.1—2019 中规定了术语"标记"、GB/T 38155—2019《重要产品追溯　追溯术语》中规定了术语"标志""标示""标识"的定义，或可参考。

③ 在 GB/T 786.2—2018 中的一些表述不好理解，如"电气原理图中使用的参考名称应在回路图所指示的电磁铁或其他电气连接元件处进行说明。"其问题在于要求不明确，是要求参考名称应表示在电磁铁或其他电气连接元件处，还是要求应对电磁铁或其他电气连接元件进行说明，或是要求应对电气原理图中使用的参考名称进行说明。

④ 在 GB/T 786.2—2018 中的一些规定不尽合理，如"方向控制阀的控制机构应使用元件上标示的图形符号在回路图中给出标识。"因为在绘制回路图时所选用的元件不一定都有库存，设计者可能看不到实际"元件上标示的图形符号"，而且一些元件上的图形符号也不一定符合 GB/T 786.1—2009（2021）的规定。

⑤ 在 GB/T 786.2—2018 中的一些规定自相矛盾，如"回路图中应给出方向控制阀处于不同的工作位置对应的控制功能。"其与该标准中第 4.4.2 条、第 7.2 条矛盾，且在回路图绘制中也不一定能够做到，是否必需也是个问题。

⑥ 在 GB/T 786.2—2018 中没有给出功能图示例，也没有明确指出应是 GB 5226.1—2008（已被 GB/T 5226.1—2019 代替）标准中规定的功能图，因此可能造成不统一问题。

⑦ 在 GB/T 786.2—2018 中规定的"过滤比应按照 GB/T 18853 的规定"值得商榷。而按照 GB/T 20080—2017《液压滤芯技术条件》选取过滤比更为恰当；同时，在 GB/T 20079—2006《液压过滤器技术条件》中规定过滤精度是过滤器的基本参数，回路图中宜给出过滤精度信息。

3.2 国标液压回路图示例勘误

GB/T 786.2—2018 附录 C（资料性附录）中给出的"液压回路图示例"如图 3-1、图 3-3、图 3-5 所示。

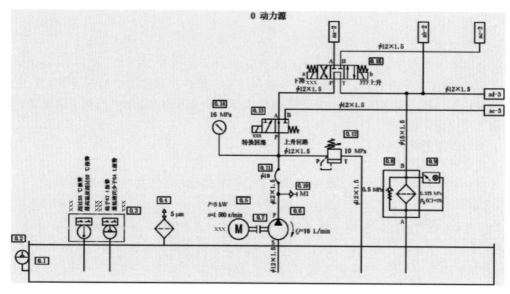

图 3-1 动力源（原标准图 C.1）

0.1—油箱；0.2—液位指示器；0.3—温度计和液位指示器；0.4—空气过滤器；0.5—电动机；0.6—泵；
0.7—联轴器；0.8—过滤器；0.9—压差发讯器；0.10—测压接头；0.11—软管总成；0.12—溢流阀；
0.13—二位三通电磁换向阀；0.14—压力表；0.15—三位四通电磁换向阀

作者注 标识代码（元件序号）和元件名称均来源于 GB/T 786.2—2018 附录 B（资料性附录）"元件清单示例"表 B.1。

根据 GB/T 786.1—2021，对图 3-1（原标准图 C.1）中一些图形符号如液位指示器 0.2、温度计和液位指示器 0.3、电动机 0.5、过滤器 0.8、压差发讯器 0.9、溢流阀 0.12、二位三通电磁换向阀 0.13、压力表 0.14、三位四通电磁换向阀 0.15 等进行了修改，如图 3-2 所示。

讨论

原标准给出的"液压回路图示例""0 动力源"及其中的图形符号存在一些问题，下面进行初步讨论。

① 在 GB/T 786.1—2021 中规定"箭头"是图形符号，应该绘制出来，而不能任由制图软件自行生成。在中国标准出版社出版发行（2019 年 1 月第 1 版，2019 年 1 月第 1 次印刷）的纸质版 GB/T 786.2—2018 标准中，溢流阀 0.12、二位三通电磁换向阀 0.13、压力表 0.14、三位四通电磁换向阀 0.15 中的"流体流动的方向""压力表指示"及"可调节（弹簧）"箭头都不规范，但压差发讯器 0.9 的"指示器中的箭头"和泵 0.6 的"顺时针方向旋转的指示"箭头却似规范。

② 液位指示器 0.2 仅是"液位指示"，不应包含"浮子开关要素"。

③ 对于温度计和液位指示器 0.3，现在确有"液位液温计"这样的产品，但其不具有"超过 55℃报警，最高温度超过 65℃报警；低于 57L 报警，最低液面（时）少于 54L 报警"。

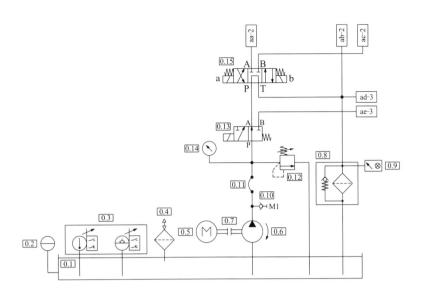

图 3-2 动力源（修改图）

0.1—油箱；0.2—液位指示器；0.3—温度计和液位指示器；0.4—空气过滤器；0.5—电动机；0.6—泵；
0.7—联轴器；0.8—过滤器；0.9—压差发讯器；0.10—测压接头；0.11—软管总成；0.12—溢流阀；
0.13—二位三通电磁换向阀；0.14—压力表；0.15—三位四通电磁换向阀

作者注 修改图中未注出说明性文字，仅将图形符号的错误予以修正，后同。

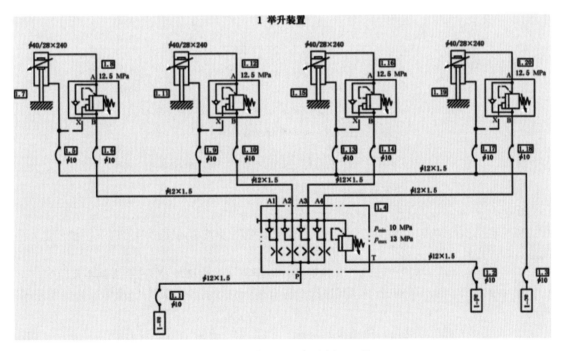

图 3-3 举升装置（原标准图 C.1 续）

1.1～1.3,1.5,1.6,1.9,1.10,1.13,1.14,1.17,1.18—软管总成；1.4—节流-溢流阀块；
1.7,1.11,1.15,1.19—液压缸；1.8,1.12,1.16,1.20—外控单向顺序阀

④ 溢流阀 0.12 设定压力为 10MPa，而在"1 举升装置"液压回路中溢流阀设定压力为 $p_{\min}=10\text{MPa} \sim p_{\max}=13\text{MPa}$、在"2 传送装置"液压回路中减压阀设定压力为 15MPa，这些压力设定相互矛盾。

⑤ 关于二位三通电磁换向阀 0.13，在 GB/T 786.1—2021 中的二位三通方向控制阀都是具有 P、T、A 口的，而没有仅具有 P、A、B 口的二位三通方向控制阀。但在某些厂家产品样本中确有仅具有 P、A、B 口的二位三通电磁换向阀。

⑥ 在 GB/T 786.1—2021 中规定了"带有旁路（通）单向阀、光学阻塞指示器和压力开关的过滤器"的图形符号，也规定了"带有光学压差指示器的过滤器"的图形符号，但此回路中设计安装的过滤器出口接油箱，"带有旁路（通）单向阀、光学阻塞指示器的过滤器"即可满足技术要求。

根据 GB/T 786.1—2021，对图 3-3（原标准图 C.1 续）中一些图形符号如节流-溢流阀块 1.4 中的溢流阀，液压缸 1.7、1.11、1.15 和 1.19，外控单向顺序阀 1.8、1.12、1.16 和 1.20 中的外控顺序阀等进行了修改，如图 3-4 所示。

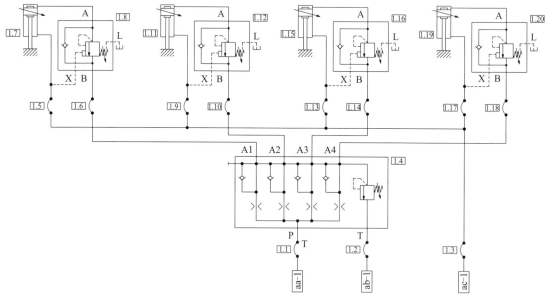

图 3-4　举升装置（修改图）

1.1~1.3,1.5,1.6,1.9,1.10,1.13,1.14,1.17,1.18—软管总成；1.4—节流-溢流阀块；
1.7,1.11,1.15,1.19—液压缸；1.8,1.12,1.16,1.20—外控单向顺序阀

作者注：图 3-4 中元件名称由作者命名。

讨论

原标准给出的"液压回路图示例""1 举升装置"及其中的图形符号存在一些问题，下面进行初步讨论。

①"流体流动的方向""可调节（弹簧）""可调节（末端缓冲）"等箭头都不规范。

② 在 GB/T 786.1—2021 中"顺序阀"应有外泄口，否则，其图形符号即与"溢流阀"相同。

③"0 动力源"回路图（第 1 页）上有三个与"1 升降装置"回路图（第 2 页）的连接口，其连接标识分别为"aa-2""ab-2"和"ac-2"。但是，"1 升降装置"回路图（第 2 页）上三个与"0 动力源"回路图（第 1 页）的连接口标识却是"aa-1"、"ad-1"和"ac-1"，显然，"ad-1"写错了。

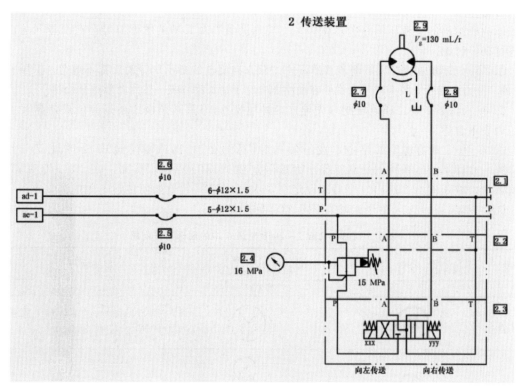

图 3-5　传送装置（原标准图 C.1 续）

2.1—油路块；2.2—减压阀；2.3—三位四通电磁换向阀；2.4—压力表；2.5～2.8—软管总成；2.9—液压马达

根据 GB/T 786.1—2021，对图 3-5（原标准图 C.1 续）中一些图形符号如减压阀 2.2、三位四通电磁换向阀 2.3、压力表 2.4、液压马达 2.9 等进行了修改，如图 3-6 所示。

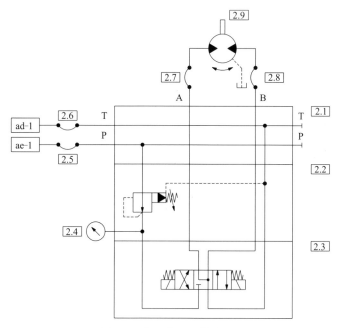

图 3-6　传送装置（修改图）

2.1—油路块；2.2—减压阀；2.3—三位四通电磁换向阀；2.4—压力表；2.5～2.8—软管总成；2.9—液压马达

讨论

原标准给出的"液压回路图示例""2 传送装置"及其中的图形符号存在一些问题，下面进行初步讨论。

① "流体流动的方向""可调节（弹簧）""双方向旋转的指示"等箭头都不规范，但压力表2.4的"压力表指示"较为规范，说明在回路图中对于箭头没有统一按照图形符号绘制。

② 减压阀2.2是二通减压阀（先导式，外泄型），不管其是板式还是叠加式，在其上连接压力表不合适。

③ 在"0 动力源"回路中，液压泵0.6（见图3-1）出口溢流阀0.12的设定压力为10MPa，亦即本液压系统的最高工作压力被限定在10MPa以内，然而，在"2 传动装置"回路图中，减压阀2.2的出口压力却设定在15MPa，这是无论如何也达不到的。

GB/T 786.2—2018附录C中的图形符号问题见表3-1。

表3-1 GB/T 786.2—2018附录C中的图形符号问题

序号	GB/T 786.2—2018附录C中的图形符号(不规范示例)	GB/T 786.1—2021规定的图形符号(规范示例)	问题
	图3-1		
1		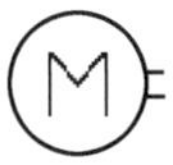	在GB/T 786.1中"M"是图形符号
2	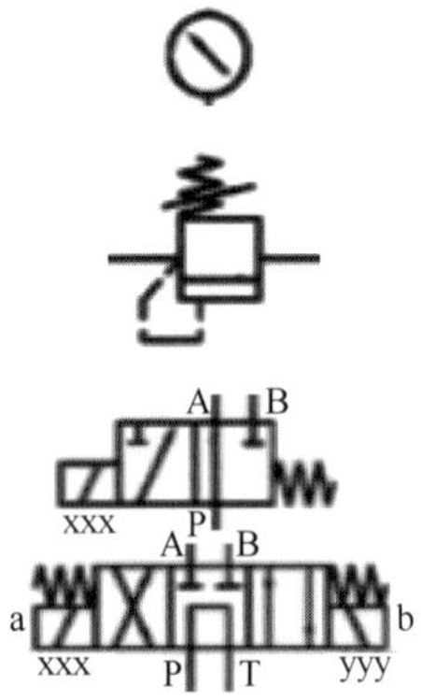	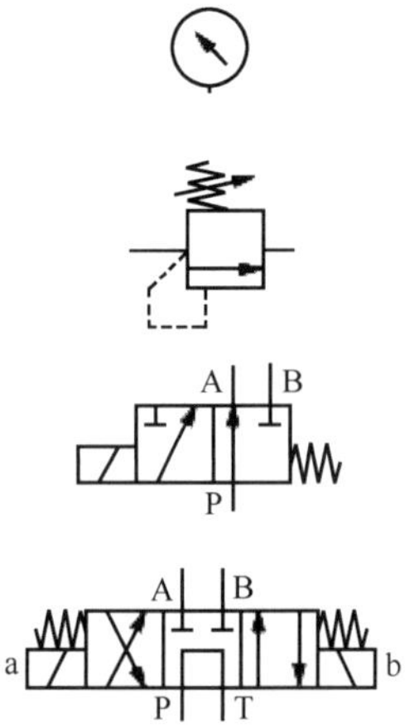	"压力表指示""流体流动的方向"及"可调节(弹簧)"都不规范
3		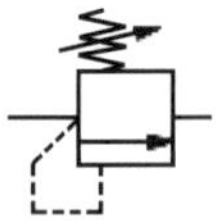	溢流阀的弹簧,以及其与可调节(弹簧)相互位置都绘制得不规范
4		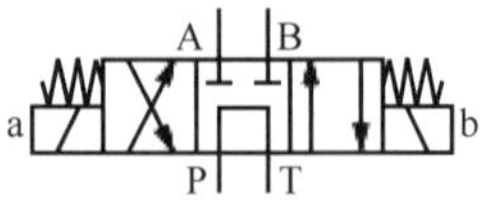	三位四通电磁换向阀左侧的弹簧绘制得不规范
5			仅作为"液位指示器(油标)"不应包含"浮子开关要素",且"浮子开关要素"绘制得也不规范。以下同
6		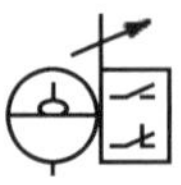	根据GB/T 786.1—2021的规定,液位开关所带有的触点应绘制在液位指示器的右侧

序号	GB/T 786.2—2018 附录 C 中的图形符号(不规范示例)	GB/T 786.1—2021 规定的图形符号(规范示例)	问题
7		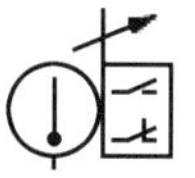	根据 GB/T 786.1—2021 的规定,温度计所带有的触点应绘制在温度计的右侧
8	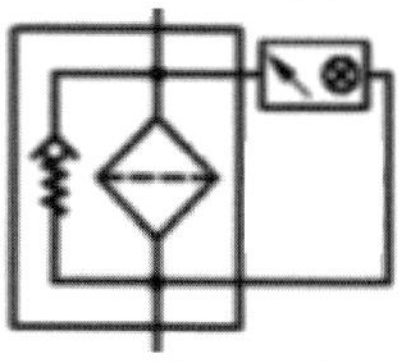	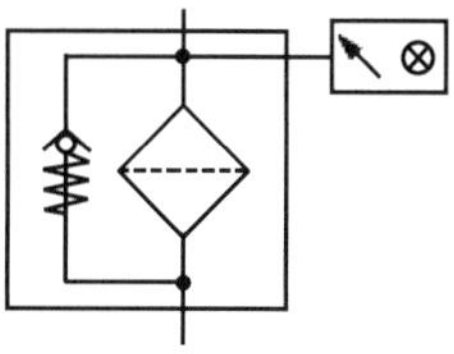	由于过滤器出口直接油箱,可采用带光学阻塞指示器过滤器 过滤器带有的旁路(通)单向阀中弹簧绘制得不规范

图 3-3

9	  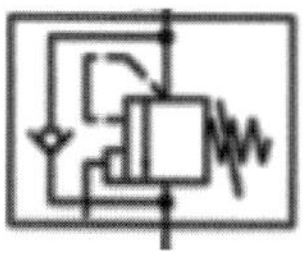	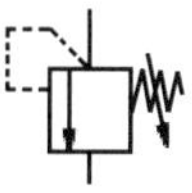  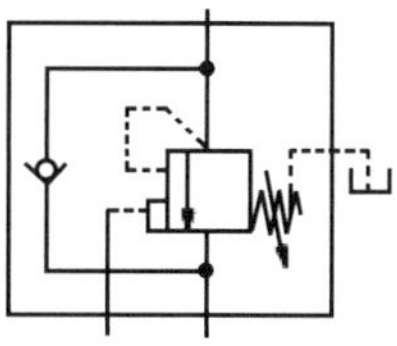	"流体流动的方向""可调节(弹簧)"、"可调节(末端缓冲)"等箭头都不规范
10		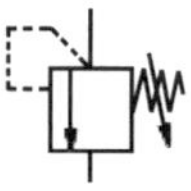	溢流阀的弹簧,以及其与可调节(弹簧)相互位置都绘制得不规范
11	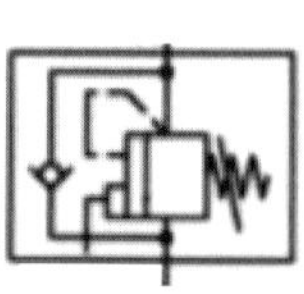	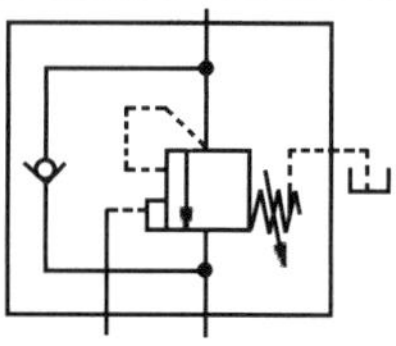	根据 GB/T 786.1—2021 的规定,顺序阀应有外泄口,此为其区别特征 顺序阀的弹簧,以及其与可调节(弹簧)相互位置都绘制得不规范

图 3-5

| 12 | 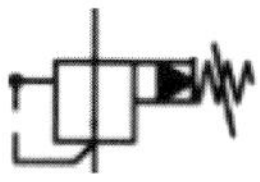 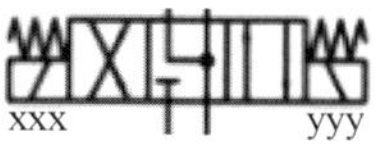 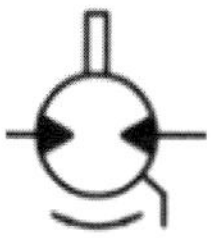 | 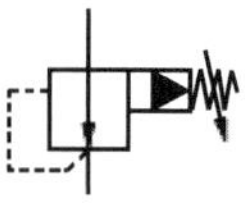 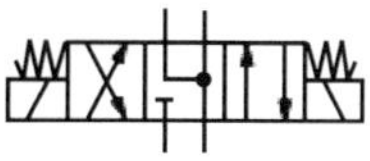  | "流体流动的方向""可调节(弹簧)""双方向旋转的指示"等箭头都不规范 |
| 13 | 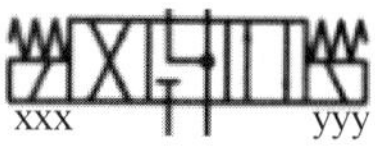 | 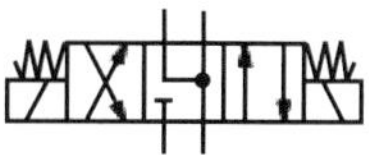 | 三位四通电磁换向阀的对中弹簧绘制得不规范 |

3.3 液压回路图中符号模块创建和组合规则（摘自 GB/T 786.3—2021）

符号模块是符合由 ISO 1219-1：2012（即 GB/T 786.1—2021）规定的符号、线、外框和连接点构成的模块（如底板模块）、符号模块可以通过相同的接口相互连接。

GB/T 786.3—2021《流体传动系统及元件　图形符号和回路图　第 3 部分：回路图中的符号模块和连接符号》对 GB/T 786.1—2021 和 GB/T 786.2—2018 进行了补充，规定了回路图中可连接的元件符号创建和组合的规则，以减少设计工作量和回路图中管路数量。

本文件规定了表示构成功能单元作用的模块对应符号的创建和组合规则，如油路块总成或叠加阀组或气源处理装置（FRL 装置）。本文件的规则不仅有利于设计回路，而且有利于理解采用符号模块表示组合元件的回路图。

作者注　GB/T 1.1—2020 规定，在此之后标准中都称"本文件"而不再叙述为"本标准"。

(1) 符号模块的创建规则

① 外框线宽　符号模块应由线宽 0.1M 或 0.175M 的实线包围。

② 外框尺寸　取决于其内部包含的符号、管路和符号模块的接口连接点的位置。外框的宽度尺寸和高度尺寸应为 2M 或其倍数。

注：为清晰理解，外框尺寸种类宜尽量少。

③ 外框与线的间距　外框与最接近外框的线之间的间距应与相邻平行线之间的间距有区别。符号模块中线与线的间距可以是 1M 或其倍数。

注：②和③的规定是为清晰理解回路图。

④ 符号模块方向　应符合 ISO 1219-1 中关于符号方向的规定，如图 3-7（即原标准图 3）所示。

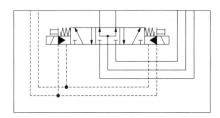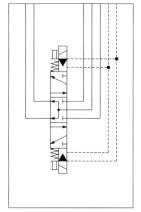

图 3-7　ISO 1219-1：2012 规定的符号模块方向（修改图）

作者注　原标准"图 3　符号 ISO 1219-1 规定的符号模块方向"存在的主要问题为：①将阀"先导泄漏油口"与"液压力的作用方向"相交；②"弹簧（控制要素）"绘制得不准确。根据 GB/T 786.1—2021 对原标准中图 3 的图形符号进行了修改。

⑤ 封闭管路的表示　符号模块中封闭管路的绘制应符合 ISO 1219-1 中 8.2.9 的规定，其图形符号注册号为 2172V1。符号模块中液压管路内堵头的绘制应符合 ISO 1219-1 中 8.2.10 的规定，其图形符号注册号为 F038V1。

(2) 回路图中符号模块的应用规则

① 符号模块的典型布局　合适的符号模块可以水平和垂直相互连接。三种典型布局如图 3-8（即原标准图 4）所示。

② 符号模块的连接　符号模块的设计和排列应使接口连接点重合。只有接口处具有相同宽度（或高度）的符号模块才应相互连接。

底板或油路块的符号在绘制回路图中的连接规则可以有所区别。

③ 符号模块的间距　在回路图中，符号模块无连接点的一侧可并行排列。符号模块之间的距离不代表元件实际装配中的距离。

④ 连接的符号模块的外框　连接在一起的符号模块，代表一个具有自我标识代码的功能单元，可用 0.1M 或 0.175M 的点画线的线框包围标出。

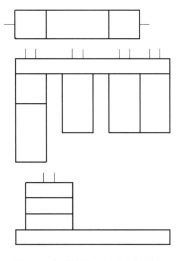

图 3-8　符号模块典型布局示例

⑤ 符号模块的分解

a. 在回路图中，符号模块可在多张图样上绘制。

b. 符号模块的分解部分应使用符合 ISO 1219-2 中 4.3.7 规定的连接标识相互标记。

c. 在符号模块的分解侧，符号模块的外框或被连接的符号模块的点画线外框应保持打开状态。

如果使用连接标识，相互连接的符号模块也可在它们的接口处分解。

⑥ 符号模块的扩展　为了更加清晰地理解，符号模块在回路图中可进行扩展性绘制。

⑦ 连接的符号模块的定位和对齐　依据 ISO 1219-2 中 4.3.6 的规定，表示控制元件的符号模块放置于图样下部，执行元件的符号模块放置于图样上部。当创建和连接符号模块时，外部连接点（代表工作口）应放置在符号模块的上方或侧方，见图 3-8（即原标准图 4）和 GB/T 786.3—2021 附录 A。

⑧ 符号模块接口连接点的名称　在确保清晰理解的前提下，为避免显示多余信息，可省略接口连接点的名称。

(3) 包含符号模块的回路图示例

（依据本文件的）回路图中连接的符号模块的示例，在 GB/T 786.3—2021 附录 A～附录 D 中给出。

(4) 标注说明

当选择遵守本文件时，宜在试验报告、产品目录和销售文件中使用以下说明：“回路图的绘制符合 GB/T 786.3—2021《流体传动系统及元件　图形符号和回路图　第 3 部分：回路图中的符号模块和连接符号》。”

作者注　1. 在 GB/T 786.3—2021 的范围中规定了“回路图中可连接的元件符号创建和组合的规则”“表示构成功能单元作用的模块对应符号的创建和组合规则”，这样重复表述不合适。

2. 该标准图 3 所选的“三位五通气动方向控制阀（两侧电磁铁控制、外部先导供气、手动辅助控制、弹簧复位至中位）”还有“外部先导回气”，且“外部先导回气”绘制的位置也不准确。但在 GB/T 786.1—2021 中给出的“气阀应用示例”中，都没有“外部先导回气”。为了保留“外部先导回油”，将其修改为液压阀。

3. 对于 GB/T 786.3—2021 附录 B（资料性）给出的“液压回路图示例”，不管是中国标准出版社 2021 年 5 月出版发行的纸质版的，还是网上下载的电子版的，都无法准确辨认、清晰理解，因此也没有办法进一步分析说明。

3.4 动力液压源回路图

动力液压源（或简称为动力源）是产生和维持有压力流体的流量的能源，是执行元件如液压缸或液压马达所要转换成机械能的液压能量源，主要区别于控制液压源，但它们都是"流体动力源"。

动力源回路图是使用规定的图形符号表示的液压传动系统该部分（局部）功能的图样。在回路图中，动力源回路应排列在图样的左下角。

3.4.1 基本动力源回路

如图 3-9 所示，在参考文献［26］中将该回路称为"单定量泵供油回路"，该回路为液压系统中的基本动力源回路。此回路用于对液压系统可靠性要求不高或者流量变化不大的场合，溢流阀用于设定液压系统的最高工作压力。

作者注 参考文献［26］［41］或［45］是工程技术人员常用的三部机械设计手册，在本章第 3.4 节～第 3.27 节中凡是具体指出这三部参考文献之一的都有原文献回路图，但考虑本书篇幅，没有在重新绘制的回路图前摘录这些作为参考的原文献回路图。

3.4.2 定量泵-溢流阀液压源回路

图 3-10 参考了文献［45］的"定量泵-溢流阀液压源回路"。此回路结构简单，定量液压泵出口压力近似不变，可为一（近似）恒定值（常数），因此也有参考文献将其称为"恒压源"。此液压源采用一个（近似）恒定转速的定量泵并联（电磁）溢流阀，其（近似）恒定压力是靠溢流阀的调定值决定的。但当系统需要流量不大时，大部分流量是通过溢流阀溢流（回油箱）的，即有溢流损失这样的缺点，因此这种"恒压源"的效率一般不高。此回路多用于功率不大的液压系统，如一些机床的液压系统。

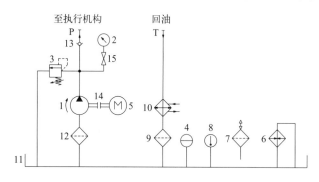

图 3-9 基本动力源回路

1—液压泵；2—压力表；3—溢流阀；4—液位计；5—电动机；
6—加热器；7—空气滤清器；8—温度计；9—过滤器；
10—冷却器；11—油箱；12—粗过滤器；13—单向阀；
14—联轴器；15—压力表开关

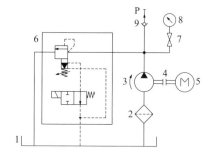

图 3-10 定量泵-溢流阀液压源回路

1—油箱；2—粗过滤器；3—定量液压泵；4—联轴器；
5—电动机；6—（电磁）溢流阀；7—压
力表开关；8—压力表；9—单向阀

3.4.3 定量泵-减压阀液压源回路

如图 3-11 所示，在参考文献［45］中将类似回路称为"定量泵-减压阀液压源回路"。参考文献［45］介绍，这种恒压源多用于瞬间流量变化大的（电液）伺服系统中。为保证电液伺服系统执行元件（如液压缸）快速动作的需要，此类恒压系统的动态响应快，因此瞬间功率也大。蓄能器可以满足瞬间大流量的要求，减小泵的规格尺寸，避免能源浪费。在泵出口的压力管路上安装了直动式减压阀，使快速响应的减压阀起到滤波的作用，将此液压动力源波动滤出。

3.4.4 变量泵-安全阀液压源回路

如图 3-12 所示，在参考文献［41］中将该回路称为"变量泵-安全阀液压源回路"。此回路中的变量液压泵在运转过程中可以实现排量调节。使用变量液压泵作为液压源的主泵可在没有溢流损失的情况下使系统正常工作，但为了系统安全，一般都在泵出口设置一个溢流阀作为安全阀，以限定系统最高工作压力。此种回路性能好，效率高，但缺点是结构复杂、价格高。在图示回路中的变量泵可为限压式、恒功率式、恒压式、恒流量式和伺服变量泵等，但不包括手动变量泵。

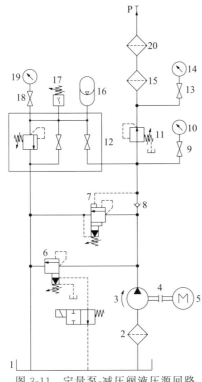

图 3-11 定量泵-减压阀液压源回路

1—油箱；2—粗过滤器；3—定量液压泵；4—联轴器；5—电动机；
6—电磁溢流阀；7—卸荷溢流阀；8—单向阀；9,13,18—压力表开关；
10,14,19—压力表；11—减压阀；12—液压蓄能器控制阀组；
15—压力管路过滤器Ⅰ；16—蓄能器；17—压力继电器；
20—压力管路过滤器Ⅱ

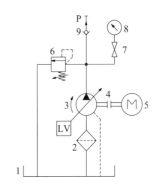

图 3-12 变量泵-安全阀液压源回路

1—油箱；2—粗过滤器；3—恒功率变量液压泵；
4—联轴器；5—电动机；6—溢流阀；
7—压力表开关；8—压力表；9—单向阀

3.4.5 高低压双泵液压源回路

如图 3-13 所示，在参考文献［45］中将该回路称为"高低压双泵液压源回路"。此回路可以为系统提供所需的不同的供给流量。当系统的执行元件所驱动的负载较小而又要求其快速运动时，两泵同时供油以使执行元件驱动负载取得高速；当负载增大而又要求执行元件驱动其较慢运动时，系统工作压力升高，卸荷阀打开，低压大流量液压泵卸荷，此时只有高压小流量液压泵单独供油。此回路由双泵协同供油，提高了液压系统效率，同时也减小了功率消耗。

　　如图 3-14 所示，在参考文献［41］中将该回路称为"高低压双泵液压源回路——双联泵回路"。此回路工作原理与上面所述双泵回路相同，只是此回路中采用了高低压双联液压泵。

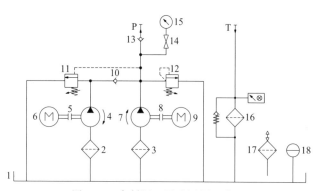

图 3-13　高低压双泵液压源回路 I

1—油箱；2,3—粗过滤器；4—低压大流量液压泵；5,8—联轴器；
6,9—电动机；7—高压小流量液压泵；10,13—单向阀；
11—卸荷阀；12—溢流阀；14—压力表开关；15—压力表；
16—带旁路（通）单向阀、光学阻塞指示器的（回油）
过滤器；17—油箱通气过滤器；18—液位指示

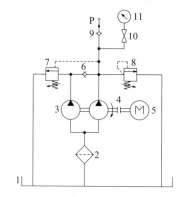

图 3-14　高低压双泵液压源回路 II

1—油箱；2—粗过滤器；3—高低压双联液压泵；
4—联轴器；5—电动机；6,9—单向阀；
7,8—溢流阀；10—压力表开关；11—压力表

3.4.6　多泵并联供油液压源回路

　　如图 3-15 所示，在参考文献［26］和［41］中将该回路分别称为"多定量泵供油回路"和"多泵并联供油液压源回路"，该回路采用多台液压泵并联向系统供给压力油。此回路用于要求液压系统可靠性较高的设备和场合，采用数台工作一台备用的工作方式；当系统流量变化较大时也可采用此回路，如系统需要流量小时，一部分液压泵工作，其余液压泵卸荷，当需要大流量时，液压泵全部投入工作，达到节省能源的目的。各泵调定压力应该相同，设置于各泵出口的电磁溢流阀可使各泵具有卸荷功能，单向阀可使不工作的泵不受压力流体作用。

　　在参考文献［45］中介绍，此回路中的三台定量泵的流量分别为 $q_3 > q_2 > q_1$；$q_3 > q_1 + q_2$。根据各台定量泵是否工作，该图示液压源可以提供七种不同的供给流量。

　　如图 3-16 所示，此为图 3-15 的另一种画法。

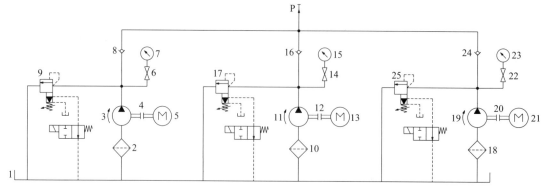

图 3-15　多泵并联供油液压源回路 I

1—油箱；2,10,18—粗过滤器；3,11,19—液压泵；4,12,20—联轴器；5,13,21—电动机；6,14,22—压力表开关；
7,15,23—压力表；8,16,24—单向阀；　9,17,25—电磁溢流阀

如图 3-17 所示，此回路采用多台液压泵并联向系统供压力油。用于要求液压系统可靠性较高，不能中断供压力油的设备和场合，数台泵工作，一台泵备用或检修。

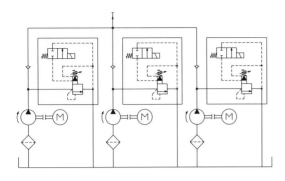 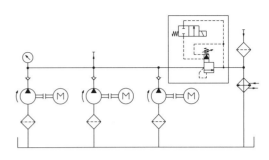

图 3-16　多泵并联供油液压源回路Ⅱ　　　　　图 3-17　多泵并联供油液压源回路Ⅲ

3.4.7　液压泵并联交替供油液压源回路

如图 3-18 所示，在参考文献［26］和［45］中将该回路分别称为"定量泵辅助循环泵供油回路"和"辅助循环泵液压源回路"。两个液压缸一个是工作的，另一个是备用的。当工作的液压泵出现故障时，备用的液压泵起动，使液压系统正常工作。回路中设置的两个单向阀，可防止工作的液压泵输出的液压流体流入不工作的液压泵，使其反转。为了提高对系统污染度、温度的控制水平，此回路采用了独立的过滤、冷却循环回路。即使主系统不工作，采用这种设计同样可以对系统进行过滤和冷却，主要用于对液压流体的污染度和温度要求较高的场合。

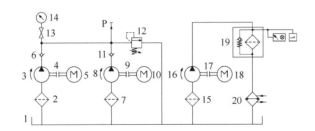

图 3-18　液压泵并联交替供油液压源回路Ⅰ

1—油箱；2,7,15—粗过滤器；3,8,16—液压泵；4,9,17—联轴器；5,10,18—电动机；
6,11—单向阀；12—溢流阀；13—压力表开关；14—压力表；19—带旁路（通）
单向阀、光学阻塞指示器与电气触点的过滤器；20—冷却器

图 3-19 所示回路原理同上，但仅就液压泵并联交替供油液压源而言，图 3-19 所示回路更为典型。

3.4.8　液压泵串联供油液压源回路

如图 3-20 所示，在参考文献［45］中将该回路称为"辅助泵供油液压源回路"。有时为了满足液压系统所要求的较高性能，选取了自吸能力较低的高压泵，因此采用了自吸性能较

好、流量脉动小的辅助泵供油，以保证主泵可靠吸油。辅助泵出口压力由溢流阀调定，压力大小以保证主泵可靠吸油为原则，一般为 0.5MPa 左右。

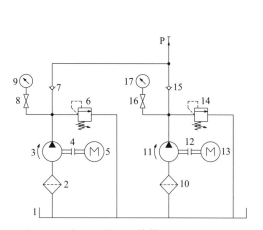

图 3-19　液压泵并联交替供油液压源回路Ⅱ
1—油箱；2,10—粗过滤器；3,11—液压泵；
4,12—联轴器；5,13—电动机；6,14—溢流阀；
7,15—单向阀；8,16—压力表开关；9,17—压力表

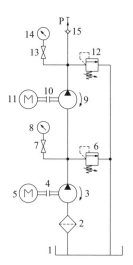

图 3-20　液压泵串联供油液压源回路
1—油箱；2—粗过滤器；3—辅助液压泵；4,10—联轴器；
5,11—电动机；6,12—溢流阀；7,13—压力表开关；
8,14—压力表；9—主液压泵；15—单向阀

3.4.9　阀控液压源回路

如图 3-21 所示，通过两个二位三通电磁（液）换向阀的切换，可使两台液压泵分别供油和合流共同供油；当一台液压泵供油时，另一台液压泵可通过二位三通电磁（液）换向阀卸荷。其中一台液压泵选择手动变量液压泵，对扩展该阀控液压回路的适用性大有益处，尤其在液压系统调试过程中更为明显。

如图 3-22 所示，在参考文献［26］中将该回路称为"改变泵组连接调速回路"。在参考

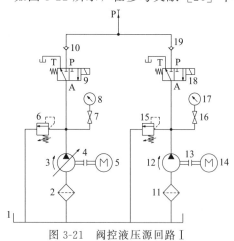

图 3-21　阀控液压源回路Ⅰ
1—油箱；2,11—粗过滤器；3—手动变量液压泵；
4,13—联轴器；5,14—电动机；6,15—溢流阀；
7,16—压力表开关；8,17—压力表；9,18—二位三通
电磁（液）换向阀；10,19—单向阀；12—定量液压泵

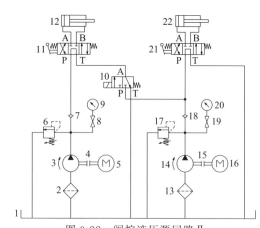

图 3-22　阀控液压源回路Ⅱ
1—油箱；2,13—粗过滤器；3,14—液压泵；
4,15—联轴器；5,16—电动机；6,17—溢流阀；
7,18—单向阀；8,19—压力表开关；9,20—压力表；
10—二位三通电磁换向阀；11,21—三
位四通手动换向阀；12,22—液压缸

文献［26］中介绍：采用换向阀改变泵组连接，实现有级调速。两台液压泵分别通过相连接的三位四通手动换向阀向各自液压缸供油，此时为低速状态；若二位三通电磁换向阀的电磁铁得电且相连的三位四通手动换向阀处于中位，则两台液压泵合流共同向一个液压缸供油，此时为高速状态。

如图 3-23 所示，两台液压泵分别通过两个三位四通电液换向阀向两条支路供油，当二位四通电液换向阀换向后，两个液压缸合流共同向一条支路供油，可使此支路的液压缸得到两级速度。

如图 3-24 所示，在参考文献［26］中将该回路称为"改变泵组连接调速回路"。在参考文献［26］中介绍：由三台泵构成的调速回路，改变各换向阀的通断电状态，即可达到调速的目的。各泵出口的单向阀防止三泵之间干扰。

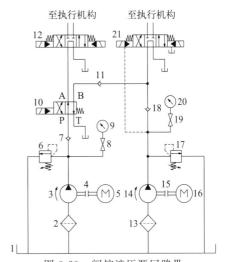

图 3-23　阀控液压源回路Ⅲ

1—油箱；2,13—粗过滤器；3,14—液压泵；
4,15—联轴器；5,16—电动机；6,17—溢流阀；
7,11,18—单向阀；8,19—压力表开关；
9,20—压力表；10—二位四通电液换向阀；
12,21—三位四通电液换向阀

3.4.10　闭式液压系统液压源回路

图 3-25 参考了文献［45］的"闭式系统液压源回路"。此回路采用双向流动变量泵，执行元件的回油直接输入泵的吸油口，污染物（包括空气）不易侵入液压系统中。此回路效率高，油箱体积小，结构紧凑，运行平稳，换向冲击小，但散热条件较差，油温容易升高。此回路常用于功率大、换向频繁的液压系统，如龙门刨床、拉床、挖掘机、船舶等液压系统。此回路可以通过改变变量泵输出液压流体的方向和流量，控制执行元件的运动方向和速度。此回路中的最高工作压力由溢流阀限定，补油通过单向阀进行。此液压源（作主液压泵时）只能供给一个执行元件，不适合多负载系统。

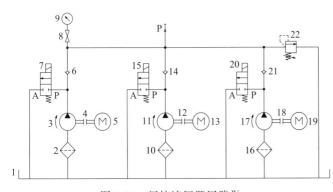

图 3-24　阀控液压源回路Ⅳ

1—油箱；2,10,16—粗过滤器；3,11,17—液压泵；4,12,18—联轴器；5,13,19—电动机；6,14,21—单向阀；7,15,20—二位二通电磁换向阀；8—压力表开关；9—压力表；22—溢流阀

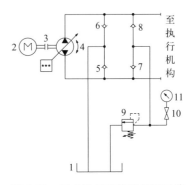

图 3-25　闭式液压系统液压源回路

1—油箱；2—电动机；3—联轴器；4—双向流动变量泵；5～8—单向阀；9—溢流阀；10—压力表开关；11—压力表

3.4.11　压力油箱液压源回路

如图 3-26 所示，在参考文献［26］和［41］中将该回路分别称为"压力油箱供油回路"和"辅助循环泵液压源回路——带压力油箱回路"。此回路用于水下作业或者环境条件恶劣

的场合。油箱采用全封闭式设计，由充气装置向油箱提供已过滤的压缩空气，使油箱内压力大于环境压力，防止液压流体被污染，并改善液压泵吸油状况，充气压力根据环境条件确定。

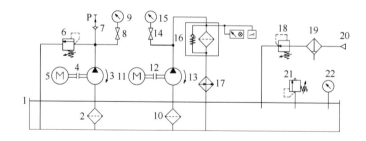

图 3-26 压力油箱液压源回路

1—压力油箱；2,10—粗过滤器；3,13—液压泵；4,12—联轴器；5,11—电动机；
6—溢流阀；7—单向阀；8,14—压力表开关；9,15,22—压力表；16—带旁路（通）
单向阀、光学阻塞指示器与电气触点的过滤器；17—温度调节器；
18—（空气）减压阀；19—手动排水（空气）过滤器；20—气压源；21—（空气）溢流阀

3.4.12 带蓄能器的液压源回路

如图 3-27 所示，在参考文献［26］中将该回路称为"设有蓄能器的供油回路"。在回路中采用蓄能器作为辅助液压源，起到节省能源的作用，也可减小液压泵规格尺寸（降低液压泵投资成本），同时还可吸收压力冲击、减小流量脉动、获得短时大流量供给。但回路采用蓄能器，需要注意与泵的连接方式和蓄能器的过载保护。

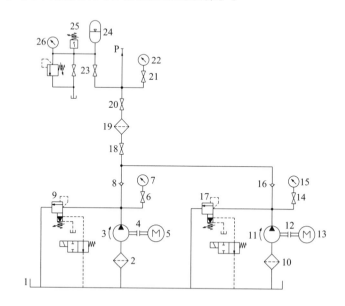

图 3-27 带蓄能器的液压源回路

1—油箱；2,10—粗过滤器；3,11—液压泵；4,12—联轴器；5,13—电动机；6,14,21—压力表开关；
7,15,22,26—压力表；8,16—单向阀；9,17—电磁溢流阀；18,20—截止阀；
19—过滤器；23—蓄能器控制组件；24—蓄能器；25—压力继电器

3.5 控制液压源回路图

控制液压源是液压控制信号产生和维持有压力流体的（流量的）能源，如电磁铁操纵先导级供油和液压操作主阀的方向控制阀的外部先导供油。

控制液压源回路图是用图形符号表示液压传动系统该部分（局部）的功能的图样。在回路图中，流体动力源（包括控制液压源）回路应排列在图样的左下角。

3.5.1 独立的（先导）控制液压源回路

如图 3-28 所示，在参考文献［26］中将该回路称为"主辅泵供油回路"。此回路采用两台液压泵向系统供给液压流体。主泵为高压、大流量液压泵（在参考文献［26］中为恒功率变量泵）；辅助泵为低压、小流量定量泵，其主要用于向系统提供控制压力油。

3.5.2 主系统分支出的（先导）控制液压源回路

如图 3-29 所示，此回路工作原理与上面所述双泵回路相同，只是此回路中采用了双联液压泵。

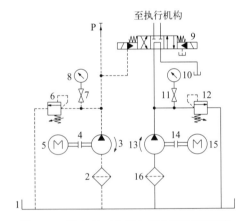

图 3-28 独立的（先导）控制液压源回路

1—油箱；2,16—粗过滤器；3—低压液压泵；4,14—联轴器；5,15—电动机；6,12—溢流阀；7,11—压力表开关；8,10—压力表；9—电液换向阀；13—高压液压泵

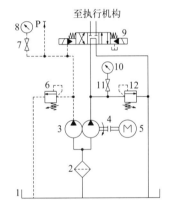

图 3-29 主系统分支出的（先导）控制液压源回路Ⅰ

1—油箱；2—粗过滤器；3—（大、小）双联液压泵；4—联轴器；5—电动机；6,12—溢流阀；7,11—压力表开关；8,10—压力表；9—电液换向阀

如图 3-30 所示，控制油路由滑阀节流中位上游分支出来，保证控制液压源的最低压力，但液压泵不能完全卸荷。

如图 3-31 所示，控制油路由回油路设置带复位弹簧的单向阀的上游分支出来，保证控制液压源的最低压力，但液压泵卸荷时有背压。

如图 3-32 所示，控制油路由回油路设置节流器（阀）的上游分支出来，保证控制液压源的最低压力，但液压泵卸荷时有背压。

如图 3-33 所示，在前面三个液压回路中，控制液压的控制压力随主系统的压力变化而变化，有时压力可能很高。当控制压力超过一定值时，分支出的（先导）控制液压源油路需要安装（定比）减压阀。减压阀出口一般应设置检测口。

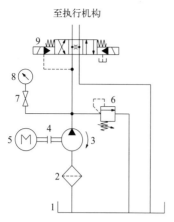

图 3-30　主系统分支出的（先导）

控制液压源回路Ⅱ

1—油箱；2—粗过滤器；3—液压泵；4—联轴器；

5—电动机；6—溢流阀；7—压力表开关；

8—压力表；9—三位四通电液换向阀

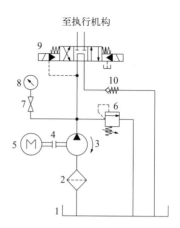

图 3-31　主系统分支出的（先导）

控制液压源回路Ⅲ

1—油箱；2—粗过滤器；3—液压泵；4—联轴器；

5—电动机；6—溢流阀；7—压力表开关；8—压力表；

9—三位四通电液换向阀；10—带复位弹簧的单向阀

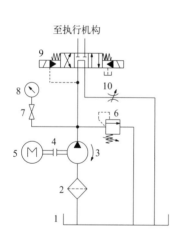

图 3-32　主系统分支出的（先导）

控制液压源回路Ⅳ

1—油箱；2—粗过滤器；3—液压泵；4—联轴器；

5—电动机；6—溢流阀；7—压力表开关；8—压力表；

9—三位四通电液换向阀；10—节流器（阀）

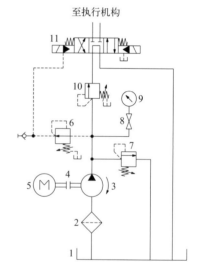

图 3-33　主系统分支出的（先导）

控制液压源回路Ⅴ

1—油箱；2—粗过滤器；3—液压泵；4—联轴器；

5—电动机；6—（定比）减压阀；7—溢流阀；8—压力表开关；

9—压力表；10—顺序阀；11—三位四通电液换向阀

3.5.3　内外部结合式（先导）控制液压源

如图 3-34 所示，当在一个液压系统中的各种液压元件所需的（最低）控制压力不同时，如同时具有变量液压泵与电液换向阀的液压系统，可以考虑采用内外部结合式（先导）控制液压源。

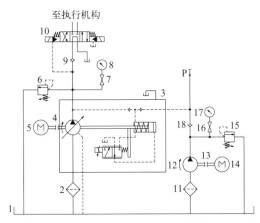

图 3-34　内外部结合式（先导）控制液压源回路

1—油箱；2,11—粗过滤器；3—EP电控比例变量泵；4,13—联轴器；5,14—电动机；6,15—溢流阀；
7,16—压力表开关；8,17—压力表；9,18—单向阀；10—三位四通电液换向阀；12—液压泵

3.6　应急液压源回路图

　　"应急"针对的是事故险情或事故，涉及机械安全。为了使机器在预定使用范围内具备安全性，降低或减小在紧急情况下的安全风险，或可保证其继续执行预定功能的能力，液压系统可以考虑设置应急液压源。

　　作者注　在 GB/T 17446—2024 中给出术语"应急控制"的定义："用于失效情况下的替代控制方式。"

　　应急液压源是一种在紧急情况下使用的液压动力源，应急液压源回路是在紧急情况下可以为液压系统提供一定压力和流量工作介质的动力源液压回路。

3.6.1　备用泵应急液压源回路

　　如图 3-35 所示，系统正常工作时，由一台液压泵供油，另一台液压泵（备用泵）不工作。当供油的液压泵损坏后，可用备用泵供油，液压系统不至于发生停车事故。该应急液压源用于生产周期固定、生产连续性强的场合。溢流阀调定系统压力。单向阀隔离双泵，使两台泵可以单独工作。备用泵应急液压源在一般情况下不使用，但也不能长期闲置，一般不超过六个月就应起动、运行 8h 以上，否则就可能应不了急、备用变成了无用。备用泵应在低压下起动，通过溢流阀逐级升压，且不可在高压或溢流阀没有设定好的情况下与原运行的液压系统进行切换。如有备用液压泵壳体内需在起动前充满油液的要求，在起动备用液压泵前应特别注意，必要时应在明显处设置警示标志。

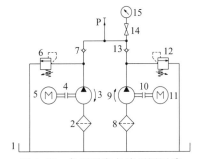

图 3-35　备用泵应急液压源回路

1—油箱；2,8—粗过滤器；3—液压泵Ⅱ；
4,10—联轴器；5,11—电动机；
6,12—溢流阀；7,13—单向阀；9—液压泵Ⅰ；
14—压力表开关；15—压力表

3.6.2　手动泵应急液压源回路

　　如图 3-36 所示，该回路是用手动泵作为备用液压源的回路。系统正常工作时，由电动机驱动的液压泵单独供油，手动泵不工作。在停电等紧急情况下，电动泵不

能供油,可由手动泵继续供油,避免发生事故。手动泵的流量很小,不能使执行机构得到所需的运动速度,只能暂时使执行机构继续运动。可用于工程机械、起重运输设备等的液压系统。

如图 3-37 所示,当电动机驱动的变量液压泵不能正常工作时,可由手动泵供油。压力油首先使液控换向阀切换、液压缸无杆腔接通油箱,然后进入液压缸有杆腔,使缸回程直至终点,避免发生事故。

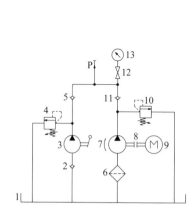

图 3-36　手动泵应急液压源回路Ⅰ
1—油箱;2,5,11—单向阀;3—手动泵;4,10—溢流阀;
6—粗过滤器;7—液压泵;8—联轴器;9—电动机;
12—压力表开关;13—压力表

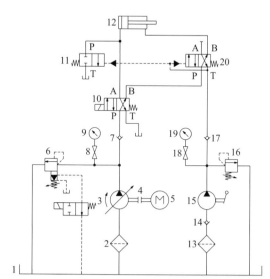

图 3-37　手动泵应急液压源回路Ⅱ
1—油箱;2,13—粗过滤器;3—变量液压泵;4—联轴器;
5—电动机;6—电磁溢流阀;7,14,17—单向阀;
8,18—压力表开关;9,19—压力表;10—二位四通
电磁换向阀;11—二位二通液控换向阀;12—液压缸;
15—手动泵;16—溢流阀;20—二位四通液控换向阀

作者注　"液控换向阀"与"液动换向阀"含义相同,各有出处,不强求统一。

在 GB/T 17906—2021《消防应急救援装备　液压破拆工具通用技术条件》中规定:"破拆工具的动力源为机动泵和手动泵。""机动泵和手动泵应装有安全溢流阀,该阀的动作(压力)应为泵额定工作压力的 1.1 倍,允许偏差为±5%,且压力调节装置应具备防止误操作的锁定功能。""破拆工具应使用符合 SH 0358 要求的液压油。"

3.6.3　蓄能器应急液压源回路

如图 3-38 所示,当停电或液压泵出现故障时,蓄能器可短时提供压力油,使系统保持压力,可用于机床液压系统等。

如图 3-39 所示,所谓应急液压源,是在作为夹紧用液压缸的无杆腔压力降低或失压且无法通过原液压源保压或补压时,方可采用的一种备用液压源。这种备用液压源不应参加正常工作,只是在应急时才可使用。在该液压回路正常工作时,两个截止阀全部关闭,蓄能器内充压至液压缸无杆腔最高工作压力;当出现紧急情况,如液压缸无杆腔降压或失压而靠原液压源无法保压或补压时,则可手动开启与单向阀并联的截止阀,使蓄能器与液压缸无杆腔连通。蓄能器中液压油液的压力可由压力表指示,也可开启截止阀 8 泄压。

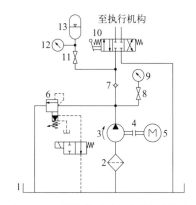

图 3-38 蓄能器应急液压源回路Ⅰ

1—油箱；2—粗过滤器；3—液压泵；4—联轴器；
5—电动机；6—电磁溢流阀；7—单向阀；
8—压力表开关；9，12—压力表；10—三位
四通手动换向阀；11—截止阀；13—蓄能器

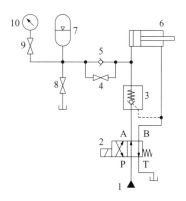

图 3-39 蓄能器应急液压源回路Ⅱ

1—液压源；2—二位四通电磁换向阀；
3—液控单向阀；4，8—截止阀；5—单向阀；
6—液压缸；7—蓄能器；9—压力表开关；
10—压力表

3.7 调压回路图

调压回路是指控制液压系统或子系统（局部）的液压流体压力，使之保持恒定或限制（定）其最高工作压力的液压回路。

3.7.1 单级压力调定回路

如图 3-40 所示，在参考文献［41］中将该回路称为"压力调定回路"，并指出"压力调定回路是最基本的调压回路。"在此回路中，溢流阀的调定压力应大于液压缸的最高工作压力［最高额定压力，还应包含（加上）液压管路上的各种压力损失］，当系统压力超过溢流阀调定压力时，溢流阀溢流，进而限定了系统的最高工作压力。此回路一般用于功率较小的中低压系统。

作者注 图 3-40 参考了参考文献［45］的"单级压力调定回路"。

如图 3-41 所示，在参考文献［26］中将该回路称为"用溢流阀的调压回路——远程调压回路"。在此回路中，系统的压力可由与先导型（式）溢流阀的遥控口相连通的远程调压阀调节。远程调压阀的调定压力应低于先导型（式）溢流阀的调定压力，否则远程调压阀不起作用。有参考文献指出，遥控管路不能过长，一般不能超过 5m。

图 3-42 所示为带电磁溢流阀的单级压力调定回路。

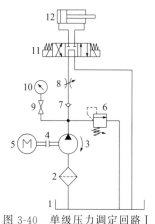

图 3-40 单级压力调定回路Ⅰ

1—油箱；2—粗过滤器；3—定量液压泵；4—联轴器；5—电动机；6—溢流阀；7—单向阀；8—节流阀；9—压力表开关；10—压力表；11—三位四通电磁换向阀；12—液压缸

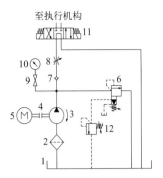

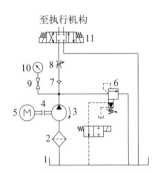

图 3-41 单级压力调定回路Ⅱ

1—油箱；2—粗过滤器；3—定量液压泵；4—联轴器；
5—电动机；6—先导型（式）溢流阀；7—单向阀；
8—节流阀；9—压力表开关；10—压力表；
11—三位四通电磁换向阀；12—远程调压阀

图 3-42 单级压力调定回路Ⅲ

1—油箱；2—粗过滤器；3—定量液压泵；4—联轴器；
5—电动机；6—电磁溢流阀；7—单向阀；
8—节流阀；9—压力表开关；10—压力表；
11—三位四通电磁换向阀

3.7.2 多级压力调定回路

图 3-43 所示为二级压力调定回路。远程调压阀通过二位二通电磁换向阀与先导型（式）溢流阀的遥控口相连。当电磁换向阀失电时，先导型（式）溢流阀工作，系统压力较高；当二位二通电磁换向阀的电磁铁得电后，远程调压阀工作，系统压力较低。该回路经常用于压力机中，以产生不同的最高工作压力。

有参考文献指出，阀 6 和阀 7 安装位置调换后，当二位二通电磁换向阀 7 的电磁铁得电换向时，先导型（式）溢流阀 8 压力不用降至零后，再升至远程调压阀 6 的调定压力，可避免产生较大的压力冲击。但这样安装可能使远程调压阀 6 的 T 口在其不工作时处于高压下，这可能给液压系统或液压机（械）"造成重大危险事故"。

图 3-44 原理同上，但先导型（式）溢流阀仅作为安全阀。

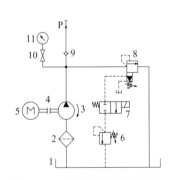

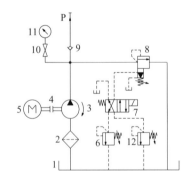

图 3-43 多级压力调定回路Ⅰ

1—油箱；2—粗过滤器；3—液压泵；4—联轴器；
5—电动机；6—远程调压阀；7—二位二通电磁换向阀；
8—先导型（式）溢流阀；9—单向阀；
10—压力表开关；11—压力表

图 3-44 多级压力调定回路Ⅱ

1—油箱；2—粗过滤器；3—液压泵；4—联轴器；
5—电动机；6,12—远程调压阀；7—二位四通电磁
换向阀；8—先导型（式）溢流阀；
9—单向阀；10—压力表开关；11—压力表

图 3-45 原理同上，但在三位四通电磁换向阀处于中位时，液压泵卸荷。

如图 3-46 所示，在参考文献 [26] 和 [45] 中将该回路分别称为"用溢流阀的调压回

路——远程调压回路"和"多级压力调定回路"。在此回路中，采用两个远程调压阀通过一个三位四通电磁换向阀与先导型（式）溢流阀（主溢流阀）的遥控口连接，使系统可有三个不同的压力调定值。三位四通电磁换向阀处于中位，系统压力由先导型（式）溢流阀调定；三位四通电磁换向阀左、右电磁铁分别得电，系统压力由两个远程调压阀分别调定。但必须使主溢流阀的调定值高于两个远程调压阀的调定值，否则两个远程调压阀无效，系统只能有一个压力调定值。

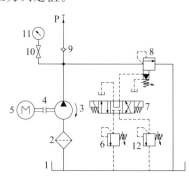

图 3-45　多级压力调定回路Ⅲ

1—油箱；2—粗过滤器；3—液压泵；4—联轴器；
5—电动机；6,12—远程调压阀；7—三位四通电
磁换向阀；8—先导型（式）溢流阀；9—单向阀；
10—压力表开关；11—压力表

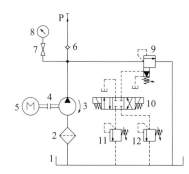

图 3-46　多级压力调定回路Ⅳ

1—油箱；2—粗过滤器；3—液压泵；4—联轴器；
5—电动机；6—单向阀；7—压力表开关；8—压力表；
9—先导型（式）溢流阀；10—三位四通电
磁换向阀；11,12—远程调压阀

图 3-47 所示为四级压力调定回路。

图 3-48 所示为五级压力调定回路。

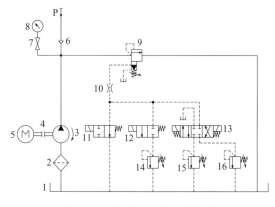

图 3-47　多级压力调定回路Ⅴ

1—油箱；2—粗过滤器；3—液压泵；4—联轴器；5—电动机；
6—单向阀；7—压力表开关；8—压力表；9—先导型（式）
溢流阀；10—节流器；11,12—二位二通电磁换向阀；
13—三位四通电磁换向阀；14~16—远程调压阀

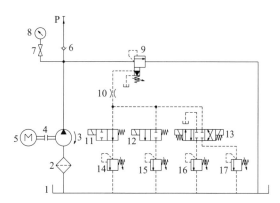

图 3-48　多级压力调定回路Ⅵ

1—油箱；2—粗过滤器；3—液压泵；4—联轴器；
5—电动机；6—单向阀；7—压力表开关；8—压力表；
9—先导型（式）溢流阀；10—节流器；11,12—二位二通电
磁换向阀；13—三位四通电磁换向阀；14~17—远程调压阀

3.7.3　无级压力调定回路

如图 3-49 所示，在参考文献［26］和［45］中将该回路分别称为"用溢流阀的调压回路——远程调压回路"和"无级压力调定回路"。此回路为采用先导式比例溢流阀的无级压力调定回路，适用于载荷（负载）变化较大的系统，随着外载荷（外负载）的不断变化，实

现自动控制（调节）系统的压力。与普通溢流阀相比，比例溢流阀的调压范围广，压力冲击小，且内带安全阀，可保证系统的安全。

如图 3-50 所示，在参考文献［26］中将该回路称为"用溢流阀的调压回路——远程调压回路"。在此回路中，采用比例先导压力阀（直动式比例溢流阀），与先导型（式）溢流阀（主溢流阀）的遥控口连接，实现无级调压。其特点是采用一个小型的比例先导压力阀（直动式比例溢流阀），即可实现连续控制和远程控制，但由于受到主溢流阀性能的限制和增加了控制管路，所以一般控制性能较差，适用于大流量控制。

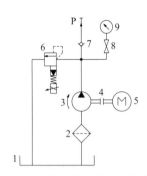

图 3-49　无级压力调定回路 I
1—油箱；2—粗过滤器；3—液压泵；4—联轴器；
5—电动机；6—先导式比例溢流阀；
7—单向阀；8—压力表开关；9—压力表

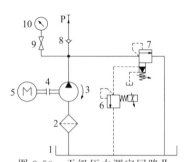

图 3-50　无级压力调定回路 II
1—油箱；2—粗过滤器；3—液压泵；4—联轴器；
5—电动机；6—比例先导压力阀（直动式比例溢
流阀）；7—先导型（式）溢流阀；8—单
向阀；9—压力表开关；10—压力表

3.7.4　变量泵调压回路

如图 3-51 所示，在参考文献［26］中将该回路称为"用变量泵的调压回路"。在此回路中，当采用非限压式变量液压泵时，系统的最高工作压力由溢流阀（参考文献［26］推荐一般采用直动式溢流阀为好）调定。当采用限压式变量液压泵时，系统的最高工作压力由泵调节，其值为泵处于无流量输出时的压力值。

3.7.5　插装阀组调压回路

如图 3-52 所示，其中包括在 GB/T 786.1—2021 中的"二通插装阀（带有溢流功能）"。

如图 3-53 所示，在参考文献［26］中将该回路称为"用插装阀组成的调压回路"。此回路具有高低压选择和卸荷控制功能，适用于大流量的液压系统。

如图 3-54 所示，其中包括在 GB/T 786.1—2021 中的"二通插装阀（带有溢流功能，两种调节压力可选择）"。

如图 3-55 所示，其中包括在 GB/T 786.1—2021 中的"二通插装阀［带有比例压力调节和手动最高（工作）压力设定功能］"。

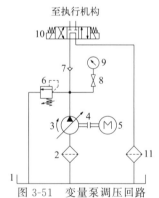

图 3-51　变量泵调压回路
1—油箱；2—粗过滤器；3—变量液压泵；
4—联轴器；5—电动机；6—溢流阀；
7—单向阀；8—压力表开关；9—压力表；
10—三位四通电磁换向阀；11—回油过滤器

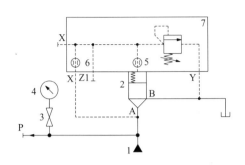

图 3-52　插装阀组调压回路 Ⅰ

1—液压源；2—插入元件；3—压力表开关；

4—压力表；5,6—可代替的节流孔；

7—带溢流功能的控制盖板（先导元件）

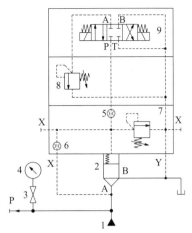

图 3-53　插装阀组调压回路 Ⅱ

1—液压源；2—插入元件；3—压力表开关；

4—压力表；5,6—可代替的节流孔；7—带溢

流阀（先导元件）的控制盖板；8—叠加式溢流阀；

9—三位四通电磁换向阀（先导元件）

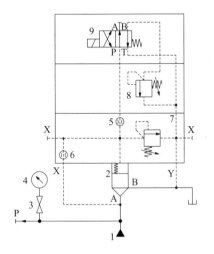

图 3-54　插装阀组调压回路 Ⅲ

1—液压源；2—插入元件；3—压力表开关；4—压力表；

5,6—可代替的节流孔；7—带溢流阀的控制盖板；

8—叠加式溢流阀；9—二位四通电磁换向阀

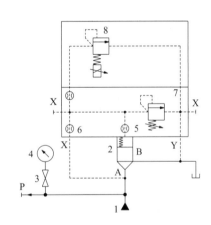

图 3-55　插装阀组调压回路 Ⅳ

1—液压源；2—插入元件；3—压力表开关；4—压力表；

5,6—可代替的节流孔；7—带溢流阀的控制盖板；

8—比例溢流阀

3.7.6　叠加阀组调压回路

因叠加阀液压系统一般占用空间较小，配管较少，拆装较为容易，能方便地改变液压回路和更换液压元件，所以被广泛应用。如图 3-56 所示，P 油路叠加式溢流阀 14 为整个叠加阀液压系统的溢流阀，用于设定并限制液压系统最高工作压力；A、B 油路叠加式溢流阀 7 为该子系统 A、B 油路的溢流阀，用于设定并限制该子系统 A、B 油路的最大工作压力，连同叠加式防气穴阀 8 一起组成了防气蚀溢流阀，主要用于分别保护可双向旋转液压马达的两条供油管路。

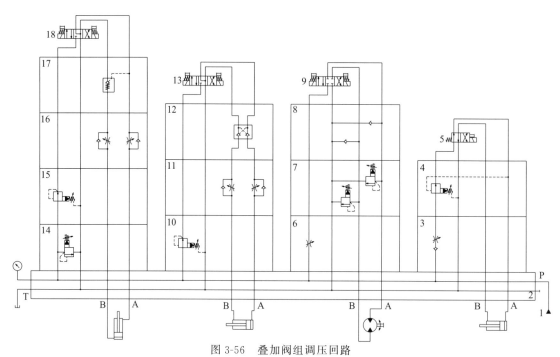

图 3-56　叠加阀组调压回路

1—液压源；2—基础板（油路块）；3—P油路叠加式单向节流阀；4—A油路叠加式减压阀；5—二位四通电磁换向阀；
6—P油路叠加式节流阀；7—A、B油路叠加式溢流阀；8—叠加式防气穴阀；9,13,18—三位四通电磁换向阀；
10—P油路叠加式减压阀；11,16—A、B油路出口节流叠加式单向节流阀；12—A、B油路叠加式液控单向阀；
14—P油路叠加式溢流阀；15—P油路叠加式减压阀；17—B油路叠加式液控单向阀

3.8　减压回路图

减压回路是指控制子系统（局部）的液压流体压力，无论如何，使之低于液压源或其他子系统的工作压力或所设定的最高工作压力，并获得一个稳定的子系统工作压力的液压回路。

3.8.1　一级减压回路

如图 3-57 所示，在参考文献［26］中将该回路称为"单级减压回路"。此回路液压源除向其他执行机构供给液压流体外，还通过减压阀、单向阀、二位四通电磁换向阀向液压缸供给液压流体，且可根据液压缸负载的大小，用减压阀来调节液压流体的压力。但长期不用，减压阀调定的压力可能会升高。

如图 3-58 所示，在参考文献［26］中将该回路称为"单级减压回路"。在此回路中，进入没有单向减压阀的液压缸的液压流体的（最高工作）压力由溢流阀调定；进入有单向减压阀的液压缸（无杆腔）的液压流体的（最高工作）压力由减压阀调节。减压阀在工作中会有一定的泄漏，在设计时应

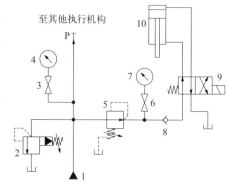

图 3-57　一级减压回路 I

1—液压源；2—溢流阀；3,6—压力表开关；
4,7—压力表；5—减压阀；8—单向阀；
9—二位四通电磁换向阀；10—液压缸

考虑这部分流量损失。

如图 3-59 所示，在此回路中的两条支路上分别安装了减压阀。两个液压缸间的动作和压力互不干扰，适用于工作中负载变化的场合。

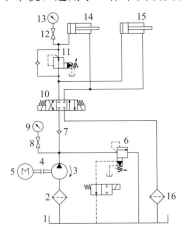

图 3-58　一级减压回路Ⅱ

1—油箱；2—粗过滤器；3—液压泵；4—联轴器；
5—电动机；6—电磁溢流阀；7—单向阀；8,12—压力表
开关；9,13—压力表；10—三位四通电磁换向阀；
11—单向减压阀；14,15—液压缸；16—回油过滤器

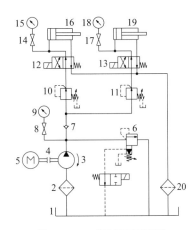

图 3-59　一级减压回路Ⅲ

1—油箱；2—粗过滤器；3—液压泵；4—联轴器；5—电
动机；6—电磁溢流阀；7—单向阀；8,14,17—压力表
开关；9,15,18—压力表；10,11—减压阀；12,13—二位
四通电磁换向阀；16,19—液压缸；20—回油过滤器

3.8.2　二级减压回路

如图 3-60 所示，在参考文献［26］中将类似回路称为"二级减压回路"。在先导式减压阀的遥控口上通过节流器、二位二通电磁换向阀连接远程调压阀，使低压回路获得了两种预定的压力。低压回路压力由先导式减压阀调定；当二位二通电磁换向阀换向后，低压回路的另一个较低压力由远程调压阀调定。节流器可使压力转换时冲击较小。

如图 3-61 所示，在此回路中两个减压阀并联安装，通过二位二通电磁换向阀转换，可获得二级（减压后的）压力。

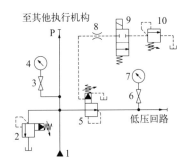

图 3-60　二级减压回路Ⅰ

1—液压源；2—溢流阀；3,6—压力表开关；
4,7—压力表；5—先导式减压阀；
8—节流器；9—二位二通电磁换
向阀；10—远程调压阀

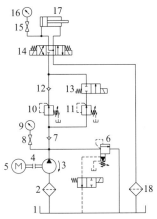

图 3-61　二级减压回路Ⅱ

1—油箱；2—粗过滤器；3—液压泵；4—联轴器；5—电动机；
6—电磁溢流阀；7,12—单向阀；8,15—压力表开关；9,16—压
力表；10,11—减压阀；13—二位二通电磁换向阀；
14—三位四通电磁换向阀；17—液压缸；18—回油过滤器

如图 3-62 所示，在参考文献［26］中将类似回路称为"二级减压回路"。该回路液压缸进行缸进程时，系统供给液压缸的最高工作压力由三位四通电磁换向阀前的减压阀调定；液压缸进行缸回程时，系统供给液压缸的最高工作压力由三位四通电磁换向阀前的减压阀和单向减压阀调定。

3.8.3 多级（支）减压回路

如图 3-63 所示，在此回路中三个减压阀并联安装，通过二位二通电磁换向阀转换，可获得三级（减压后的）压力。

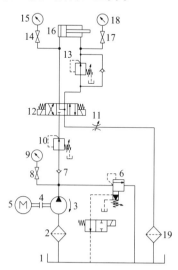

图 3-62　二级减压回路Ⅲ

1—油箱；2—粗过滤器；3—液压泵；4—联轴器；5—电动机；
6—电磁溢流阀；7—单向阀；8,14,17—压力表开关；
9,15,18—压力表；10—减压阀；11—节流阀；
12—三位四通电磁换向阀；13—单向减压阀；
16—液压缸；19—回油过滤器

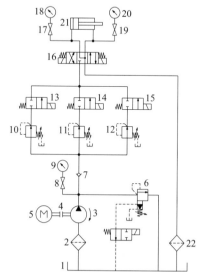

图 3-63　多级（支）减压回路Ⅰ

1—油箱；2—粗过滤器；3—液压泵；4—联轴器；
5—电动机；6—电磁溢流阀；7—单向阀；8,17,19—压
力表开关；9,18,20—压力表；10～12—减压阀；
13～15—二位二通电磁换向阀；16—三位四通电
磁换向阀；21—液压缸；22—回油过滤器

如图 3-64 所示，在此回路中的每条支路上分别安装了减压阀，三个液压缸间的动作和压力互不干扰，适用于工作中负载变化的场合。

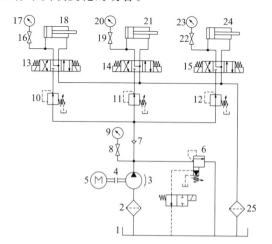

图 3-64　多级（支）减压回路Ⅱ

1—油箱；2—粗过滤器；3—液压泵；4—联轴器；5—电动机；6—电磁溢流阀；7—单向阀；8,16,19,22—压力表开关；
9,17,20,23—压力表；10～12—减压阀；13～15—三位四通电磁换向阀；18,21,24—液压缸；25—回油过滤器

3.8.4 无级减压回路

如图 3-65 所示，在参考文献［26］中将类似回路称为"无级减压回路"。在此回路中，用先导式比例减压阀组成减压回路，可使分支回路实现无级减压，并易实现遥控。

如图 3-66 所示，在参考文献［26］中将类似回路称为"无级减压回路"。在此回路中，用小规格的比例压力先导阀连接在先导式减压阀的遥控口上，可使分支油路实现连续无级减压。

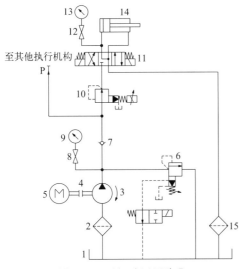

图 3-65　无级减压回路Ⅰ

1—油箱；2—粗过滤器；3—液压泵；4—联轴器；5—电动机；6—电磁溢流阀；7—单向阀；8,12—压力表开关；9,13—压力表；10—先导式比例减压阀；11—三位四通电磁换向阀；14—液压缸；15—回油过滤器

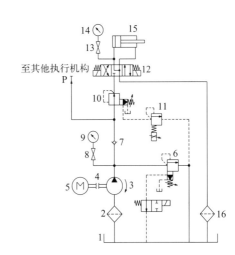

图 3-66　无级减压回路Ⅱ

1—油箱；2—粗过滤器；3—液压泵；4—联轴器；5—电动机；6—电磁溢流阀；7—单向阀；8,13—压力表开关；9,14—压力表；10—先导式减压阀；11—比例压力先导阀；12—三位四通电磁换向阀；15—液压缸；16—回油过滤器

3.9　增压回路图

增压回路是指控制子系统（局部）的液压流体压力，使之（远）高于液压源或其他子系统的工作压力或所设定的最高工作压力的液压回路。

设置增压回路通常是为了在一定时间内获得更大的液压缸输出力或液压马达的输出转矩。

3.9.1 单作用增压器增压回路

如图 3-67 所示，在参考文献［26］中将该回路称为"用增压器的增压回路"。此回路用单作用增压器（在参考文献［26］中称增压液压缸）进行增压，弹簧复位单作用缸靠弹簧力返回，补油装置用来补充高压回路泄漏损失。在气液并用的系统中，可用气液增压器增压，即以压缩空气为动力获得高压液体。

如图 3-68 所示，当三位四通电磁换向阀处于右位、二位四通电磁换向阀处于左位时，液压源向单作用增压器有杆腔、小活塞腔及液压缸无杆腔供油，单作用增压器左移返程、液压缸右移开始缸进程；当液压缸无杆腔压力达到压力继电器设定压力时，二位四通电磁换向阀电磁铁得电阀换向至右位，单作用增压器对液压缸无杆腔进行增（高）压。当增压（保压）结束后，二位四通电磁换向阀电磁铁失电阀换向至左位，单作用增压器左移返程、液压缸无杆腔进行降（高）压；然后，三位四通电磁换向阀换向至左位，液压源向液压缸有杆腔供油，液压缸回油经液控单向阀、二位四通电磁换向阀回油箱，液压缸的缸回程至终点，二位四通电磁换向阀回中位，即完成一次工作循环。采用（手动）变量液压泵可在一定范围内对液压缸运动速度进行调整，或可对单作用增压器增压速率进行调整。该回路中的电磁换向阀或可为电液换向阀、溢流阀，或可明确为先导式溢流阀。采用该回路时需注意调整二位四通电磁换向阀相对于三位四通电磁换向阀的换向时间，避免液压缸 16 无杆腔出现负压。

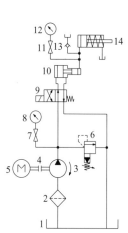

图 3-67　单作用增压器增压回路 I

1—油箱；2—粗过滤器；3—液压泵；4—联轴器；5—电动机；
6—溢流阀；7,11—压力表开关；8,12—压力表；
9—二位四通电磁换向阀；10—单作用增压器；
13—（补油）单向阀；14—弹簧复位单作用缸

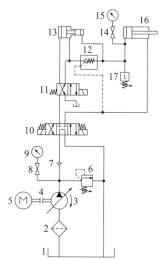

图 3-68　单作用增压器增压回路 II

1—油箱；2—粗过滤器；3—变量液压泵；4—联轴器；
5—电动机；6—溢流阀；7—单向阀；8,14—压力表开关；
9,15—压力表；10—三位四通电磁换向阀；11—二位四通
电磁换向阀；12—液控单向阀；13—单作用
增压器；16—液压缸；17—压力继电器

如图 3-69 所示，当三位四通电磁换向阀处于右位时，液压源向液压缸无杆腔供油，液压缸回油经平衡阀等回油箱，液压缸进行缸进程；当液压缸无杆腔压力升高使顺序阀开启，液压源通过顺序阀、减压阀向单作用增压器大活塞腔供油，单作用增压器对液压缸无杆腔增（高）压。调节减压阀可以控制单作用增压器的初级流体进口压力，进而控制单作用增压器的次级流体出口压力。当增压（保压）结束后，三位四通电磁换向阀换向至左位时，液压源通过平衡阀中的单向阀向液压缸有杆腔供油，液压缸无杆腔油液首先进入单作用增压器小活塞腔使单作用增压器返程；当单作用增压器返程结束后，液压缸无杆腔油液（回油）经液控单向阀、三位四通电磁换向阀回油箱。该回路中的溢流阀、顺序阀和减压阀可为先导型（式）的，电磁换向阀也可为电液（动）型的。该液压系统及回路可用于上置式液压机，其中以减压阀调定液压缸的缸输出力的设计，在单作用增压器增压回路中较为特殊。

如图 3-70 所示，当三位四通电液换向阀处于左位、电液减速阀处于右位、二位四通电液换向阀处于右位时，液压油液向组合式液压缸中的单出杆活塞缸（简称液压缸）无杆腔供油，液压缸开始快速缸进程；当触发行程控制开关后，电液减速阀随即复位至左位进行节流，液压缸转为慢速缸进程；经一定时间延时后，三位四通电液换向阀换向至右位，液压源向组合式液压缸中的增压缸的大活塞腔供油，增压缸对液压缸无杆腔增（高）压，液压缸的

缸输出力增大到设定值。当三位四通电液换向阀处于左位、电液减速阀处于右位、二位四通电液换向阀处于左位时，液压源向液压缸有杆腔供油；当供油压力达到一定值后，二位二通液控换向阀换向至右位，液压缸无杆腔内油液经二位二通液控换向阀、二位四通电液换向阀回油箱，液压缸进行缸回程。在液压缸的缸回程过程中，将顶着增压缸大、小活塞等使增压缸返程，此时，增压缸回油接油箱。在该液压系统及回路中，单作用增压器（缸）与单出杆活塞式液压缸组合成组合式液压缸，此种结构的液压缸在液压机（械）中较为常见，这是一种增大液压缸的缸输出力的有效方法；电液减速阀或电液节流阀没有现行标准，选用时需与制造商预先联系，在叠加阀系列中有一种电磁节流阀或可替代。

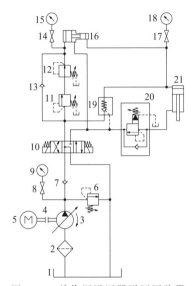

图 3-69　单作用增压器增压回路Ⅲ
1—油箱；2—粗过滤器；3—变量液压泵；4—联轴器；
5—电动机；6—溢流阀；7,13—单向阀；
8,14,17—压力表开关；9,15,18—压力表；
10—三位四通电磁换向阀；11—顺序阀；12—减压阀；
16—单作用增压器；19—液控单向阀；
20—平衡阀；21—液压缸

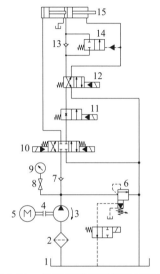

图 3-70　单作用增压器增压回路Ⅳ
1—油箱；2—粗过滤器；3—液压泵；4—联轴器；
5—电动机；6—电磁溢流阀；7,13—单向阀；
8—压力表开关；9—压力表；10—三位四通电
液换向阀；11—电液减速阀；
12—二位四通电液换向阀；14—二位二通液
控换向阀；15—组合式液压缸

如图 3-71 所示，当三位四通电磁换向阀处于右位、二位三通电磁换向阀处于右位时，液压源向组合式液压缸中的单出杆活塞缸（简称液压缸）无杆腔供油，液压缸进行缸进程；当触发行程控制开关后，二位三通电磁换向阀换向至左位，液压源同时向组合式液压缸中的增压缸大活塞腔供油，增压缸对液压缸无杆腔增（高）压，液压缸的缸输出力增大到设定值。当增压（保压）结束后，三位四通电磁换向阀换向至左位、二位三通电磁换向阀复位至右位，液压源向液压缸有杆腔供油；当供油压力足以开启液控单向阀后，液压缸进行缸回程，并在缸回程过程中，将顶着增压缸大、小活塞等使增压缸返程，增压缸大活塞腔油液通过二位三通电磁换向阀回油箱。

如图 3-72 所示，当由系统液压源供油，液压缸进行缸进程且液压缸无杆腔压力达到一定值时触发压力继电器，三位四通电磁换向阀换向至右位，增压液压源向单作用增压器的大活塞腔供油，单作用增压器对液压缸无杆腔增（高）压；当单作用增压器结束增压（保压）时，三位四通电磁换向阀可复中位对高压进行泄压；不管液压缸处于何种状态如停止或回程，通过三位四通电磁换向阀换向至左位，增压液压源向单作用增压器返程腔（或/和小活塞腔）供油，都可使单作用增压器返程。

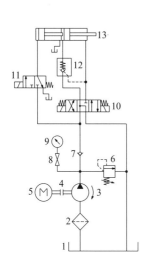

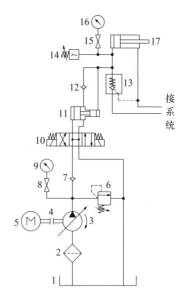

图 3-71 单作用增压器增压回路 V
1—油箱；2—粗过滤器；3—液压泵；4—联轴器；
5—电动机；6—溢流阀；7—单向阀；8—压
力表开关；9—压力表；10—三位四通电磁
换向阀；11—二位三通电磁换向阀；
12—液控单向阀；13—组合式液压缸

图 3-72 单作用增压器增压回路 VI
1—油箱；2—粗过滤器；3—变量液压泵；4—联轴器；
5—电动机；6—溢流阀；7,12—单向阀；8,15—压
力表开关；9,16—压力表；10—三位四通电磁换向阀；
11—单作用增压器；13—液控单向阀；
14—压力继电器；17—液压缸

3.9.2 双作用增压器增压回路

如图 3-73 所示，采用双作用增压器，以系统的较小压力获得供给执行元件的较大压力。在该回路中当三位四通电磁换向阀换向至左位时，增压器的活塞右行，其高压腔经单向阀输出高压油；当三位四通电磁换向阀换向至右位时，高压腔经单向阀也输出高压油。该回路适用于双向增压，如挤压机等双向载荷（负载）相同，要求压力相同的增压回路中，以及水射流机床增压系统。

如图 3-74 所示，在参考文献 [26] 中将该回路称为"用增压器的增压回路"。此回路利用双作用增压器实现双向增压，保证连续输出高压液压流体。当液压缸在缸进程中遇到较大载荷（负载）时，系统压力升高，顺序阀打开，液压流体经顺序阀、二位四通电磁换向阀进入双作用增压器，无论增压器是左行还是右行，其均能输出高压液压流体到液压缸的无杆腔。只要换向阀不断地切换，就能使增压器不断地往复运动并连续地输出高压液压流体，可使液压缸的缸进程具有较长的行程。

3.9.3 液压泵增压回路

如图 3-75 所示，在参考文献 [26] 中将该回路称为"用液压泵的增压回路"。在此回路中，两分支上的液压泵由液压马达驱动，并与主支液压泵串联，从而实现增压。该回路多用于起重机的液压系统。

如图 3-76 所示，在参考文献 [26] 中将该回路称为"用液压泵的增压回路"。在此回路中，液压马达与液压泵刚性连接，当三位四通电磁换向阀换向至右位时，液压缸进行缸进程，如遇到较大载荷（负载），系统压力升高致使压力继电器动作，控制二位三通电磁换向阀换向，液压流体输入液压马达并带动液压泵旋转输出高压液压流体。该液压流体的最高工

128　新国标液压图形符号规范应用实例

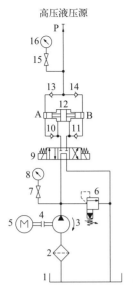

图 3-73　双作用增压器增压回路 I

1—油箱；2—粗过滤器；3—液压泵；4—联轴器；
5—电动机；6—先导式溢流阀；7,15—压
力表开关；8,16—压力表；9—三位四通电磁换向阀；
10,11,13,14—单向阀；12—双作用增压器

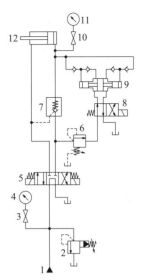

图 3-74　双作用增压器增压回路 II

1—液压源；2—先导式溢流阀；3,10—压力
表开关；4,11—压力表；5—三位四通电磁换
向阀；6—顺序阀；7—液控单向阀；8—二位四
通电磁换向阀；9—双作用增压器；12—液压缸

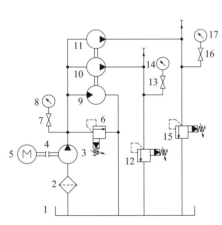

图 3-75　液压泵增压回路 I

1—油箱；2—粗过滤器；3,10,11—液压泵；
4—联轴器；5—电动机；6,12,15—先导
型（式）溢流阀；7,13,16—压力表开关；
8,14,17—压力表；9—液压马达

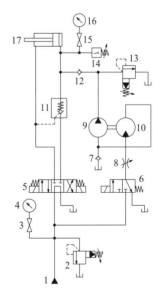

图 3-76　液压泵增压回路 II

1—液压源；2,13—先导型（式）溢流阀；3,15—压
力表开关；4,16—压力表；5—三位四通电磁换向阀；
6—二位三通电磁换向阀；7,12—单向阀；8—节流阀；
9—高压液压泵；10—液压马达；11—液控
单向阀；14—压力继电器；17—液压缸

作压力由并联在泵出口的先导型（式）溢流阀限定。若输入液压马达液压流体压力为 p_0，
则液压泵输出液压流体压力为 $p_1 = \alpha p_0$，α 为液压马达与液压泵排量之比。只有当 $\alpha > 1$，亦

即液压马达排量大于液压泵排量时，液压泵才具有增压作用。若液压马达采用变量马达，则可通过改变其排量来改变液压泵增压压力。节流阀可用来调节液压缸往复运动速度。

3.9.4　液压马达增压回路

如图 3-77 所示，在参考文献［26］［41］和［45］中都将该回路称为"用液压马达（的）增压回路"，但实质上还是液压泵增压回路。在该回路中，两液压马达的轴为刚性连接，变量液压马达出口接油箱，定量液压马达（泵）出口接液压缸无杆腔。若马达进口压力为 p_0，则定量液压马达（泵）的出口压力为 $p_1=(1+\alpha)p_0$，α 为两马达的排量之比。若 $\alpha=2$，则 $p_1=3p_0$，实现了增压的目的。因采用了变量液压马达，则可以通过改变其排量来改变增压压力。二位二通电磁换向阀主要用来实现快速缸回程。该回路适用于现有液压泵不能实现的而又需要连续高压的场合。

3.9.5　串联缸增压回路

如图 3-78 所示，在参考文献［41］和［45］中都将该回路称为"增力回路"。此增压回路是通过串联（液压）缸来实现增大缸输出力的。当三位四通电磁换向阀换向至左位时，串联液压缸进行缸进程，但含有单向顺序阀的油路处于关闭状态，其无杆腔仅在前端缸的带动下由油箱吸油，串联液压缸可实现快速缸进程。当缸进程负载增大，系统压力升高，顺序阀被打开，压力流体进入无杆腔，串联液压缸的缸输出力为作用在两个活塞上的压力产生的缸进程输出力之和，最大力由溢流阀调定压力决定。

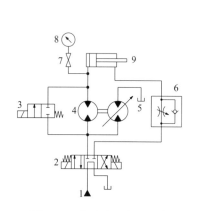

图 3-77　液压马达增压回路

1—液压源；2—三位四通电磁换向阀；3—二位二通电磁换向阀；4—定量液压马达（泵）；5—变量液压马达；6—单向节流阀；7—压力表开关；8—压力表；9—液压缸

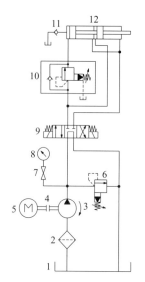

图 3-78　串联缸增压回路

1—油箱；2—粗过滤器；3—液压泵；4—联轴器；5—电动机；6—溢流阀；7—压力表开关；8—压力表；9—三位四通电磁换向阀；10—单向顺序阀；11—（补油）单向阀；12—串联液压缸

3.10　保压回路图

保压回路是指控制液压系统或子系统（局部）的液压流体压力，使之在工作循环的某一阶段和/或某一时间内保持（在）规定的压力值（上）或范围内的液压回路。

3.10.1 液压泵保压回路

如图 3-79 所示，在参考文献［45］中将该回路称为"用泵保压的回路——用定量泵保压的回路"。当液压缸停止往复运动时，可使液压泵继续运转，输出的液压流体除少量补偿液压缸泄漏外，其余大量通过溢流阀溢流，系统压力因此保持在溢流阀的调定压力值上。此保压方法简单可靠，但能量损失大，液压流体温升高，一般只用于 3kW 以下的小功率液压系统。

如图 3-80 所示，在参考文献［26］和［45］中将该回路分别称为"用压力补偿变量泵的保压回路"和"用泵保压的回路——用压力补偿变量泵保压的回路"。在夹紧装置等需要保压的回路中，采用压力控制变量液压泵可以长期保持液压缸的压力，而且效率较高。因为液压缸中压力升高后，液压泵的输出流量会自动减至补偿泄漏所需的流量，并能随泄漏量的变化自动调整。

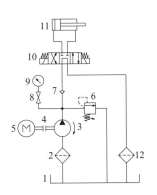

图 3-79　液压泵保压回路 I
1—油箱；2—粗过滤器；3—定量液压泵；4—联轴器；
5—电动机；6—溢流阀；7—单向阀；8—压力
表开关；9—压力表；10—三位四通电磁换向阀；
11—液压缸；12—回油过滤器

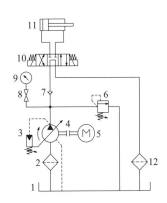

图 3-80　液压泵保压回路 II
1—油箱；2—粗过滤器；3—压力控制变量液压泵；
4—联轴器；5—电动机；6—溢流阀；7—单向阀；
8—压力表开关；9—压力表；10—三位四通电磁换
向阀；11—液压缸；12—回油过滤器

如图 3-81 所示，在参考文献［26］中将该回路称为"用辅助泵的保压回路"。在夹紧装置回路中，夹紧缸运动时，双联液压泵中小、大流量泵同时输出流体；夹紧后夹紧缸停止运动，系统压力升高，打开顺序阀，小排量液压泵输出的流体经顺序阀后，会同大排量液压泵输出的流体一起供给进给缸，此时进给缸处于快进状态；当进给缸负载增大，系统压力升高致使卸荷阀打开，大排量液压泵卸荷，进给缸只有小流量泵供给液压流体，其处于慢进状态。

如图 3-82 所示，在参考文献［26］中将该回路称为"用辅助泵的保压回路"。此回路为液压机械中常用的液压泵保压回路。当系统压力较低时，低压大流量泵和高压小流量泵同时向系统输出较低压力液压流体；当系统压力升高到卸荷阀调定的压力时，低压大流量泵卸荷，只有高压小流量泵输出液压流体，且压力可达到电磁溢流阀的调定压力。由于在保压状态下系统对流量供给需求较少，仅用高压小流量泵满足其需要，可减少系统发热，节省能源。

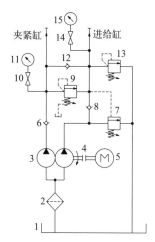

图 3-81 液压泵保压回路Ⅲ

1—油箱；2—粗过滤器；3—双联液压泵；4—联轴器；
5—电动机；6,8,12—单向阀；
7—卸荷阀；9—顺序阀；10,14—压力表开关；
11,15—压力表；13—溢流阀

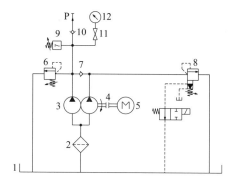

图 3-82 液压泵保压回路Ⅳ

1—油箱；2—粗过滤器；3—双联液压泵；4—联轴器；
5—电动机；6—卸荷阀；7,10—单向阀；
8—电磁溢流阀；9—压力继电器；
11—压力表开关；12—压力表

3.10.2 蓄能器保压回路

如图 3-83 所示，在参考文献［26］中将该回路称为"用蓄能器的保压回路"。在大流量液压系统用蓄能器保压时，往往由于大规格换向阀的泄漏量较大，蓄能器的保压时间大为减少。为了解决这一问题，采用液控单向阀和小规格的二位三通电磁换向阀，则其泄漏量低得多。液压缸无杆腔保压时，二位三通电磁换向阀电磁铁得电换向，液控单向阀被反向开启，蓄能器与液压缸无杆腔连通，压力相等。当压力下降达到压力继电器设定低压值时，开启液压泵为蓄能器及液压缸补压；当压力升高到压力继电器高压值时，液压泵停止运转，各单向阀关闭，蓄能器内液压流体无法通过溢流阀和液压缸泄漏。

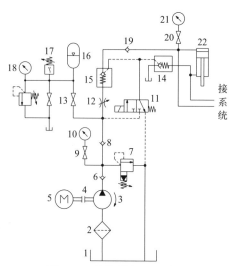

图 3-83 蓄能器保压回路Ⅰ

1—油箱；2—粗过滤器；3—液压泵；4—联轴器；
5—电动机；6,8,19—单向阀；7—溢流阀；
9,20—压力表开关；10,18,21—压力表；11—二位
三通电磁换向阀；12—节流阀；13—蓄能器控制阀组；
14,15—液控单向阀；16—蓄能器；
17—压力继电器；22—液压缸

如图 3-84 所示，当液压缸无杆腔压力达到压力继电器设定压力时，压力继电器动作，使三位四通电磁换向阀失电复中位，液压泵卸荷，此后由蓄能器保持液压缸无杆腔的压力。单向节流阀的作用是，防止当换向阀切换时，因蓄能器突然泄压所产生的压力冲击。采用小型蓄能器保压，功率消耗小，保压时间长，压力下降慢，应用于如压力离心铸造机中的拔管钳的保压回路。进一步还可在蓄能器管路上设置换向阀，以避免在液压缸每次回程时蓄能器都需泄压。

如图 3-85 所示，在参考文献［26］中将该回路称为"用蓄能器和液控单向阀的保压回路"。当三位四通电磁换向阀换向至右位时，液压缸进行缸进程，如其夹紧或压紧工件，则系统压力升高，同时向蓄能器充液，直至达到压力继电器设定压力，由其控制的三位四通电磁换向阀失电并回中位，在液控单向阀和蓄能器共同作用下，保持了液压缸无杆腔的压力。此回路保压时间长、压力稳定、保压可靠。

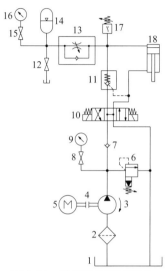

图 3-84　蓄能器保压回路Ⅱ

1—油箱；2—粗过滤器；3—液压泵；4—联轴器；
5—电动机；6—溢流阀；7—单向阀；8,15—压
力表开关；9,16—压力表；10—三位四通电磁换向阀；
11—液控单向阀；12—截止阀；13—单向节流阀；
14—蓄能器；17—压力继电器；18—液压缸

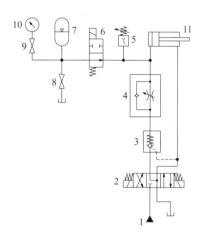

图 3-85　蓄能器保压回路Ⅲ

1—液压源；2—三位四通电磁换向阀；3—液控单向阀；
4—单向节流阀；5—压力继电器；6—二位二通电
磁换向阀；7—蓄能器；8—截止阀；9—压力
表开关；10—压力表；11—液压缸

如图 3-86 所示，当三位四通电磁换向阀处于左位时，液压泵的供给流量同时输入液压缸的无杆腔和蓄能器，使液压缸进行缸进程；当外负载使液压缸无杆腔压力升高时，蓄能器压力也同步升高；当供油压力达到压力继电器设定压力时，压力继电器动作，控制电磁溢流阀使液压泵卸荷；此后，蓄能器反向施压将单向阀关闭，液压缸无杆腔由蓄能器保压。进一步还可通过压力继电器控制保压的最低压力，即通过控制电磁溢流阀使液压泵重新加载，对蓄能器和液压缸无杆腔供油，直至压力升高使压力继电器再次动作，电磁溢流阀再次卸荷。同样，该液压回路也可对液压缸的有杆腔进行保压；还可在蓄能器管路上设置换向阀、单向节流阀或固定阻尼器等。

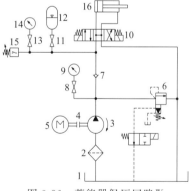

图 3-86　蓄能器保压回路Ⅳ

1—油箱；2—粗过滤器；3—液压泵；
4—联轴器；5—电动机；6—电磁溢流阀；
7—单向阀；8,13—压力表开关；
9,14—压力表；10—三位四通电磁
换向阀；11—截止阀；12—蓄能器；
15—压力继电器　16—液压缸

3.10.3　液压缸保压回路

如图 3-87 所示，在参考文献［45］中将该回路称为"用保压缸保压的回路"。在多缸液压系统中，当一个液压缸运动时，要求其他缸保压，则可由小型保压缸进行保压。例如在薄板冲压机中，拉

伸缸（即主缸）在工作行程时压边缸必须保压。当三位四通电液换向阀处于左位时，滑块和保压缸缸体靠自重下降，主缸和压边缸吸开充液阀充油。当压边滑块接触工件后，二位三通电磁换向阀换向，高压液压流体输入各压边缸进行压边。主缸继续下降拉伸，推动保压缸的柱塞杆，保压缸排出液压流体输入压边缸内用于补偿其泄漏，多余的液压流体经直动式溢流阀溢流，因而使压边缸得到保压，各压边缸的保压压力分别由直动式溢流阀调节。该回路工作可靠，不易损坏，维修容易，也比较经济，但是保压缸的作用力将抵消一部分主缸的拉伸力。

3.10.4　液压阀保压回路

如图 3-88 所示，在参考文献［45］中将该回路称为"用液压阀保压的回路——用液控单向阀保压的回路"。此回路是依靠液控单向阀的密封性能对液压缸无杆腔实现保压的。由于液控单向阀阀芯或阀座的变形、配合间隙的存在、密封锥面几何误差或损伤等都会使其密封性能变差。此回路广泛用于各种液压机械设备中。

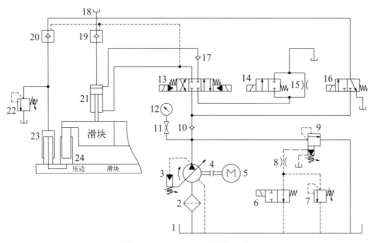

图 3-87　液压缸保压回路

1—油箱；2—粗过滤器；3—压力控制变量液压泵；4—联轴器；5—电动机；
6,14—二位二通电磁换向阀；7—远程调压阀；8,15—节流器；9—先
导型（式）溢流阀；10,17—单向阀；11—压力表开关；12—压力表；
13—三位四通电液换向阀；16—二位三通电磁换向阀；18—上置油箱；
19,20—液控单向阀（充液阀）；21—主缸；
22—直动式溢流阀；23—压边缸；24—保压缸

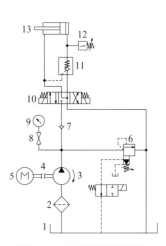

图 3-88　液压阀保压回路

1—油箱；2—粗过滤器；3—液压泵；
4—联轴器；5—电动机；6—电磁溢
流阀；7—单向阀；8—压力表开关；
9—压力表；10—三位四通电磁换向
阀；11—液控单向阀；12—压
力继电器；13—液压缸

3.11　泄压回路图

泄压回路是指液压缸（或蓄能器——压力容器）内的液压流体压力（能）在一定条件下能够逐渐从高到低降低（释放）的液压回路。

作者注　在 JB/T 4174—2014 中定义了术语"泄压"。

3.11.1　节流阀泄压回路

如图 3-89 所示，当液压缸的缸进程结束后，三位四通电磁换向阀复位至中位，液压泵

通过滑阀中位卸荷；同时，液压缸无杆腔的高压油液通过节流阀、单向阀及三位四通电磁换向阀中位 P 与 T 连通油口泄压。当液压缸无杆腔压力降至压力继电器设定压力后，三位四通电磁换向阀换向至左位，液压缸开始缸回程。液压缸无杆腔泄压速度（率）可通过节流阀调节，采用节流截止阀后，甚至可将该油路关闭。该回路可用于液压缸缸径较大、压力较高的场合。有参考文献建议一般在缸径大于 250mm，工作压力大于 7MPa（8MPa）时，就必须采用措施对液压缸容腔内的（中）高压油液进行泄压，以减小换向时产生的急剧压力冲击。单向阀与节流阀串联或可组成一个总成，选用时可与制造商联系。

如图 3-90 所示，当液压缸的缸进程结束后，三位四通电磁换向阀复位至中位，液压泵通过滑阀中位卸荷；同时，液压缸无杆腔的高压油液通过单向节流阀中的节流阀及三位四通电磁换向阀中位 P、A 与 T 连通油口泄压。当液压缸无杆腔压力降至压力继电器设定压力后，三位四通电磁换向阀换向至左位，液控单向阀（充液阀）被打开，液压缸无杆腔大部分油液通过液控单向阀回油箱，液压缸开始缸回程。设置在 A 油路上的单向节流阀为出口节流，其主要作用不是为了对缸回程进行调速，而是为了在换向前对液压缸无杆腔的高压油液进行泄压。在液压缸上置式安装的液压机液压系统中，一般要求缸回程速度要快，因此液控单向阀（充液阀）的设置是必需的。该泄压回路换向过程分为泄压和回程两步，由压力继电器发讯转换。该回路主要用于液压机等液压机械上。

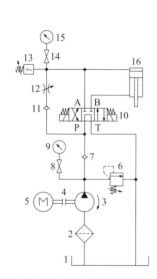

图 3-89　节流阀泄压回路 I

1—油箱；2—粗过滤器；3—液压泵；4—联轴器；
5—电动机；6—溢流阀；7,11—单向阀；
8,14—压力表开关；9,15—压力表；10—三位四通电磁换向阀；12—节流阀；13—压力继电器；16—液压缸

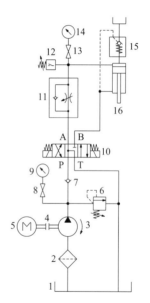

图 3-90　节流阀泄压回路 II

1—油箱；2—粗过滤器；3—液压泵；4—联轴器；
5—电动机；6—溢流阀；7—单向阀；8,13—压力表开关；
9,14—压力表；10—三位四通电磁换向阀；11—单向节流阀；
12—压力继电器；15—液控单向阀（充液阀）；16—液压缸

如图 3-91 所示，当液压缸的缸进程结束时，三位四通电磁换向阀换向至左位，液压泵供给流量通过卸荷阀回油箱，液压泵卸荷；同时，液压缸无杆腔的高压油液通过单向节流阀中的节流阀及三位四通电磁换向阀泄压。当液压缸无杆腔压力降至卸荷阀设定压力以下时，卸荷阀关闭，液压缸有杆腔开始升压，并打开液控单向阀（充液阀），液压缸开始缸回程；当缸回程结束时，三位四通电磁换向阀换向至中位，液压泵通过三位四通电磁换向阀中位 P、A 与 T 连通油口卸荷。该泄压回路允许一次换向，即由缸进程直接换向至缸回程，不用

在换向阀中位处停留，且可保证液压缸无杆腔的高压油液先泄压，然后液压缸再回程。该回路的其他特点与图3-90所示回路相同，其应用也相同。

如图3-92所示，在参考文献［41］和［45］中将该回路称为"节流阀卸（泄）压（的）回路"。在该回路中，当三位四通电液换向阀换向至左位时，液压缸无杆腔加压。当此加压过程结束后，三位四通电液换向阀换向至右位，液压缸有杆腔升压，首先将串联于单向节流阀油路上的液控单向阀开启，液压缸上腔液压流体经节流阀及开启的液控单向阀接油箱泄压。当液压缸无杆腔压力进一步升高，达到顺序阀调定压力时，顺序阀开启，其控制的液控单向阀开启，液压缸进行缸回程。泄压速度（率）取决于节流阀的开度及顺序阀的调定压力。

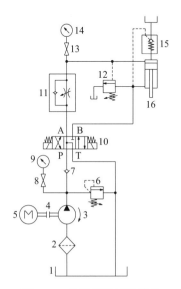

图 3-91　节流阀泄压回路Ⅲ

1—油箱；2—粗过滤器；3—液压泵；4—联轴器；5—电
动机；6—溢流阀；7—单向阀；8,13—压力表开关；
9,14—压力表；10—三位四通电磁换向阀；11—单向节流阀；
12—卸荷阀；15—液控单向阀（充液阀）；16—液压缸

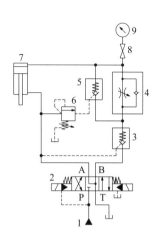

图 3-92　节流阀泄压回路Ⅳ

1—液压源；2—三位四通电液换向阀；3,5—液控
单向阀；4—单向节流阀；6—顺序阀；7—液
压缸；8—压力表开关；9—压力表

3.11.2　换向阀泄压回路

如图3-93所示，当三位四通电液换向阀复位至中位且可保压一段时间后，电磁换向座阀得电换向，液压缸无杆腔高压油液经节流器、电磁换向座阀回油箱完成泄压。当电磁换向座阀失电复位、液压缸无杆腔泄压结束后，三位四通电液换向阀换向至左位，B油路压力升高，打开液控单向阀，液压缸开始缸回程。在A（或B）油路旁路上采用较小规格的换向阀，作为液压缸容腔内高压油液的泄压阀是一种较为简单、可靠的设计；换向阀上游的节流器（或节流阀）可以降低或调节泄压速率；液控单向阀及电磁换向座阀都可实现保压时间较长，因此该泄压回路可用于较大型且要求保压时间较长的液压机等液压机械上。

如图3-94所示，在参考文献［45］中将该回路称为"换向阀卸（泄）压的回路"。此回路采用三位四通电液换向阀泄压，通过调节控制油路上的节流阀，可以控制主阀芯滑动速度，使其阀口缓慢打开。液压缸因换向开始时阀口的节流作用而逐渐泄压，因此可避免液压缸容腔的突然泄压。

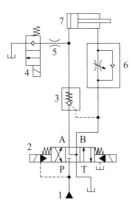

图 3-93　换向阀泄压回路Ⅰ

1—液压源；2—三位四通电液换向阀；

3—液控单向阀；4—电磁换向座阀；

5—节流器；6—单向节流阀；7—液压缸

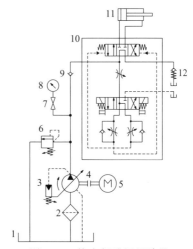

图 3-94　换向阀泄压回路Ⅱ

1—油箱；2—粗过滤器；3—压力控制变量液压泵；

4—联轴器；5—电动机；6—溢流阀；7—压力表开关；

8—压力表；9—单向阀；10—三位四通电液换向阀；

11—液压缸；12—单向阀（背压阀）

3.11.3　液控单向阀泄压回路

如图 3-95 所示，在参考文献［45］中将该回路称为"液控单向阀卸（泄）压的回路——用三级液控单向阀卸（泄）压的回路"。当三位四通电液换向阀换向至右位时，主液控单向阀的两级先导阀逐级打开，液压缸的无杆腔逐渐泄压，最后才打开主液控单向阀，液压缸进行缸回程。采用这种结构的液控单向阀（三级液控单向阀）的回路适用于使用高压大型液压缸的场合。

如图 3-96 所示，在参考文献［45］中将该回路称为"液控单向阀卸（泄）压的回路——用二级液控单向阀卸（泄）压的回路"。在该回路中，当三位四通电磁换向阀换向至

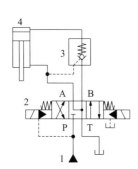

图 3-95　液控单向阀泄压回路Ⅰ

1—液压源；2—三位四通电液换向阀；

3—三级液控单向阀；4—液压缸

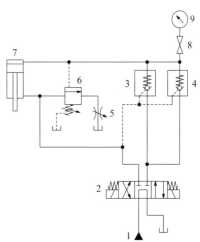

图 3-96　液控单向阀泄压回路Ⅱ

1—液压源；2—三位四通电磁换向阀；3—液控

单向阀（先导阀）；4—液控单向阀（主阀）；

5—节流阀；6—顺序阀；7—液压缸；

8—压力表开关；9—压力表

左位，液压缸无杆腔加压。加压结束后，三位四通电磁换向阀直接换向至右位，此时顺序阀仍处于开启状态，液压源经换向阀供给的液压流体通过顺序阀和节流阀回油箱，节流阀使回油压力保持在 2MPa 左右，此压力不足以使液压缸开始缸回程，但可以打开作为先导阀的液控单向阀，使液压缸无杆腔压力油经此先导阀回油箱，无杆腔压力缓慢降低。当液压缸无杆腔的压力降至顺序阀的调定压力（一般为 2～4MPa）下，顺序阀关闭，液压缸有杆腔压力上升并打开作为主阀的液控单向阀，液压缸开始缸回程。在参考文献［45］中指出：顺序阀的调定压力应大于节流阀产生的背压；主液控单向阀的控制压力应大于顺序阀的调定压力，系统才能正常工作。

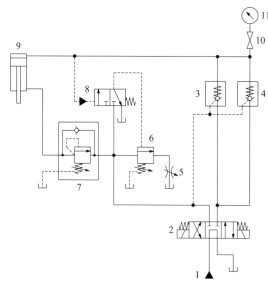

图 3-97　液控单向阀泄压回路Ⅲ
1—液压源；2—三位四通电磁换向阀；3—液控单向阀（先导阀）；4—液控单向阀（主阀）；5—节流阀；6—顺序阀；7—单向顺序阀；8—二位三通液控换向阀；9—液压缸；10—压力表开关；11—压力表

如图 3-97 所示，当液压缸无杆腔加压结束后，三位四通电磁换向阀由左位换向至右位，因液压缸无杆腔高压油液还没有泄压，所以由（处于左位的）二位三通液控换向阀控制的顺序阀仍处于开启状态，液压源供给油液经三位四通电磁换向阀、顺序阀、节流阀回油箱；此时，由节流阀节流产生的压力还不足以使液压缸开始缸回程，但却可以打开液控单向阀的先导阀，使液压缸无杆腔高压油液泄压；当液压缸无杆腔泄压使二位三通液控换向阀复位至右位时，顺序阀外控油路接油箱，顺序阀关闭，液压缸有杆腔压力升高，打开液控单向阀主阀，液压缸开始缸回程。该泄压回路兼具液压缸无杆腔泄压和有杆腔支承两项功能。对常闭式充液阀而言，具有预泄机能的充液阀相当于具有一级先导阀的液控单向阀；还有一些特殊结构的液控单向阀（充液阀）如具有两级先导阀的液控单向阀可供选用，但应先与制造商联系。

3.11.4　溢流阀泄压回路

如图 3-98 所示，当液压缸无杆腔加压结束后，三位四通电磁换向阀复位至中位，液压源卸荷；同时，已被液压缸无杆腔高压触发的压力继电器经延时后控制二位二通电磁换向阀换向，先导式溢流阀遥控口通过节流阀、二位二通电磁换向阀接通油箱，先导式溢流阀泄压，亦即液压缸无杆腔泄压。通过调节节流阀，可控制液压缸无杆腔泄压速率；先导式溢流阀可作为液压缸无杆腔的安全阀。如液压缸有保压要求，可将滑阀式换向阀改换成电磁换向座阀；工况变化小的场合也可采用固定式节流器代替节流阀。与液压源（液压泵）卸荷不同，液压缸的泄压通常流量很小，且持续时间很短，因此一般需要选用小规格（$\phi6$）的先导型（式）溢流阀。该泄压回路普遍适用于一般液压机械。

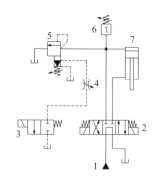

图 3-98　溢流阀泄压回路Ⅰ
1—液压源；2—三位四通电磁换向阀；3—二位二通电磁换向阀；4—节流阀（节流器）；5—先导式溢流阀；6—压力继电器；7—液压缸

如图 3-99 所示，在参考文献［45］中将该回路称为"溢流阀卸（泄）压的回路"。当液压缸工作行程结束时，三位四通电磁换向阀回中位，先导型（式）溢流阀的遥控口经节流阀、单向阀接通油箱，先导型（式）溢流阀开启，液压缸无杆腔泄压。调节节流阀可改变先导型（式）溢流阀的开启速度，进而可调节液压缸无杆腔泄压速度（率）。液压缸无杆腔泄压即开启了溢流阀的安全功能。

3.11.5　手动截止阀泄压回路

如图 3-100 所示，在参考文献［45］中将该回路称为"手动截止阀卸（泄）压的回路"。采用手动截止阀对液压缸无杆腔进行泄压，这种泄压方式结构简单，但泄压时间长，每次泄压都需手动操作，一般用于使用不频繁的超高压液压系统，如材料试验机，但此手动截止阀也必须是耐超高压的。

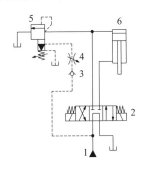

图 3-99　溢流阀泄压回路Ⅱ
1—液压源；2—三位四通电磁换向阀；
3—单向阀；4—节流阀；5—先导型
（式）溢流阀；6—液压缸

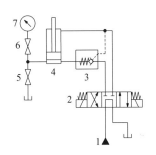

图 3-100　手动截止阀泄压回路
1—液压源；2—三位四通电磁换向阀；
3—液控单向阀；4—液压缸；5—手动
截止阀；6—压力表开关；7—压力表

3.11.6　双向变量液压泵泄压回路

如图 3-101 所示，在参考文献［45］中将该回路称为"双向变量泵卸（泄）压的回路"。液压缸在缸进程加压过程中，无杆腔压力（油）使二位二通液控换向阀换向，与液压缸有杆腔连接的先导型（式）溢流阀的遥控口经此液控换向阀接油箱。当双向变量液压泵向液压缸有杆腔供油时，泵的吸油将液压缸无杆腔泄压，输出油经溢流阀回油箱。只有当液压缸无杆腔压力低到可使液控换向阀复位时，液压缸才进行缸回程。

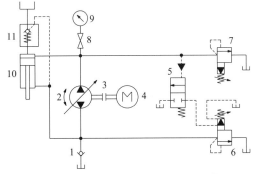

图 3-101　双向变量液压泵泄压回路
1—补油阀（单向阀）；2—双向变量液压泵；3—联轴器；
4—电动机；5—二位二通液控换向阀；6—先导型（式）
溢流阀；7—安全阀；8—压力表开关；9—压力表；
10—液压缸；11—液控单向阀（充液阀）

3.12　卸荷回路图

卸荷回路是指当液压系统不需要供油时，使液压泵输出的液压流体在最低压力下返回油箱的液压回路。

作者注　在 GB/T 17446—2024 给出了"卸荷回路"的术语和定义。

3.12.1 无保压液压系统卸荷回路

如图 3-102 所示，在参考文献［45］中将该回路称为"不保压系统的卸荷回路——用换向阀卸荷的回路"。此回路结构简单，利用换向阀中位机能来卸荷。对于压力较高（高于3.5MPa）、流量较大（大于 40L/min）的系统，此回路会产生冲击。当三位四通电液换向阀处于中位时，滑阀机能［按 JB/T 2184—2007 附录 B（资料性附录）"三位四通换向阀中位滑阀机能"的规定］为 M 型、H 型和 K 型时，油口 P 与 T 相通，达到卸荷的目的。为了减小或避免液压冲击，并使卸荷进行得较为彻底，宜采用手动或电液换向阀，但采用电液换向阀时需要0.3～0.5MPa 背压作为控制压力，且换向阀的额定流量必须大于或等于泵的额定流量。此回路适用于压力较低、流量较小的系统，不适用于一泵驱动多个液压缸的多支路场合。

如图 3-103 所示，在参考文献［26］中将该回路称为"用二通插装阀的卸荷回路"。在此回路中，当二位四通电磁换向阀换向后，插入元件上腔与油箱接通，插入元件打开时液压泵（源）卸荷。该回路适用于大流量液压系统。

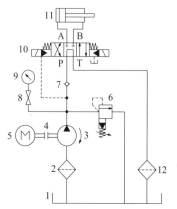

图 3-102　无保压液压系统卸荷回路 I

1—油箱；2—粗过滤器；3—液压泵；4—联轴器；5—电动机；6—溢流阀；7—单向阀；8—压力表开关；9—压力表；10—三位四通电液换向阀；11—液压缸；12—回油过滤器

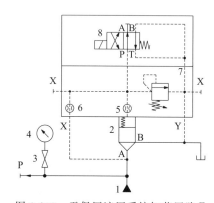

图 3-103　无保压液压系统卸荷回路 II

1—液压源；2—插入元件；3—压力表开关；4—压力表；5,6—可代替的节流孔；7—带溢流阀的控制盖板（先导元件）；8—二位四通电磁换向阀（先导元件）

如图 3-104 所示，此回路为利用滑阀中位机能卸荷的多缸回路。在此回路中，溢流阀的遥控口在多缸回路（系统）中的全部换向阀都处于中位时与油箱接通，使液压泵卸荷。

如图 3-105 所示，在参考文献［26］中将该回路称为"多缸系统的卸荷回路"。由一台液压泵向两个或多个液压缸供给液压流体，形成多缸系统的卸荷回路。当两个三位六通手动换向阀处于中位时，先导型（式）溢流阀的遥控口通过此两阀与油箱连通，液压泵卸荷。

如图 3-106 所示，在参考文献［45］中将该回路称为"用换向阀卸荷的回路"。此回路结构简单，液压泵出口经电磁换向座阀（其电磁铁处于失电状态）与油箱相通，液压泵卸荷。该回路特别适用于低压小流量系统，但在选用电磁换向座阀（或二位二通电磁换向阀）时应使其额定流量大于或等于液压泵的额定流量。

3.12.2 保压液压系统卸荷回路

如图 3-107 所示，在参考文献［26］中将该回路称为"用溢流阀的卸荷回路"。此回路中的先导型（式）溢流阀的遥控口与小规格的二位二通电磁换向阀连接，能自动控制使液压泵（源）卸荷。当系统压力达到压力继电器调定压力时，压力继电器动作使二位二通电磁换向阀换向，先导型（式）溢流阀的遥控口直通油箱，液压泵（源）卸荷。单向阀可使系统在液压泵（源）卸荷状态下保压。该回路广泛用于自动控制系统中，如一般机械和锻压机械。

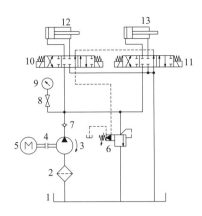

图 3-104　无保压液压系统卸荷回路Ⅲ

1—油箱；2—粗过滤器；3—液压泵；4—联轴器；

5—电动机；6—先导型（式）溢流阀；7—单向阀；

8—压力表开关；9—压力表；10,11—三位六

通电磁换向阀；12,13—液压缸

图 3-105　无保压液压系统卸荷回路Ⅳ

1—油箱；2—粗过滤器；3—液压泵；4—联轴器；5—电动机；

6—先导型（式）溢流阀；7—单向阀；8—压力表开关；

9—压力表；10,11—三位六通手动换向阀；

12,13—液压缸

　　如图 3-108 所示，在参考文献［26］中将该回路称为"用溢流阀的卸荷回路"。此回路与上述回路相似，不同的是采用顺序阀来操纵二位二通液控换向阀，使液压泵（源）卸荷。由于先导型（式）溢流阀安装了控制管路，增加了控制腔的容积，工作中容易出现不稳定现象，为此，可在控制管路上加设阻尼器，以改善其性能。

　　如图 3-109 所示，在参考文献［26］中将该回路称为"卸荷阀卸荷回路"。当系统压力升高到卸荷溢流阀调定压力时，卸荷溢流阀打开，液压泵通过卸荷溢流阀卸荷，而系统压力用蓄能器保持。若蓄能器压力降低到允许（调定）的最低值，卸荷溢流阀关闭，液压泵重新向蓄能器及系统供油，以保证液压系统的压力在一定范围内。

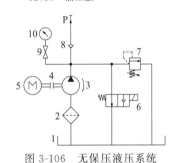

图 3-106　无保压液压系统
卸荷回路Ⅴ

1—油箱；2—粗过滤器；3—液压泵；

4—联轴器；5—电动机；6—电磁换

向座阀；7—溢流阀；8—单向阀；

9—压力表开关；10—压力表

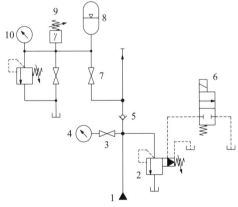

图 3-107　保压液压系统卸荷回路Ⅰ

1—液压源；2—先导型（式）溢流阀；3—压力表开关；

4,10—压力表；5—单向阀；6—二位二通电磁换向阀；

7—截止阀；8—蓄能器；9—压力继电器

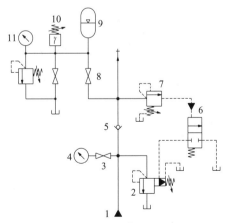

图 3-108　保压液压系统卸荷回路Ⅱ

1—液压源；2—先导型（式）溢流阀；3—压力表开关；

4,11—压力表；5—单向阀；6—二位二通液控换向阀；

7—顺序阀；8—截止阀；9—蓄能器；10—压力继电器

如图 3-110 所示，在参考文献［45］中将该回路称为"用蓄能器保持系统压力的卸荷回路"。蓄能器充液至所需压力时，二位二通液控换向阀换向，液压泵卸荷。当系统压力下降到二位二通液控换向阀复位压力时，二位二通液控换向阀复位，液压缸停止卸荷。该回路适用于泵卸荷、系统保压的场合。

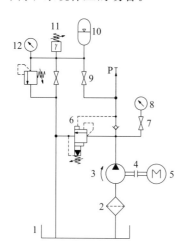
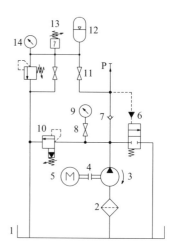

图 3-109　保压液压系统卸荷回路Ⅲ
1—油箱；2—粗过滤器；3—液压泵；4—联轴器；
5—电动机；6—卸荷溢流阀；7—压力表开关；
8,12—压力表；9—蓄能器控制阀组；
10—蓄能器；11—压力继电器

图 3-110　保压液压系统卸荷回路Ⅳ
1—油箱；2—粗过滤器；3—液压泵；4—联轴器；
5—电动机；6—二位二通液控换向阀；7—单向阀；
8—压力表开关；9,14—压力表；10—溢流阀；
11—蓄能器控制阀组；12—蓄能器；13—压力继电器

3.13　平衡（支承）回路图

平衡回路是指用维持液压执行元件的压力的方法，使其能在任何位置上支承住（锁紧）所带负载，防止负载因自重下落或下行超速的液压回路，也称为支承（撑）回路。

GB 17120—2012《锻压机械　安全技术条件》规定："液压传动的作垂直往复运动的工作部件，以最大速度向下运行而被紧急停止时，其惯性下降值应符合产品技术文件的规定。"

作者注　在 GB/T 42596.3—2023《机床安全　压力机　第 3 部分：液压机安全要求》中给出了术语"支撑阀"的定义："防止滑块因自重下落的装置。"

3.13.1　单向顺序阀平衡回路

如图 3-111 所示，在参考文献［26］中将该回路称为"用顺序阀的平衡回路"。在此回路中，将单向顺序阀的调定压力调整可与液压缸可动件及所带动的质量产生的重力相平衡或稍大，在液压缸下行的回油路上产生如此的背压，阻止液压缸可动件及所带动的质量下降或使其缓慢下降，避免它们产生自由落体运动。

作者注　在参考文献［45］中将"11—内控式单向顺序阀"称为"直控平衡阀"。

如图 3-112 所示，在参考文献［45］中将该回路称为"用远控平衡阀的平衡回路"。在此回路中，顺序阀的开启是由外部控制的，与液压缸所带动的负载无关。为了防止或减弱顺序阀可能出现的开关振荡，在外控油路上可以加装节流阀或阻尼器。该回路适用于液压缸所带动的质量变化较大的液压机械，如液压起重机、升降机等。

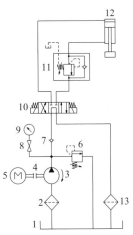

图 3-111　单向顺序阀平衡回路 I
1—油箱；2—粗过滤器；3—液压泵；4—联轴器；
5—电动机；6—溢流阀；7—单向阀；8—压力表
开关；9—压力表；10—三位四通电磁换向阀；
11—内控式单向顺序阀；12—液压缸；
13—回油过滤器

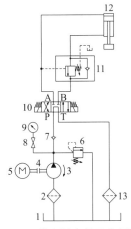

图 3-112　单向顺序阀平衡回路 II
1—油箱；2—粗过滤器；3—液压泵；4—联轴器；5—电动机；
6—溢流阀；7—单向阀；8—压力表开关；9—压力表；
10—三位四通电磁换向阀；11—外控式单向顺序阀；
12—液压缸；13—回油过滤器

作者注　在参考文献［45］中将"11—外控式单向顺序阀"称为"远控平衡阀（或远程遥控阀）"。

3.13.2　单向节流阀和液控单向阀平衡回路

如图 3-113 所示。在参考文献［26］中将该回路称为"用单向节流阀和液控单向阀的平衡回路"。此回路是用单向节流阀限速、液控单向阀锁紧的平衡回路。在液压缸活塞和活塞杆以及所带动的质量下降时，单向节流阀处于节流限速工作状态；当三位四通电磁换向阀处于中位时，液控单向阀将液压缸有杆腔管路封闭，阻止液压缸下行，该回路锁紧性能良好。

3.13.3　单向节流阀平衡回路

如图 3-114 所示，在参考文献［26］中将该回路称为"用单向节流阀的平衡回路"。此回路是用单向节流阀和换向阀组成的平衡回路。当三位四通手动换向阀处于右位时，液压缸无杆腔回油经单向节流阀时被节流，适当调节其中的节流阀，就可防止液压缸可动件及其所带动的质量超速下降。当三位四通手动换向阀处于中位时，液压缸两腔被封闭，但一般换向阀都有泄漏，因此用滑阀式换向阀锁紧液压缸，其锁紧性能不佳。又由于此种回路受载荷（负载）大小影响，液压缸可动件及其所带动的质量下降速度不稳定，但可用单向调速阀代替以改善其调速性能。这种回路常用于对速度稳定性及锁紧要求不高、功率不大或功率虽然较大，但工作不频繁的定量泵回路中。

如图 3-115 所示，此回路为采用节流阀产生、维持液压缸的压力，使其能保持住重物负载，防止重物负载下行超速的平衡回路。

3.13.4　插装阀平衡回路

如图 3-116 所示，当三位四通电磁换向阀换向至右位时，液压源供给的压力油进入液压缸的无杆腔（上腔），液压缸的有杆腔压力升高达到压力控制先导阀的调定值时，压力控制阀插入元件（阀）开启，液压缸有杆腔液压流体经该阀和换向阀向油箱排油，液压缸进行缸进程；当三位四通电磁换向阀换向至左位时，液压源供给的压力油打开方向控制阀插入元件（阀）进入液压缸的有杆腔，液压缸无杆腔液压流体经换向阀向油箱排油，液压缸进行缸回程；当三位四通电磁换向阀处于中位时，液压源卸荷，液压缸无杆腔（下腔）由二通插装阀闭锁，平衡液压缸活塞和活塞杆及其带动的重物。插装阀具有很多特点，如可方便组合，实现多功能；座阀式插装件内泄漏极少且无液压卡紧，没有遮盖量，响应快，可实现快速转换；压力损失小，最适合高压、大流量液压系统；以及配管少，集成化高，可靠性有所提高等。

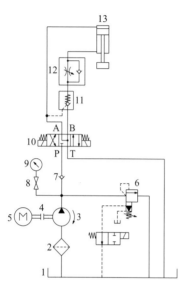

图 3-113　单向节流阀和液控单向阀平衡回路

1—油箱；2—粗过滤器；3—液压泵；4—联轴器；5—电动机；
6—电磁溢流阀；7—单向阀；8—压力表开关；9—压力表；
10—三位四通电磁换向阀；11—液控单向阀；
12—单向节流阀；13—液压缸

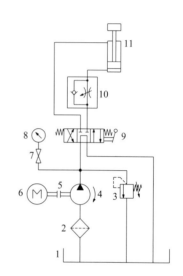

图 3-114　单向节流阀平衡回路 I

1—油箱；2—粗过滤器；3—溢流阀；4—液压泵；
5—联轴器；6—电动机；7—压力表开关；
8—压力表；9—三位四通手动换向阀；
10—单向节流阀；11—液压缸

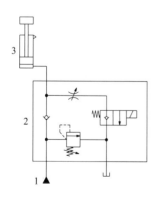

图 3-115　单向节流阀
平衡回路 II

1—液压源；2—升降机阀组；3—液压缸

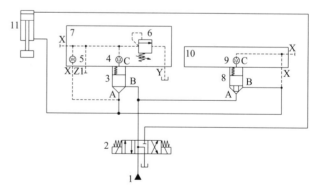

图 3-116　插装阀平衡回路

1—液压源；2—三位四通电磁换向阀　3—压力控制阀插入元件；
4,5,9—可代替节流孔；6—压力控制先导阀；
7—带溢流功能的控制盖板；8—方向控制阀插入元件；
10—带先导端口的控制盖板；11—液压缸

3.14 缓冲回路图

液压执行元件所带动的运动件如果速度较高和/或质量较大，在突然停止或换向时，由于运动件及液压工作介质有惯性，就会产生很大的冲击和振动。为了减小或消除这种冲击和振动就需要缓冲。缓冲是运动件在趋近其运动终点时借以减速的手段，缓冲回路就是采取措施以实现运动件减速停止的液压回路。

采用缓冲是为了使运动件平稳停止和/或换向，使运动件（较）迅速停止（即为制动）。

3.14.1 液压缸缓冲回路

如图 3-117 所示，在参考文献［26］［41］和［45］中将该回路分别称为"用液压缸的缓冲回路""用液压缸缓冲回路"和"用可调式双向缓冲液压缸构成的缓冲回路"。此回路由活塞两端带可调节终点缓冲的液压缸起到缓冲作用，对回路没有特殊要求。其缓冲效果可调，缓冲作用可靠，可减小冲击和振动，但因是行程终点缓冲，对液压缸行程设计要求严格，且不易更改，适用于缓冲行程位置固定的场合，或限制了其适用范围。

3.14.2 蓄能器缓冲回路

如图 3-118 所示，在参考文献［26］［41］和［45］中都将该回路称为"蓄能器缓冲回路"。在参考文献［41］和［45］中介绍：蓄能器用于吸收因外负载突然变化使液压缸发生位移而产生的液压缸冲击。当冲击太大，蓄能器吸收容量有限时，可由安全阀消除。但大多应符合在参考文献［26］中介绍的：在活塞杆带动载荷（负载）运行近于端部要停止时，油液压力上升，此时由蓄能器吸收、减小冲击，实现缓冲。

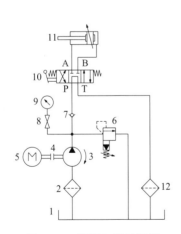

图 3-117　液压缸缓冲回路
1—油箱；2—粗过滤器；3—液压泵；
4—联轴器；5—电动机；6—溢流阀；
7—单向阀；8—压力表开关；9—压力表；
10—三位四通手动换向阀；11—活塞两端带可
调节终点缓冲的液压缸；12—回油过滤器

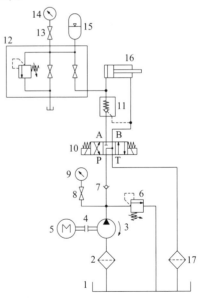

图 3-118　蓄能器缓冲回路
1—油箱；2—粗过滤器；3—液压泵；4—联轴器；
5—电动机；6—溢流阀；7—单向阀；8,13—压
力表开关；9,14—压力表；10—三位四通电磁
换向阀；11—液控单向阀；12—蓄能器控制阀组；
15—蓄能器；16—液压缸；17—回油过滤器

3.14.3 液压阀缓冲回路

如图 3-119 所示，在参考文献 [26] [41] 和 [45] 中将该回路分别称为"用溢流阀的缓冲回路""溢流阀的缓冲回路"和"溢流阀缓冲回路"。此回路可使液压缸进行双向缓冲。分别设置在液压缸两腔的直动式溢流阀和单向阀，在液压缸起动或停止时可以减缓或消除液压冲击并对产生负压的容腔进行补油（即防气蚀），适用于经常换向且会产生冲击的场合，如压路机振动部分的液压回路。

如图 3-120 所示，在参考文献 [41] 和 [45] 中都将该回路称为"电液换向阀缓冲回路"。在此回路中，调节三位四通电液换向阀主阀与先导阀之间的节流阀的开口量，限制流入主阀控制腔的流量，延长主阀芯的换向时间，达到缓冲目的。此回路缓冲效果较好，用于经常换向且可产生较大冲击的场合。

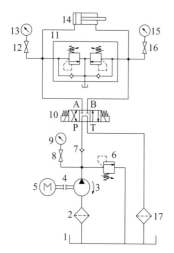

图 3-119　液压阀缓冲（制动）回路 I
1—油箱；2—粗过滤器；3—液压泵；4—联轴器；
5—电动机；6—溢流阀；7—单向阀；8,12,16—压
力表开关；9,13,15—压力表；10—三位
四通电磁换向阀；11—双向防气蚀溢流阀；
14—液压缸；17—回油过滤器

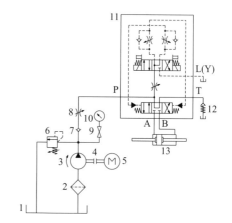

图 3-120　液压阀缓冲（制动）回路 II
1—油箱；2—粗过滤器；3—液压泵；4—联轴器；
5—电动机；6—溢流阀；7—单向阀；8—节流阀；
9—压力表开关；10—压力表；11—三位四通电液
换向阀；12—带有复位弹簧的单向阀（背压阀）；
13—活塞两端带终点位置缓冲的双出杆缸

作者注　在参考文献 [26] 的"用电液阀的缓冲回路"中，三位四通电液换向阀先导阀用控制油来自系统溢流阀的遥控口，涉及控制油压力（逐渐）上升，换向阀主阀在低压下逐渐切换，液压缸工作压力逐渐上升等。

如图 3-121 所示，在参考文献 [26] [41] 和 [45] 中将类似的回路分别称为"用节流阀的缓冲回路""用节流阀缓冲回路"和"节流阀缓冲回路"。在液压缸往复运动接近行程末端时，其相应回油管路上的二位二通电磁换向阀换向，该管路断开，仅剩与之并联的包括（小规格）单向节流阀的这条管路回油，其中的节流阀节流起到缓冲作用。该回路可用于大型设备、需要经常换向的场合，如牛头刨床中。

作者注　各参考文献与之主要不同之处在于，与二位二通电磁换向阀串联的是节流阀，而非图 3-121 所示的单向节流阀。

如图 3-122 所示，当液压泵起动后，液压泵供给的液压流体主要通过单向阀、三位四通电磁换向阀、二位二通电磁换向阀及回油过滤器回油箱（卸荷）；当三位四通电磁换向阀准

备换向时，二位二通电磁换向阀优先换向，使液压泵供给液压流体全部通过单向阀、三位四通电磁换向阀、调速阀及回油过滤器回油箱，并使回油路具有一定的背压；当三位四通电磁换向阀换向后，二位二通电磁换向阀延迟（时）复位，液压泵供给的液压流体通过单向阀、三位四通电磁换向阀输入液压缸，液压缸回油通过三位四通电磁换向阀、调速阀及回油过滤器回油箱，因为调速阀的节流调速作用，回油存在一定的背压，所以在三位四通电磁换向阀换向时，液压缸不会发生突然前冲。当二位二通电磁换向阀延迟（时）复位后，液压缸回油节流调速取消，液压缸开始快速运动。当液压缸接近行程终点（停止）时，触发行程开关发讯，二位二通电磁换向阀得电换向，液压缸回油节流调速恢复，液压缸转为慢速运动，实现了缓冲的目的。在该回路中采用调速阀，只是考虑在液压工作介质温度、黏度等发生变化时，可尽量保证该回路防前冲和缓冲两项性能不变。

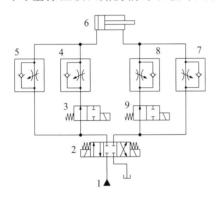

图 3-121　液压阀缓冲（制动）回路Ⅲ
1—液压源；2—三位四通电磁换向阀；3,9—二位二
通电磁换向阀；4,5,7,8—单
向节流阀；6—液压缸

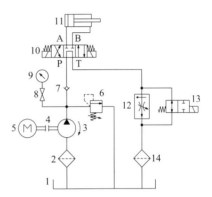

图 3-122　液压阀缓冲（制动）回路Ⅳ
1—油箱；2—粗过滤器；3—液压泵；4—联轴器；5—电动机；
6—溢流阀；7—单向阀；8—压力开关；9—压力表；
10—三位四通电磁换向阀；11—液压缸；12—调速阀；
13—二位二通电磁换向阀；14—回油过滤器

3.15　调（减）速回路图

调速回路是指调整或控制液压源供给流量和/或液压系统或子系统（局部）输入执行元件的流量的液压回路。

调速回路一般是通过减少流量使执行元件减速，即为减速回路。调速回路通常划分为容积调速回路和节流调速回路，其中节流调速回路可分为进油（路）节流调速、回油（路）节流调速、旁（油）路节流调速和（进、回油路）双向节流调速四种基本回路。

有参考文献将进、回油路双向节流调速回路称为复合油路节流调速回路。

作者注　1. 在 GB 8104—87 中给出了术语"旁通节流"的定义："将一部分流量分流至主油箱或压力较低的回路，以控制执行元件输入流量的一种回路状态。"术语"进口节流"的定义："控制执行元件的输入流量的一种回路状态。"术语"出口节流"的定义："控制执行元件的输出流量的一种回路状态。"术语"三通旁通节流"的定义："流量控制阀自身需有旁通排油口的进口节流回路状态。"

2. 在 GB/T 17446—2024 中给出了术语"旁通回路"的定义（"旁路流体的额外通道"），以及"出口节流控制"和"进口节流控制"的术语和定义。

除旁（油）路节流调速回路外，其他三种基本型式的节流调速回路中节流元件与执行元件都是串联的，因此又可称为串联油路节流调速回路，而旁（油）路节流调速回路也可称为并联节流调速回路。

3.15.1　进、出口节流调速回路

如图 3-123 所示，该回路工作时，液压泵输出的液压流体经可调节流阀、三位四通电磁换向阀进入液压缸无杆腔，驱动液压缸进行缸进程，此时

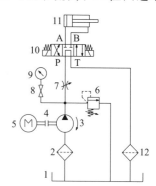

图 3-123　进、出口节流
调速回路 I

1—油箱；2—粗过滤器；3—定量
液压泵；4—联轴器；5—电动机；
6—溢流阀；7—节流阀；8—压力
表开关；9—压力表；10—三位四
通电磁换向阀；11—液压缸；
12—回油过滤器

液压缸有杆腔的液压流体经换向阀回油箱。液压泵输出多余的液压流体经溢流阀回油箱，压力由溢流阀调定。由于溢流阀处于溢流状态，因此泵的出口压力保持恒定。调节通过节流阀的流量，即可无级调节液压缸的往复运动速度。但液压缸可调速的前提条件是定量泵有多余的液压流体经溢流阀回油箱。如果溢流阀不能溢流，定量泵的流量只能全部进入液压缸，而不能实现调速功能。但已调定的速度会随负载的增大而减小，且在重载和/或高速情况下减小得更严重，亦即速度刚性更差，所以这种调速回路适用于低速轻载的场合。因进油节流调速回路存在着溢流的功率损失和节流的功率损失，所以这种调速回路的液压功率的利用效率较低。当液压缸的负载造成容腔内的压力等于溢流阀的调定压力时，节流阀两端压差即为零，节流阀因此也再没有油液通过，液压缸的运动也就停止了。此时的负载即为液压缸的最大负载，液压泵的输出流量全部经溢流阀回油箱。当溢流阀调定压力高于液压缸的负载造成容腔内的压力时，这种回路即不能调速。尽管溢流阀处于溢流状态是所有串联油路节流调速回路能够正常工作的必要条件，但尽量使液压缸工作时溢流阀少溢流，是这种回路设计、调试者的技术水平的表现。该回路结构简单，成本低，使用维修方便，但它的能量损失大，效率低，发热多。进油节流调速回路适用于轻载、低速、负载变化不大和对速度稳定性要求不高的小功率场合。

如图 3-124 所示，为了改善或克服上述采用节流阀的 P 油路进油节流调速回路的速度负载特性较软（即速度刚性或负载特性差）的问题，对变载荷（负载变化）下的运动平稳要求较高的液压系统及装置，可采用调速阀代替节流阀。

如图 3-125 所示，P 油路进油节流调速回路是一种总进油节流调速回路，其不能对液压缸的往复运动速度分别进行调节。为了适应工作循环中各个阶段的不同速度要求或实现无级调速，提高工作效率和液压功率的利用效率，可考虑采用电调制（比例）流量阀代替节流阀。

如图 3-126 所示，在参考文献［26］中将该回路称为"进口节流调速回路"，或称"A油路进油节流调速回路"。此回路将单向调速阀装在液压缸无杆腔管路上，适用于驱动正载荷（正值负载）（阻力负载）的液压缸。液压泵以溢流阀设定压力工作，多余的流量经溢流阀溢流，因此这种回路效率低，液压流体容易发热，只能单向调速，但调速范围大，适用于低速轻载工况。采用调速阀比节流阀调速稳定性好，因此在对速度稳定性要求较高的场合一般选择调速阀。

如图 3-127 所示，在参考文献［26］中将该回路称为"进口节流调速回路"，或称"B油路回油节流调速回路"。此回路将单向调速阀装在液压缸有杆腔管路上，适用于驱动负载

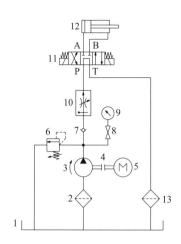

图 3-124　进、出口节流调速回路Ⅱ
1—油箱；2—粗过滤器；3—定量液压泵；4—联轴器；
5—电动机；6—溢流阀；7—单向阀；8—压力表开关；
9—压力表；10—调速阀；11—三位四通电磁换向阀；
12—液压缸；13—回油过滤器

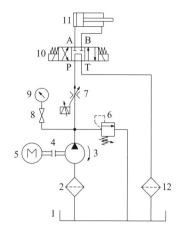

图 3-125　进、出口节流调速回路Ⅲ
1—油箱；2—粗过滤器；3—定量液压泵；4—联轴器；
5—电动机；6—溢流阀；7—电调制（比例）流量阀；
8—压力表开关；9—压力表；10—三位四通电磁换
向阀；11—液压缸；12—回油过滤器

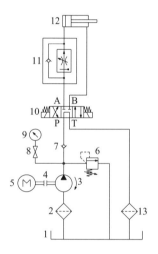

图 3-126　进、出口节流调速回路Ⅳ
1—油箱；2—粗过滤器；3—定量液压泵；4—联轴器；
5—电动机；6—溢流阀；7—单向阀；8—压力表
开关；9—压力表；10—三位四通电磁换向阀；
11—单向调速阀；12—液压缸；13—回油过滤器

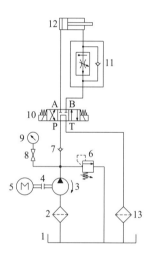

图 3-127　进、出口节流调速回路Ⅴ
1—油箱；2—粗过滤器；3—定量液压泵；4—联轴器；
5—电动机；6—溢流阀；7—单向阀；8—压力表开关；
9—压力表；10—三位四通电磁换向阀；11—单向
调速阀；12—液压缸；13—回油过滤器

荷（负值负载）（拉力负载）或载荷（负载）突然减小的液压缸。液压泵以溢流阀设定压力工作，多余的流量经溢流阀溢流，且液压缸需要克服背压才能动作，缸输出力减小，因此这种回路效率低，液压流体容易发热，只能单向调速，但其可产生背压，以抑制负载荷（负值负载），防止突进，运动比较平稳，应用较多，但多为低速场合。

　　如图 3-128 所示，借助于节流阀控制液压缸的回油量，实现液压缸往复运动速度的调节。用节流阀调节流出液压缸的流量，也就调节了输入液压缸的流量，定量泵多余的液压流体经溢流阀回油箱。溢流阀始终处于溢流状态，泵的出口压力保持恒定。节流阀装在回油路上，回油路上有较大的背压，因此在外负载变化时可起缓冲作用，运动的平稳性比进油节流调速要好，甚至具有承受负值负载（超越负载）的能力。当外负载很小或为零时，单出杆活塞缸的有杆腔压力可能很高，甚至超过液流阀设定的压力，尤其当两腔面积比大时，此问题更加突出，由此可能造成液压缸发热严重、泄漏，甚至造成缸零部件或配管变形、损坏。回油节流调速回路广泛用于功率不大、负载变化较大或运动平稳性要求较高的液压系统。同样，为了提高 T 油路回油节流调速回路的各项调速性能，可采用调速阀代替节流阀；为了适应工作循环中各个阶段的不同速度要求或实现无级调速，提高工作效率和液压功率的利用效率，可考虑采用电调制（比例）流量阀代替节流阀。

如图 3-129 所示，其为采用溢流节流阀的节流调速回路。因液压源的供给压力随负载大小而变化，所以采用溢流节流阀的调速回路效率较高、发热较少，可应用在较大功率的液压系统中，但其速度稳定性稍差。另外，安装在 P 油路上的溢流节流阀如果带有安全阀，则液压系统可不必另行配置安全阀。溢流节流阀现在的另一称谓是旁通式调速阀。

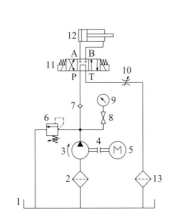

图 3-128　进、出口节流调速回路Ⅵ
1—油箱；2—粗过滤器；3—定量液压泵；
4—联轴器；5—电动机；6—溢流阀；
7—单向阀；8—压力表开关；9—压
力表；10—节流阀；11—三位四通电
磁换向阀；12—液压缸；13—回油过滤器

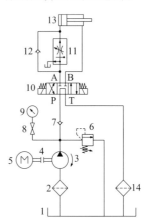

图 3-129　进、出口节流调速回路Ⅶ
1—油箱；2—粗过滤器；3—定量液压泵；4—联轴器；
5—电动机；6—溢流阀；7,12—单向阀；8—压力
表开关；9—压力表；10—三位四通电磁换向阀；
11—溢流节流阀；13—液压缸；
14—回油过滤器

如图 3-130 所示，在参考文献［26］中将该回路称为"进口、出口节流调速回路"，但与回路图不符。此回路是将两个调速阀串联配置，实现液压缸的缸进程在两种速度之间切换，此回路宜称为"进口两级节流调速回路"。当三位四通电磁换向阀换向至右位时，液压缸的缸进程速度以单向调速阀 11 调定；当二位二通电磁换向阀的电磁铁也得电后，单向调速阀 11 和 12 串联，调整单向调速阀 12，液压缸的缸进程速度只能小于由单个单向调速阀 11 调定的速度。这种回路在两种速度切换时液压缸一般没有前冲现象。

如图 3-131 所示，当三位四通电磁换向阀换向至左位时，方向控制阀插入元件被开启，液压源供给的压力油经三位四通电磁换向阀、方向控制阀插入元件（插装式单向阀）输入液压缸的无杆腔，液压缸有杆腔的油液经三位四通电磁换向阀回油箱，液压缸进行缸进程；当三位四通电磁换向阀换向至右位时，液压源供给的压力油经三位四通电磁换向阀输入液压缸有杆腔，此时，液压缸无杆腔压力升高，致使方向控制阀插入元件被关闭，亦即插装式单向阀反向关闭；但带节流端的流量控制阀插入元件被开启，亦即插装式节流阀进行回油节流调速；液压缸无杆腔油液经带节流端的流量控制阀插入元件、三位四通电磁换向阀回油箱，液

压缸进行缸回程；缸回程速度可通过带行程限制器的控制盖板上的行程限制器调节；当三位四通电磁换向阀复中位时，液压缸停止、液压源卸荷。

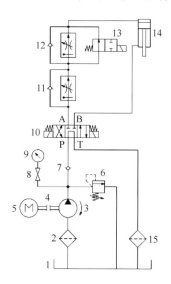

图 3-130　进、出口节流调速回路Ⅷ
1—油箱；2—粗过滤器；3—定量液压泵；4—联轴器；
5—电动机；6—溢流阀；7—单向阀；8—压力表开关；
9—压力表；10—三位四通电磁换向阀；11,12—单
向调速阀；13—二位二通电磁换向阀；14—液压缸；
15—回油过滤器

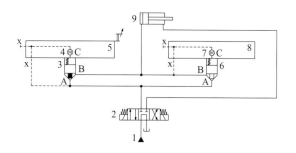

图 3-131　进、出口节流调速回路Ⅸ
1—液压源；2—三位四通电磁换向阀；3—带节
流端的流量控制阀插入元件；4,7—可代
替的节流孔；5—带行程限制器的控制盖板；
6—方向控制阀插入元件；8—方向控制阀
（标准）控制盖板；9—液压缸

3.15.2　双向节流调速回路

图 3-132 所示为双向进油节流调速回路。A、B 油路上都安装单向节流阀，液压缸往复运动均可进行进油节流调速。但该回路效率低，功率损失大，油容易发热。适用于轻载、低速的场合。为了提高回路的调速性能，可采用单向调速阀代替单向节流阀。

图 3-133 所示为双向回油节流调速回路。A、B 油路上都安装单向调速阀，液压缸往复运动均可进行回油节流调速。该回路效率低，功率损失大，油容易发热。应用于轻载、低速的场合，如压力管离心铸造机中扇形浇包装置的液压回路。

如图 3-134 所示，在参考文献［26］中将该回路称为"进口、出口节流调速回路"，或称"A 油路单向阀桥式整流进、回油双向节流调速回路"。此回路采用一个节流阀和四个单向阀组成的调速器实现双向节流调速。桥式布置的四个单向阀能够保证液压流体沿一个方向流经节流阀；如采用调速阀，则可保证调速阀中的定差减压阀起压力补偿作用。由于节流阀（调速阀）对液压缸同一容腔进行节流调速，因此，即使是单出杆活塞缸，也能实现往复运动速度相等。

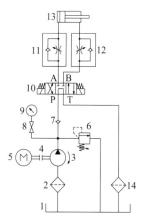

图 3-132　双向节流调
速回路Ⅰ
1—油箱；2—粗过滤器；3—定量液
压泵；4—联轴器；5—电动机；
6—溢流阀；7—单向阀；8—压
力表开关；9—压力表；10—三
位四通电磁换向阀；11,12—单
向节流阀；13—液压缸；
14—回油过滤器

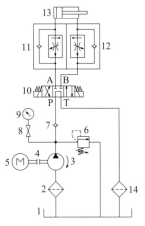

图 3-133 双向节流调速回路Ⅱ

1—油箱；2—粗过滤器；3—定量液压泵；

4—联轴器；5—电动机；6—溢流阀；

7—单向阀；8—压力表开关；9—压力

表；10—三位四通电磁换向阀；

11,12—单向调速阀；

13—液压缸；14—回油过滤器

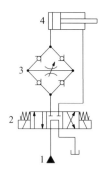

图 3-134 双向节流调速回路Ⅲ

1—液压源；2—三位四通电磁换向阀；3—单向阀桥式
整流节流阀组（调速器）；4—液压缸

3.15.3 旁通节流调速回路

如图 3-135 所示，在参考文献［45］中将该回路称为"节流调速回路——旁油路节流调速回路"，或称"A 油路旁路节流调速回路"。此回路将节流阀装在与液压缸无杆腔连接的支路上，利用其将液压泵供给液压缸无杆腔的液压流体的一部分排回油箱，以实现缸进程单向调速。液压泵的供给压力随负载变化而变化，溢流阀作为安全阀使用，此回路效率比 A 油路进油节流调速回路和 B 油路回油节流调速回路要高，但调速范围较小。常用于速度较高、载荷（负载）较大和载荷（负载）变化较小的场合，但其速度稳定性较差，不宜用在负载荷（负值负载）的场合。

3.15.4 容积调速回路

如图 3-136 所示，在参考文献［26］和［45］中将该回路分别称为"变量泵-液压缸调速回路"和"变量泵-液压缸容积调速回路"。此回路为变量液压泵和液压缸组成的容积调速回路。改变变量液压泵的供给流量，可调节液压缸的往复运动速度。电磁溢流阀在系统正常工作时作安全阀。在参考文献［45］中介绍："由于变量泵径向力不平衡，当负载增加压力升高时，其泄漏量增加，使活塞速度明显降低，因此活塞低速运动时其承载能力受到限制。常用于拉床、插床、压力机及工程机械等大功率的液压系统中。"

如图 3-137 所示，在参考文献［45］中将该回路称为"容积节流调速回路"。容积节流调速回路的基本原理是采用压力补偿式变量泵供油，调速阀（或节流阀）调节进入液压缸的流量，并使泵的输出流量自动地与液压缸所需流量相适应。常用的容积节流调速回路有限压式变量泵与调速阀等组成的容积节流调速回路，变压式变量泵与节流阀等组成的容积节流调速回路。这种调速回路的运动稳定性、速度负载特性、承载能力和调速范围均与仅采用调速阀的节流调速回路相同。此回路只有节流损失而无溢流损失，具有效率较高、提速较平稳、结构较简单等优点。目前已广泛应用于负载变化不大的中小功率组合机床的液压系统中。

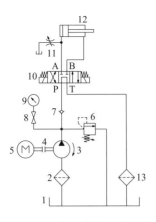

图 3-135　旁通节流调速回路

1—油箱；2—粗过滤器；3—定量液压泵；4—联轴器；
5—电动机；6—溢流阀；7—单向阀；8—压力表开关；
9—压力表；10—三位四通电磁换向阀；11—节流阀；
12—液压缸；13—回油过滤器

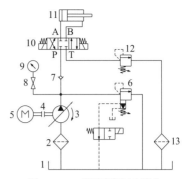

图 3-136　容积调速回路Ⅰ

1—油箱；2—粗过滤器；3—变量液压泵；4—联轴器；
5—电动机；6—电磁溢流阀；7—单向阀；8—压力表
开关；9—压力表；10—三位四通电磁换向阀；
11—液压缸；12—溢流阀（背压阀）；
13—回油过滤器

3.15.5　减速回路

图 3-138 所示为采用单向行程节流阀的减速回路。该回路用两个单向行程节流阀实现液压缸双向减速的目的。当活塞接近左右行程终点时，活塞杆上的挡块压下行程节流阀的触头，使其节流口逐渐关小，增加了液压缸回油阻力，使活塞逐渐减速。适用于行程终了需要缓慢减速的回路，如注塑机、灌装机等的液压回路。

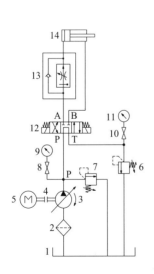

图 3-137　容积调速回路Ⅱ

1—油箱；2—粗过滤器；3—限压式变量泵；4—联轴器；
5—电动机；6—溢流阀（背压阀）；7—溢流阀（安全阀）；
8,10—压力表开关；9,11—压力表；
12—三位四通电磁换向阀；13—单向调速阀；
14—液压缸

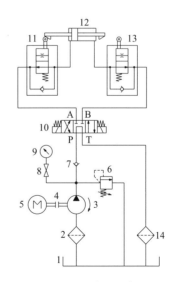

图 3-138　减速回路Ⅰ

1—油箱；2—粗过滤器；3—液压泵；4—联轴器；5—电动机；
6—溢流阀；7—单向阀；8—压力表开关；9—压力表；
10—三位四通电磁换向阀；11,13—单向行程节流阀；
12—双出杆缸；14—回油过滤器

图 3-139 所示为采用换向阀的减速回路。当三位四通电磁换向阀换向至右位时，双出杆缸右端活塞杆向右伸出，缸右腔油液经二位二通电磁换向阀、三位四通电磁换向阀、回油过滤器回油箱，此时液压缸为右行快进；当右端活塞杆右行触发行程开关 13 时，二位二通电磁换向阀得电换向至右位，缸右腔油液经调速阀、三位四通电磁换向阀、回油过滤器回油箱，此时缸为右行工进；当右端活塞杆继续右行触发行程开关 14 时，三位四通电磁换向阀可换向至中位，双出杆缸停止运动，也可使三位四通电磁换向阀直接换向至左位，双出杆缸左行快退，此时也可使二位二通电磁换向阀失电复位；当左端活塞杆左行触发行程开关 11 时，三位四通电磁换向阀换向至中位，双出杆缸停止运动，由此"这一回路可使执行元件完成'快进→工进→(停止)→快退→停止'这一自动工作循环。"该回路速度转换时平稳性以及换向精度较差。

图 3-140 所示为采用专用阀的减速回路。当三位四通电液换向阀换向至左位，二位四通电磁换向阀失电处于左位，液压泵供给液压流体输入液压缸无杆腔，使液压缸进行缸进程。减速时，使二位四通电磁换向阀换向至右位，专用阀逐渐转换到右位，输入液压缸无杆腔的液压流体经过专用阀的节流阀，缸进程速度减慢。该回路减速时没有冲击，但减速时间较长，用于全液压升降机的液压回路。

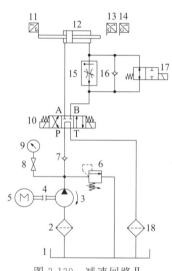

图 3-139 减速回路Ⅱ

1—油箱；2—粗过滤器；3—液压泵；4—联轴器；5—电动机；6—溢流阀；7,16—单向阀；8—压力表开关；9—压力表；10—三位四通电磁换向阀；11,13,14—行程开关；12—双出杆缸；15—调速阀；17—二位二通电磁换向阀；18—回油过滤器

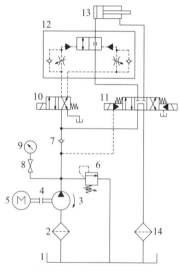

图 3-140 减速回路Ⅲ

1—油箱；2—粗过滤器；3—液压泵；4—联轴器；5—电动机；6—溢流阀；7—单向阀；8—压力表开关；9—压力表；10—二位四通电磁换向阀；11—三位四通电液换向阀；12—液控调速阀（专用阀）；13—液压缸；14—回油过滤器

3.16 增速回路图

增速回路是指在不增加液压源供给流量的前提下，使执行元件速度增高的液压回路，即为快速回路。

作者注 在 GB/T 17446—2024 中给出了术语"差动回路（又称再生回路）"的定义："〈液压〉从执行元件（通常是液压缸）排出的液压流体被直接引到执行元件或系统的进口，以降低执行元件输出力为代价提高速度的回路。"

3.16.1 液压泵增速回路

在图 3-141 所示回路中，当三位四通电磁（液）换向阀换向至左位后，两泵同时向液压缸无杆腔（上腔）供油，活塞和活塞杆及所带动的部件快速下降。该运动部件接触工件后，液压缸上腔压力升高，打开卸荷阀使低压液压泵卸荷，由高压液压泵单独供油，液压缸转为慢速加压行程；当三位四通电磁（液）换向阀换向至右位时，由高压液压泵供油到液压缸的有杆腔（下腔），上腔的回油流回油箱，液压缸进行缸回程，这时低压液压泵通过单向阀 13、三位四通电磁（液）换向阀卸荷。活塞和活塞杆及运动部件的重力由平衡阀支承。该回路适用于运动部件重力大和快慢速度比值大的压力机。

3.16.2 液压缸增速回路

如图 3-142 所示，在参考文献［41］和［45］中将该回路分别称为"增速缸的增速回路""增速缸增速的回路"。当三位四通电液换向阀处于右位时，液压泵供给液压流体输入增速缸小腔，增速缸进行快速缸进程，此时增速缸大腔通过二位三通电磁换向阀从油箱内自吸补油。当二位三通电磁换向阀的电磁铁得电、阀换向，液压泵供给液压流体通过该阀输入到增速缸大腔，增速缸的缸进程变为了慢速。在参考文献［45］中介绍：增速缸结构复杂，增速缸的外壳构成了工作缸的活塞部件，应用于中小型液压机中。

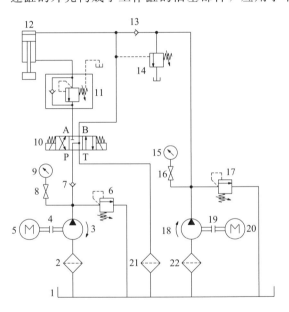

图 3-141　液压泵增速回路

1—油箱；2,22—粗过滤器；3—高压液压泵；4,19—联轴器；5,20—电动机；6,17—溢流阀；7,13—单向阀；8,16—压力表开关；9,15—压力表；10—三位四通电磁（液）换向阀；11—平衡阀；12—液压缸；14—卸荷阀；18—低压液压泵；21—回油过滤器

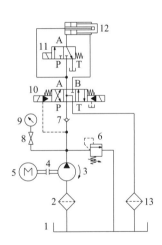

图 3-142　液压缸增速回路Ⅰ

1—油箱；2—粗过滤器；3—液压泵；4—联轴器；5—电动机；6—溢流阀；7—单向阀；8—压力表开关；9—压力表；10—三位四通电液换向阀；11—二位三通电磁换向阀；12—增速缸；13—回油过滤器

如图 3-143 所示，在参考文献［26］中将该回路称为"辅助缸增速回路"。辅助缸增速回路多用于大中型液压机中，为了减小泵的规格尺寸，设置成对的辅助缸。在滑块快速下降时，液压泵只向辅助缸供给液压流体，主缸通过充液阀从上置油箱中充油，直到滑块接触工

件，压力上升，顺序阀打开，液压泵供给的液压流体也进入主缸，滑块转为慢速下行。

3.16.3 蓄能器增速回路

如图 3-144 所示，在参考文献［26］［41］和［45］中将该回路都称为"蓄能器增速（的）回路"。此回路采用一个大容量的蓄能器使液压缸双向增速，可在采用小流量液压泵的情况下获得较大的液压缸往复运动速度。当换向阀处于中位时，液压泵对蓄能器充油直至达到卸荷溢流阀调定压力，液压泵卸荷。当换向阀处于左位或右位时，液压泵和蓄能器同时向液压缸供给液压流体，使液压缸增速。但此回路必须有足够时间供蓄能器充油；卸荷溢流阀的调定压力也应高于系统的最高工作压力。

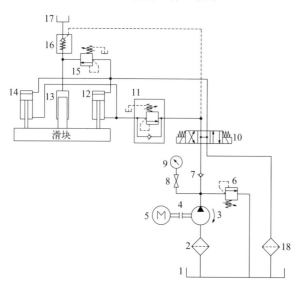 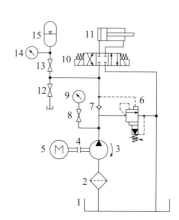

图 3-143 液压缸增速回路Ⅱ
1—油箱；2—粗过滤器；3—液压泵；4—联轴器；5—电动机；6—溢流阀；
7—单向阀；8—压力表开关；9—压力表；10—三位四通电磁换向阀；
11—平衡阀；12,14—活塞式液压缸（辅助缸）；13—柱塞缸
（主缸）；15—顺序阀；16—液控单向阀（充液阀）；
17—上置油箱；18—回油过滤器

图 3-144 蓄能器增速回路
1—油箱；2—粗过滤器；3—液压泵；
4—联轴器；5—电动机；6—卸荷
溢流阀；7—单向阀；8—压力表
开关；9,14—压力表；
10—三位四通电磁换向阀；
11—液压缸；12,13—截
止阀；15—蓄能器

3.16.4 充液阀增速回路

如图 3-145 所示，在参考文献［26］［41］和［45］中将该回路分别称为"自动补油增速回路""自重补油增速回路"和"自重补油增速的回路"。此回路常用于液压缸垂直安装、所带动的运动部件较重的液压机中。当换向阀处于左位时，活塞和活塞杆及其所带动的运动部件由于自重而快速下降（下降速度可由节流阀调节），液压缸无杆腔所需流量超过了液压泵供给流量，液压缸无杆腔出现了负压，充液阀被打开，上置油箱内的液压流体补充到液压缸无杆腔。当运动部件（如模具）接触到工件时，压力升高，充液阀被关闭，液压缸无杆腔只有液压泵供给流量，活塞和活塞杆及其所带动的运动部件慢速下降对工件加压。当换向阀处于右位时，液压泵向液压缸有杆腔供给液压流体，同时打开充液阀泄压并接通上置油箱，液压缸上腔液压流体流回上置油箱，液压缸完成缸回程。

3.16.5　差动回路

如图 3-146 所示，在参考文献［26］［41］和［45］中将该回路分别称为"差动缸增速回路""差动连接增速回路"和"差动式缸增速的回路"。此回路采用三位四通电磁换向阀实现单出杆活塞式液压缸的差动连接，以达到增速的目的。当三位四通电磁换向阀换向至右位时，液压缸无杆腔和有杆腔同时通压力油，由于两腔压力相同而缸有效面积不同，故液压缸进行缸进程，液压缸有杆腔回油也输入无杆腔，所以以液压缸的缸进程增速。若两腔面积比为2，则此回路可使液压缸的往复运动速度相等，此速度与两腔面积差（活塞杆截面积）成反比。在参考文献［26］中提示：该回路在设计应用时，一定要考虑有杆腔反作用力。

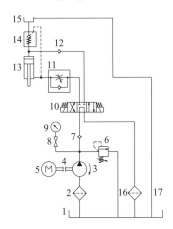

图 3-145　充液阀增速回路

1—油箱；2—粗过滤器；3—液压泵；4—联轴器；
5—电动机；6—溢流阀；7,12—单向阀；
8—压力表开关；9—压力表；10—三位四通电磁
（液）换向阀；11—单向节流阀；13—液压缸；
14—液控单向阀（充液阀）；15—上置油箱；
16—回油过滤器；17—上置油箱溢流管

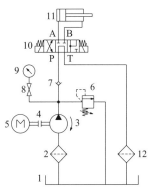

图 3-146　差动回路Ⅰ

1—油箱；2—粗过滤器；3—液压泵；4—联轴器；
5—电动机；6—溢流阀；7—单向阀；8—压力表
开关；9—压力表；10—三位四通电磁换向阀；
11—液压缸；12—回油过滤器

如图 3-147 所示，当三位四通电磁换向阀换向至左位时，液压泵供给的液压流体通过三位四通电磁换向阀输入液压缸无杆腔，液压缸有杆腔的液压流体通过单向阀与液压泵供给的液压流体合流，一起输入液压缸无杆腔，组成差动回路，实现液压缸的快速缸进程（快进）；当液压缸承受负载增加，液压缸无杆腔压力升高，同时液压缸有杆腔压力降低，则单向阀被反向压力关闭，顺序阀被此压力打开，液压缸有杆腔液压流体与液压泵供给的液压流体合流油路被堵死，差动回路解除，液压缸有杆腔液压流体改由通过单向调速阀、单向顺序阀、三位四通电磁换向阀、回油过滤器回油箱，实现液压缸的可调慢速缸进程（工进）；当三位四通电磁换向阀处于右位时，液压泵供给的液压流

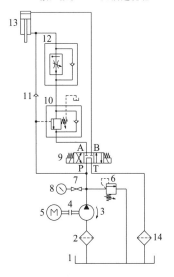

图 3-147　差动回路Ⅱ

1—油箱；2—粗过滤器；3—液压泵；4—联轴器；
5—电动机；6—溢流阀；7—压力表开关；8—压力表；
9—三位四通电磁换向阀；10—单向顺序阀；11—单
向阀；12—单向调速阀；13—液压缸；14—回油过滤器

体通过三位四通电磁换向阀、单向顺序阀中的单向阀、单向调速阀中的单向阀输入液压缸有杆腔，液压缸进行缸回程，液压缸无杆腔液压流体经三位四通电磁换向阀、回油过滤器回油箱。该回路可用于压块机液压系统中。

3.17 速度同步回路图

在 GB/T 17446—2024 中给出了术语"同时操作回路"的定义："控制多个操作同时发生的回路"，其修改了 GB/T 17446—2012 中"同步回路"的术语和定义。

液压技术所涉及的同步回路，至少应是两个（台）执行元件（如液压缸）或多个（台）执行元件间速度和/或行程的比较，即活塞和活塞杆间往和/或复直线运动速度和/或行程的同步。

以一个（台）液压缸往和/或复直线运动为目标，使另一个（台）或一些液压缸跟踪此液压缸的运动，并尽可能地与之趋近或保持同步，此为跟踪同步；跟踪同步的目标可以是当前目标，但主要是终极（点）目标；同步精度一般是以达到终极目标的行程绝对误差或行程相对误差来描述的。因此，跟踪同步主要是结果同步，亦即行程同步。

两个（台）液压缸或两个（台）以上液压缸各自按预先设（计）定的一个速度调整（节），并尽可能地使之趋近或保持这一速度，此为速度同步。速度同步的目标是既有大小又有方向的一个速度设（计）定值，且可能是时间和/或行程的函数；同步精度一般是以达到当前目标包括终极（点）目标的行程绝对误差或行程相对误差来描述的。因此，速度同步主要是过程同步，当然也包括结果同步。

速度同步和行程同步都是液压技术要研究的课题，其中速度同步是一个过程和结果的同步问题，所以，解决和达到一定精度的速度同步是当今液压技术中的一个关键技术。

下列几种回路都是用来解决两个（台）或两个（台）以上执行元件（主要是指液压缸）速度同步问题的，但因下列几种速度同步回路所能达到的速度同步精度不同，加之各个执行元件所承受的外部负载、所受内外摩擦力、制造质量、结构强度和刚度、内外泄漏及其安装连接型式等各不相同，所以这几种速度同步回路在实际应用时应进行选择、论证。

下列速度同步回路不包括使用机械的方法（含刚性连接液压缸活塞杆）强制执行元件速度同步，亦即机械同步，参考文献［45］将"串联液压缸的同步回路"和"带有补偿装置的（串联液压缸）同步回路"归类到"机械同步回路"，值得商榷。

下列速度同步回路包括第 3.22 节"位置同步回路图"中的液压缸全部带有排气器，其所在位置能够将液压系统油液中所含空气或气体排净，但在液压系统及回路图中没有特别表示这一功能。排净液压系统油液中所含空气或气体，是保证同步精度的基本条件之一。

3.17.1 液压泵同步回路

如图 3-148 所示，在参考文献［26］［41］和［45］中将类似的回路分别称为"用泵的同步回路""用泵同步回路"和"泵同步回路"。在此回路中，采用一台电动机驱动双联等排量（定量）液压泵，并通过两个同时切换的换向阀与两个液压缸各自连接，两个液压缸相应的缸有效面积和行程相同，实现两个液压缸同步运行。采用液压缸单独动作或调整调速阀可修正同步误差。该回路结构简单，效率较高，且两个液压缸控制互不干扰，适用于高压、大流量、同步精度要求高（参考文献［45］中介绍同步精度可达 2%～5%）的场合。

3.17.2 液压马达同步回路

如图 3-149 所示，在参考文献［26］［41］和［45］中将类似的回路分别称为"用马达的同步回路""并联马达同步回路"和"容积调速同步回路——同步马达同步回路"。在此回路中,采用两个同轴等排量液压马达与两个缸有效面积相等的液压缸连接,实现缸进程、缸回程双向同步。用单向阀和溢流阀组成的安全补油回路可在行程终点消除位置误差。这种并联马达同步回路的同步精度比流量控制阀的同步精度要高,参考文献[41]中介绍可为2%～5%,但成本较高,适用于大载荷(大负载)、大容量液压系统。

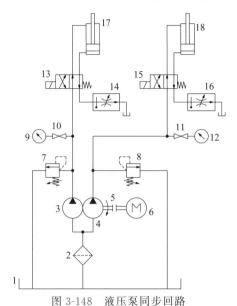

图 3-148　液压泵同步回路

1—油箱;2—粗过滤器;3,4—双联等排量液压泵;
5—联轴器;6—电动机;7,8—溢流阀;9,12—压力表;
10,11—压力表开关;13,15—二位四通电磁
换向阀;14,16—调速阀;17,18—液压缸

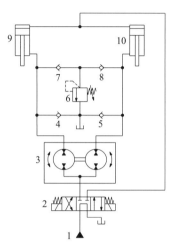

图 3-149　液压马达同步回路

1—液压源;2—三位四通电磁换向阀;3—齿轮式
同步马达(分流器);4,5,7,8—单向阀;
6—溢流阀;9,10—液压缸

作者注　在参考文献[45]的"同步马达同步回路"中,没有图 3-149 所示的"安全补油回路",但在两个液压缸有杆腔间设置了节流阀用于行程端点消除两缸位置误差。

3.17.3　串联缸速度(位置)同步回路

如图 3-150 所示,在参考文献[26][41]和[45]中将类似回路分别称为"用同步缸的同步回路""同步缸同步回路"。在此回路中,串联缸是两尺寸相同的活塞串联在同一活塞杆上,与之分别连接的两个液压缸的缸有效面积相同,且串联缸的容积大于液压缸。两个液压缸的无杆腔同时输入或排出的液压流体由串联缸控制,其同步精度主要取决于加工精度及液压缸密封性能,一般在 2%～5%或更高。因在串联缸两活塞上设置了双作用单向阀,每次到达行程终点都对两液压缸的同步误差进行修正。该回路可用于负载变化较大的场合。

3.17.4　液压缸串联速度(位置)同步回路

如图 3-151 所示,在参考文献[41]中将类似回路称为"液压缸串联同步回路"。在此回路中,两个规格相同的双出杆液压缸串联,因其缸有效面积及相应容腔(行程)均相等,当三位四通电磁换向阀 2 换向至右位时,液压源向液压缸 7 上腔输入液压流体,其下腔排出液压流体又输入液压缸 8 上腔,两液压缸同步下行;当三位四通电磁换向阀 2 换向至左位时,液压源向液压缸 8 下腔输入液压流体,其上腔排出液压流体又输入液压缸 7 下腔,两液压缸同步上行。由三位四通电磁换向阀 3 和液控单向阀 5 以及行程开关 4 和 6 组成的补油、排油回路，可在液压缸每次下行到终点时对其同步误差进行修正。这种回路简单，能适应较大偏载，但因液压缸串联，其推力减小。

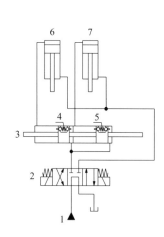

图 3-150　串联缸速度（位置）同步回路
1—液压源；2—三位四通电磁换向阀；3—串联缸
（同步缸）；4,5—双作用单向阀；
6,7—液压缸

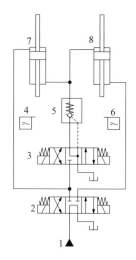

图 3-151　液压缸串联速度（位置）同步回路Ⅰ
1—液压源；2,3—三位四通电磁换向阀；
4,6—行程开关；5—液控单向阀；
7,8—双出杆液压缸

如图 3-152 所示，在参考文献 ［26］ ［41］ 和 ［45］ 中将类似回路分别称为"串联同步回路"、"液压缸串联同步回路"和"机械同步回路——带有补偿装置的同步回路"。在此回路中有两个行程相等的液压缸，液压缸 7 有杆腔的缸有效面积与液压缸 8 无杆腔的缸有效面积相等，将其按此图连接，即可组成容积控制同步回路。由溢流阀、顺序阀和行程开关组成的补油、排油回路，可在液压缸每次下行到终点时对其同步误差进行修正。优缺点同上。

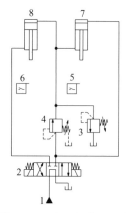

图 3-152　液压缸串联速度（位置）同步回路Ⅱ
1—液压源；2—三位四通电磁换向阀；3—溢流阀；4—顺序阀；5,6—行程开关；7,8—液压缸

3.17.5　流量控制阀速度同步回路

如图 3-153 所示，在参考文献 ［26］ ［41］ 和 ［45］ 中将类似回路分别称为"用节流阀的同步回路""调速阀同步回路"和"流量控制同步回路——用调速阀控制的同步回路"。此回路可实现液压缸往复运动同步。用调速阀控制的同步回路，结构简单，并且可以调整，但是由于受到油温变化以及调速阀性能差异等影响，同步精度较低，一般为 5%～7%，系统效率也较低。

3.17.6　分流集流阀速度同步回路

如图 3-154 所示，当三位四通电磁换向阀换向至右位时，液压源供给液压流体经三位四通电磁换向阀、单向节流阀中的单向阀、分流集流阀（此时作分流阀用）、两个液控单向阀分别输入两个液压缸无杆腔，实现双液压缸缸进程的同步运动；当三位四通电磁换向阀换向至左位时，液压流体经三位四通电磁换向阀、单向节流阀中的节流阀输入两缸的有杆腔，同时反向导通两个液控单向阀，双缸无杆腔液压流体经分流集流阀（此时作集流阀用），单向节流阀中的节流阀、三位四通电磁换向阀、单向阀（背压阀）回油，实现双缸退回同步运动。安装在 B 油路上的单向节流阀用于防止液压缸起动时可能产生的前冲，安装在 T 油路上的单向阀用于防止分流集流阀管路中出现"中空"。有资料介绍，在完全偏载时两缸同步精度为1％～3％。

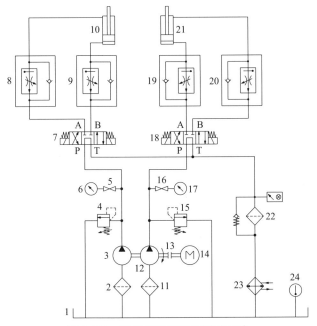

图 3-153　流量控制阀速度同步回路

1—油箱；2,11—粗过滤器；3,12—液压泵；4,15—溢流阀；
5,16—压力表开关；6,17—压力表；7,18—三位四通电磁
换向阀；8,9,19,20—单向调速阀；10,21—液压缸；
13—联轴器；14—电动机；22—回油过滤器；
23—冷却器；24—温度计

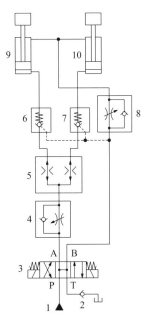

图 3-154　分流集流阀速度同步回路Ⅰ

1—液压源；2—单向阀；3—三位四通
电磁换向阀；4,8—单向节流阀；
5—分流集流阀；6,7—液控单向阀；
9,10—液压缸

如图 3-155 所示，此回路通过分流比为 2∶1 和 1∶1 的两个分流集流阀给三个液压缸分配相等的流量，实现三缸同步运动。

图 3-156 所示为采用可调式分流集流阀的三缸同步回路。

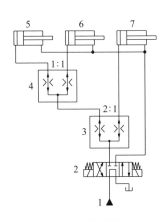

图 3-155　分流集流阀速度同步回路Ⅱ

1—液压源；2—三位四通电磁换向阀；3—2∶1分流集流阀；
4—1∶1分流集流阀；5～7—液压缸

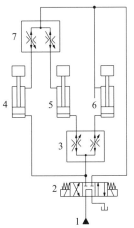

图 3-156　分流集流阀速度同步回路Ⅲ

1—液压源；2—三位四通电磁换向阀；
3,7—可调式分流集流阀；4～6—液压缸

图 3-157 所示为采用自调式分流集流阀的四缸同步回路。

图 3-158 所示为采用分流集流阀的四缸同步回路。

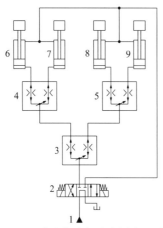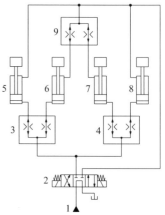

图 3-157　分流集流阀速度同步回路Ⅳ

1—液压源；2—三位四通电磁换向阀；

3～5—自调式分流集流阀；6～9—液压缸

图 3-158　分流集流阀速度同步回路Ⅴ

1—液压源；2—三位四通电磁换向阀；

3,4,9—分流集流阀；5～8—液压缸

3.17.7　伺服、比例、数字变量泵速度（位置）同步回路

图 3-159 所示为泵控式电液速度控制系统。以双向变量液压泵所在的液压系统中的液压缸为基准，通过检测到的两个液压缸位移（速度）差来控制电液伺服控制双向变量液压泵，使其所在液压系统中的液压缸跟随作为基准的液压缸，进而尽量达到两缸同步。有资料介绍，此种液压系统的两缸同步精度一般在 0.5% 左右。该同步回路适用于高压、大流量、同步精度高的液压系统。

3.17.8　比例阀速度（位置）同步回路

如图 3-160 所示，在参考文献［26］［41］和［45］中将类似回路分别称为"用节流阀

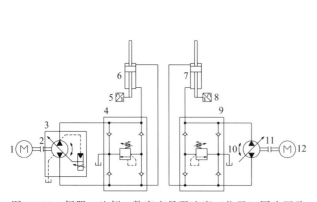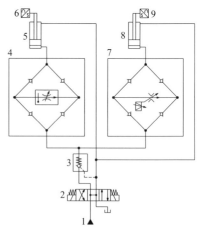

图 3-159　伺服、比例、数字变量泵速度（位置）同步回路

1,12—电动机；2,11—联轴器；3—电液伺服控制双向变量液压泵；4,9—防气蚀溢流阀；5,8—以模拟信号输出的速度信号转换器；6,7—双出杆液压缸；10—双向变量液压泵

图 3-160　比例阀速度（位置）同步回路

1—液压源；2—三位四通电磁换向阀；3—液控单向阀；4—单向阀桥式整流调速阀组；5,8—液压缸；6,9—以模拟信号输出的速度信号转换器；7—单向阀桥式整流比例调速阀组

的同步回路""电液比例调速阀同步回路"。在此回路中采用了一个单向阀桥式整流调速阀组和一个单向阀桥式整流比例调速阀组，分别与两个液压缸的无杆腔连接，由比例调速阀控制的液压缸跟随另一个液压缸的速度，使两个液压缸的速度（位移）同步。该回路同步精度较高（参考文献［41］和［45］中介绍位置同步精度可达 0.5mm，参考文献［26］中介绍位置（同步）精度可达 1mm/m），已可满足大多数机械设备所要求的同步精度要求。

作者注　在各参考文献中对"单向阀桥式整流调速阀组"的称谓不同，如"桥式节流油路""流量调整板""桥式回路"。

3.18　换向回路图

换向回路是指通过控制输入执行元件油流的通、断及改变其流动方向来实现执行元件的起动、停止或变换运动方向的液压回路。

3.18.1　手动（多路）换向阀换向回路

如图 3-161 所示，在参考文献［41］中将该回路称为"换向阀换向回路"。图 3-161 所示为手动转阀（先导阀）控制液动换向阀的换向回路。回路中单独设置了控制液压源，主阀换向控制油路上设置了单向节流阀，可以调节主阀的换向速度，减小压力冲击。

如图 3-162 所示，并联油路的 EBM12 型多路换向阀是手动操纵的由多片式换向阀组合而成的方向控制阀，主要用于运输机械、矿山机械或其他液压机械的液压系统中。其具有如下特点：①换向冲击小，微调性能好；②附属性能多，如带有单向阀、补油阀、过载阀等；③可单泵或双泵供油，分流、合流等；④组合方便，能控制 1～8 个工作机构；⑤安装方便，手动操纵机构可设在阀体任何一端。

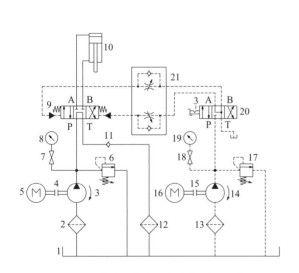

图 3-161　手动（多路）换向阀换向回路Ⅰ
1—油箱；2,13—粗过滤器；3,14—液压泵；4,15—联
轴器；5,16—电动机；6,17—溢流阀；7,18—压
力表开关；8,19—压力表；9—三位四通液动换向阀
（主阀）；10—液压缸；11—单向阀；12—回油过滤器；
20—（手动）转阀型换向阀（先导阀）；21—双单向节流阀

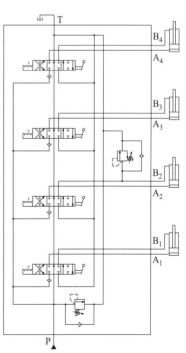

图 3-162　手动（多路）换向
阀换向回路Ⅱ

并联油路多路换向阀中的各单片换向阀之间的进油路并联，各单片换向阀可独立操作，但当同时操作两片或两片以上换向阀时，负载小的工作机构先动作，此时分配到各动作执行元件中的油液可能仅是液压源供给流量的一部分。一般还有串联油路、串并联油路或复合油路等多路换向阀可供选用。

3.18.2 比例换向阀换向回路

图 3-163 所示为采用比例换向阀的换向回路，该阀在此回路中具有换向和节流调速双重作用。由电液比例换向阀、定差减压阀及梭阀组成的是定差减压型电液比例方向（流量）阀，其实质是一种定差减压阀（压力补偿器）在前的调速阀。

3.18.3 插装阀换向回路

如图 3-164 所示，在参考文献［26］和［41］中将该回路分别称为"用阀控制的方向回路"和"用嵌入式锥阀组成的换向回路"。此回路是采用两个二通插装阀的方向控制回路，其相当于采用一个二位三通电磁换向阀的换向回路。该回路具有流道阻力小、通油能力大、动作速度快、密封性好、结构简单、工作可靠、可组成多功能阀等优点，适用于自动化程度高的大流量液压系统。

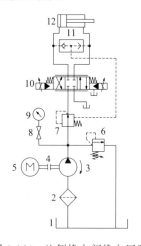

图 3-163 比例换向阀换向回路

1—油箱；2—粗过滤器；3—液压泵；4—联轴器；5—电动机；
6—溢流阀；7—定差减压阀；8—压力表开关；9—压力表；
10—电液比例换向阀；11—梭阀；12—液压缸

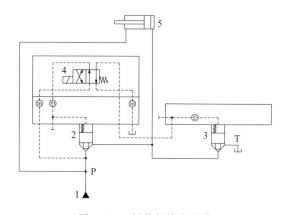

图 3-164 插装阀换向回路

1—液压源；2,3—插入元件；4—换向阀（二位四通
电磁换向阀、二位三通电液换向阀）；5—液压缸

作者注 典型方向控制阀符号还可参见表 2-3。

3.18.4 双向泵换向回路

如图 3-165 所示，在参考文献［41］中将该回路称为"双向泵换向回路"。在此回路中，借助于电动机的正反转，实现双向定量泵的换向，由此控制液压缸的往复运动。应用此回路时要在轻载或卸荷状态下起动液压泵，适用于换向不频繁的场合。

3.18.5 其他操纵（控制）换向回路

如图 3-166 所示，由机动先导阀、两个单向节流阀、液控换向阀（主阀）等组成机液（控）换向阀，用该阀控制双出杆缸往复运动。如果通过双出杆缸所带动的滑块或滑台操纵机动先导阀,双出杆缸即可实现连续的往复运动,亦即为平面磨床工作台的液压换向回路。该回路除可通过调节单向节流阀来控制换向时间(速度)外,一般主阀芯还设计有节流槽或制动锥以实现回油节流,控制换向时间。单向节流阀一旦调定,从向机动先导阀发出换向信号,到液压缸减速制动(停止),这一过程的时间基本上是一定的,因此这一回路在一些参考文献中又称时间(控制)制动换向回路。为了缩短换向时间,一般在液控换向阀的左、右控制腔上还设计了快换油路。该回路换向精度取决于双出杆缸的运动速度,此速度由节流阀调节;这种回路换向时间短,但换向精度不高,一般适用于对换向精度要求低的场合。

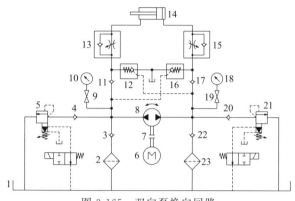

图 3-165　双向泵换向回路

1—油箱;2,23—粗过滤器;3,4,11,17,20,22—单向阀;
5,21—电磁溢流阀;6—电动机;7—联轴器;8—双向定量泵;
9,19—压力表开关;10,18—压力表;
12,16—液控单向阀;13,15—单向节流阀;14—液压缸

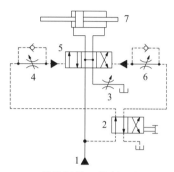

图 3-166　其他操纵(控制)换向回路 I

1—液压源;2—机动先导阀;3—节流阀;
4,6—单向节流阀;5—液控换向
阀(主阀);7—双出杆缸

如图 3-167 所示,当液压缸的缸回程结束时,液压源供给压力升高,打开单向顺序阀 4中的顺序阀,使液控换向阀换向,液压源供给的液压流体通过液控换向阀向液压缸无杆腔输入,液压缸进行缸进程;当液压缸的缸进程结束时,液压源供给压力升高,打开单向顺序阀3中的顺序阀,使液控换向阀换向,液压源供给的液压流体通过液控换向阀向液压缸有杆腔输入,液压缸进行缸回程;由此靠顺序阀控制使液压缸进行往复运动。这种由顺序阀控制的换向回路在一些参考文献中又称液控换向阀自动控制换向回路。

如图 3-168 所示,当二位三通电磁换向阀电磁铁得电、换向阀换向后,液压源供给的液压流体通过二位三通电磁换向阀输入弹簧复位单作用液压缸,液压缸进行缸进程;当二位三通电磁换向阀电磁铁失电、换向阀复位后,液压缸靠弹簧复位(缸回程),实现了弹簧复位单作用液压缸的往复运动。其他液压缸如重力作用单作用液压缸也可采用此回路实现往复运动。

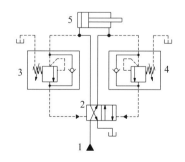

图 3-167　其他操纵(控制)换向回路 II

1—液压源;2—液控换向阀;
3,4—单向顺序阀;5—液压缸

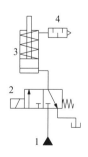

图 3-168　其他操纵(控制)换向回路 III

1—液压源;2—二位三通电磁换向阀;
3—弹簧复位单作用液压缸;4—消声器

3.19 锁紧回路图

锁紧回路是使执行元件在停止工作时，将其锁紧在要求的位置上的液压回路。

为了使液压执行元件能在任意位置上停止或者在停止工作时，准确地停止在既定位置上，不因外力作用而发生移（转）动（沉降）或窜动，可以采用锁紧回路。

锁紧回路一般以锁紧精度（位置精度）和锁紧效果及可靠性加以评价。

作者注　本节不包括靠带锁的液压缸将活塞及活塞杆保持在缸行程末端的回路。

3.19.1 液压阀锁紧回路

如图 3-169 所示，在参考文献［26］［45］和［41］中将该回路分别称为"用换向阀的锁紧回路"和"用换向阀锁紧的回路"。在此回路中，采用 M 型中位滑阀机能的三位四通电磁换向阀，当换向阀处于中位时，液压缸无杆腔和有杆腔油口都被封闭（即所谓双向锁紧），可以将活塞和活塞杆及其所带动的运动部件锁紧在某个位置（或表述为保持在既定位置）上。但该回路锁紧精度较低，锁紧效果较差。由于滑阀式换向阀不可避免地存在泄漏，这种锁紧方式不够可靠，只适用于锁紧时间较短且锁紧精度要求不高的场合。

如图 3-170 所示，在参考文献［26］［41］和［45］中将类似的回路分别称为"用单向阀的锁紧回路"和"用单向阀锁紧的回路"。在此回路中，当液压源卸荷、两个二位三通电磁换向座阀电磁铁失电时，液压缸即可被（双向）锁紧在某一位置。对于在上述参考文献中给出的类似回路，因只有一个单向阀和一个二位四通换向阀（滑阀式），所以液压缸一般只能被单向锁紧，而只有在活塞一侧抵靠端盖，另一侧所在容腔被单向阀封闭的情况下液压缸才能被"双向锁紧"。

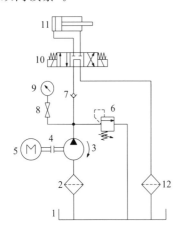

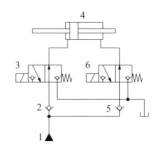

图 3-169　液压阀锁紧回路Ⅰ

1—油箱；2—粗过滤器；3—液压泵；4—联轴器；5—电动机；
6—溢流阀；7—单向阀；8—压力表开关；9—压力表；
10—三位四通电磁换向阀；11—液压缸；12—回油过滤器

图 3-170　液压阀锁紧回路Ⅱ

1—液压源；2,5—单向阀；3,6—二位三通
电磁换向座阀；4—双出杆液压缸

如图 3-171 所示，在参考文献［26］［41］和［45］中将该回路分别称为"用单向阀的锁紧回路""液控单向阀锁紧回路"和"用液控单向阀的锁紧回路"。在此回路中，串联在液压缸两腔油路中的两个液控单向阀（又称液压锁），在换向阀处于中位时，可以将液压缸锁

紧在行程中任何位置。为了使液压单向阀在换向阀换向至中位后立即关闭，换向阀中位机能应选择 H 型或 Y 型（按 JB/T 2184—2007），且液控单向阀应靠近换向阀安装。因液控单向阀密封性能良好，该回路锁紧精度一般只受液压缸内泄漏影响。在参考文献［45］中介绍，这种回路常用于汽车起重机的支腿油路中，也用于采掘机械的液压支架和飞机起落架的锁紧回路中。

如图 3-172 所示，在参考文献［26］和［45］中都将类似回路称为"用液控顺序阀的锁紧回路"。在此回路中，当三位四通电磁换向阀处于中位时，且外负载包括液压缸活动件作用于液压缸产生的负载压力小于两个外控单向顺序阀的调定压力时，两个液压缸被锁紧。因顺序阀有泄漏，所以该回路适用于锁紧时间不长、锁紧精度要求不高的场合。

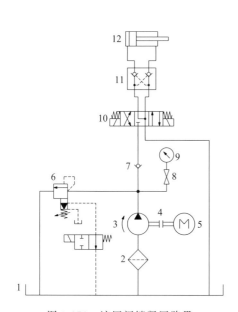

图 3-171　液压阀锁紧回路Ⅲ

1—油箱；2—粗过滤器；3—液压泵；4—联轴器；5—电动机；6—电磁溢流阀；7—单向阀；8—压力表开关；9—压力表；10—三位四通电磁换向阀；11—液压锁；12—液压缸

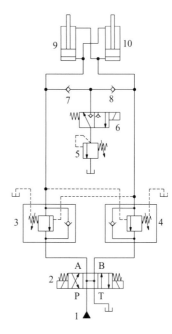

图 3-172　液压阀锁紧回路Ⅳ

1—液压源；2—三位四通电磁换向阀；3,4—外控单向顺序阀；5—溢流阀；6—二位三通电磁换向座阀；7,8—单向阀；9,10—液压缸

3.19.2　锁紧缸锁紧回路

如图 3-173 所示，在参考文献［45］中将类似回路称为"用锁紧缸锁紧的回路"。在此回路中，采用锁紧缸（活塞杆锁）将活塞和活塞杆及其所带动的运动部件锁紧在指定位置，完全防止它们下滑。在参考文献［45］中介绍，该回路适用于锁紧时间长、锁紧精度要求高的液压系统。

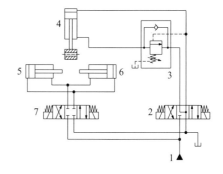

图 3-173　锁紧缸锁紧回路

1—液压源；2,7—三位四通电磁换向阀；3—外控单向顺序阀（平衡阀）；4—液压缸；5,6—锁紧缸（活塞杆锁）

3.20 连续动作回路图

连续动作回路是指通过控制输入执行元件油流的流动方向来实现［一台（个）］执行元件变换运动方向的液压回路。

3.20.1 压力继电器控制连续动作回路

如图 3-174 所示，在参考文献［45］中将该回路称为"用压力继电器控制的连续往复运动回路"。在此回路中，当系统压力变化时，压力继电器动作发出电信号，使电磁换向阀的电磁铁得电或失电，控制电磁换向阀动作，实现液压缸的往复运动。该回路常用于换向精度和换向平稳性要求不高的液压系统。

3.20.2 顺序阀控制连续动作回路

如图 3-175 所示，在参考文献［45］中将该回路称为"用顺序阀控制的连续往复运动回路"。在此回路中，顺序阀控制先导阀，先导阀再控制主阀，进而使液压缸进行往复运动。该回路适用于大流量的液压系统。

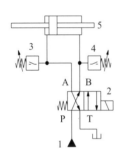

图 3-174　压力继电器控制连续动作回路
1—液压源；2—二位四通电磁换向阀；
3,4—压力继电器；5—双出杆液压缸

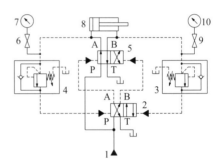

图 3-175　顺序阀控制连续动作回路
1—液压源；2—二位四通液控换向阀（先导阀）；3,4—单向顺序阀；
5—二位四通液控换向阀（主阀）；6,9—压力表开关；
7,10—压力表；8—液压缸

3.20.3 行程操纵（控制）连续动作回路

如图 3-176 所示，在参考文献［45］中将该回路称为"用行程开关控制的连续往复运动回路"。在此回路中，液压缸的缸回程结束触发行程开关，行程开关动作并发出电信号，使二位四通电磁换向阀的电磁铁得电，二位四通电磁换向阀换向至右位，液压缸开始缸进程。缸进程结束并触发行程开关，行程开关动作并发出电信号，使二位四通电磁换向阀的电磁铁失电，二位四通电磁换向阀复位，液压缸停止并开始缸回程。重复上述循环，即可实现液压缸的往复运动。该回路易产生换向冲击，在换向频率高时，电磁铁易损坏。在参考文献［45］中介绍，其适用于换向频率低于 30 次/min、（系统）流量大于 63L/min、运动部件质量较大的场合。

如图 3-177 所示，在参考文献［45］中将类似回路称为"用行程换向阀控制的连续往复运动回路"。在此回路中，利用活塞杆或其所带动的运动部件上的撞块与滚轮换向阀来控制液动换向阀，使液压缸往复运动。该回路适用于驱动机床工作台的液压系统。

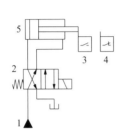

图 3-176　行程操纵（控制）连续动作回路Ⅰ
1—液压源；2—二位四通电磁换向阀；
3,4—行程开关；5—液压缸

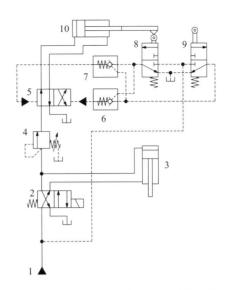

图 3-177　行程操纵（控制）连续动作回路Ⅱ
1—液压源；2—二位四通电磁换向阀；3,10—液压缸；
4—顺序阀；5—二位四通液动换向阀；6,7—液控单向阀；
8,9—二位三通滚轮换向阀（行程换向阀）

3.21　顺序动作回路图

顺序动作回路是指控制两台（个）或两台（个）以上执行元件依次动作的液压回路。按其控制方法的不同可分为压力控制、行程控制和时间控制等液压回路。

相关标准规定："只要可行，应使用靠位置检测的顺序控制，且当压力或延时控制的顺序失灵可能引起危险时，应始终使用靠位置检测的顺序控制。"

3.21.1　压力控制顺序动作回路

如图 3-178 所示，在参考文献［41］和［45］中将该回路都称为"负载压力决定的顺序动作回路"。在此回路中，如果 $W_1 > W_2$，当三位四通手动换向阀处于左位时，一定是举升 W_2 的液压缸首先动作，直至系统压力进一步上升（如达到行程终点），举升 W_1 的液压缸才开始动作。该回路结构简单，但受负载变化的影响大。当负载可造成的两液压缸压力差不大时，就不能实现可靠的顺序动作。

如图 3-179 所示，在参考文献［26］［41］和［45］中将该回路分别称为"压力控制顺序动作回路""顺序阀控制的顺序动作回路"和"压力控制的多缸顺序动作回路——用顺序阀控制的多缸顺序动作回路"。在此回路中，当三位四通电磁换向阀

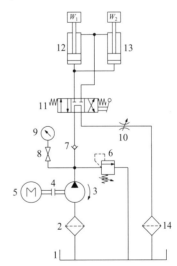

图 3-178　压力控制顺序动作回路Ⅰ
1—油箱；2—粗过滤器；3—液压泵；4—联轴器；
5—电动机；6—溢流阀；7—单向阀；8—压力表
开关；9—压力表；10—节流阀；11—三位四通
手动换向阀；12,13—液压缸；14—回油过滤器

处于右位时，无杆腔管路上没有单向顺序阀的液压缸14首先开始缸进程，当系统压力升高达到单向顺序阀11的调定压力时，该阀所控制的液压缸13才开始缸进程；当三位四通电磁换向阀换向至左位时，液压缸13首先开始缸回程，然后才是液压缸14开始缸回程。该回路动作灵敏，安装连接较为方便，但可靠性不高，位置精度低，且增加了功率损失。在参考文献［45］中介绍，其可靠性很大程度上取决于顺序阀的性能及其压力调整值。顺序阀的调整压力应比先动作的液压缸的最高工作压力高 0.8～1.0MPa，以免在系统压力波动时发生误动作。如果要改变动作的顺序，就需要对单向顺序阀在油路中的安装位置进行调整。这种回路适用于液压缸数目不多，负载变化不大的场合。常用于机床液压系统，满足先将工件夹紧、然后动力滑台进行切削加工的动作顺序要求。

如图 3-180 所示，在参考文献［26］和［41］中将该回路分别称为"压力控制顺序动作回路"和"压力继电器控制的顺序动作回路"。在此回路中，通过两个压力继电器控制两个电磁换向阀的四个电磁铁得电、失电，使换向阀处于不同的工作位置，进一步控制两个液压缸是顺序动作。在参考文献［45］的相似回路中，两个液压缸的两腔都设置了压力继电器（共四个）。该回路为了防止压力继电器在前一液压缸动作未完成时发生误动作，压力继电器的调定压力要比前一液压缸动作时的最高工作压力高 0.3～0.5MPa，同时，为了使压力继电器可靠地发出电信号，其调定压力应比系统溢流阀的调定压力低 0.3～0.5MPa。这种回路只适用于系统中执行元件数目不多、负载变化不大的场合。

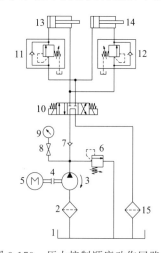

图 3-179　压力控制顺序动作回路Ⅱ
1—油箱；2—粗过滤器；3—液压泵；4—联轴器；
5—电动机；6—溢流阀；7—单向阀；8—压力
开关；9—压力表；10—三位四通电磁换向阀；
11,12—单向顺序阀；13,14—液压缸；
15—回油过滤器

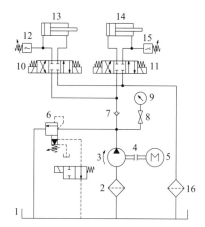

图 3-180　压力控制顺序动作回路Ⅲ
1—油箱；2—粗过滤器；3—液压泵；4—联轴器；
5—电动机；6—电磁溢流阀；7—单向阀；8—压力
表开关；9—压力表；10,11—三位四通电磁
换向阀；12,15—压力继电器；
13,14—液压缸；16—回油过滤器

3.21.2　行程操纵（控制）顺序动作回路

如图 3-181 所示，在参考文献［26］［41］和［45］中将该回路分别称为"行程控制顺序动作回路""行程阀控制的顺序动作回路"和"行程控制的多缸顺序动作回路——用行程换向阀控制的多缸顺序动作回路"。在此回路中，当三位四通电磁换向阀处于右位时，液压缸13进行缸进程，在缸进程终点处使二位四通滚轮换向阀换向，液压缸12进行缸进程。当三位四通电磁换向阀换向至左位时，液压缸13进行缸回程，在使二位四通滚轮换向阀复位

后，液压缸 12 也开始进行缸回程。该回路工作可靠，但改变动作顺序比较困难，同时管路长，布置较麻烦，适用于机械加工设备的液压系统。

如图 3-182 所示，当三位四通电磁换向阀换向至左位后，液压缸 13 进行缸进程；当其活塞杆上的挡块压下行程换向阀的触头时，液控单向阀打开，液压缸 14 进行缸进程；当三位四通电磁换向阀换向至右位后，两个液压缸进行缸回程。此回路采用行程换向阀和液控单向阀来实现多缸顺序动作，回路可靠性比采用顺序阀高，不易产生误动作，但改变动作顺序困难。根据参考文献介绍，此液压回路可用于冶金及机械加工设备的液压系统。

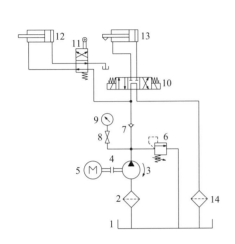

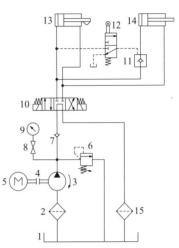

图 3-181　行程操纵（控制）顺序动作回路Ⅰ
1—油箱；2—粗过滤器；3—液压泵；4—联轴器；
5—电动机；6—溢流阀；7—单向阀；8—压力
表开关；9—压力表；10—三位四通电磁换
向阀；11—二位四通滚轮换向阀（行程换
向阀）；12,13—液压缸；
14—回油过滤器

图 3-182　行程操纵（控制）顺序动作回路Ⅱ
1—油箱；2—粗过滤器；3—液压泵；4—联轴器；5—电动机；
6—溢流阀；7—单向阀；8—压力表开关；9—压力表；
10—三位四通电磁换向阀；11—液控单向阀；12—二位
三通滚轮换向阀（行程换向阀）；13,14—液压缸；
15—回油过滤器

如图 3-183 所示，在参考文献 ［26］［41］ 和 ［45］ 中将该回路分别称为"行程控制顺序动作回路""行程开关控制的顺序动作回路"和"行程控制的多缸顺序动作回路——用行程开关控制的多缸顺序动作回路"。在此回路中，当三位四通电磁换向阀 10 处于左位时，液压缸 14 进行缸进程，在缸进程某点（如终点）其触发行程开关 12，换向阀 10 左侧电磁铁失电，换向阀 10 回中位，液压缸 14 停止运动；而此时行程开关 12 同时控制换向阀 11 的左侧电磁铁得电，换向阀 11 换向至左位，液压缸 17 进行缸进程，直至触发行程开关 15，换向阀 11 左侧电磁铁失电，换向阀 11 回中位，液压缸 17 停止运动；而此时行程开关 15 同时控制换向阀 10 的右侧电磁铁得电，换向阀 10 换向至右位，液压缸 14 进行缸回程，直至触发行程开关 13，换向阀 10 右侧电磁铁失电，换向阀 10 回中位，液压缸 14 停止运动；而此时行程开关 13 同时控制换向阀 11 的右侧电磁铁得电，换向阀 11 换向至右位，液压缸 17 进行缸回程，直至触发行程开关 16，换向阀 11 右侧电磁铁失电，换向阀 11 回中位，液压缸 17 停止运动，这样两个液压缸就完成了一次顺序动作循环。该回路控制灵活，调整方便，可利用电气互锁保证动作顺序可靠，在液压系统中应用广泛。

3.21.3 时间控制顺序动作回路

如图 3-184 所示，在参考文献 [26] 和 [45] 中将该回路分别称为"时间控制顺序动作回路"和"时间控制的多缸顺序动作回路——用延时阀控制时间的多缸顺序动作回路"。在参考文献 [45] 中将单向阀阀 11、节流阀 12 和二位二通液控换向阀 13 合称为"延时阀"。在此回路中，当三位四通电磁换向阀处于左位时，液压缸 14 首先进行缸进程，液压缸 15 只能在二位二通液控换向阀换向后才能进行缸进程，调节节流阀 12 可以在一定范围内改变这一延时。由于节流阀具有一定的调整范围，并可能受温度变化的影响，因此该回路的顺序动作可靠性较差，且不宜用于延时较长的场合。

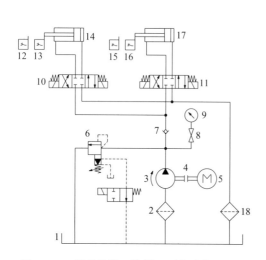

图 3-183　行程操纵（控制）顺序动作回路Ⅲ
1—油箱；2—粗过滤器；3—液压泵；4—联轴器；
5—电动机；6—电磁溢流阀；7—单向阀；8—压力
表开关；9—压力表；10,11—三位四通电磁
换向阀；12,13,15,16—行程开关；
14,17—液压缸；18—回油过滤器

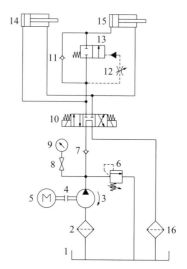

图 3-184　时间控制顺序动作回路
1—油箱；2—粗过滤器；3—液压泵；4—联轴器；5—电动机；
6—溢流阀；7,11—单向阀；8—压力表开关；
9—压力表；10—三位四通电磁换向阀；12—节流阀；
13—二位二通液控换向阀；14,15—液压缸；
16—回油过滤器

3.22　位置同步回路图

同步回路中两台（个）执行元件如液压缸的位置同步精度，可由其行程的绝对误差或相对误差来描述。当液压缸 A 和液压缸 B 同时动作，其各自行程分别为 s_A 和 s_B，则绝对误差和相对误差分别如下。

绝对误差　　　　　　　　　　　$\Delta = |s_A - s_B|$

相对误差　　　　　　　　　　　$\delta = \dfrac{2|s_A - s_B|}{s_A + s_B} \times 100\%$

3.22.1　可调行程缸位置同步回路

如图 3-185 所示，可调行程缸 18 和 19 的缸进程停止位置可以分别调节，可使两个液压缸的绝对误差或相对误差处于所在主机标准规定的允差范围内。但可调行程缸至今还没有标准，其行程定位精度和行程重复定位精度可参考主机的精度要求。

3.22.2　电液比例阀控制位置同步回路

如图 3-186 所示，采用电液比例调速阀来控制各提升液压缸的速度，借助于位置（或速度）传感器等组成闭环控制系统，以达到位置同步精度要求。

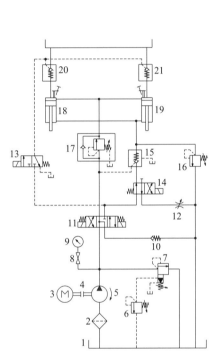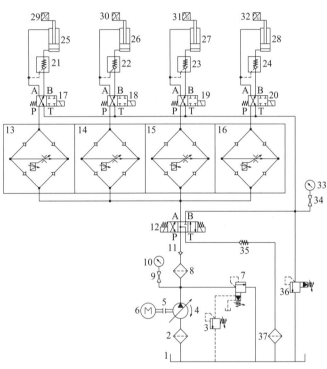

图 3-185　可调行程缸位置同步回路
1—油箱；2—粗过滤器；3—电动机；4—联轴器；
5—液压泵；6—远程调压阀；7—先导型（式）
溢流阀；8—压力表开关；9—压力表；10—单
向阀（背压阀）；11—三位四通电磁换向阀；
12—节流阀；13—二位三通电磁换向阀；
14—二位四通电磁换向阀；15—液控单向阀；
16—溢流阀；17—单向顺序阀；18,19—可
调行程缸；20,21—液控单向阀（充液阀）

图 3-186　电液比例阀控制位置同步回路
1—油箱；2—粗过滤器；3—远程调压阀；4—变量液压泵；5—联轴器；
6—电动机；7—先导型（式）溢流阀；8—压力管路过滤器；
9,34—压力表开关；10,33—压力表；11—单向阀；
12—三位四通电磁换向阀；13～16—单向阀桥式整流电液比例
调速阀组；17～20—二位二通电磁换向阀；21～24—液控单
向阀；25～28—提升液压缸；29～32—位置信号转换器；
35—背压阀；36—安全阀；37—回油过滤器

3.22.3　电液伺服比例阀控制位置同步回路

图 3-187 所示为电液同步数控液压板料折弯机液压系统。其是以电液伺服比例阀并通过位移传感器检测和反馈，来控制折弯机液压缸同步运动的数控液压板料折弯机。标准规定：公称力<6300kN 时，滑块定位精度公差为 ±0.02mm，滑块重复定位精度公差为 0.02mm；公称力≥6300kN 时，滑块定位精度公差为 ±0.03mm，滑块重复定位精度公差为 0.03mm。

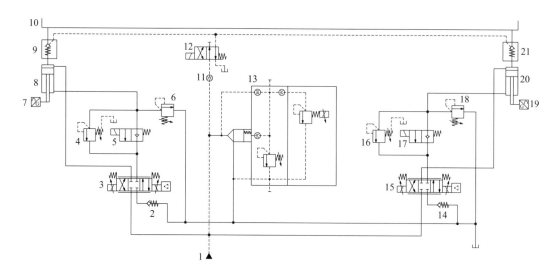

图 3-187　电液伺服比例阀控制位置同步回路

1—液压源；2,14—单向阀（背压阀）；3,15—电液伺服比例阀；4,16—平衡阀；5,17—电磁换向座阀；
6,18—溢流阀；7,19—位移传感器（光栅尺）；8,20—比例/伺服控制液压缸；9,21—液控单向阀
（充液阀）；10—油箱；11—可代替节流孔；12—二位四通电磁换向阀；13—带有比例压力调节和手动最高
压力设定功能的二通插装阀

3.23　限程与多位定位回路图

本节的限程回路即限制液压缸行程回路，是指通过控制输入（输出）液压缸液压流体的通过、截止，以达到限制液压缸行程的目的的液压回路。当然，通过设置于液压缸内部或外部的装置或结构也可实现这一目的，但其不是本节的内容。

多位定位回路是指可使液压缸除了静止位置外，至少还可达到两个分开的指定位置的液压回路。

3.23.1　液压缸限程回路

如图 3-188 所示，当三位四通电磁换向阀换向至右位时，液压源供给的液压流体输入液压缸的无杆腔（上腔），液压缸进行缸进程；当活塞杆运动到限定位置时，其上安装的撞块使二位二通滚轮换向阀换向，液压缸上腔与油箱接通而泄压，活塞和活塞杆及其带动的运动部件由平衡阀支承，不会继续运动而撞到缸盖，实现限程。该回路通常用于液压机液压系统。

如图 3-189 所示，当活塞运动到一定位置，液压缸无杆腔即通过单向阀与油箱接通泄压，活塞和活塞杆及其带动的运动部件由平衡阀支承，不会继续运动而撞到缸盖，实现限程。

3.23.2　缸-阀控制多位定位回路

如图 3-190 所示，当二位三通电磁换向阀的电磁铁得电、换向阀换向后，液压源供给的液压流体经单向阀、节流孔（器）输入带定位油孔的（双出杆）液压缸的两腔，两腔压力相等，液压缸不动；当需要使活塞在某一位置停留时，可使该位置的二位二通电磁换向阀的电磁铁得电，于是液压缸左腔压力降至背压阀的压力，活塞向左运动，直至活塞将该位置的油

口关闭，活塞停留在该位置上，并使此换向阀失电，液压缸两腔压力重新相等。该回路多位定位的位置不可调整，且定位精度较低，在外负载作用下其定位位置很难保持，可能还需要持续消耗能量，所以实际应用较少。

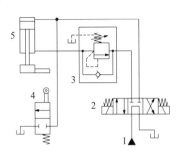

图 3-188　液压缸限程回路 I
1—液压源；2—三位四通电磁换向阀；3—平衡阀；
4—二位二通滚轮换向阀；5—液压缸

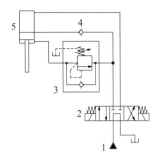

图 3-189　液压缸限程回路 II
1—液压源；2—三位四通电磁换向阀；3—平衡阀；
4—单向阀；5—液压缸

3.23.3　多位缸定位回路

如图 3-191 所示，将多位缸左端活塞和活塞杆固定，当两个二位四通电磁换向阀电磁铁均处于失电状态时，液压源供给的液压流体分别通过阀 2 输入多位缸左缸的有杆腔、通过阀 3 输入多位缸右缸的有杆腔，则多位缸右端活塞杆端处于位置 I。当阀 2 电磁铁得电，阀 3 电磁铁仍处于失电状态，或当阀 3 电磁铁得电，阀 2 电磁铁仍处于失电状态，则多位缸右端活塞杆端可处于位置 II。当二位四通电磁换向阀电磁铁 2 和 3 均处于得电状态时，液压源供给的液压流体分别通过阀 2 输入多位缸左缸的无杆腔、通过阀 3 输入多位缸右缸的无杆腔，则多位缸右端活塞杆端处于位置 III。

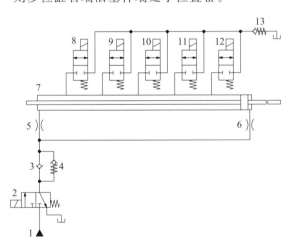

图 3-190　缸-阀控制多位定位回路
1—液压源；2—二位三通电磁换向阀；3—单向阀；
4,13—背压阀（单向阀）；5,6—节流孔
（器）；7—带定位油孔的（双出杆）液压缸；
8～12—二位二通电磁换向阀

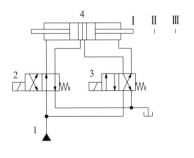

图 3-191　多位缸定位回路
1—液压源；2,3—二位四通电磁换向阀；
4—多位缸

3.24 互不干涉回路图

具有两台（个）或多台（个）执行元件的液压系统可能存在压力和/或流量相互干扰问题，即不同时动作的执行元件可能造成液压系统压力波动，或要求同时动作的却出现先后动作或快慢不一，以及因速度快慢不同而在动作上的相互干扰。

互不干涉回路的功能就是使几台（个）执行元件在完成各自的（循环）动作时彼此互不影响。

3.24.1 液压阀互不干涉回路

如图 3-192 所示，在各分支油路的换向阀进油口前的管路上加装单向阀来防止其他液压缸动作时可能造成的系统压力下降。该回路常用于夹紧缸等的保压，保压时间短。

如图 3-193 所示，液压缸 10 先进行缸进程，当其夹紧工件后液压系统压力升高，到达顺序阀调定压力后，顺序阀开启，液压缸 9 后进行缸进程；在此过程中，液压缸 10 无杆腔压力即为顺序阀 6 调定压力，没有因液压缸 9 动作而下降，顺序阀 6 起到了保压作用。

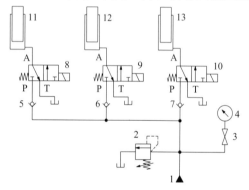

图 3-192　液压阀互不干涉回路Ⅰ
1—液压源；2—溢流阀；3—压力表开关；4—压力表；
5～7—单向阀；8～10—二位三通电磁换向阀；
11～13—柱塞缸

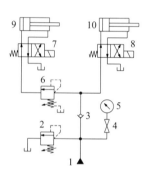

图 3-193　液压阀互不干涉回路Ⅱ
1—液压源；2—溢流阀；3—单向阀；4—压力表开关；
5—压力表；6—顺序阀；7,8—二位四通电磁
换向阀；9,10—液压缸

如图 3-194 所示，在各分支油路的换向阀进油口前的管路上加装节流阀，以防止其他液压缸动作时可能造成的相互干涉。此回路液压源供给流量足够，供给压力恒定。

如图 3-195 所示，当两个三位四通电磁（液）换向阀同时处于右位时，两个液压缸快速进行缸进程，此时两个（远程控制）顺序节流阀由于控制压力较低而关闭；如果某一个液压缸先完成快速缸进程，则其无杆腔压力升高，顺序节流阀的节流阀口被打开，高压小流量泵的液压流体经此被打开的节流阀口进入此液压缸的无杆腔，此时另一个液压缸仍由低压大流量泵供给液压流体进行快速缸进程；同样，当这个液压缸也完成了缸进程，顺序节流阀的节流阀口打开，高压小流量泵的液压流体经此被打开的节流阀口进

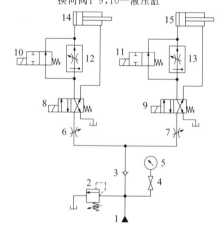

图 3-194　液压阀互不干涉回路Ⅲ
1—液压源；2—溢流阀；3—单向阀；4—压力表开关；
5—压力表；6,7—节流阀；8,9—二位四通
电磁换向阀；10,11—二位二通电磁换向阀；
12,13—调速阀；14,15—液压缸

入此液压缸的无杆腔。当两个三位四通电磁（液）换向阀同时处于左位时，两个液压缸进行缸回程。这种回路动作可靠性较高，被广泛应用于组合机床的液压系统中。

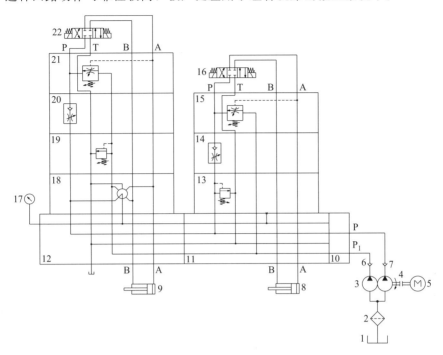

图 3-195　液压阀互不干涉回路Ⅳ

1—油箱；2—粗过滤器；3—双联液压泵；4—联轴器；5—电动机；6,7—单向阀；8,9—液压缸；10～12—油路块；13—P 油路溢流阀；14,20—P 油路单向节流阀；15,21—顺序节流阀；16,22—三位四通电磁（液）换向阀；17—压力表；18—压力表开关；19—P1 油路溢流阀

3.24.2　双泵供油互不干涉回路

如图 3-196 所示，两个液压缸都分别要完成"快进→工进→快退"的自动循环。双联泵中出口接两个调速阀的为高压小流量泵，双联泵中出口接两个单向阀的为低压大流量泵，它们的压力分别由各自的溢流阀调定。当按动启动按钮开始工作时，两个二位四通电磁换向阀的电磁铁同时得电，双联泵中的高、低压泵一起向两个液压缸的无杆腔输入液压流体，使两个液压缸同时进行快速缸进程（快进），其中高压小流量泵的供给流量是由两个调速阀控制的。当一个液压缸快进到达某一位置时，致使滚轮换向阀换向，则此液压缸由快进转为（慢速）工进；此时该回路上的调速阀出口压力升高，单向阀关闭，向液压缸无杆腔输入流体的只有双联泵中高压小流量泵，其向液压缸的供给流量亦即液压缸的工进速度由调速阀调定。这时另一个液压缸仍在继续快进，其对工进的液压缸没有干扰。当两个液压缸都转换成了工进，且一个液压缸率先完成工进，触发行程开关发讯，使所在回路二位四通电磁换向阀的电磁铁失电，双联泵向液压缸的有杆腔输入液压流体，使该液压缸快退；而另一个液压缸仍可由高压小流量泵供给液压油液，继续进行工进。

作者注　液压泵可能带载起动，但没有进一步修改。

如图 3-197 所示，两个液压缸各自都需要完成"快进→工进→快退"的自动工作循环。双联泵中出口接两个调速阀的为高压小流量泵，双联泵中的另一台泵为低压大流量泵。在图示状态下，两个液压缸处于原位停止。当阀 18、19 的电磁铁得电时，两个液压缸均由双联泵中的低压大流量泵供给液压流体并差动快进。这时如某一液压缸,例如液压缸 20 先完成快进动作,由挡铁触发行程开关 21 发讯使阀 14 电磁铁得电,阀 18 电磁铁失电,此时低压大流量泵通往液压缸 20 的油路被切断,而双联泵中高压小流量泵供给的液压油液经调速阀 12、换向阀 14、单向阀 16、换向阀 18 输入液压缸 20 的无杆腔,同时,液压缸 20 有杆腔的油液经阀 18、阀 14 回油箱,液压缸 20 工进速度由调速阀 12 调节。此时液压缸 23 仍保持快进,互不影响。当两个液压缸都转为工进后,它们全由高压小流量泵供油。此后,若液压缸 20 又率先完成工进,由挡铁触发行程开关 22 发讯使阀 14 和阀 18 的电磁铁得电,液压缸 20 即由低压大流量泵供给液压流体快退。当各电磁铁均失电时,各缸都停止运动,并被锁上在其所在的位置上。由此可见,这种回路之所以能够防止多缸的快慢速度互不干扰,是由于快速和慢速各由一台液压泵分别供油,再由相应的电磁换向阀进行控制的缘故。

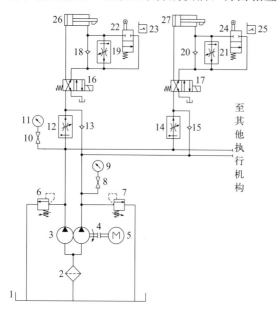

图 3-196　双泵供油互不干涉回路 I

1—油箱;2—粗过滤器;3—双联泵;4—联轴器;5—电动机;6,7—溢流阀;8,10—压力表开关;9,11—压力表;12,14,19,21—调速阀;13,15,18,20—单向阀;16,17—二位四通电磁换向阀;22,24—滚轮换向阀;23,25—行程开关;26,27—液压缸

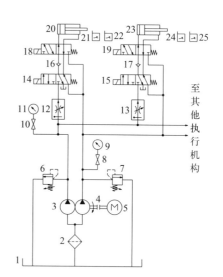

图 3-197　双泵供油互不干涉回路 II

1—油箱;2—粗过滤器;3—双联泵;4—联轴器;5—电动机;6,7—溢流阀;8,10—压力表开关;9,11—压力表;12,13—调速阀;14,15,18,19—二位五通电磁换向阀;16,17—单向阀;20,23—液压缸;21,22,24,25—行程开关

作者注　液压泵可能带载起动,但没有进一步修改。

3.24.3　蓄能器互不干涉回路

如图 3-198 所示,在所有电磁换向阀上的电磁铁(不包括电磁溢流阀上的电磁铁)均失电的状态下,液压泵向蓄能器充压直至达到电磁溢流阀设定压力后,通过电磁溢流阀溢流,所有液压缸原位停止;当阀 10 处于左位、阀 20 处于右位时,液压泵连同蓄能器一起向液压缸 22 无杆腔供给液压流体,液压缸 22 快进;此时液压泵出口压力下降,单向阀 9 反向关闭,如液压缸 23 工进(慢速缸进程),则可由蓄能器 15 单独供油,而不受液压缸 22 快进所造成的压力下降干扰;当液压缸 22 需要转为工进时,可使阀 10 的电磁铁失电,阀 10 复位,液压泵连同蓄能器一起向液压缸 22 和/或 23 无杆腔供给液压流体,液压缸 22 和 23 的工进速度分别由调速阀 11 和 16 调节,其回油分别经溢流阀(背压阀)18 和 19 回油箱,因此液压缸工进速度稳定性较好。当某一液压缸工进结束,例如液压缸 22 率先工进结束时,可使阀 10 的电磁铁得电,阀 10 换向至左位,阀 20 也换向至左位,液压泵供给的液压流体通过阀 10、蓄能器输出的液压流体通过调速阀 11 后合流,一起通过阀 20 向液压缸 22 有杆腔输入液压流体,液压缸 22 快退,液压泵出口压力下降、单向阀 9 反向关闭;但因调速阀 11 的作用,蓄能器仍可为液压缸 23 工进提供所需的液压流体,进而使液压缸 22 的快退与液压缸 23 的工进不相互干扰。

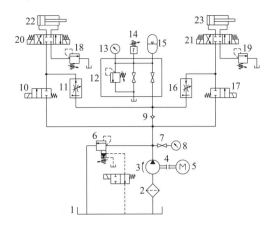

图 3-198 蓄能器互不干涉回路

1—油箱;2—粗过滤器;3—液压泵;4—联轴器;5—电动机;
6—电磁溢流阀;7—压力表开关;8,13—压力表;
9—单向阀;10,17—二位二通电磁换向阀;11,16—调
速阀;12—蓄能器控制阀组;14—压力继电器;15—蓄能器;
18,19—溢流阀(背压阀);20,21—三位四通
电磁换向阀;22,23—液压缸

3.25 比例/伺服控制液压缸回路图

这是由连续控制阀如比例阀、伺服阀控制液压缸的回路。

3.25.1 等节流面积 E 型阀芯（REXROTH）应用回路

如图 3-199 所示,E 型阀芯 P→A 和 B→T 或 P→B 和 A→T 各节流面积是一样的,故宜采用双出杆液压缸。在参考文献 [26] 中指出,单向阀可造成的背压为 0.3MPa。

3.25.2 采用 E、E_3、W_3 型阀芯的差动回路

如图 3-200 所示,为了实现差动控制,可采用 E、E_3 及 W_3 型阀芯,组成差动控制回路。

3.25.3 不等节流面积 E_1、W_1 型阀芯应用回路

如图 3-201 所示,如液压缸是单出杆活塞式液压缸,其两腔面积比 $A_K : A_R = 2 : 1$,则应选用节流面积比为 2 : 1 的阀芯。

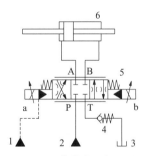

图 3-199 等节流面积 E 型
阀芯（REXROTH）应用回路
1—控制用液压源;2—液压源;
3—油箱;4—单向阀;5—电液
比例/伺服阀;6—比例/伺
服控制液压缸

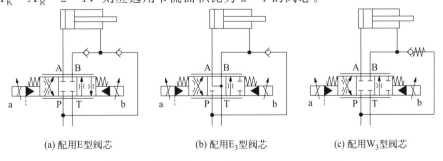

(a) 配用 E 型阀芯　　　(b) 配用 E_3 型阀芯　　　(c) 配用 W_3 型阀芯

图 3-200 采用 E、E_3、W_3 型阀芯的差动回路

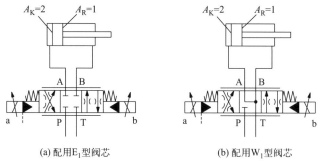

(a) 配用E₁型阀芯   (b) 配用W₁型阀芯

图 3-201   不等节流面积 E_1、W_1 型阀芯应用回路

3.25.4   液压缸垂直配置采用 W₁ 型阀芯的比例控制回路

如图 3-202 所示,对于控制系统中垂直配置的单出杆液压缸组成的回路,应在液压缸的下腔(回)油路上配用顺序阀或平衡阀进行重力平衡,而其配用的比例方向节流阀可采用 W_1 型阀芯。

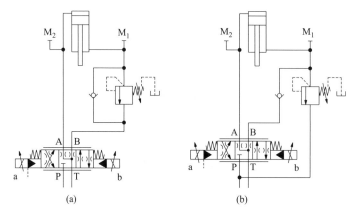

图 3-202   液压缸垂直配置采用 W_1 型阀芯的比例控制回路

3.25.5   步进链式运输机(热轧钢卷用)的速度、加(减)速度控制回路

在参考文献 [26] 中介绍,重载运移设备,要求进行加(减)速度控制,以便实现稳定、快速和准确的定位,应采用图 3-203 所示的电液比例控制回路。仅用一个电液比例方向节流阀,就可实现液压缸的运动方向、速度、加(减)速度控制以及起动和制动。所要求的运行速度,均可很简单地在比例放大器中调节,控制可靠,操作简单。

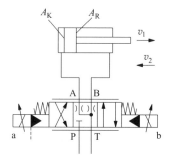

图 3-203   步进链式运输机(热轧钢卷用)的速度、加(减)速度控制回路

3.25.6   粗轧机带钢宽度 AWC 控制液压阀台

如图 3-204 所示,参考文献 [29] 介绍,AWC 液压阀台是带钢宽度 AWC 控制液压系统中较为重要的组成部分,其主要功能是对带钢宽度实现自动控制。具体可参见参考文献 [29] 第 254 页和第 255 页,其中阀 5(AWC-5)为电液伺服阀。还可参考参考文献 [46] 第 107 页 "6.3.6   粗轧伺服液压系统立辊 AWC+平衡(OS)控制阀台原理图(1)" 和第 108 页 "6.3.7   粗轧伺服液压系统立辊 AWC+平衡(DS)控

制阀台原理图（2）"。

3.25.7　精轧机 AGC 液压系统

　　如图 3-205 所示，参考文献［29］中介绍，精轧机 AGC 液压系统由两个双动作液压缸与机架组成。AGC 液压缸传动侧和操作侧分别采用单独的位置控制系统，两套位置控制系统之间又有同步控制。在控制逻辑中，同步控制处在比位置控制更高的控制阶层上。每台轧机上有两组 AGC 控制阀组，它们分别安装在轧机的机架顶部的操作侧和传动侧。具体可参见参考文献［29］第 255 页至第 257 页，其中阀 1 和 2（原参考文献为阀 D、阀 E）为电液伺服阀。还可参见参考文献［46］第 126 页"6.5.9　精轧伺服液压系统 F1～F7HGC 阀台原理图"。

3.25.8　精轧机活套液压系统

　　如图 3-206 所示，参考文献［29］中介绍，活套是热轧机组的重要设备，它对控制产品质量发挥着非常重要的作用。一般热轧精轧机组具有 7 架连轧机，每两个机架间设置一个活套，采用伺服（-液压缸）驱动的液压活套控制系统。每台轧机上有一组活套控

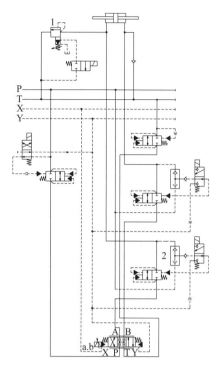

图 3-204　粗轧机带钢宽度 AWC
控制液压阀台
1,2—电液伺服阀

制阀组，其中阀 3 和阀 4 是电液伺服阀，生产过程中可以共同使用也可以单独使用，它们各自都是一个独立的单元，从而避免了因一个电液伺服阀故障造成生产线停机。具体可参见参考文献［29］第 257 页至第 259 页；还可参见参考文献［46］第 125 页"6.5.8　精轧伺服液压系统 F₁～F₆ 活套阀台原理图"。

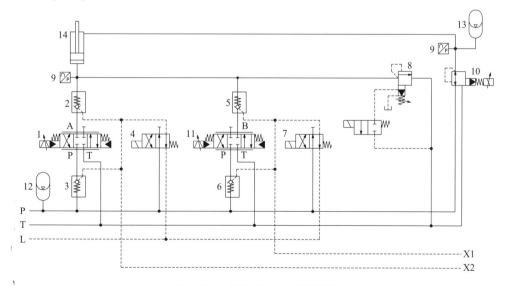

图 3-205　精轧机 AGC 液压系统
1,11—电液伺服阀；2,3,5,6—液控单向阀；4,7—二位四通电磁换向阀；
8—电磁溢流阀；9—压力传感器；10—三通减压阀；12,13—蓄能器；14—液压缸

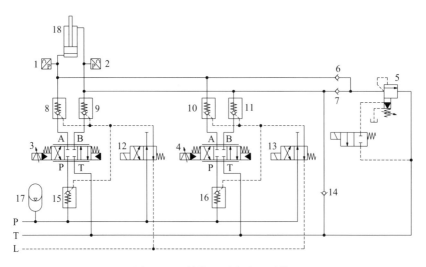

图 3-206　精轧机活套液压系统

1,2—压力传感器；3,4—电液伺服阀；5—电磁溢流阀；6,7,14—单向阀；
8～11,15,16—液控单向阀；12,13—二位四通电磁换向阀；17—蓄能器；18—液压缸

3.26　液压马达回路图

　　液压马达是除液压缸以外的另一类（液压）执行元件，其可将流体能量转换为机械功。液压马达是靠受压的液压流体来驱动的，以双旋向液压马达（或简称为双向液压马达）为例，通过调整或控制系统中液压流体的压力、流量或通断及流动方向来控制液压马达的起动、停止、旋转方向、输出转速和输出转矩等。

　　液压马达回路是以液压马达为执行元件的液压回路，按其功能（作用）可粗略划分为压力控制回路、转速控制回路和旋转方向控制回路。除在本书其他章节中的液压马达回路外，限于本书篇幅要求，本节只选择了液压马达限速回路、制动锁紧回路、浮动回路、串并联及转换回路和其他一些液压马达回路。

3.26.1　液压马达限速回路

　　图 3-207 所示为液压马达（双向）限速回路。当三位四通电磁换向阀 2 换向至右位时，液压源 1 供给的液压油液通过三位四通电磁换向阀 2、单向阀 3 输入液压马达左油口，如 A 油路压力达到顺序阀 5 调定压力，顺序阀 5 开启，液压马达 8 右油口回油经顺序阀 5、三位四通电磁换向阀 2 回油箱，则液压马达 8 正向旋转；如果外负载（如负值负载或超越负载）致使液压马达 8 超速旋转，则 A 油路压力势必降低，可使顺序阀 5 趋向关闭或直至关闭，从而限制了液压马达 8 的转速。当三位四通电磁换向阀 2 换向至左位时，该回路对液压马达 8 反向旋转的限速原理与上述相同。单向阀 3 和顺序阀 4、单向阀 6 和顺序阀 5 组成的均为外控式单向顺序阀（或称为平衡阀），但为了说明原理，在此未将其用实线包围。此回路与第 3.13.1 节的"单向顺序阀平衡回路"原理相同。同理，也可由直动式溢流阀和单向阀组合而成的平衡阀代替外控式单向顺序阀，组成另外一种液压马达限速回路。本回路中的防气蚀制动阀 7 的作用见第 3.26.2 节。此回路适用于液压马达正反向都需要限速的场合。

3.26.2　液压马达制动锁紧回路

制动回路是利用溢流阀等元件在执行元件（主要是液压马达）回油路上产生背压，使执行元件受到阻力（矩）而被平稳制动的液压回路。制动回路还包括利用液压制动器产生摩擦阻力（矩）使执行元件平稳制动的液压回路。

如图 3-208 所示，在液压马达的回油路上设置背压阀，通过远程调压阀控制，使液压马达制动。当二位四通电磁换向阀 10 在常态位时，液压马达 9 回油压力为阀 11 的卸荷压力。当二位四通电磁换向阀 10 通电时，一方面液压泵 3 经溢流阀 6 卸荷，另一方面阀 11（背压阀）起作用，即对液压马达起制动作用，使液压马达 9 很快停下来。需要特别说明的是，所谓远程控制，其控制油路也不可太长，否则可能出现振动，应尽量减小配管的直径和长度。此回路布置灵活，制动方便，适用于冶金、矿产、港口等需远程控制的液压系统。溢流阀 6 使泵 3 卸荷，能量利用合理。

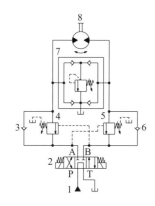

图 3-207　液压马达（双向）限速回路
1—液压源；2—三位四通电磁换向阀；3,6—单向阀；
4,5—顺序阀；7—防气蚀制动阀；8—液压马达

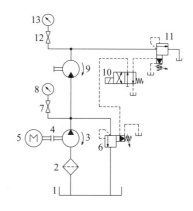

图 3-208　液压马达制动（锁紧）回路Ⅰ
1—油箱；2—粗过滤器；3—液压泵；4—联轴器；
5—电动机；6,11—先导式溢流阀；7,12—压力表开关；
8,13—压力表；9—液压马达；10—二位四通电磁换向阀

图 3-209 所示为用单向阀补油的溢流阀双向制动回路，利用一个中位机能为 M 型（或 O 型）的换向阀来控制液压马达的正转、反转、停止。溢流阀 13、14 起制动作用，单向阀 11、12 起补油作用。此回路适用于中高压系统，可用于迅速制动惯性大的大流量液压马达。由单向阀 11 和 12、先导式溢流阀 13 和 14 组成的防气蚀溢流阀的商品名称为"制动阀"。制动阀中溢流阀调定压力不得高于系统最高工作压力，否则液压马达制动时可能出现过高的压力冲击，造成液压元件及配管过度变形或损坏。

如图 3-210 所示，当三位四通手动换向阀 10 换向至左位或右位时，液压泵 3 供给的液压油液经单向阀 7、换向阀 10、单向节流阀 12 输入制动缸（或称为闸缸）13 和 15 使其松开，然后再使液压马达 14 旋转。为了保证液压马达 14 有足够的起动转矩并避免制动缸 13 和 15 松开过快，在制动缸 13 和 15（进、出）油路上设置了单向节流阀 12。当三位四通手动换向阀 10 复中位时，液压泵 3 卸荷，制动缸 13 和 15 泄压，液压马达 14 进、出油路被封闭，液压马达 14 被制动。同时，制动缸 13 和 15 在弹簧力作用下立即复位，将液压马达 14 锁紧。在液压马达制动过程中，为了防止产生吸空现象，设置了补油阀 11。在一些参考文献中，将此回路称为"常闭式液压制动器的液压马达制动锁紧回路"。

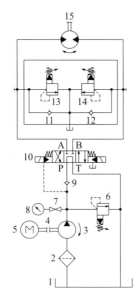

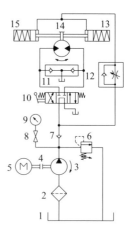

图 3-209　液压马达制动（锁紧）回路Ⅱ

1—油箱；2—粗过滤器；3—液压泵；4—联轴器；
5—电动机；6,13,14—先导式溢流阀；
7—压力表开关；8—压力表；9—单向阀；10—三位
四通电液换向阀；11,12—单向阀；15—液压马达

图 3-210　液压马达制动锁紧回路Ⅲ

1—油箱；2—粗过滤器；3—液压泵；4—联轴器；5—电动
机；6—先导式溢流阀；7—单向阀；8—压力表开关；
9—压力表；10—三位四通手动换向阀；11—补油阀；
12—单向节流阀；13,15—制动缸；14—液压马达

3.26.3　液压马达浮动回路

如图 3-211 所示，液压马达正常工作时，二位二通手动换向阀处于断开位置。当液压马达需要浮动时，可将二位二通手动换向阀接通，使液压马达进、出油口接通，液压吊车吊钩即在自重作用下快速下降。

如图 3-212 所示，采用中位机能为 H 型（或 Y 型）的换向阀，把液压马达的进、出油口连通起来或同时接通油箱，使液压马达处于无约束的浮动状态。

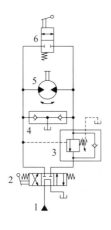

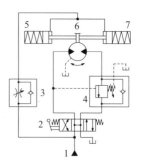

图 3-211　液压马达浮动回路Ⅰ

1—液压源；2—三位四通手动换向阀；
3—平衡阀；4—防气蚀阀；5—液压
马达；6—二位二通手动换向阀

图 3-212　液压马达浮动回路Ⅱ

1—液压源；2—三位四通手动换向阀；
3—单向节流阀；4—平衡阀；
5,7—制动缸；6—液压马达

如图 3-213 所示，参考文献［45］介绍其工作原理为："壳转式内曲线低速马达的壳体内如充满液压油，可将所有柱塞压入缸体内，使滚轮脱离轨道，外壳就不受约束成为自由轮。"。

如图 3-214 所示，该回路利用液压马达所带动的卷筒（工作部件）上安装的液压离合器离与合（脱开与啮合），使卷筒浮动，而液压马达本身并不浮动，但却能实现整个卷筒装置可以浮动的目的。

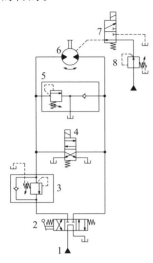

图 3-213　液压马达浮动回路Ⅲ

1—液压源；2—三位四通手动换向阀；3—平衡阀；
4—二位四通电磁换向阀；5—单向防气蚀补油阀；
6—液压马达；7—二位三通电磁换向阀；8—减压阀

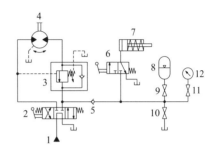

图 3-214　液压马达浮动回路Ⅳ

1—液压源；2—三位四通手动换向阀；3—平衡阀；4—液压马达；5—单向阀；6—二位三通手动换向阀；7—液压离合器控制缸；8—蓄能器；9～11—截止阀；12—压力表

3.26.4　液压马达串并联及转换回路

如图 3-215 所示，在参考文献［26］中将此回路称为"改变马达组连接调速回路"，此回路为改变液压马达组连接的调速回路。换向阀 4 处于右位时，两液压马达并联，低速旋转，转矩大；换向阀 3 处于右位时，液压马达 2 自成回路（其进口与出口相连），液压马达组高速旋转，转矩小。

如图 3-216 所示，在参考文献［26］中将此回路称为"双速内曲线马达调速回路"。在此回路中，元件 3 和 5 各表示有独立进、出油道的双排柱塞马达中的一排。阀 4 处于图示位置时，两排柱塞马达并联，液压马达低速旋转；当阀 4 通电时两排柱塞马达串联，液压马达转速加倍，但输出转矩减半。若元件 3 和 5 是两个液压马达，可同理实现调速。

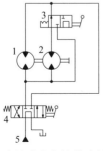

图 3-215　液压马达串并联及转换回路Ⅰ

1,2—液压马达；3—二位三通手动换向阀；
4—三位四通手动换向阀；5—液压源

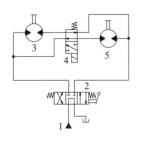

图 3-216　液压马达串并联及转换回路Ⅱ

1—液压源；2—三位四通手动换向阀；
3,5—液压马达；4—二位四通手动换向阀

3.26.5　液压马达其他回路

液压马达应用实例不胜枚举，对液压马达的功能要求也多种多样。下面再列举几例液压马达回路（见图 3-217～图 3-220）供参考，具体采用时读者可自行添加相关功能。

图 3-217 所示为一种液压马达比例调速回路。有参考文献介绍："通过串接在回路内的比例流量阀进行遥控式无级调速。液压马达可双向运转。"

图 3-218 所示为一种液压马达恒速控制回路。有参考文献介绍："本回路利用节流阀 9 调节液压马达 7 的转速，利用二位二通液控换向阀 6 使液压马达 7 的转速保持恒定，精度较高。"

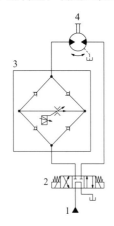

图 3-217　液压马达比例调速回路

1—液压源；2—三位四通电磁换向阀；3—单向阀桥式
整流电液比例调速阀组；4—双向液压马达

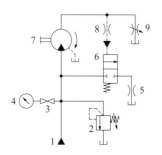

图 3-218　液压马达恒速控制回路

1—（定量）液压源；2—溢流阀；3—压力表开关；
4—压力表；5,8—节流器（孔）；6—二位
二通液控换向阀；7—单向液压马达；9—节流阀

图 3-219 所示为防止液压马达反转的回路。有参考文献介绍："本回路液压马达只能单向转动。单向阀 4 使液压马达 5 短路，压力油经单向阀 4 与换向阀 2 回油箱。单向阀（补油阀）3 为了防止液压马达 5 受外负载作用而增速转动时吸空。"

图 3-220 所示为液压马达功率回收回路。有参考文献介绍，在液压马达所带动的负载下落时，可以驱动液压马达（此时液压马达变成了液压泵）将其能量储存在蓄能器中，同时起制动作用。此能量可用于液压马达空载返回。

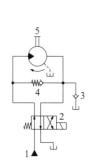

图 3-219　防止液压马达反转的回路

1—液压源；2—二位四通电磁换向阀；3—单向阀
（补油阀）；4—单向阀；5—单向液压马达

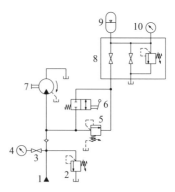

图 3-220　液压马达功率回收回路

1—液压源；2—溢流阀；3—压力表开关；4,10—压力表；
5—顺序阀；6—二位二通手动换向阀；7—单向
液压马达；8—蓄能器控制阀组；9—蓄能器

以上各液压马达回路皆有应用实例，如图 3-219 所示防止液压马达反转的回路在原木剥皮机液压系统中就有应用，且其中的单向阀 4 明确示出为带有复位弹簧的单向阀。

3.27 辅助回路图

以"辅助回路"命名本节所涉及的液压回路并不一定确切，因为在液压系统中这些回路所具有的功能可能是必需的，如滤油回路。

除液压源、压力控制、速度控制、方向和位置控制液压回路外，一般将滤油回路、油温控制回路、润滑回路、安全保护回路、维护管理回路以及冲（清）洗回路等归为辅助回路。

在 GB/T 38276—2019《润滑系统 术语和图形符号》中规定了润滑系统的图形符号，但根据 GB/T 786.1—2009《流体传动系统及元件图形符号和回路图 第 1 部分：用于常规用途和数据处理的图形符号》是其规范性引用文件，在 GB/T 38276—2019"表 1 润滑系统图形符号"中给出的一些图形符号并不规范（标准），具体见附录 D。

3.27.1 滤油回路

如图 3-221 所示，此滤油回路在吸油管路上安装了粗过滤器（或吸油过滤器），在压力管路（压油管路）上安装了压力管路过滤器，在回油管路上（或可在油箱回油口处）安装了回油过滤器，以便将使用中的工作介质的颗粒污染物限定在适合于所选择的元件和预期应用所要求的等级内（或表述为以便使液压油液的污染度适合于系统中对污染最敏感的元件的要求）。需要特别指出的是，除非需方与供方商定，在泵吸油管路上不推荐使用吸油过滤器。但允许使用吸油口滤网或粗过滤器。一般含有电液伺服比例阀、电液伺服阀的液压控制系统都在压力管路上安装有压力管路过滤器。如果是重要、大型或精密的液压系统包括液压控制系统，宜适当考虑应用独立的过滤系统（装置）。

作者注 进一步还可参考图 3-222。

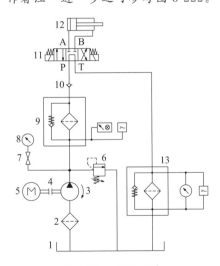

图 3-221 滤油回路

1—油箱；2—粗过滤器；3—液压泵；4—联轴器；5—电动机；
6—溢流阀；7—压力表开关；8—压力表；9—带旁路（通）
单向阀、光学阻塞指示器与电气触点的压力管路过滤器；
10—单向阀；11—三位四通电磁换向阀；12—液压缸；
13—带压差指示器与电气触点的回油过滤器

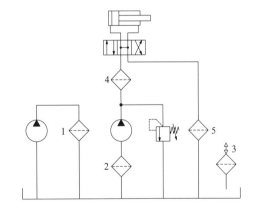

图 3-222 液压过滤器安装位置示意图

1—离线过滤器；2—吸油管路过滤器（滤网）；
3—油箱空气过滤器；4—压力管路过滤器；
5—回油管路过滤器

3.27.2 油温控制回路

如图 3-223 所示,由带模拟量输出的温度计检测油箱内工作介质温度并以模拟量输出,通过比例阀控制(放大)器控制比例流量控制阀使其按设定温度要求调节输入冷却器的冷却水流量,实现工作介质恒温控制。所谓"油温维持恒定"或实现工作介质恒温控制,一般以温度平均显示值变动量在±4.0℃内即为恒温,更为精密的控制可要求达到±2.0℃,但实际很难做到。

3.27.3 润滑回路

如图 3-224 所示,润滑系统的液压源及一些元件(含附件)与常见的液压系统没有区别,但根据润滑点的要求不同,可能需要多点、间歇、定量、比例、分时、强制等润滑方式。因此,还需要采用不同的控制和分配元件及控制方法。况且,润滑系统一般所依据的标准也与液压系统不同,即机床及其他类型的通用机械可按照 GB/T 6576—2002《机床润滑系统》的相关规定设计。只有当液压系统与润滑系统(使)用相同液压油液时,液压系统和润滑系统才可考虑合在一起,但务必要除去杂质,如设置过滤器。为防止突然停电或液压泵等发生故障时立即终止润滑的情况,设置了蓄能器及控制阀组等,使其在一定延长时间内可以保证正常润滑。对于集中润滑系统(稀油润滑装置),有专门的术语和分类、图形符号和技术条件标准,一些机械(机器),如机床等,也有润滑系统标准,具体设计时可遵照执行。

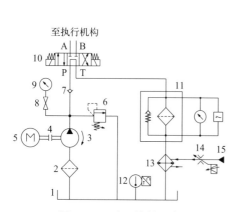

图 3-223 油温控制回路

1—油箱;2—粗过滤器;3—液压泵;4—联轴器;5—电动机;6—溢流阀;7—单向阀;8—压力表开关;9—压力表;10—三位四通电磁换向阀;11—带压差指示器与电气触点的回油过滤器;12—带模拟量输出的温度计;13—冷却器;14—比例流量控制阀;15—冷却水源

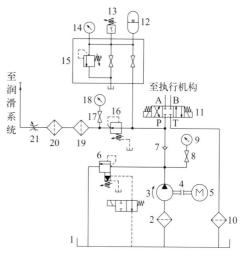

图 3-224 润滑回路

1—油箱;2—粗过滤器;3—液压泵;4—联轴器;5—电动机;6—电磁溢流阀;7—单向阀;8,17—压力表开关;9,14,18—压力表;10—回油过滤器;11—三位四通电磁换向阀;12—蓄能器;13—压力继电器;15—蓄能器控制阀组;16—减压阀;19,20—过滤器;21—节流截止阀

3.27.4 安全保护回路

如图 3-225 所示,在液压系统正常工作时,系统的最高工作压力由电磁溢流阀调定。当系统压力由于溢流阀失灵而升高时,预调的压力继电器动作,电动机断电停止运转,防止其他事故发生。该回路可以防止系统压力过载,压力继电器的调定值要高于系统的最高工作压力 10%。

如图 3-226 所示，在紧急情况下，除了可以使驱动液压泵的电动机（立即）停止运转外，还可以设置安全装置切断液压泵的液压流体供给（输出）。采用带手动应急操作的二位二通电磁换向阀作为应急切断阀十分必要，而且三位四通电磁换向阀也应带手动应急操作。在发生事故尤其人身伤害事故时，其对解救被困人员非常实用。在液压系统及回路中，应急停止或急停通常是靠设置急停装置（如急停按钮）来实现的。有标准规定："当存在可能影响成套机械装置或包括液压系统的整个区域的危险（如火灾危险）时应提供一个或多个急停装置（如急停按钮）。至少应有一个急停按钮是远程控制的。"

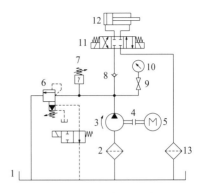

图 3-225　安全保护回路 I

1—油箱；2—粗过滤器；3—液压泵；
4—联轴器；5—电动机；6—电磁溢流阀；
7—压力继电器；8—单向阀；9—压力表
开关；10—压力表；11—三位四通电磁
换向阀；12—液压缸；13—回油过滤器

如图 3-227 所示，由单向阀（补油阀）7 和直动式溢流阀 8 等组成的双作用液压缸无杆腔防气蚀溢流阀和由单向阀（补油阀）6 和直动式溢流阀 5 等组成的双作用液压缸有杆腔防气蚀溢流阀，可以在双作用液压缸 9 被液控单向阀 3 和 4 双向锁紧的情况下，防止由于负载惯性作用（或冲击、碰撞等）或异常情况造成的压力剧增和气蚀的发生。对于可以预判发生上述状况的无杆腔或有杆腔，可以采用单腔防护，但一般防气蚀与限压两项功能不可分割。用于防止液压缸（主要是有杆腔）超压的安全阀应是直动式的，其设定压力应高出最高工作压力的 10%，但前提是液压缸可以承受该压力。

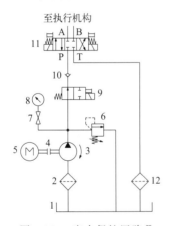

图 3-226　安全保护回路 II

1—油箱；2—粗过滤器；3—液压泵；4—联轴器；5—电动机；
6—溢流阀；7—压力表开关；8—压力表；9—切断阀（带手动
应急操作的二位二通电磁换向阀）；10—单向阀；11—带手动
应急操作的三位四通电磁换向阀；12—回油过滤器

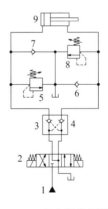

图 3-227　安全保护回路 III

1—液压源；2—三位四通电磁换向阀；3,4—液控单向阀
（3+4 为"双液控单向阀"）；5,8—直动式溢流阀；
6,7—单向阀（补油阀）；9—双作用液压缸

如图 3-228 所示，在正常情况下，防爆阀保持常开状态。当液压系统的流量突然不正常地增加，超过防爆阀设定的流量，如管路爆裂、负载超过额定值或节流阀被调大流量，此时防爆阀将瞬间关闭，以保护液压机械及负载的安全。

如图 3-229 所示，某公司的 FD 型平衡阀在液压系统中用来控制液压执行元件的速度，使之与负载无关，同时，其附加的单向阀功能可防止管路故障，但上述安装方式负载压力不得超过 20MPa。

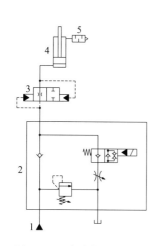

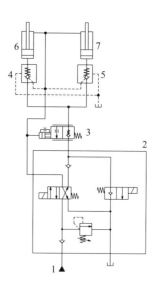

图 3-228 安全保护回路Ⅳ

1—液压源；2—升降机复合阀；3—防爆阀；

4—液压缸；5—消音（声）器

图 3-229 安全保护回路Ⅴ

1—液压源；2—升降机复合阀；3—FD 型平衡阀；

4,5—液控单向阀；6,7—液压缸

3.27.5 维护管理回路

如图 3-230 所示，粗过滤器下游的截止阀用于液压泵的检查或更换；电磁溢流阀可用于液压泵限压和卸荷；单向阀 8 主要用于防止蓄能器内液压流体倒流进入液压泵；蓄能器控制阀组中的截止阀可将蓄能器与系统切断及泄压，并设置了安全阀、压力表及压力继电器，以便于蓄能器的使用、检查、维护或更换；各三位四通电磁换向阀 P（T）油口处的单向阀既可防止各液压缸间串油，又可将管式单向阀反接以截止向其所在的换向阀供油，以便在拆下该换向阀后，液压系统中其他液压缸还可动作，各三位四通电磁换向阀 T 油口处的单向阀

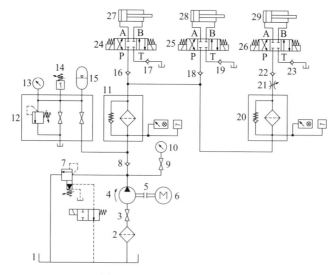

图 3-230 维护管理回路Ⅰ

1—油箱；2—粗过滤器；3—截止阀；4—液压泵；5—联轴器；6—电动机；7—电磁溢流阀；8,16～19,22,23—单向阀；

9—压力表开关；10,13—压力表；11,20—带旁路（通）单向阀、光学阻塞指示器与电气触点的压力管路过滤器；

12—蓄能器控制阀组；14—压力继电器；15—蓄能器；21—节流阀；24～26—三位四通电磁换向阀；27～29—液压缸

还兼作背压阀。对于板式换向阀，可采用盖板（堵板、垫板或冲洗板）封闭原来安装面上的各油孔（口）。

如图 3-231 所示，除取样点油口 29 外，其他压力测量点如 4、12、20、21、22、23 等在一般情况下，均可作为液压工作介质的取样点油口，并根据 GB/T 17489—2022《液压传动 颗粒污染分析 从工作系统管路中提取液样》等相关标准规定操作；除油箱温度由温度计 27 测量外，还可在离压力测量点（2～4）d（d 为管道内径）处设置温度测量点（图中未示出）；液压缸的内部清洁度（污染度）评定可参照相关标准或参考《液压缸设计与制造》等专著。对于大型液压油缸清洁度的检验可以利用一腔加压另一腔排油，用油污检测仪对液压油缸排出的油液进行检测。如需较为准确地检测液压缸容腔内工作介质的污染度，则应按相关标准要求设置油样取样口。对于大型、精密、贵重的液压设备，还可安装工作介质污染度在线监测装置（如在线颗粒计数器）。根据 GB/T 17490—1998《液压控制阀 油口、底板、控制装置和电磁铁的标识》的规定，取样点油口标识为"M"。如果在高压管路中设计、安装用于液压油液取样的取样阀，应安放高压喷射危险的警告标志，使其在取样点清晰可见，并应遮护取样阀。在 GB/T 17489—2022《液压传动 颗粒污染分析 从工作系统管路中提取样液》中给出了一种采用取样阀的取样方法，其取样管路（和取样阀）安装在油箱壁上 1/2 液面高度处。

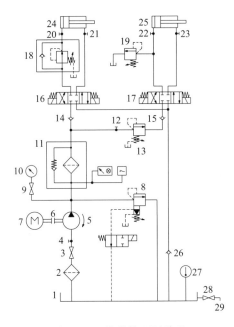

图 3-231　维护管理回路Ⅱ

1—油箱；2—粗过滤器；3—截止阀；4,12,20～23—测量点；5—液压泵；6—联轴器；7—电动机；
8—电磁溢流阀；9—压力表开关；10—压力表；11—带旁路（通）单向阀、光学阻塞指示器与
电气触点的压力管路过滤器；13—顺序阀；14,15,26—单向阀；16,17—三位四通电磁换向阀；
18—单向减压阀；19—溢流阀；24,25—液压缸；27—温度计；28—截止阀；29—油液取样点油口

第4章

液压元件试验方法液压（系统）原理图勘误

在现行标准中，尽管有的已经声明试验回路原理图的"图形符号符合 GB/T 786.1 的规定"，但各液压元件试验方法液压（系统）原理图或回路图都或多或少地存在一些问题。例如：在双向马达的液压试验回路（见 GB/T 20421.1—2006）中把"双向马达"绘制成了"双向液压泵"，致使双向马达的液压试验回路中没有"双向马达"；在泵试验回路（见 GB/T 17491—2023）中设定被试泵出口压力的压力控制阀（溢流阀）的弹簧没有"可调节"符号，从液压原理上讲，致使被试泵出口压力无法调节，亦即被试泵无法试验；在齿轮泵试验回路原理图（见 JB/T 7041.2—2020）中两个或三个流量计图形符号绘制得不一样；在液压顺序阀试验回路（见 JB/T 10370—2013）中把"顺序阀"绘制成了"溢流阀"，致使在液压顺序阀试验回路中没有"顺序阀"；在列管式油冷却器热交换性能试验原理图（见 JB/T 7356—2016）中把被测油"冷却器"绘制成了"加热器"，致使冷却器热交换性能试验原理图中没有"冷却器"等。

4.1 液压泵和液压马达试验方法

4.1.1 液压泵和马达空载排量测定方法（摘自 GB/T 7936—2012）

（1）概述

在 GB/T 7936—2012《液压泵和马达 空载排量测定方法》中给出了三种基本试验回路（见图 4-1、图 4-3、图 4-5），这些回路不包含任何必要的安全装置。试验负责人应对人员和设备的安全保护给予应有的重视。该标准声明"使用的图形符号符合 GB/T 786.1 的规定。"

（2）液压泵试验回路

应采用图 4-1 所示的开式试验回路或图 4-3 所示的闭式试验回路。

注 1：压力和温度测量点的位置应符合 JB/T 7033—2007《液压传动 测量技术通则》的规定。

注 2：试验回路中虚线部分仅用于被试元件带壳体泄漏油口的情况。

作者注 在 GB/T 17491—2023/ISO 4409：2019 中规定："5 测试 5.1 要求 5.1.1 通则 在管路内进行压力测量时，应按着（照）ISO 9110-1（GB/T 28782.1—2023/ISO 9110-1：2020，MOD）、ISO 9110-2（GB/T 28782.1—2023/ISO 9110-2：2020，MOD）的要求。进行流量测量时，应按照 ISO 11631（GB/T 22133—2008/ISO 11631：1998，IDT）的要求。在管路中进行温度测量时，温度测量点应远离被测元件并距压力测量

点 2～4 倍管子内径处。"以下修改图都按照此规定绘制。

根据 GB/T 786.1—2021，对图 4-1（原标准图 1）中一些图形符号如积累式流量仪 4、压力控制阀 5 等进行了修改，如图 4-2 所示。

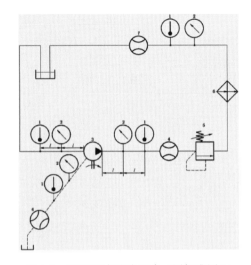

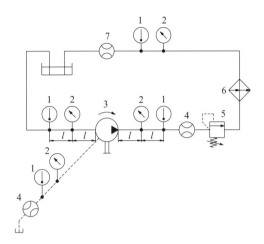

图 4-1　泵的开式试验回路（原标准图 1）

1—温度测量仪；2—压力测量仪；3—被试元件；
4—积累式流量仪；5—压力控制阀；6—温度调
节器；7—积累式流量仪（可选择位置）

图 4-2　泵的开式试验回路（修改图）

1—温度测量仪；2—压力测量仪；3—被试元件；
4—积累式流量仪；5—压力控制阀；6—温度
调节器；7—积累式流量仪（可选择位置）

注 1：压力和温度测量点的位置应符合 JB/T 7033—2007《液压传动　测量技术通则》的规定。

注 2：试验回路中虚线部分仅用于被试元件带壳体泄漏油口的情况。

根据 GB/T 786.1—2021，对图 4-3（原标准图 2）中一些图形符号如压力控制阀 4、积累式流量仪 5 等进行了修改，如图 4-4 所示。

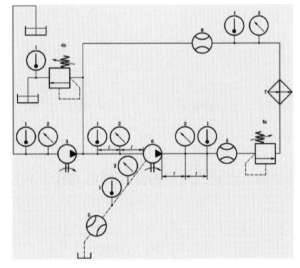

图 4-3　泵的闭式试验回路（原标准图 2）

1—温度测量仪；2—压力测量仪；3—供油泵；4—压力
控制阀（4a 和 4b）；5—积累式流量仪；6—被试元件；
7—温度调节器；8—积累式流量仪（可选择位置）

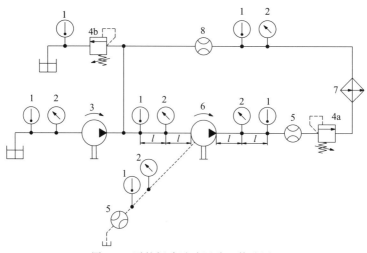

图 4-4　泵的闭式试验回路（修改图）

1—温度测量仪；2—压力测量仪；3—供油泵；4—压力控制阀（4a 和 4b）；5—积累式流量仪；

6—被试元件；7—温度调节器；8—积累式流量仪（可选择位置）

（3）液压马达试验回路

应采用图 4-5 所示的带可控液压源的试验回路。

注 1：压力和温度测量点的位置应符合 JB/T 7033—2007《液压传动　测量技术通则》的规定。

注 2：试验回路中虚线部分仅用于被试元件带壳体泄漏油口的情况。

根据 GB/T 786.1—2021，对图 4-5（原标准图 3）中一些图形符号如积累式流量仪 2 和 7、压力控制阀 6 等进行了修改，如图 4-6 所示。

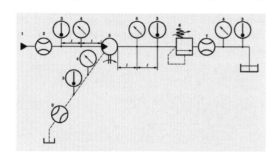

图 4-5　马达的试验回路（原标准图 3）

1—可控液压源；2—积累式流量仪；3—温度测量仪；

4—压力测量仪；5—被试元件；6—压力控

制阀；7—积累式流量仪（可选择位置）

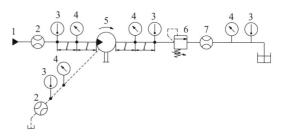

图 4-6　马达的试验回路（修改图）

1—可控液压源；2—积累式流量仪；3—温度测量仪；

4—压力测量仪；5—被试元件；6—压力控制阀；

7—积累式流量仪（可选择位置）

4.1.2　液压泵、马达稳态性能的试验方法（摘自 GB/T 17491—2023）

（1）概述

在 GB/T 17491—2023《液压传动　泵、马达　稳态性能的试验方法》中给出了四种试验回路（见图 4-7、图 4-9、图 4-11 和图 4-13）。这四幅回路图所示为基本回路，但回路中未设置当系统发生故障时防止损坏的安全装置。重要的是，应采取防止人员和设备受到伤害的安全措施。该标准规定上述四幅回路图中："使用的图形符号应按照 ISO 1219-1。"

（2）液压泵试验回路

液压泵开式试验的试验回路如图 4-7 所示，图中所示元件为试验回路必备元件。

根据 GB/T 786.1—2021，对图 4-7（原标准图 1）中一些图形符号如驱动装置 2、压力控制阀（溢流阀）等进行了修改，如图 4-8 所示。

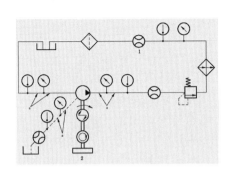

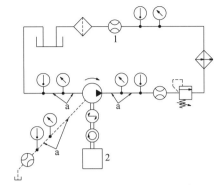

图 4-7 泵试验回路（开式回路）（原标准图 1）

1—可选位置；2—驱动装置

^a 管子长度见 GB/T 17491—2023 中第 5.1.1 条。

图 4-8 泵试验回路（开式回路）（修改图）

1—可选位置；2—驱动装置

^a 管子长度见 GB/T 17491—2023 中第 5.1.1 条。

液压泵闭式试验的试验回路如图 4-9 所示，图中所示元件为试验回路必备元件。

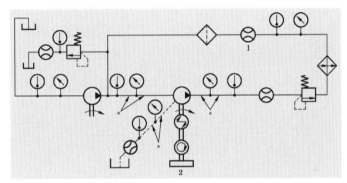

图 4-9 泵试验回路（闭式回路）（原标准图 2）

1—可选位置；2—驱动装置

^a 管子长度见 GB/T 17491—2023 中第 5.1.1 条。

根据 GB/T 786.1—2021，对图 4-9（原标准图 2）中一些图形符号如驱动装置 2、压力控制阀（溢流阀）等进行了修改，如图 4-10 所示。

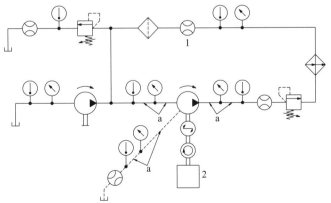

图 4-10 泵试验回路（闭式回路）（修改图）

1—可选位置；2—驱动装置

^a 管子长度见 GB/T 17491—2023 中第 5.1.1 条。

(3) 液压马达试验回路

液压马达试验回路如图 4-11 所示，图中所示元件为试验回路必备元件。

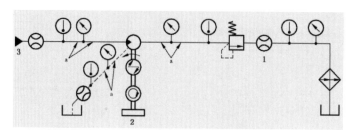

图 4-11　马达试验回路（原标准图 3）
1—可选位置；2—负载；3—油源
a　管子长度见 GB/T 17491—2023 中第 5.1.1 条。

流量测量时，流量传感器宜安装在图 4-11 所示的进口高压处标准位置。如果安装在可选位置处，使用点 1 处的压力 p 和温度 θ 测量值，按 ISO 4391 中相应的公式和符号进行计算。计算流量时，宜测量泄漏流量，使用泄油管（路）中测量的压力、温度，按同样的公式计算泄漏流量。

根据 GB/T 786.1—2021，对图 4-11（原标准图 3）中一些图形符号如驱动装置 2、压力控制阀（溢流阀）等进行了修改，如图 4-12 所示。

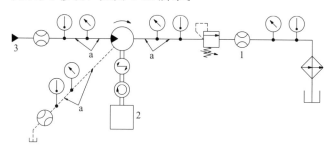

图 4-12　马达试验回路（修改图）
1—可选位置；2—负载；3—油源
a　管子长度见 GB/T 17491—2023 中第 5.1.1 条。

(4) 整体传动装置的试验回路

整体传动装置的试验回路如图 4-13 所示，图中所示元件为试验回路必备元件。

根据 GB/T 786.1—2021，对图 4-13（原标准图 4）中一些图形符号如负载 1、驱动装置 3、压力控制阀（溢流阀）、流量计等进行了修改，如图 4-14 所示。

4.1.3　静液压传动装置的试验方法（摘自 JB/T 10831—2008）

在 JB/T 10831—2008《静液压传动装置》中给出了静液压传动装置的试验回路原理图（见图 4-15）。

作者注　在 JB/T 10831—2008 中给出了术语"静液压传动装置"的定义："集液压泵、马达于一体，将机械能通过液压泵转化为液压能，液压马达又将液压能转化为机械能的传动装置。"

警告：图 4-15 所示回路是基本回路，不包括为防止由于元件失效造成破坏所需的安全装置，试验负责人对人员安全和设备安全必须给予应有的重视。

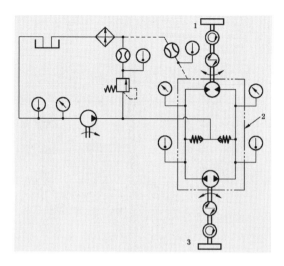

图 4-13　整体传动装置试验回路（原标准图 4）
1—负载；2—整体传动箱；3—驱动装置

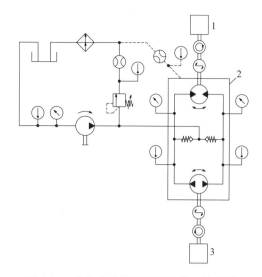

图 4-14　整体传动装置试验回路（修改图）
1—负载；2—整体传动箱；3—驱动装置

温度测量点应设置在距离被试装置的进油口（2～4）d 处（d 为管道内径）；噪声测量点的位置和数量应按 GB/T 17483 的规定。

作者注　在被试装置（静液压传动装置）7 中未见液压马达。

根据 GB/T 786.1—2021，对图 4-15（原标准图 A.1）中一些图形符号如电动机 1、转速仪 2-1 和 2-2、转矩仪 3-1 和 3-2、加热器 4、温度计 5、压力表 6-1～6-3、被试装置 7、加载装置 8、冷却器 9 等进行了修改，如图 4-16 所示。但由于电动机 1 和静液压传动装置中的单向补油泵、双向液压泵同轴连接，其无法实现正反向旋转，因此，所驱动的双向液压马达也无法实现正反向旋转。

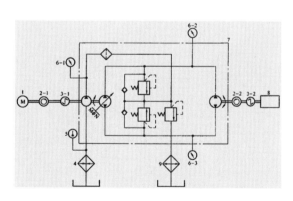

图 4-15　试验回路原理图（原标准图 A.1）
1—电动机；2-1,2-2—转速仪；3-1,3-2—转矩仪；
4—加热器；5—温度计；6-1～6-3—压力表；
7—被试装置；8—加载装置；9—冷却器

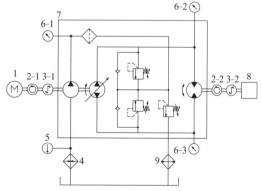

图 4-16　试验回路原理图（修改图）
1—电动机；2-1,2-2—转速仪；3-1,3-2—转矩仪；
4—加热器；5—温度计；6-1～6-3—压力表；
7—被试装置；8—加载装置；9—冷却器

4.1.4　叶片泵试验方法（摘自 JB/T 7041.1—2023）

在 JB/T 7041.1—2023《液压泵　第 1 部分：叶片泵》中规定：叶片泵试验应具备符合

图 4-17 所示试验回路的试验台。

根据 GB/T 786.1—2021，对图 4-17（原标准图 A.1）中一些图形符号如流量计 4-1 和 4-2、溢流阀 5、电动机 10 等进行了修改，如图 4-18 所示。

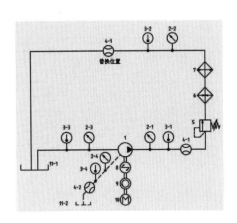

图 4-17　开式试验回路原理图（原标准图 A.1）
1—被试泵；2-1～2-4—压力表；3-1～3-4—温度计；
4-1,4-2—流量计；5—溢流阀；6—加热器；
7—冷却器；8—扭（转）矩仪；9—转速仪；
10—电动机；11-1,11-2—油箱

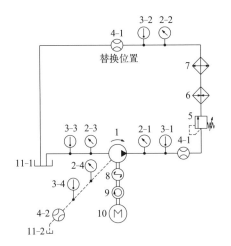

图 4-18　开式试验回路原理图（修改图）
1—被试泵；2-1～2-4—压力表；3-1～3-4—温度计；
4-1,4-2—流量计；5—溢流阀；6—加热器；
7—冷却器；8—扭（转）矩仪；9—转速仪；
10—电动机；11-1,11-2—油箱

4.1.5　齿轮泵试验方法（摘自 JB/T 7041.2—2020）

在 JB/T 7041.2—2020《液压泵　第 2 部分：齿轮泵》中规定：齿轮泵试验应具备符合图 4-19 或图 4-21 所示试验回路的试验台。

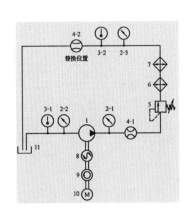

图 4-19　开式试验回路原理图（原标准图 A.1）
1—被试齿轮泵；2-1～2-3—压力表；3-1,3-2—温度计；
4-1,4-2—流量计；5—溢流阀；6—加热器；7—冷却器；
8—扭（转）矩仪；9—转速仪；10—马达；11—油箱

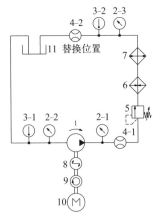

图 4-20　开式试验回路原理图（修改图）
1—被试齿轮泵；2-1～2-3—压力表；3-1,3-2—温度计；
4-1,4-2—流量计；5—溢流阀；6—加热器；7—冷却器；
8—扭（转）矩仪；9—转速仪；10—马达；11—油箱

根据 GB/T 786.1—2021，对图 4-19（原标准图 A.1）中一些图形符号如流量计 4-2、溢流阀 5、马达 10 等进行了修改，如图 4-20 所示。

根据 GB/T 786.1—2021，对图 4-21（原标准图 A.2）中一些图形符号如流量计 4-2 和 4-3、溢流阀 5-1 和 5-2、马达 11 等进行了修改，如图 4-22 所示。

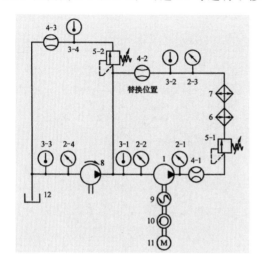

图 4-21 闭式试验回路原理图（原标准图 A.2）
1—被试齿轮泵；2-1~2-4—压力表；3-1~3-4—温度计；
4-1~4-3—流量计；5-1,5-2—溢流阀；6—加热器；
7—冷却器；8—补油泵；9—扭（转）矩仪；
10—转速仪；11—马达；12—油箱

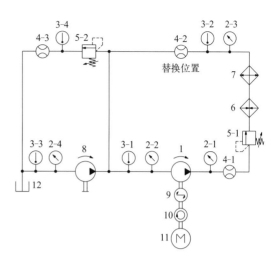

图 4-22 闭式试验回路原理图（修改图）
1—被试齿轮泵；2-1~2-4—压力表；3-1~3-4—温度计；
4-1~4-3—流量计；5-1,5-2—溢流阀；6—加热器；
7—冷却器；8—补油泵；9—扭（转）矩仪；
10—转速仪；11—马达；12—油箱

4.1.6 轴向柱塞泵试验方法（摘自 JB/T 7041.3—2023）

在 JB/T 7041.3—2023《液压泵 第 3 部分：轴向柱塞泵》中规定：柱塞泵试验应具备符合图 4-23 或图 4-25 所示试验回路的试验台。图中所示为试验回路必备元件，不包括为安全、动态冲击试验、污染度控制等要求设置的元件。

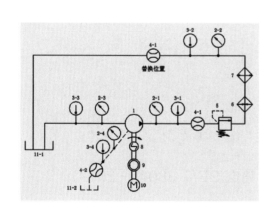

图 4-23 开式试验回路原理图（原标准图 A.1）
1—被试泵；2—压力表；3—温度计；4—流量计；
5—溢流阀；6—加热器；7—冷却器；8—扭（转）
矩仪；9—转速仪；10—电动机；11—油箱

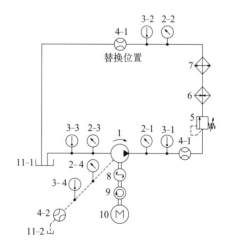

图 4-24 开式试验回路原理图（修改图）
1—被试泵；2—压力表；3—温度计；4—流量计；
5—溢流阀；6—加热器；7—冷却器；8—扭（转）
矩仪；9—转速仪；10—电动机；11—油箱

试验时宜采取适当的措施，保证吸油口压力满足各试验项目的要求。

根据 GB/T 786.1—2021，对图 4-23（原标准图 A.1）中一些图形符号如流量计 4、扭（转）矩仪 8、电动机 10 等进行了修改，如图 4-24 所示。

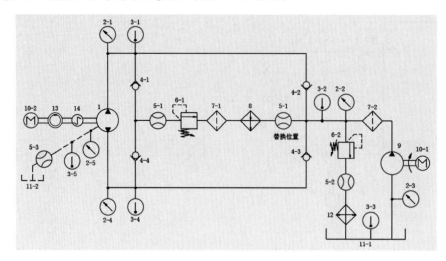

图 4-25　闭式试验回路原理图（原标准图 A.2）

1—被试泵；2—压力表；3—温度计；4—单向阀；5—流量计；6—溢流阀；7—过滤器；8—温度调节器；
9—辅助泵；10—电动机；11—油箱；12—冷却器；13—转速仪；14—扭（转）矩仪

根据 GB/T 786.1—2021，对图 4-25（原标准图 A.2）中一些图形符号如单向阀 4、流量计 5、温度调节器 8、电动机 10、扭（转）矩仪 14 等进行了修改，如图 4-26 所示。

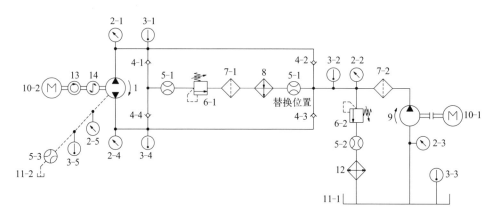

图 4-26　闭式试验回路原理图（修改图）

1—被试泵；2—压力表；3—温度计；4—单向阀；5—流量计；6—溢流阀；7—过滤器；8—温度调节器；
9—辅助泵；10—电动机；11—油箱；12—冷却器；13—转速仪；14—扭（转）矩仪

4.1.7　船用水液压轴向柱塞泵试验方法（摘自 GB/T 38045—2019）

(1) 试验回路

在 GB/T 38045—2019《船用水液压轴向柱塞泵》中规定：泵的试验回路原理图见图 4-27。

(2) 压力测量点位置

压力测量点应设置在距离被试泵进、出水口（2～4）d 处（d 为管道内径）。稳态试验时，允许将测量点的位置移至被试泵更远处，但应考虑管路的压力损失。

（3）温度测量点位置

温度测量点应设置在距离压力测量点（2～4）d 处，且比压力测量点更远离被试泵。

（4）噪声测量点位置

噪声测量点位置和数量应按 GB/T 17483 的规定。

（5）振动测量点位置

振动测量点位置和数量应按 GB/T 16301—2008 的规定。

根据 GB/T 786.1—2021，对图 4-27（原标准图 1）中一些图形符号如扭（转）矩传感器 2、电动机 3、压力表 4-1 和 4-2、温度计 5-1 和 5-2、截止阀 6-1 和 6-1、溢流阀 7、比例溢流阀 8、流量计 9 等进行了修改，如图 4-28 所示。

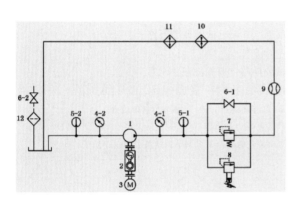

图 4-27　试验回路原理图（原标准图 1）
1—被试泵；2—扭（转）矩传感器；3—电动机；
4-1,4-2—压力表；5-1,5-2—温度计；
6-1,6-2—截止阀；7—溢流阀；8—比例溢流阀；
9—流量计；10—加热器；11—冷却器；12—过滤器

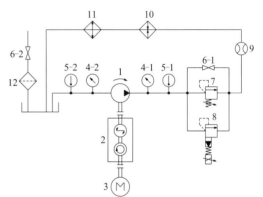

图 4-28　试验回路原理图（修改图）
1—被试泵；2—扭（转）矩传感器；3—电动机；
4-1,4-2—压力表；5-1,5-2—温度计；
6-1,6-2—截止阀；7—溢流阀；8—比例溢流阀；
9—流量计；10—加热器；11—冷却器；12—过滤器

4.1.8　液压马达低速特性的测定方法（GB/T 20421.1—2006）

在 GB/T 20421.1—2006《液压马达特性的测定　第 1 部分：在恒低速和恒压力下》中给出了液压马达试验回路（见图 4-29），并声明"图形符号符合 GB/T 786.1 的规定。"

图 4-29 没有表示出为防止元件意外失效造成破坏所需的所有安全装置。试验人员应对人身安全和设备安全给予应有的重视。

注 1：虽然图 4-29 例（列）举的是双向马达的基本试验回路，但是经适当的修改即可用作单向马达的试验（回路）。

注 2：当柱塞马达进行试验时，可能需要增加补油泵回路。

作者注　在 GB/T 20421.1—2006 图 1"双向马达的液压试验回路"中没有双向马达。

根据 GB/T 786.1—2021，对图 4-29（原标准图 1）中一些图形符号如溢流阀 2a、2b、2c、流量计 3a、3b、3c、被试马达 6 等进行了修改，如图 4-30 所示。

4.1.9　液压马达起动性的测定方法（GB/T 20421.2—2006）

在 GB/T 20421.2—2006《液压马达特性的测定　第 2 部分：起动性》中给出了液压马达的试验回路（见图 4-31），并声明"图形符号符合 GB/T 786.1 的规定。"

图 4-31 没有表示出为防止元件意外失效造成破坏所需的所有安全装置。试验人员应对

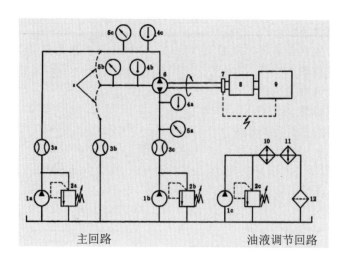

图 4-29　双向马达的液压试验回路（原标准图 1）

1a,1b,1c—泵；2a,2b,2c—溢流阀；3a,3b,3c—流量计；4a,4b[b],4c—温度计；5a,5b,5c—压力表；

6—被试马达；7—转速和轴角度测量仪；8—转矩传感器；9—可调节恒速负载[c]；

10—冷却器；11—加热器；12—过滤器

[a]　二选一连接；[b]　可选择；[c]　蜗轮传动箱与恒速驱动装置的组合是可调节恒速负载的一个例子。

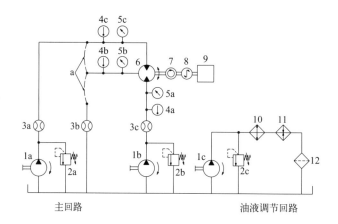

图 4-30　双向马达的液压试验回路（修改图）

1a,1b,1c—泵；2a,2b,2c—溢流阀；3a,3b,3c—流量计；4a,4b[b],4c—温度计；5a,5b,5c—压力表；

6—被试马达；7—转速和轴角度测量仪；8—转矩传感器；9—可调节恒速负载[c]；

10—冷却器；11—加热器；12—过滤器

[a]　二选一连接；[b]　可选择；[c]　蜗轮传动箱与恒速驱动装置的组合是可调节恒速负载的一个例子。

人身安全和设备安全给予应有的重视。

　　注1：虽然图 4-31 例（列）举的是单向马达的基本试验回路，但是经适当的修改即可用作双向马达的试验（回路）。

　　注2：当柱塞马达进行试验时，可能需要增加补油泵回路。

根据 GB/T 786.1—2021，对图 4-31（原标准图 1）中一些图形符号如压力控制阀（手动）2、节流阀 6、背压控制阀 9、热交换器 10 等进行了修改，如图 4-32 所示。

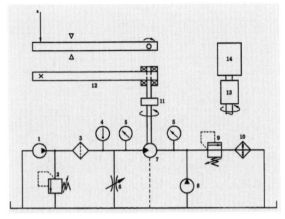

图 4-31　单向马达的液压试验回路（原标准图 1）

1—供油泵；2—压力控制阀（手动）；3—过滤器；

4—温度指示器；5—压力指示器；6—节流阀；

7—被试马达；8—背压泵；9—背压控制阀；

10—热交换器；11—联轴器；12—安装在静压

轴承上的杆；13—转矩传感器；14—电转矩负载

ᵃ　可变负载。

图 4-32　单向马达的液压试验回路（修改图）

1—供油泵；2—压力控制阀（手动）；3—过滤器；

4—温度指示器；5—压力指示器；6—节流阀；

7—被试马达；8—背压泵；9—背压控制阀；

10—热交换器；11—联轴器；12—安装在静压

轴承上的杆；13—转矩传感器；14—电转矩负载

ᵃ　可变负载。

4.1.10　液压马达在恒流量和恒转矩下低速特性的测定方法（GB/T 20421.3—2006）

在 GB/T 20421.3—2006《液压马达特性的测定　第 3 部分：在恒流量和恒转矩下》中给出了液压马达起动性试验回路（见图 4-33），并声明"图形符号符合 GB/T 786.1 的规定。"

图 4-33 所示回路是基本回路，不包括为防止元件意外失效造成破坏所需要的所有安全装置。重要的是试验人员对人身安全和设备安全给予应有的重视。

应安装油液调节回路（见图 4-33），以及截止阀 5 和溢流阀 7。可以打开阀 5，以加速达到试验温度。在试验过程中阀 5 应被关闭。

应安装油液调节回路，提供必要的过滤，以保护被试马达和回路中的其他元件，并保持"试验条件"中所规定的油液温度。

通过具有黏度和压力补偿的流量控制阀获得马达恒定的供油流量。

可利用一台容积式泵和一个带有转矩信号电反馈的流量控制阀获得（或磁动力加载装置和其他适合的系统）马达的恒转矩负载。

根据 GB/T 786.1—2021，对图 4-33（原标准图 1）中一些图形符号如溢流阀 4 和 7、转矩负载控制元件 10~12、流量计 13 等进行了修改，如图 4-34 所示。

4.1.11　摆线液压马达试验方法（摘自 JB/T 10206—2010）

在 JB/T 10206—2010《摆线液压马达》中给出了摆线液压马达试验回路原理图（见图 4-35），并声明"图形符号符合 GB/T 786.1 规定。"

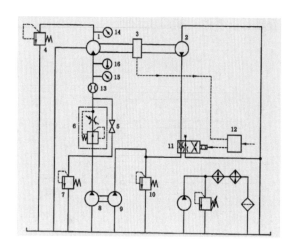

图 4-33　液压试验回路（原标准图 1）

1—被试马达；2—恒转矩负载（容积式泵）；3—转矩、转
速和角度测量仪器；4,7—溢流阀；5—截止阀；6—恒流
量元件；8,9—容积式泵；10～12—转矩负载控制元件；
13—流量计；14,15—压力表；16—温度计

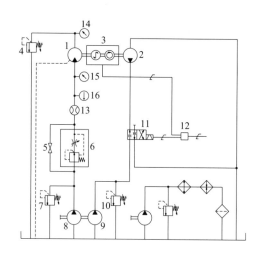

图 4-34　液压试验回路（修改图）

1—被试马达；2—恒转矩负载（容积式泵）；3—转矩、
转速和角度测量仪器；4,7—溢流阀；5—截止阀；
6—恒流量元件；8,9—容积式泵；10～12—转矩负载
控制元件；13—流量计；14,15—压力表；16—温度计

　　根据 GB/T 786.1—2021，对图 4-35（原标准图 A.1）中一些图形符号如液压泵 1、
溢流阀 2、流量计 4-1～4-3、换向阀 5-1 和 5-2、被试马达 8 等进行了修改，如图 4-36
所示。

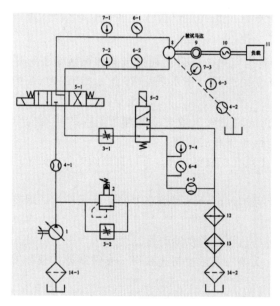

图 4-35　试验回路原理图（原标准图 A.1）

1—液压泵；2—溢流阀；3-1,3-2—调速阀；4-1～4-3—流量计；
5-1,5-2—换向阀；6-1～6-4—压力表；7-1～7-4—温度计；
8—被试马达；9—转速仪；10—转矩仪；11—负载；
12—加热器；13—冷却器；14-1,14-2—过滤器

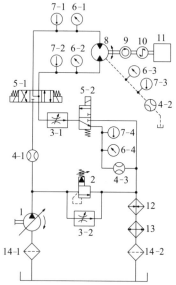

图 4-36　试验回路原理图（修改图）

1—液压泵；2—溢流阀；3-1,3-2—调速阀；4-1～4-3—流量计；
5-1,5-2—换向阀；6-1～6-4—压力表；7-1～7-4—温度计；
8—被试马达；9—转速仪；10—转矩仪；11—负载；
12—加热器；13—冷却器；14-1,14-2—过滤器

4.1.12 液压轴向柱塞马达、外啮合渐开线齿轮马达和叶片马达试验方法（摘自 JB/T 10829—2008）

在 JB/T 10829—2008《液压马达》中给出了液压马达试验回路原理图（见图 4-37）。

警告： 图 4-37 所示回路是基本回路，不包括为防止由于元件失效造成破坏所需要的安全装置。

根据 GB/T 786.1—2021，对图 4-37（原标准图 A.1）中一些图形符号如溢流阀 2、流量计 4-1～4-3、换向阀 5-1 和 5-2、被试马达 8 等进行了修改，如图 4-38 所示。

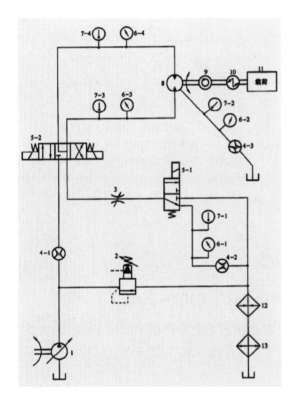

图 4-37　试验回路原理图（原标准图 A.1）
1—液压泵；2—溢流阀；3—节流阀；4-1～4-3—流量计；
5-1,5-2—换向阀；6-1～6-4—压力表；7-1～7-4—温度计；
8—被试马达；9—转速仪；10—转矩仪；11—负载；
12—加热器；13—冷却器

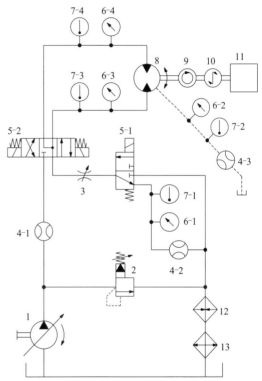

图 4-38　试验回路原理图（修改图）
1—液压泵；2—溢流阀；3—节流阀；
4-1～4-3—流量计；5-1,5-2—换向阀；
6-1～6-4—压力表；7-1～7-4—温度计；
8—被试马达；9—转速仪；10—转矩仪；
11—负载；12—加热器；13—冷却器

4.1.13 低速大转矩液压马达试验方法（摘自 JB/T 8728—2010）

在 JB/T 8728—2010《低速大转矩液压马达》中给出了试验回路原理图（见图 4-39），并声明"图形符号符合 GB/T 786.1 的规定。"

根据 GB/T 786.1—2021，对图 4-39（原标准图 A.1）中一些图形符号如溢流阀 2、流量计 4-1～4-3、节流阀 5、换向阀 6-1 和 6-2 等进行了修改，如图 4-40 所示。

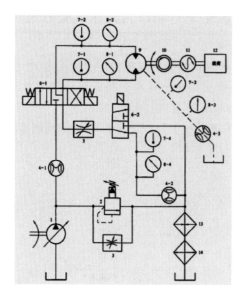

图 4-39 试验回路原理图（原标准图 A.1）

1—液压泵；2—溢流阀；3—调速阀；4-1～4-3—流量计；
5—节流阀；6-1,6-2—换向阀；7-1～7-4—温度计；
8-1～8-4—压力表；9—被试马达；10—转速仪；
11—转矩仪；12—负载；13—加热器；14—冷却器

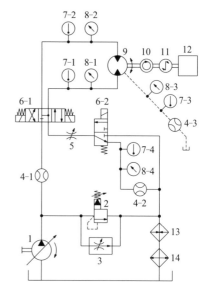

图 4-40 试验回路原理图（修改图）

1—液压泵；2—溢流阀；3—调速阀；4-1～4-3—流量计；
5—节流阀；6-1,6-2—换向阀；7-1～7-4—温度计；
8-1～8-4—压力表；9—被试马达；10—转速仪；
11—转矩仪；12—负载；13—加热器；14—冷却器

4.2 液压阀试验方法

4.2.1 液压阀压差-流量特性的测定（摘自 GB/T 8107—2012）

在 GB/T 8107—2012《液压阀 压差-流量特性的测定》中声明了"图 1～图 3 中使用的图形符号符合 GB/T 786.1 的规定。"其图 2 为"标准测压板"，图 3 为"试验结构的表达图例"。

应使用图 4-41 所示的适用于试验液压阀的回路。图 4-41 所示的是一个基本回路，其未包含在元件失效而造成损害时起保护作用所必需的安全装置。进行试验的相关责任人应对保护人员和设备安全给予足够的重视。

根据 GB/T 786.1—2021，对图 4-41（原标准图 1）中一些图形符号如溢流阀 2、压差计 4、被试阀 5、流量计 7 等进行了修改，如图 4-42 所示。

讨论

原标准给出的"图 1 试验回路图"及其中的图形符号存在一些问题，下面进行初步讨论。

① 原标准图 1 是简单的回路图，其存在的具体问题见表 4-1。

② 截止阀 3 距离压差测量点的标注应从其出口处算起。

③ 应设计安装压力表，以方便溢流阀 2 的调定。

④ 关于"压差表"，与 GB/T 786.1—2009 比较，GB/T 786.1—2021 修改了其进出（管）线的画法（画在两侧）。

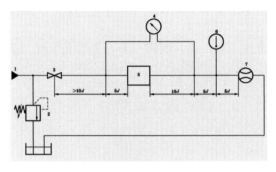

图 4-41　试验回路图（原标准图 1）
1—可控的液压源，同时控制油液温度；2—溢流阀
（回路保护）；3—截止阀（常开）；
4—压差计；5—被试阀；6—温度计；7—流量计

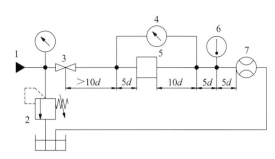

图 4-42　试验回路图（修改图）
1—可控的液压源，同时控制油液温度；2—溢流阀
（回路保护）；3—截止阀（常开）；4—压差计；
5—被试阀；6—温度计；7—流量计

表 4-1　GB/T 8107—2012 图 1 中的图形符号问题

序号	GB/T 8107—2012 图 1 中的图形符号	GB/T 786.1—2021 规定的 图形符号	问题
1			"流体流动的方向""可调节（弹簧）""压 力表指示"都不规范
2			"控制机构应画在矩形/正方形的右侧， 除非两侧均有"
3			不符合四口、五口或双压阀的框线
4			温度计中"温度指示"绘制得不规范
5			流量计中"流量指示"绘制得不规范

4.2.2　液压溢流阀试验方法（摘自 JB/T 10374—2013）

在 JB/T 10374—2013《液压溢流阀》中规定：除耐压试验外，出厂试验应具有符合图 4-43 所示试验回路的试验台，型式试验应具有符合图 4-45 所示试验回路的试验台。耐压试验台的试验回路可以简化。

允许在给定的基本回路中增设调节压力、流量或保证试验系统安全工作的元件，但不应影响到被试阀的性能。

根据 GB/T 786.1—2021，对图 4-43（原标准图 B.1）中一些图形符号如溢流阀 2、流量计 5、节流阀 6 等进行了修改，如图 4-44 所示。

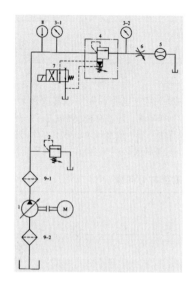

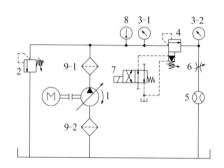

图 4-43　出厂试验回路原理图（原标准图 B.1）
1—液压泵；2—溢流阀；3-1,3-2—压力表；4—被试阀；
5—流量计；6—节流阀；7—电磁换向阀；8—温度计；
9-1,9-2—过滤器

图 4-44　出厂试验回路原理图（修改图）
1—液压泵；2—溢流阀；3-1,3-2—压力表；4—被试阀；
5—流量计；6—节流阀；7—电磁换向阀；8—温度计；
9-1,9-2—过滤器

根据 GB/T 786.1—2021，对图 4-45（原标准图 B.2）中一些图形符号如溢流阀 2-1 和 2-2、流量计 5、节流阀 6 等进行了修改，如图 4-46 所示。

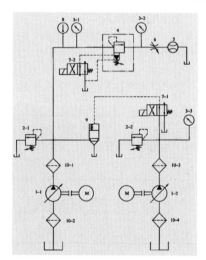

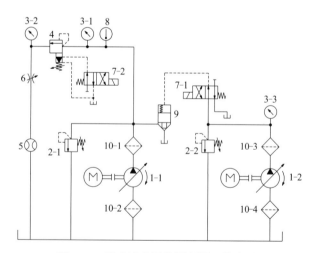

图 4-45　型式试验回路原理图（原标准图 B.2）
1-1,1-2—液压泵；2-1,2-2—溢流阀；3-1～3-3—压力表
（对瞬态试验，压力表 3-1,3-2 还应接入压力传感器）；
4—被试阀；5—流量计；6—节流阀；7-1,7-2—电磁换
向阀；8—温度计；9—阶跃加载阀；10-1～10-4—过滤器

图 4-46　型式试验回路原理图（修改图）
1-1,1-2—液压泵；2-1,2-2—溢流阀；3-1～3-3—压力表
（对瞬态试验，压力表 3-1,3-2 还应接入压力传感器）；
4—被试阀；5—流量计；6—节流阀；7-1,7-2—电磁
换向阀；8—温度计；9—阶跃加载阀；10-1～10-4—过滤器

作者注　在本书第 4 章中对一些插装阀（如阶跃加载阀 9）未完全按 GB/T 786.1 修改。以下同。

4.2.3　液压卸荷溢流阀试验方法（摘自 JB/T 10371—2013）

在 JB/T 10371—2013《液压卸荷溢流阀》中规定：除耐压试验外，出厂试验和型式试验应具有符合图 4-47 所示试验回路的试验台。耐压试验台的试验回路可以简化。

允许在给定的基本回路中增设调节压力、流量或保证试验系统安全工作的元件，但不应影响到被试阀的性能。

根据 GB/T 786.1—2021，对图 4-47（原标准图 B.1）中一些图形符号如流量计 5-1 和 5-2、节流阀 6 等进行了修改，如图 4-48 所示。

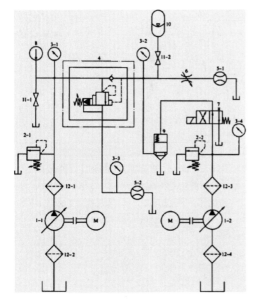

图 4-47　试验回路原理图（原标准图 B.1）
1-1,1-2—液压泵；2-1,2-2—溢流阀；3-1~3-4—压力表
（瞬态试验时，压力表 3-1、3-2 处还应接入压力传感器）；
4—被试阀；5-1,5-2—流量计；6—节流阀；7—电
磁换向阀；8—温度计；9—阶跃加载阀；10—蓄能器
（0.63L 或 1.6~6.3L）；11-1,11-2—截止阀；
12-1~12-4—过滤器

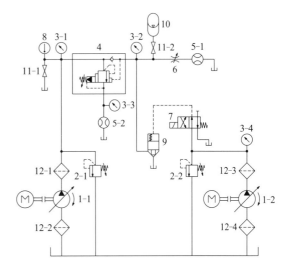

图 4-48　试验回路原理图（修改图）
1-1,1-2—液压泵；2-1,2-2—溢流阀；3-1~3-4—压力表
（瞬态试验时，压力表 3-1、3-2 处还应接入压力传感器）；
4—被试阀；5-1,5-2—流量计；6—节流阀；7—电磁换向
阀；8—温度计；9—阶跃加载阀；10—蓄能器（0.63L 或
1.6~6.3L）；11-1,11-2—截止阀；12-1~12-4—过滤器

4.2.4　液压减压阀试验方法（摘自 JB/T 10367—2014）

在 JB/T 10367—2014《液压减压阀》中规定：除耐压试验外，出厂试验台的试验回路应符合图 4-49 的要求，型式试验台的试验回路应符合图 4-51 的要求。耐压试验台的试验回路可以简化。

允许在给定的基本回路中增设调节压力、流量或保证试验系统安全工作的元件，但不应影响到被试阀的性能。

根据 GB/T 786.1—2021，对图 4-49（原标准图 B.1）中一些图形符号如被试阀 4、换向阀 7-1~7-3、电动机等进行了修改，如图 4-50 所示。

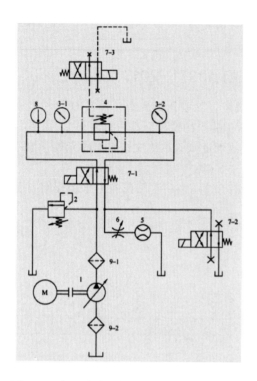

图 4-49　出厂试验回路原理图（原标准图 B.1）

1—液压泵；2—溢流阀；3-1,3-2—压力表；

4—被试阀；5—流量计；6—节流阀；7-1～7-3—换

向阀；8—温度计；9-1,9-2—过滤器

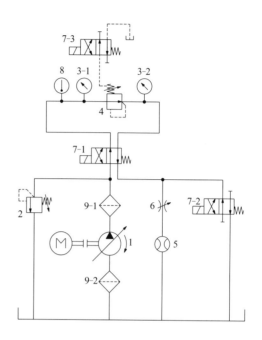

图 4-50　出厂试验回路原理图（修改图）

1—液压泵；2—溢流阀；3-1,3-2—压力表；

4—被试阀；5—流量计；6—节流阀；7-1～7-3—换

向阀；8—温度计；9-1,9-2—过滤器

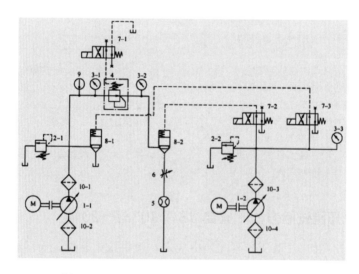

图 4-51　型式试验回路原理图（原标准图 B.2）

1-1,1-2—液压泵；2-1,2-2—溢流阀；3-1～3-3—压力表；4—被试阀；5—流量计；

6—节流阀；7-1～7-3—换向阀；8-1,8-2—阶跃加载阀；9—温度计；10-1～10-4—过滤器

　　根据 GB/T 786.1—2021，对图 4-51（原标准图 B.2）中一些图形符号如被试阀 4、电动机等进行了修改，如图 4-52 所示。

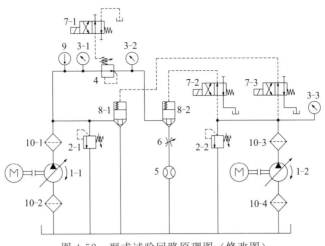

图 4-52 型式试验回路原理图 (修改图)

1-1,1-2—液压泵；2-1,2-2—溢流阀；3-1～3-3—压力表；4—被试阀；5—流量计；
6—节流阀；7-1～7-3—换向阀；8-1,8-2—阶跃加载阀；9—温度计；10-1～10-4—过滤器

4.2.5 液压顺序阀试验方法 (摘自 JB/T 10370—2013)

在 JB/T 10370—2013《液压顺序阀》中规定：除耐压试验外，出厂试验应具有符合图 4-53 所示试验回路的试验台，型式试验应具有符合图 4-55 所示试验回路的试验台。耐压试验台的试验回路可以简化。

作者注 在 JB/T 10370—2013 图 B.1 和图 B.2 中，被试阀的图形符号不是顺序阀而是溢流阀。

允许在给定的基本回路中增设调节压力、流量或保证试验系统安全工作的元件，但不应影响到被试阀的性能。

根据 GB/T 786.1—2021，对图 4-53（原标准图 B.1）中一些图形符号如被试阀 4、流量计 5、手动换向阀 7-1 和 7-2、电动机等进行了修改，如图 4-54 所示。

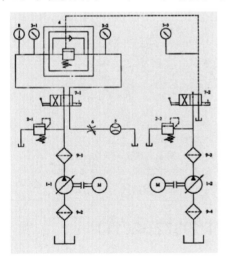

图 4-53 出厂试验回路原理图（原标准图 B.1）

1-1,1-2—液压泵；2-1,2-2—溢流阀；3-1～3-3—压力表；
4—被试阀；5—流量计；6—节流阀；7-1,7-2—手动
换向阀；8—温度计；9-1～9-4—过滤器

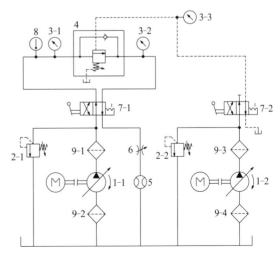

图 4-54 出厂试验回路原理图（修改图）

1-1,1-2—液压泵；2-1,2-2—溢流阀；3-1～3-3—压力表；
4—被试阀；5—流量计；6—节流阀；7-1,7-2—手动
换向阀；8—温度计；9-1～9-4—过滤器

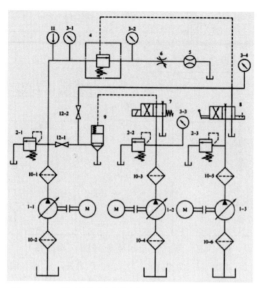

图 4-55　型式试验回路原理图（原标准图 B.2）

1-1～1-3—液压泵；2-1～2-3—溢流阀；3-1～3-4—压力表（对瞬态试验，压力表 3-1、
3-2、3-4 处还应接入压力传感器）；4—被试阀；5—流量计；6—节流阀；7—电磁换向阀；
8—手动换向阀；9—阶跃加载阀；10-1～10-6—过滤器；11—温度计；12-1，12-2—截止阀

根据 GB/T 786.1—2021，对图 4-55（原标准图 B.2）中一些图形符号如被试阀 4、流量计 5、手动换向阀 8、电动机等进行了修改，如图 4-56 所示。

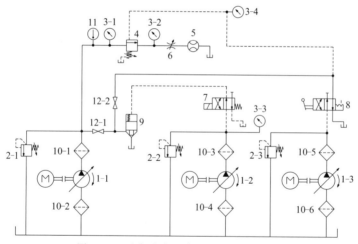

图 4-56　型式试验回路原理图（修改图）

1-1～1-3—液压泵；2-1～2-3—溢流阀；3-1～3-4—压力表（对瞬态试验，压力表 3-1、
3-2、3-4 处还应接入压力传感器）；4—被试阀；5—流量计；6—节流阀；7—电磁换向阀；
8—手动换向阀；9—阶跃加载阀；10-1～10-6—过滤器；11—温度计；12-1，12-2—截止阀

4.2.6　液压压力继电器试验方法（摘自 JB/T 10372—2014）

在 JB/T 10372—2014《液压压力继电器》中规定：除耐压试验外，出厂试验（台）和型式试验（台）的试验回路应符合图 4-57 的要求。耐压试验台的试验回路可以简化。

允许在给定的基本回路中增设调节压力、流量或保证试验系统安全工作的元件，但不应影响到被试阀的性能。

根据 GB/T 786.1—2021，对图 4-57（原标准图 B.1）中一些图形符号如被液压泵 1、溢流阀 2、被试压力继电器 4、电磁换向阀 7、蓄能器 8 等进行了修改，如图 4-58 所示。

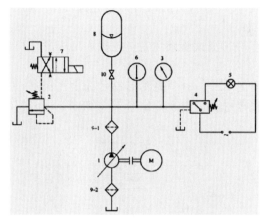

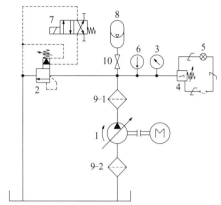

图 4-57　试验回路原理图（原标准图 B.1）

1—液压泵；2—溢流阀；3—压力表（瞬态试验还应
接入压力传感器）；4—被试压力继电器；5—指示器；
6—温度计；7—电磁换向阀（阶跃加载阀）；
8—蓄能器；9-1,9-2—过滤器；10—截止阀

图 4-58　试验回路原理图（修改图）

1—液压泵；2—溢流阀；3—压力表（瞬态试验还应
接入压力传感器）；4—被试压力继电器；5—指示器；
6—温度计；7—电磁换向阀（阶跃加载阀）；
8—蓄能器；9-1,9-2—过滤器；10—截止阀

4.2.7　液压节流阀试验方法（摘自 JB/T 10368—2014）

在 JB/T 10368—2014《液压节流阀》中规定：出厂试验台和型式试验台的试验回路应符合图 4-59 的要求。

允许在给定的基本回路中增设调节压力、流量或保证试验系统安全工作的元件，但不应影响到被试阀的性能。

根据 GB/T 786.1—2021，对图 4-59（原标准图 B.1）中一些图形符号如溢流阀 2、电动机等进行了修改，如图 4-60 所示。

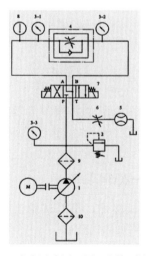

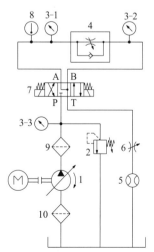

图 4-59　试验回路原理图（原标准图 B.1）

1—液压泵；2—溢流阀；3-1～3-3—压力表；
4—被试阀；5—流量计；6—节流阀；7—电磁
换向阀；8—温度计；9,10—过滤器

图 4-60　试验回路原理图（修改图）

1—液压泵；2—溢流阀；3-1～3-3—压力表；
4—被试阀；5—流量计；6—节流阀；7—电磁
换向阀；8—温度计；9,10—过滤器

4.2.8　液压调速阀试验方法（摘自 JB/T 10366—2014）

在 JB/T 10366—2014《液压调速阀》中规定：出厂试验台的试验回路应符合图 4-61 的要求；型式试验台的试验回路应符合图 4-63 的要求。

允许在给定的基本回路中增设调节压力、流量或保证试验系统安全工作的元件，但不应影响到被试阀的性能。

根据 GB/T 786.1—2021，对图 4-61（原标准图 B.1）中一些图形符号如溢流阀 2、压力表 3-1 和 3-2、被试阀 4、手动换向阀 7、电动机等进行了修改，如图 4-62 所示。

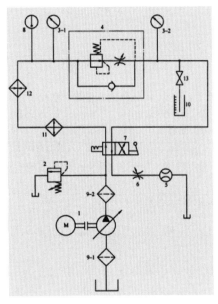

图 4-61　出厂试验回路原理图（原标准图 B.1）
1—液压泵；2—溢流阀；3-1,3-2—压力表；4—被试阀；
5—流量计；6—节流阀；7—手动换向阀；8—温度计；
9-1,9-2—过滤器；10—量杯；11—冷却器；
12—管路加热器；13—截止阀

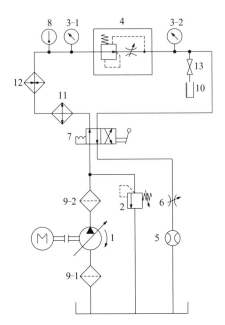

图 4-62　出厂试验回路原理图（修改图）
1—液压泵；2—溢流阀；3-1,3-2—压力表；4—被试阀；
5—流量计；6—节流阀；7—手动换向阀；8—温度计；
9-1,9-2—过滤器；10—量杯；11—冷却器；
12—管路加热器；13—截止阀

注：对于瞬态试验，在压力表 3-2、压力表 3-3 处还应接入压力传感器；且如采取第二种方法——直接法，还应在流量计 5 处接入流量传感器。

根据 GB/T 786.1—2021，对图 4-63（原标准图 B.2）中一些图形符号如液压泵 1-1 和 1-2、溢流阀 2-1 和 2-2、压力表 3-1～3-4、被试阀 4、手动换向阀 7-1、液控单向阀 8、电动机等进行了修改，如图 4-64 所示。

4.2.9　液压单向阀试验方法（摘自 JB/T 10364—2014）

在 JB/T 10364—2014《液压单向阀》中规定：除耐压试验外，出厂试验台和型式试验台的试验回路应符合图 4-65 的要求。耐压试验台的试验回路可以简化。

允许在给定的基本回路中增设调节压力、流量或保证试验系统安全工作的元件，但不应影响到被试阀的性能。

根据 GB/T 786.1—2021，对图 4-65（原标准图 B.1）中一些图形符号如溢流阀 2-1～2-3、电磁（电液）换向阀 7、手动换向阀 8、电动机等进行了修改，如图 4-66 所示。

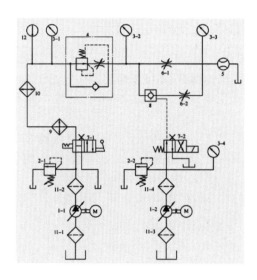

图 4-63　型式试验回路原理图（原标准图 B.2）

1-1,1-2—液压泵；2-1,2-2—溢流阀；3-1～3-4—压力表；

4—被试阀；5—流量计；6-1,6-2—节流阀；7-1—手动换向阀；

7-2—电磁换向阀；8—液控单向阀；9—冷却器；

10—管路加热器；11-1～11-4—过滤器；12—温度计

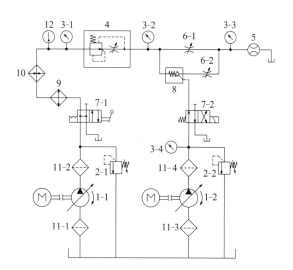

图 4-64　型式试验回路原理图（修改图）

1-1,1-2—液压泵；2-1,2-2—溢流阀；3-1～3-4—压力表；

4—被试阀；5—流量计；6-1,6-2—节流阀；7-1—手动换向阀；

7-2—电磁换向阀；8—液控单向阀；9—冷却器；

10—管路加热器；11-1～11-4—过滤器；12—温度计

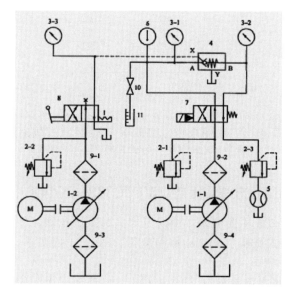

图 4-65　试验回路原理图（原标准图 B.1）

1-1,1-2—液压泵；2-1～2-3—溢流阀；

3-1～3-3—压力表；4—被试阀；5—流量计；6—温度计；

7—电磁（电液）换向阀；8—手动换向阀；

9-1～9-4—过滤器；10—截止阀；11—量杯

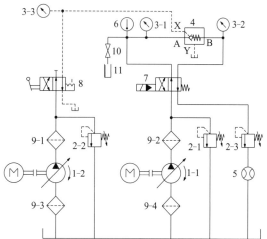

图 4-66　试验回路原理图（修改图）

1-1,1-2—液压泵；2-1～2-3—溢流阀；

3-1～3-3—压力表；4—被试阀；5—流量计；6—温度计；

7—电磁（电液）换向阀；8—手动换向阀；

9-1～9-4—过滤器；10—截止阀；11—量杯

4.2.10 液压电磁换向阀试验方法（摘自 JB/T 10365—2014）

在 JB/T 10365—2014《液压电磁换向阀》中规定：除耐压试验外，出厂试验台和型式试验台的试验回路应符合图 4-67 的要求。耐压试验台的试验回路可以简化。

允许在给定的基本回路中增设调节压力、流量或保证试验系统安全工作的元件，但不应影响到被试阀的性能。

根据 GB/T 786.1—2021，对图 4-67（原标准图 B.1）中一些图形符号如溢流阀 2-1 和 2-2，压力表 3-1～3-4、被试阀 4、单向节流阀 6-1 和 6-2、蓄能器 7、截止阀 8、单向阀 10、电动机等进行了修改，如图 4-68 所示。

作者注　流量计 5 和单向阀 10 并联并不合理，但在修改图中未修改。以下修改图同。

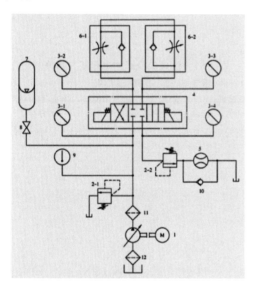

图 4-67　试验回路原理图（原标准图 B.1）
1—液压泵；2-1,2-2—溢流阀；3-1～3-4—压力表；
4—被试阀；5—流量计；6-1,6-2—单向节流阀；7—蓄能器；
8—截止阀；9—温度计；10—单向阀；11,12—过滤器

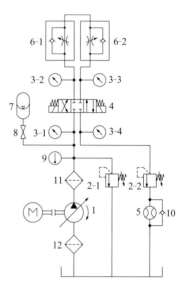

图 4-68　试验回路原理图（修改图）
1—液压泵；2-1,2-2—溢流阀；3-1～3-4—压力表；
4—被试阀；5—流量计；6-1,6-2—单向节流阀；7—蓄能器；
8—截止阀；9—温度计；10—单向阀；11,12—过滤器

4.2.11 液压电液动换向阀和液动换向阀试验方法（摘自 JB/T 10373—2014）

在 JB/T 10373—2014《液压电液动换向阀和液动换向阀》中规定：除耐压试验外，出厂试验台的试验回路应符合图 4-69 的要求，型式试验台的试验回路应符合图 4-71 的要求。耐压试验台的试验回路可以简化。

试验液动换向阀时，两端的控制油口分别与电磁换向阀 7 的 A 口、B 口连通。当试验液压对中式的液动换向阀时，电磁换向阀 7 采用 T 腔关闭，P 腔和 A 腔、B 腔相通的滑阀机能。

允许在给定的基本回路中增设调节压力、流量或保证试验系统安全工作的元件，但不应影响到被试阀的性能。

根据 GB/T 786.1—2021，对图 4-69（原标准图 B.1）中一些图形符号如溢流阀 2-1～2-3、被试阀 4、单向阀 13、电动机等进行了修改，如图 4-70 所示。

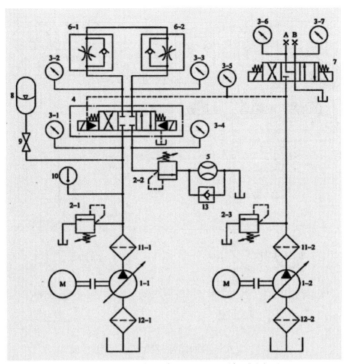

图 4-69　出厂试验回路原理图（原标准图 B.1）

1-1,1-2—液压泵；2-1～2-3—溢流阀；3-1～3-7—压力表；4—被试阀；5—流量计；
6-1,6-2—单向节流阀；7—电磁换向阀；8—蓄能器；9—截止阀；10—温度计；
11-1,11-2,12-1,12-2—过滤器；13—单向阀

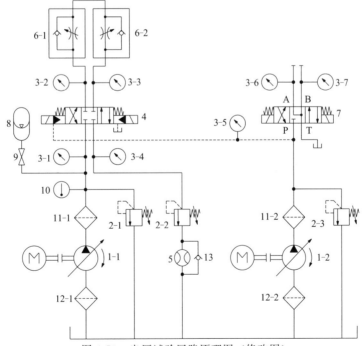

图 4-70　出厂试验回路原理图（修改图）

1-1,1-2—液压泵；2-1～2-3—溢流阀；3-1～3-7—压力表；4—被试阀；5—流量计；
6-1,6-2—单向节流阀；7—电磁换向阀；8—蓄能器；9—截止阀；10—温度计；
11-1,11-2,12-1,12-2—过滤器；13—单向阀

注：图 4-70 中以"电液动换向阀"符号代表"被试阀"。

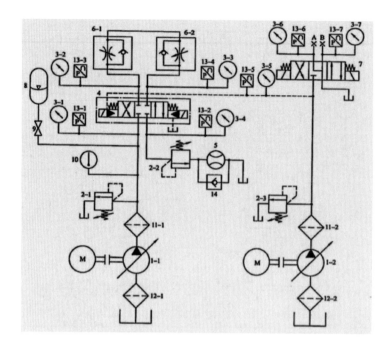

图 4-71　型式试验回路原理图（原标准图 B.2）

1-1,1-2—液压泵；2-1～2-3—溢流阀；3-1～3-7—压力表；4—被试阀；5—流量计；6-1,6-2—单向节流阀；7—电磁换
向阀；8—蓄能器；9—截止阀；10—温度计；11-1,11-2,12-1,12-2—过滤器；13-1～13-7—压力传感器；14—单向阀

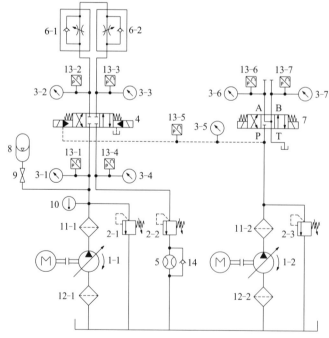

图 4-72　型式试验回路原理图（修改图）

1-1,1-2—液压泵；2-1～2-3—溢流阀；3-1～3-7—压力表；4—被试阀；5—流量计；6-1,6-2—单向节流阀；7—电磁换
向阀；8—蓄能器；9—截止阀；10—温度计；11-1,11-2,12-1,12-2—过滤器；13-1～13-7—压力传感器；14—单向阀

注：图 4-72 中以"电液动换向阀"符号代表"被试阀"。

根据 GB/T 786.1—2021，对图 4-71（原标准图 B.2）中一些图形符号如溢流阀 2-1～2-3、被试阀 4、单向阀 14、电动机等进行了修改，如图 4-72 所示。

4.2.12 液压电磁换向座阀试验方法（摘自 JB/T 10830—2008）

在 JB/T 10830—2008《液压电磁换向座阀》中规定：液压电磁换向座阀试验应具有符合图 4-73 所示试验回路的试验台。

允许在给定的基本回路中增设调节压力、流量或保证试验系统安全工作的元件，但不应影响到被试阀的性能。

作者注　原标准中元件 8 为"座阀"。

根据 GB/T 786.1—2021，对图 4-73（原标准图 A.1）中一些图形符号如液压泵 1、溢流阀 2-1 和 2-2、压力表 3-1～3-4、单向节流阀 6-1 和 6-2、座阀（截止阀）8、电动机等进行了修改，如图 4-74 所示。

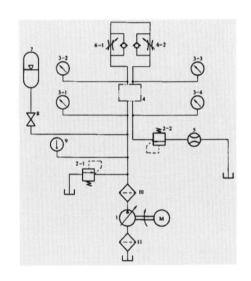

图 4-73　试验回路原理图（原标准图 A.1）
1—液压泵；2-1,2-2—溢流阀；3-1～3-4—压力表；
4—被试阀；5—流量计；6-1,6-2—单向节流阀；
7—蓄能器；8—座阀（截止阀）；9—温度计；
10—精过滤器；11—粗过滤器

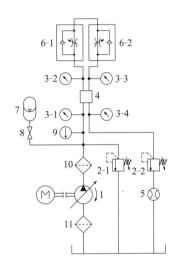

图 4-74　试验回路原理图（修改图）
1—液压泵；2-1,2-2—溢流阀；3-1～3-4—压力表；
4—被试阀；5—流量计；6-1,6-2—单向节流阀；
7—蓄能器；8—座阀（截止阀）；9—温度计；
10—精过滤器；11—粗过滤器

4.2.13 液压多路换向阀试验方法（摘自 JB/T 8729—2013）

在 JB/T 8729—2013《液压多路换向阀》中规定：多路阀的试验应具备符合图 4-75 所示试验系统原理图的试验台。阀后控制（的）负荷传感多路阀的试验应具备符合图 4-77 所示试验系统原理图的试验台。阀前控制的流量比例分配（LBF）负荷传感多路阀的试验应具备符合图 4-79 所示试验系统原理图的试验台。

注：试验液动多路阀时，两端的控制油口分别与电磁换向阀 8.2 的 A'、B'油口连通。

根据 GB/T 786.1—2021，对图 4-75（原标准图 A.1）中一些图形符号如溢流阀 2-1～2-4、被测多路阀 4、流量计 5-1 和 5-2、单向节流阀 7-1 和 7-2、电磁阀 8-1 和 8-2、阶跃加载阀 9、电动机等进行了修改，如图 4-76 所示。

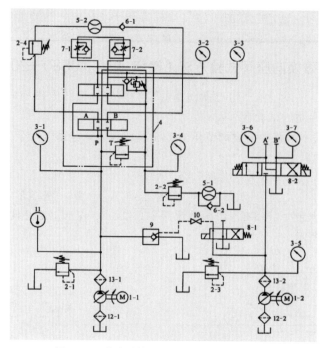

图 4-75　试验系统原理图（原标准图 A.1）

1-1,1-2—液压泵；2-1～2-4—溢流阀；3-1～3-7—压力表（对瞬态试验，压力表 3-1 应接入压力传感器）；
4—被测多路阀；5-1,5-2—流量计；6-1,6-2—单向阀；7-1,7-2—单向节流阀；8-1,8-2—电磁阀；
9—阶跃加载阀；10—截止阀；11—温度计；12-1,12-2—过滤器；13-1,13-2—过滤器

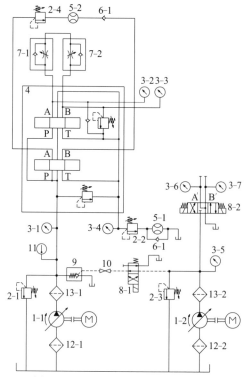

图 4-76　试验系统原理图（修改图）

1-1,1-2—液压泵；2-1～2-4—溢流阀；3-1～3-7—压力表（对瞬态试验，压力表 3-1 应接入压力传感器）；
4—被测多路阀；5-1,5-2—流量计；6-1,6-2—单向阀；7-1,7-2—单向节流阀；8-1,8-2—电磁阀；
9—阶跃加载阀；10—截止阀；11—温度计；12-1,12-2—过滤器；13-1,13-2—过滤器

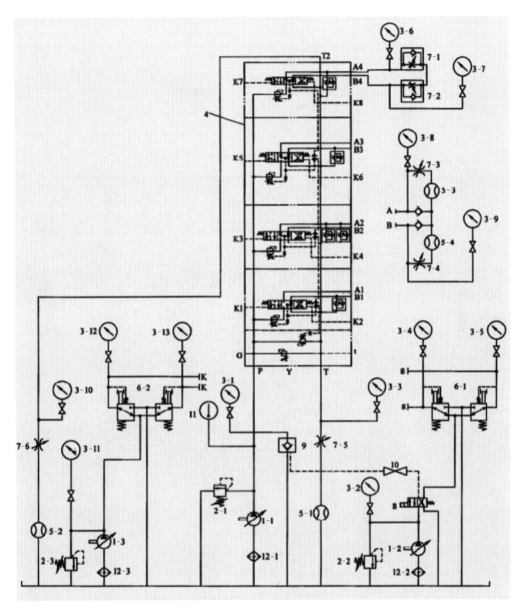

图 4-77　阀后节流的负荷传感多路换向阀试验系统原理图（原标准图 A.2）

1-1～1-3—液压泵；2-1～2-3—溢流阀；3-1～3-13—压力表；4—被试阀；5-1～5-4—流量计；
6-1,6-2—比例先导阀；7-1～7-6—单向节流阀；8—电磁阀；9—阶跃加载阀；
10—截止阀；11—温度计；12-1～12-3—过滤器

作者注　原标准中"7-1～7-6—单向节流阀"有误，应为"7-1，7-2—单向节流阀；7-3～7-6—节流阀"。

根据 GB/T 786.1—2021，对图 4-77（原标准图 A.2）中一些图形符号如液压泵 1-1～1-3、溢流阀 2-1～2-3、压力表 3-1～3-13、被试阀 4、流量计 5-1～5-4、比例先导阀 6-1 和 6-2、单向节流阀 7-1～7-6、电磁阀 8、阶跃加载阀 9、截止阀 10、温度计 11、过滤器 12-1～12-3 等进行了修改，如图 4-78 所示。

作者注　原标准中"7-1～7-5—单向节流阀"有误，应为"7-1～7-4—单向节流阀；7-5—节流阀"。

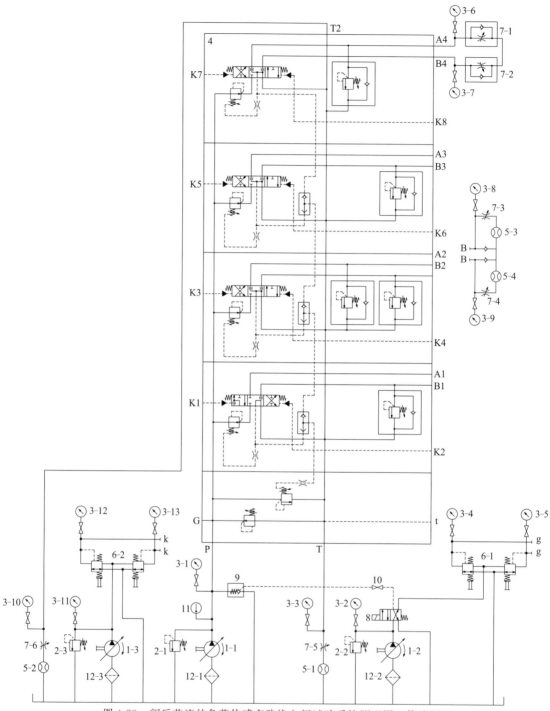

图 4-78　阀后节流的负荷传感多路换向阀试验系统原理图（修改图）

1-1～1-3—液压泵；2-1～2-3—溢流阀；3-1～3-13—压力表；4—被试阀；5-1～5-4—流量计；6-1,6-2—比例先导阀；
7-1～7-6—单向节流阀；8—电磁阀；9—阶跃加载阀；10—截止阀；11—温度计；12-1～12-3—过滤器

根据 GB/T 786.1—2021，对图 4-79（原标准图 A.3）中一些图形符号如液压泵 1-1 和
1-2、溢流阀 2-1 和 2-2、压力表 3-1～3-13、被试阀 4、流量计 5-1～5-3、比例先导阀 6、单
向节流阀 7-1～7-5、电磁阀 8、阶跃加载阀 9、截止阀 10、温度计 11、过滤器 12-1 和 12-2
等进行了修改，如图 4-80 所示。

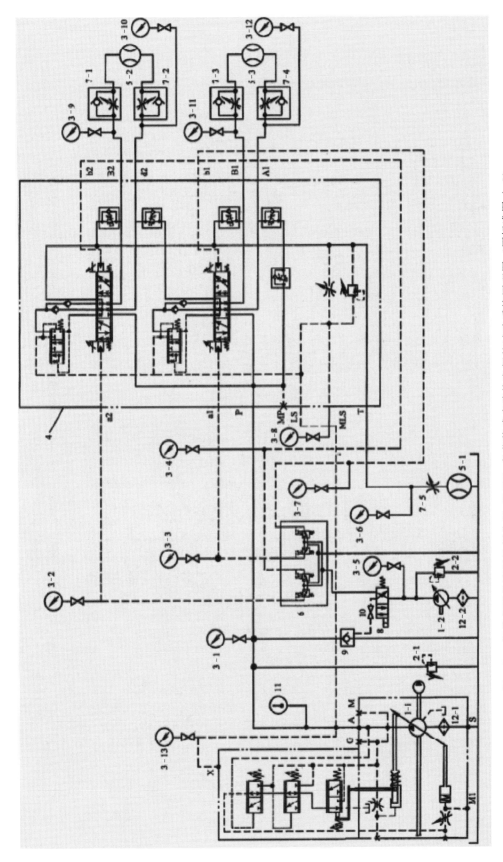

图 4-79　阀前节流阀的流量比例分配（LBF）负荷传感多路换向阀的试验系统原理图（原标准图 A.3）

1-1,1-2—液压泵；2-1,2-2—溢流阀；3-1~3-13—压力表；4—被试阀；5-1~5-3—流量计；6—比例先导阀；
7-1~7-5—单向节流阀；8—电磁阀；9—阶跃加载阀；10—截止阀；11—温度计；12-1,12-2—过滤器

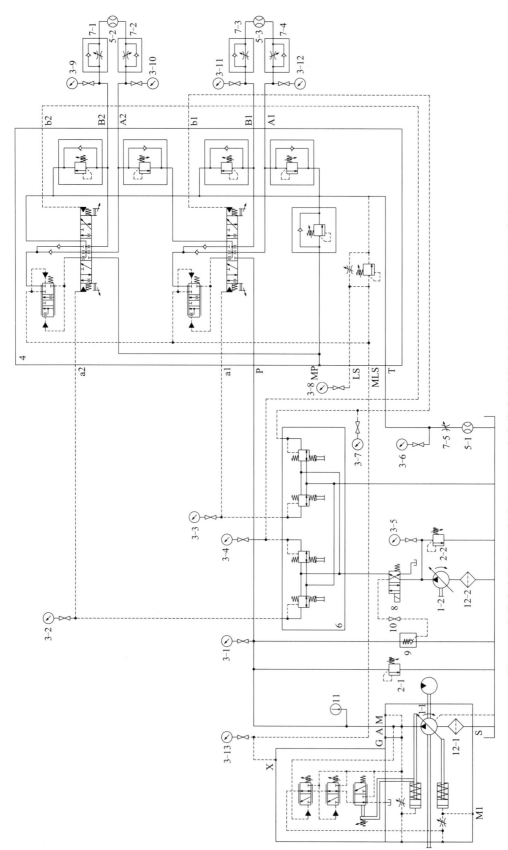

图 4-80 阀前节流的流量比例分配（LBF）负荷传感多路换向阀的试验系统原理图（修改图）

1-1、1-1-2—液压泵；2-1、2-2-2—溢流阀；3-1～3-13—压力表；5-1～5-3—流量计；6—比例先导阀；

7-1～7-5-5—单向节流阀；8—电磁阀；9—阶跃加载阀；10—截止阀；11—温度计；12-1、12-2—过滤器

4.2.14 液压手动及滚轮换向阀试验方法（摘自 JB/T 10369—2014）

在 JB/T 10369—2014《液压手动及滚轮换向阀》中规定：液压手动及滚轮换向阀出厂试验台和型式试验台的试验回路应符合图 4-81 的要求。允许在给定的基本回路中增设调节压力、流量或保证试验系统安全工作的元件，但不应影响到被试阀的性能。

根据 GB/T 786.1—2021，对图 4-81（原标准图 B.1）中一些图形符号如溢流阀 2-1 和 2-2、被试阀 4、电动机等进行了修改，如图 4-82 所示。

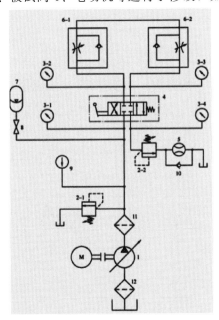

图 4-81　试验回路原理图（原标准图 B.1）

1—液压泵；2-1,2-2—溢流阀；3-1～3-4—压力表；
4—被试阀；5—流量计；6-1,6-2—单向节流阀；7—蓄能器；
8—截止阀；9—温度计；10—单向阀；11,12—过滤器

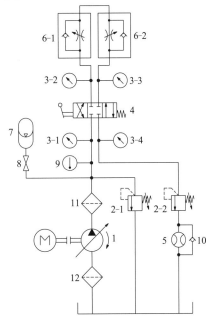

图 4-82　试验回路原理图（修改图）

1—液压泵；2-1,2-2—溢流阀；3-1～3-4—压力表；
4—被试阀；5—流量计；6-1,6-2—单向节流阀；7—蓄能器；
8—截止阀；9—温度计；10—单向阀；11,12—过滤器

4.2.15 液压二通插装阀试验方法（摘自 JB/T 10414—2004）

在 JB/T 10414—2004《液压二通插装阀　试验方法》中规定：试验装置是应具有符合图 4-83、图 4-85、图 4-87 和图 4-89 所示试验回路的试验台。

允许在给定的试验回路中增设调节压力、流量或保证试验系统安全工作的元件，但不应影响到被试阀的性能。

根据 GB/T 786.1—2021，对图 4-83（原标准图 A.1）中一些图形符号如压力表 2-1～2-4、溢流阀 3、电磁换向阀 4、流量计 7、温度计 10 等进行了修改，如图 4-84 所示。

根据 GB/T 786.1—2021，对图 4-85（原标准图 A.2）中一些图形符号如溢流阀 2-1 和 2-2、流量计 3、电磁换向阀 5-1 和 5-2、压力表 7-1～7-3、被试阀 8、温度计 9 等进行了修改，如图 4-86 所示。

根据 GB/T 786.1—2021，对图 4-87（原标准图 A.3）中一些图形符号如电磁溢流阀（压力阶跃加载阀）2、溢流阀 3、压力表 4-1～4-4、电液换向阀 5、压力传感器 6-1 和 6-2、节流阀 10 和 14、流量计 11、液控单向阀 12、电磁阀（阶跃加载阀）13 等进行了修改，如图 4-88 所示。

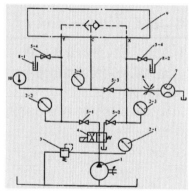

图 4-83　梭阀试验回路原理图（原标准图 A.1）
1—液压泵；2-1～2-4—压力表；3—溢流阀；
4—电磁换向阀；5-1～5-5—截止阀；6—节流阀；
7—流量计；8-1,8-2—量杯；
9—被试阀；10—温度计

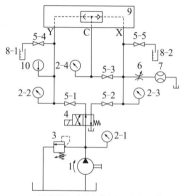

图 4-84　梭阀试验回路原理图（修改图）
1—液压泵；2-1～2-4—压力表；3—溢流阀；
4—电磁换向阀；5-1～5-5—截止阀；6—节流阀；
7—流量计；8-1,8-2—量杯；
9—被试阀；10—温度计

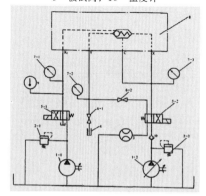

图 4-85　液控单向阀试验回路原理图（原标准图 A.2）
1-1,1-2—液压泵；2-1,2-2—溢流阀；3—流量计；
4—量杯；5-1,5-2—电磁换向阀；6-1,6-2—截止阀；
7-1～7-3—压力表；8—被试阀；
9—温度计；10—单向阀

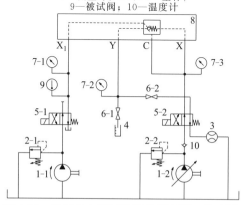

图 4-86　液控单向阀试验回路原理图（修改图）
1-1,1-2—液压泵；2-1,2-2—溢流阀；3—流量计；
4—量杯；5-1,5-2—电磁换向阀；6-1,6-2—截止阀；
7-1～7-3—压力表；8—被试阀；
9—温度计；10—单向阀

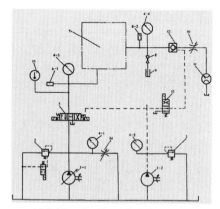

图 4-87　压力阀、减压阀、节流阀试验回路原理图
（原标准图 A.3）
1-1,1-2—液压泵；2—电磁溢流阀（压力阶跃加载阀）；
3—溢流阀；4-1～4-4—压力表；5—电液换向阀；
6-1,6-2—压力传感器；7—被试阀；8—截止阀；
9—量杯；10,14—节流阀；11—流量计；12—液控
单向阀；13—电磁阀（阶跃加载阀）；15—温度计

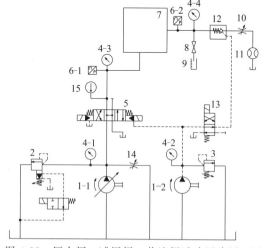

图 4-88　压力阀、减压阀、节流阀试验回路原理图
（修改图）
1-1,1-2—液压泵；2—电磁溢流阀（压力阶跃加载阀）；
3—溢流阀；4-1～4-4—压力表；5—电液换向阀；
6-1,6-2—压力传感器；7—被试阀；8—截止阀；
9—量杯；10,14—节流阀；11—流量计；12—液控
单向阀；13—电磁阀（阶跃加载阀）；15—温度计

226　新国标液压图形符号规范应用实例

根据 GB/T 786.1—2021，对图 4-89（原标准图 A.4）中一些图形符号如溢流阀 2-1～2-3、压力表 3-1～3-3、电液换向阀 6、压力传感器 8 等进行了修改，如图 4-90 所示。

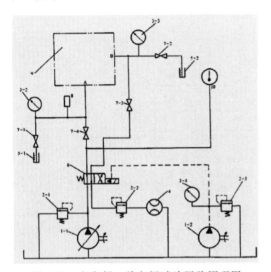 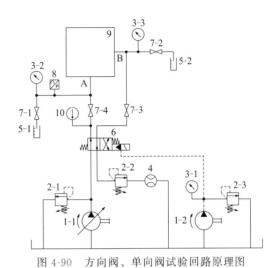

图 4-89　方向阀、单向阀试验回路原理图
（原标准图 A.4）
1-1,1-2—液压泵；2-1～2-3—溢流阀；
3-1～3-3—压力表；4—流量计；
5-1,5-2—量杯；6—电液换向阀；
7-1～7-4—截止阀；8—压力传感器；
9—被试阀（先导阀为阶跃加载阀）；10—温度计

图 4-90　方向阀、单向阀试验回路原理图
（修改图）
1-1,1-2—液压泵；2-1～2-3—溢流阀；
3-1～3-3—压力表；4—流量计；
5-1,5-2—量杯；6—电液换向阀；
7-1～7-4—截止阀；8—压力传感器；
9—被试阀（先导阀为阶跃加载阀）；10—温度计

4.2.16　液压挖掘机用先导阀试验方法（JB/T 10282—2013）

在 JB/T 10282—2013《液压挖掘机用先导阀　技术条件》中规定：液压挖掘机用先导阀的试验回路原理图参见图 4-91。

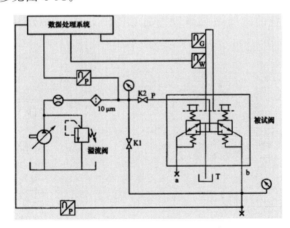

图 4-91　先导阀的试验回路原理图（原标准图 A.1）

根据 GB/T 786.1—2021，对图 4-91（原标准图 A.1）中一些图形符号如溢流阀 2、液压泵 3、流量计 4、过滤器 5、压力传感器 6 和 10、压力表 7 和 12、截止阀 8 和 9、被试阀 11、力传感器 13、位置传感器 14 等进行了修改，如图 4-92 所示。

作者注　上段文字中原标准图中无编号，所提及的编号参见图 4-92。

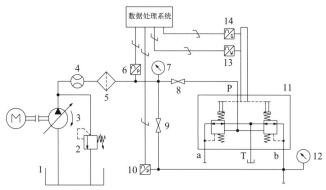

图 4-92　先导阀的试验回路原理图（修改图）

1—油箱；2—溢流阀；3—液压泵；4—流量计；5—过滤器；6,10—压力传感器；7,12—压力表；
8,9—截止阀（K2、K1）；11—被试阀；13—力传感器；14—位置传感器

4.3　液压缸试验方法

4.3.1　国标液压缸试验方法（摘自 15623—2023）

液压缸试验装置见 GB/T 15622—2005 图 1 和图 2。试验装置的液压系统原理图见 GB/T 15622—2005 图 3~图 5。

GB/T 15622—2023/ISO 10100：2020《液压缸　试验方法》描述了液压缸的（验收）试验方法，其中没有给出试验回路或液压系统原理图。

作者注　GB/T 15622—2023 于 2023-11-27 颁布，将于 2024-06-01 实施。

4.3.2　行标液压缸试验方法（摘自 JB/T 10205—2010）

在 JB/T 10205—2010《液压缸》中规定："液压缸的试验装置原则上采用以水平基础为准的平面装置，被试缸用与其支承部分型式相适应的支承方式来安装，见 JB/T 10205—2010 中的图 1。试验装置的液压系统原理图见 GB/T 15622—2005 中的图 3~图 5。"亦即图 4-93、图 4-95 和图 4-97。

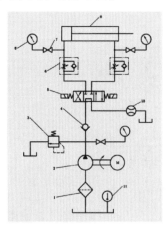

图 4-93　出厂试验液压系统原理图（原标准图 3）
1—过滤器；2—液压泵；3—溢流阀；4—单向阀；
5—电磁换向阀；6—单向节流阀；7—压力表开关；
8—压力表；9—被试缸；10—流量计；11—温度计

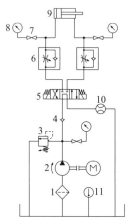

图 4-94　出厂试验液压系统原理图（修改图）
1—过滤器；2—液压泵；3—溢流阀；4—单向阀；
5—电磁换向阀；6—单向节流阀；7—压力表开关；
8—压力表；9—被试缸；10—流量计；11—温度计

根据 GB/T 786.1—2021，对图 4-93（原标准图 3）中一些图形符号如溢流阀 3、单向阀 4、电磁换向阀 5、单向节流阀 6、压力表 8、被试缸 9、流量计 10、电动机等进行了修改，如图 4-94 所示。

根据 GB/T 786.1—2021，对图 4-95（原标准图 4）中一些图形符号如溢流阀 3、流量计 5、电磁换向阀 6、单向节流阀 7、压力表 8、压力表开关 9、被试缸 10、加载缸 11、截止阀 12、电动机等进行了修改，如图 4-96 所示。

根据 GB/T 786.1—2021，对图 4-97（原标准图 5）中一些图形符号如压力表开关 3、压力表 4、单向阀 5、流量计 6、电磁换向阀 7、单向节流阀 8、溢流阀 12、电动机等进行了修改，如图 4-98 所示。

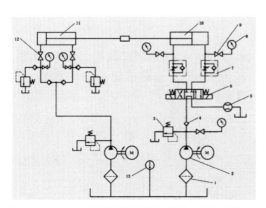

图 4-95　型式试验液压系统原理图（原标准图 4）
1—过滤器；2—液压泵；3—溢流阀；4—单向阀；
5—流量计；6—电磁换向阀；7—单向节流阀；
8—压力表；9—压力表开关；10—被试缸；
11—加载缸；12—截止阀；13—温度计

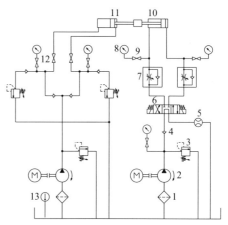

图 4-96　型式试验液压系统原理图（修改图）
1—过滤器；2—液压泵；3—溢流阀；4—单向阀；
5—流量计；6—电磁换向阀；7—单向节流阀；
8—压力表；9—压力表开关；10—被试缸；
11—加载缸；12—截止阀；13—温度计

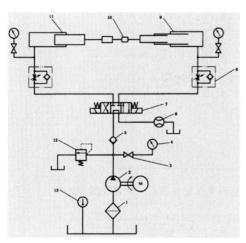

图 4-97　多级液压缸试验台液压系统原理图
（原标准图 5）
1—过滤器；2—液压泵；3—压力表开关；4—压力表；
5—单向阀；6—流量计；7—电磁换向阀；
8—单向节流阀；9—被试缸；10—测力计；
11—加载缸；12—溢流阀；13—温度计

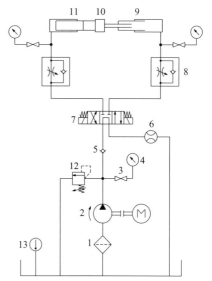

图 4-98　多级缸试验台液压系统原理图
（修改图）
1—过滤器；2—液压泵；3—压力表开关；4—压力表；
5—单向阀；6—流量计；7—电磁换向阀；
8—单向节流阀；9—被试缸；10—测力计；
11—加载缸；12—溢流阀；13—温度计

第 4 章　液压元件试验方法液压（系统）原理图勘误　229

4.4 电控液压泵、比例/伺服控制液压缸、电调制液压控制阀试验方法

4.4.1 电控液压泵试验方法（摘自 GB/T 23253—2009/ISO 17559: 2003，IDT）

在 GB/T 23253—2009《液压传动 电控液压泵 性能试验方法》中规定：对装有压力控制阀和流量控制阀的被试泵，应选用图 4-99 的试验回路。对应用电输入信号，在压力补偿工况，采用控制变量装置的位置或角度来改变排量以实现对输出压力控制的变量泵，应选用图 4-101 的试验回路。同时声明"图 1 和图 2 所示回路原理图的图形符号符合 GB/T 786.1 和 ISO 1219-2 的规定。"

注：图中泵控制阀组的细节仅是示例。

根据 GB/T 786.1—2021，对图 4-99（原标准图 1）中一些图形符号如被试泵 1、加载阀 2、方向控制阀 3、转矩指示器 6、压力传感器 8、压力表 9、流量传感器 10、电控器 12 和 14、电动机 17、手动安全阀 18 等进行了修改，如图 4-100 所示。

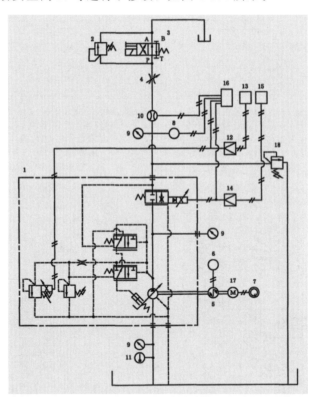

图 4-99 装有压力控制阀和流量控制阀的被试泵试验回路图（原标准图 1）
1—被试泵；2—加载阀；3—方向控制阀；4—节流阀；5—转矩仪；6—转矩指示器；7—测速仪；
8—压力传感器；9—压力表；10—流量传感器；11—温度计；12,14—电控器；
13,15—信号源；16—记录仪；17—电动机；18—手动安全阀

注：图中泵控制阀组的细节仅是示例。

根据 GB/T 786.1—2021，对图 4-101（原标准图 2）中一些图形符号如被试泵 1、加载阀 2、方向控制阀 3、转矩指示器 6、压力传感器 8、流量传感器 9、压力表 10、电控器 12、电动机 15、手动安全阀 16 等进行了修改，如图 4-102 所示。

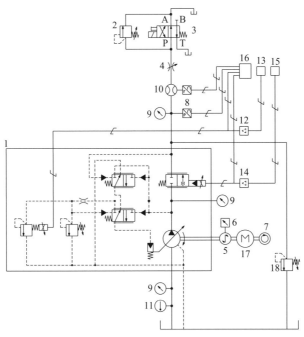

图 4-100　装有压力控制阀和流量控制阀的被试泵试验回路图（修改图）

1—被试泵；2—加载阀；3—方向控制阀；4—节流阀；5—转矩仪；6—转矩指示器；7—测速仪；
8—压力传感器；9—压力表；10—流量传感器；11—温度计；12,14—电控器；
13,15—信号源；16—记录仪；17—电动机；18—手动安全阀

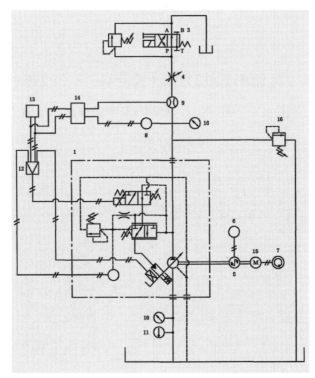

图 4-101　应用电信号在压力补偿工况（下）通过调节变量装置的位置或角度
改变排量来控制输出压力的被试泵试验回路图（原标准图 2）

1—被试泵；2—加载阀；3—方向控制阀；4—节流阀；5—转矩仪；6—转矩指示器；7—测速仪；
8—压力传感器；9—流量传感器；10—压力表；11—温度计；12—电控器；
13—信号源；14—记录仪；15—电动机；16—手动安全阀

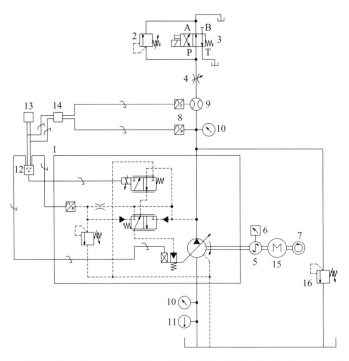

图 4-102　应用电信号在压力补偿工况（下）通过调节变量装置的位置或角度改变

排量来控制输出压力的被试泵试验回路图（修改图）

1—被试泵；2—加载阀；3—方向控制阀；4—节流阀；5—转矩仪；6—转矩指示器；

7—测速仪；8—压力传感器；9—流量传感器；10—压力表；11—温度计；12—电控器；

13—信号源；14—记录仪；15—电动机；16—手动安全阀

4.4.2　比例/伺服控制液压缸试验方法（摘自 GB/T 32216—2015）

在 GB/T 32216—2015《液压传动　比例/伺服控制液压缸的试验方法》中规定：比例/

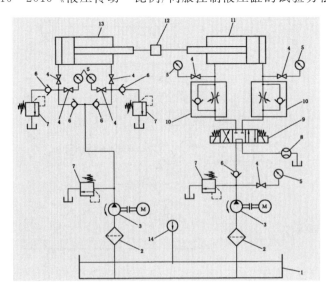

图 4-103　液压缸稳态试验液压原理图（原标准图 1）

1—油箱；2—过滤器；3—液压泵；4—截止阀；5—压力表；6—单向阀；7—溢流阀；8—流量计；

9—电磁（液）换向阀；10—单向节流阀；11—被试液压缸；12—力传感器；13—加载缸；14—温度计

伺服控制液压缸的稳态和动态试验原理图见图4-103、图4-105和图4-107。同时声明"图中所用图形符号符合GB/T 786.1的规定。"

　　根据GB/T 786.1—2021，对图4-103（原标准图1）中一些图形符号如液压泵3、压力表5、单向阀6、电磁（液）换向阀9、单向节流阀10、被试液压缸11、加载缸13、温度计14等进行了修改，如图4-104所示。

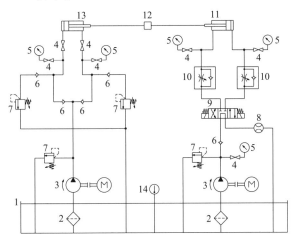

图 4-104　　液压缸稳态试验液压原理图（修改图）

1—油箱；2—过滤器；3—液压泵；4—截止阀；5—压力表；6—单向阀；7—溢流阀；8—流量计；
9—电磁（液）换向阀；10—单向节流阀；11—被试液压缸；12—力传感器；13—加载缸；14—温度计

　　根据GB/T 786.1—2021，对图4-105（原标准图2）中一些图形符号如比例/伺服阀3、被试比例/伺服阀控制液压缸（活塞式）4、位移传感器5等进行了修改，如图4-106所示。

　　根据GB/T 786.1—2021，对图4-107（原标准图3）中一些图形符号如比例/伺服阀3、被试比例/伺服阀控制液压缸（柱塞式）4、位移传感器5等进行了修改，如图4-108所示。

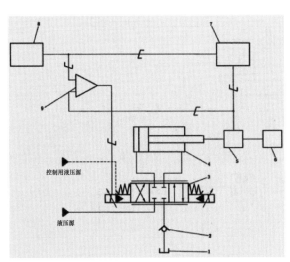

图 4-105　　活塞缸动态试验液压原理图（原标准图2）

1—（回到）油箱；2—单向阀；3—比例/伺服阀；
4—被试比例/伺服阀控制液压缸（活塞式）；
5—位移传感器；6—加载装置；7—自动
记录分析仪器；8—可调振幅和频率的信
号发生器；9—比例/伺服放大器

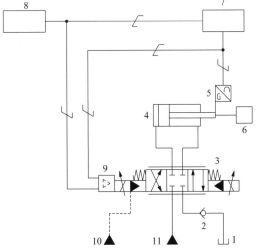

图 4-106　　活塞缸动态试验液压原理图（修改图）

1—（回到）油箱；2—单向阀；3—比例/伺服阀；
4—被试比例/伺服阀控制液压缸（活塞式）；
5—位移传感器；6—加载装置；7—自动记
录分析仪器；8—可调振幅和频率的信号发
生器；9—比例/伺服放大器；10—控制用
液压源；11—液压（动力）源

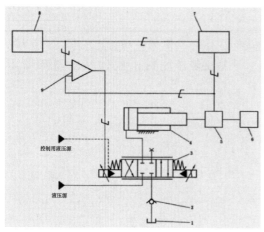

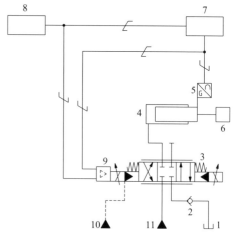

图 4-107　柱塞缸动态试验液压原理图（原标准图 3）
1—（回到）油箱；2—单向阀；3—比例/伺服阀；
4—被试比例/伺服阀控制液压缸（柱塞式）；
5—位移传感器；6—加载装置；7—自动记录
分析仪器；8—可调振幅和频率的信号发生器；
9—比例/伺服放大器

图 4-108　柱塞缸动态试验液压原理图（修改图）
1—（回到）油箱；2—单向阀；3—比例/伺服阀；
4—被试比例/伺服阀控制液压缸（柱塞式）；
5—位移传感器；6—加载装置；7—自动记录
分析仪器；8—可调振幅和频率的信号发生器；
9—比例/伺服放大器；10—控制用液压源；
11—液压（动力）源

4.4.3　伺服液压缸试验方法（摘自 DB44/T 1169.2—2013）

在 DB44/T 1169.2—2013《伺服液压缸　第 2 部分：试验方法》中规定：伺服液压缸性能试验液压系统原理图见图 4-109。

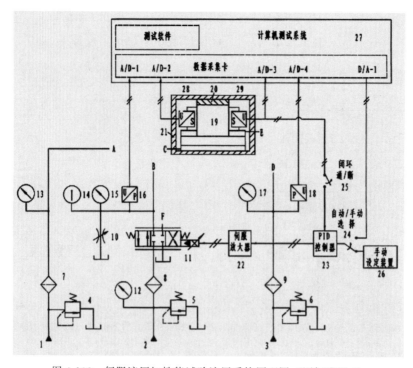

图 4-109　伺服液压缸性能试验液压系统原理图（原标准图 2）
1~3—液压源；4~6溢流阀；7~9—过滤器；10—截止节流阀；11—伺服阀；12,13,15,17—压力表；14—温度传感器；
16,18—压力传感器；19—被试液压缸；20—调整垫块；21—机架；22—伺服放大器；23—PID 控制器；
24—自动通/断选择开关；25—闭环通/断开关；26—手动设定装置；27—计算机测试系统；28,29—位移传感器注 1：——液压管路。

注 2：—＾—控制电缆。

注 3：A、B、C、D、E、F 分别表示测试系统中不同的液压油路接口，其中 F 口堵塞。

作者注　原标准中"10-截止节流阀"有误，应为"10-节流截止阀"。

根据 GB/T 786.1—2021，对图 4-109（原标准图 2）中一些图形符号如溢流阀 4～6，节流截止阀 10，伺服阀 11，压力表 12、13、15 和 17，温度传感器 14，压力传感器 16 和 18，被试液压缸 19，位移传感器 28 和 29 等进行了修改，如图 4-110 所示。

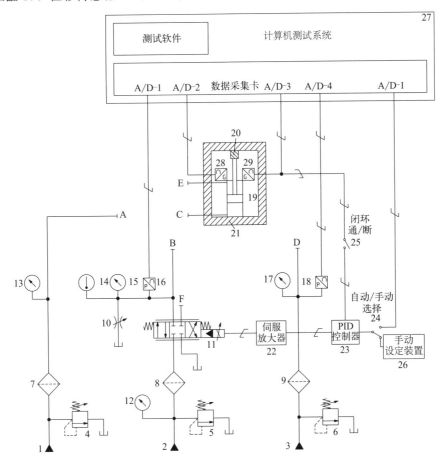

图 4-110　伺服液压缸性能试验液压系统原理图（修改图）

1～3—液压源；4～6—溢流阀；7～9—过滤器；10—截止节流阀；11—伺服阀；12,13,15,17—压力表；
14—温度传感器；16,18—压力传感器；19—被试液压缸；20—调整垫块；21—机架；22—伺服放大器；
23—PID 控制器；24—自动通/断选择开关；25—闭环通/断开关；26—手动设定装置；
27—计算机测试系统；28,29—位移传感器

4.4.4　船用数字液压缸试验方法（摘自 GB/T 24946—2010）

在 GB/T 24946—2010《船用数字液压缸》中规定：数字缸型式检验的液压系统原理图见图 4-111，出厂检验的液压系统原理图见图 4-113。

根据 GB/T 786.1—2021，对图 4-111（原标准图 2）中一些图形符号如过滤器 1、油泵 2、溢流阀 3、单向阀 4、压力表 5、被试数字缸 8、低压供油泵 9、桥式回路 10、加载阀 11、安全阀 12、加载缸 14、加载压力显示（装置）15 等进行了修改，如图 4-112 所示。

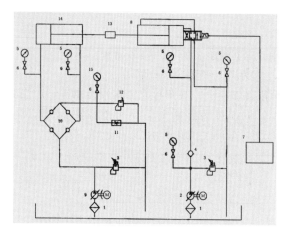

图 4-111　数字缸型式检验的液压系统原理图
（原标准图 2）

1—过滤器；2—油泵；3—溢流阀；4—单向阀；

5—压力表；6—压力表开关；7—数字控制器

（包括 PLC、计算机、专用控制器等）；

8—被试数字缸；9—低压供油泵；10—桥式回路；

11—加载阀；12—安全阀；13—传感器；

14—加载缸；15—加载压力显示（装置）

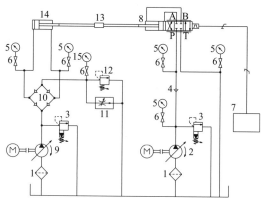

图 4-112　数字缸型式检验的液压系统原理图
（修改图）

1—过滤器；2—油泵；3—溢流阀；4—单向阀；

5—压力表；6—压力表开关；7—数字控制器

（包括 PLC、计算机、专用控制器等）；

8—被试数字缸；9—低压供油泵；10—桥式回路；

11—加载阀；12—安全阀；13—传感器；

14—加载缸；15—加载压力显示（装置）

根据 GB/T 786.1—2021，对图 4-113（原标准图 3）中一些图形符号如过滤器 1、油泵 2、溢流阀 3、单向阀 4、压力表 5、被试数字缸 8 等进行了修改，如图 4-114 所示。

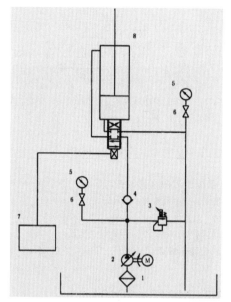

图 4-113　数字缸出厂检验的液压系统原理图
（原标准图 3）

1—过滤器；2—油泵；3—溢流阀；4—单向阀；

5—压力表；6—压力表开关；7—数字控制器

（包括 PLC、计算机、专用控制器等）；

8—被试数字缸

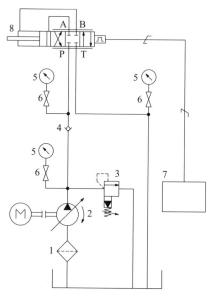

图 4-114　数字缸型式检验的液压系统原理图
（修改图）

1—过滤器；2—油泵；3—溢流阀；4—单向阀；

5—压力表；6—压力表开关；7—数字控制器

（包括 PLC、计算机、专用控制器等）；

8—被试数字缸

4.4.5 四通方向流量控制阀试验方法（摘自 GB/T 15623.1—2018/ISO 10770-1: 2009, MOD）

在 GB/T 15623.1—2018《液压传动 电调制液压控制阀 第 1 部分：四通方向流量控制阀试验方法》中规定：对所有类型阀的试验装置，应使用符合图 4-115 要求的试验回路。同时声明"所有图形符号应符合 GB/T 786.1 和 GB/T 4728.1 规定。"

安全提示：试验过程应充分考虑人员和设备的安全。

图 4-115 所示的试验回路是完成试验所需的最基本要求，没有包含安全装置。

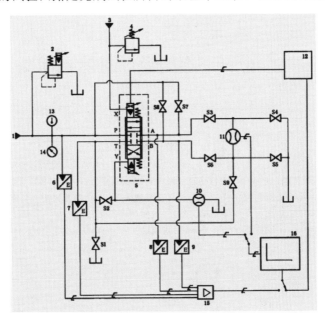

图 4-115 试验回路（原标准图 3）

1—主油源；2—主溢流阀；3—外部先导油源；4—外部先导油源溢流阀；5—被试阀；6～9—压力传感器；
10,11—流量传感器；12—信号发生器；13—温度指示器；14—压力表；15—信号调节器；16—数据采集（装置）；
S1～S9—截止阀；A,B—控制油口；P—进油口；T—回油口；X—先导进油口；Y—先导泄油口

作者注 1. 在液压系统中，电调制液压四通方向流量控制阀一般包括伺服阀和比例（控制）阀等不同类型产品，能通过电信号连续控制流量和方向变化。

2. GB/T 4728.1 现行标准为 GB/T 4728.1—2018《电气简图用图形符号 第 1 部分：一般要求》。

根据 GB/T 786.1—2021，对图 4-115（原标准图 3）中一些图形符号如主溢流阀 2、外部先导油源溢流阀 4、被试阀 5、压力传感器 6～9、流量传感器 10 和 11、压力表 14、信号调节器 15、截止阀 S1～S9 等进行了修改，如图 4-116 所示。

在输出流量-阀压降特性试验中，对于"进、出阀控制油口流量不相等——非对称阀芯"确定被试阀的输出流量与阀压降的变化特性，采用符合图 4-117 要求的试验回路进行试验。

根据 GB/T 786.1—2021，对图 4-117（原标准图 5）中一些图形符号如主溢流阀 2、外部先导油源溢流阀 4、被试阀 5、压力传感器 6～9、流量传感器 10 和 11、温度指示器 13、压力表 14、信号调节器 15、附加油源溢流阀 18、截止阀 S1～S4 等进行了修改，如图 4-118 所示。

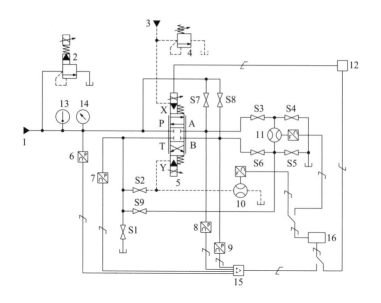

图 4-116　试验回路（修改图）

1—主油源；2—主溢流阀；3—外部先导油源；4—外部先导油源溢流阀；

5—被试阀；6～9—压力传感器；10,11—流量传感器；12—信号发生器；

13—温度指示器；14—压力表；15—信号调节器；16—数据采集（装置）；

S1～S9—截止阀；A,B—控制油口；P—进油口；

T—回油口；X—先导进油口；Y—先导泄油口

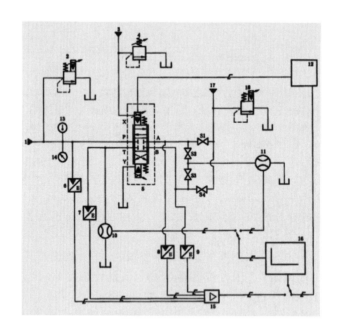

图 4-117　非对称阀芯的试验回路（原标准图 5）

1—主油源；2—主溢流阀；3—外控（部）先导油源；4—外部先导油源溢流阀；

5—被试阀；6～9—压力传感器；10,11—流量传感器；12—信号发生器；

13—温度指示器；14—压力表；15—信号调节器；16—数据采集（装置）；

17—附加油源；18—附加油源溢流阀；S1～S4—截止阀；

A,B—控制油口；P—进油口；T—回油口；X—先导进油口；Y—先导泄油口

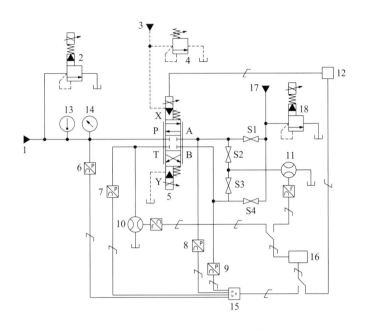

图 4-118　非对称阀芯的试验回路（修改图）

1—主油源；2—主溢流阀；3—外控（部）先导油源；4—外部先导油源溢流阀；

5—被试阀；6～9—压力传感器；10,11—流量传感器；12—信号发生器；

13—温度指示器；14—压力表；15—信号调节器；16—数据采集（装置）；

17—附加油源；18—附加油源溢流阀；S1～S4—截止阀；

A,B—控制油口；P—进油口；T—回油口；X—先导进油口；Y—先导泄油口

4.4.6　三通方向流量控制阀试验方法（摘自 GB/T 15623.2—2017）

安全提示：试验过程应充分考虑人员和设备的安全。

在 GB/T 15623.2—2017《液压传动　电调制液压控制阀　第 2 部分：三通方向流量控制阀试验方法》中规定：对所有类型阀的试验装置，应使用符合图 4-119、图 4-121 或图 4-123 中要求的试验回路。同时声明"所有图形符号应符合 GB/T 786.1 和 GB/T 4728.1 规定。"

图 4-119、图 4-121 和图 4-123 所示的试验回路是完成试验所需的最基本要求，没有包含安全装置。

作者注　1. 在液压系统中，电调制液压三通方向流量控制阀是能通过电信号连续控制三个主阀口流量和方向变化的连续控制阀，一般包括伺服阀和比例（控制）阀等不同类型产品。

2. GB/T 4728.1 现行标准为 GB/T 4728.1—2018《电气简图用图形符号　第 1 部分：一般要求》。

根据 GB/T 786.1—2021，对图 4-119（原标准图 1）中一些图形符号如主溢流阀 2、外部先导油源溢流阀 4、被试阀 5、压力传感器 6～8、流量传感器 10 和 11、温度指示器 13、压力表 14、信号调节器 15、截止阀 S1～S7 等进行了修改，如图 4-120 所示。

采用符合图 4-119 或者图 4-121 要求的试验回路进行动态试验。

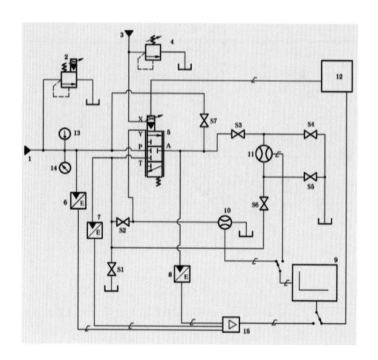

图 4-119　试验回路（原标准图 1）

1—主油源；2—主溢流阀；3—外部先导油源；4—外部先导油源溢流阀；5—被试阀；6～8—压力传感器；9—数据
采集（装置）；10,11—流量传感器；12—信号发生器；13—温度指示器；14—压力表；15—信号调节器；
S1～S7—截止阀；A—控制油口；P—进油口；T—回油口；X—先导进油口；Y—先导泄油口

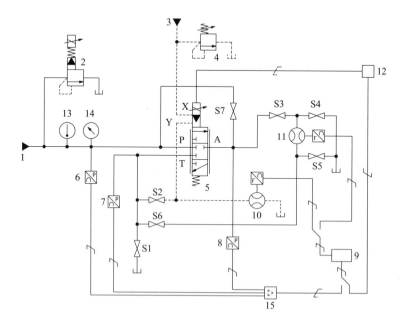

图 4-120　试验回路（修改图）

1—主油源；2—主溢流阀；3—外部先导油源；4—外部先导油源溢流阀；5—被试阀；6～8—压力传感器；9—数据
采集（装置）；10,11—流量传感器；12—信号发生器；13—温度指示器；14—压力表；15—信号调节器；
S1～S7—截止阀；A—控制油口；P—进油口；T—回油口；X—先导进油口；Y—先导泄油口

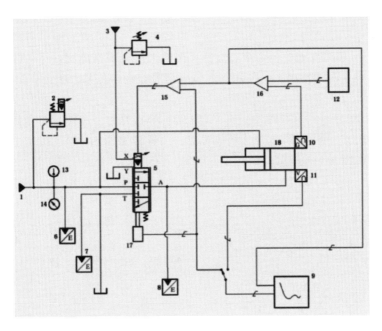

图 4-121　试验回路——动态测试（原标准图 10）

1—主油源；2—主溢流阀；3—外部先导油源；4—外部先导油源溢流阀；5—被试阀；6～8—压力传感器；
9—数据采集（装置）；10—位置传感器；11—速度传感器；12—信号发生器；13—温度指示器；14—压力表；
15—信号调节器；16—低增益缸位置反馈（装置）；17—可选择的阀芯位置传感器；18—低惯性缸；
A—控制油口；P—进油口；T—回油口；X—先导进油口；Y—先导泄油口

根据 GB/T 786.1—2021，对图 4-121（原标准图 10）中一些图形符号如主溢流阀 2、外部先导油源溢流阀 4、被试阀 5、压力传感器 6～8、速度传感器 11、温度指示器 13、压力表 14、可选择的阀芯位置传感器 17、低惯性缸 18 等进行了修改，如图 4-122 所示。

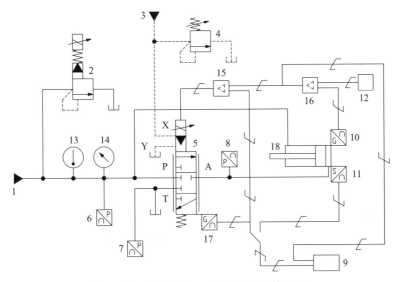

图 4-122　试验回路——动态测试（修改图）

1—主油源；2—主溢流阀；3—外部先导油源；4—外部先导油源溢流阀；5—被试阀；6～8—压力传感器；
9—数据采集（装置）；10—位置传感器；11—速度传感器；12—信号发生器；13—温度指示器；14—压力表；
15—信号调节器；16—低增益缸位置反馈（装置）；17—可选择的阀芯位置传感器；18—低惯性缸；
A—控制油口；P—进油口；T—回油口；X—先导进油口；Y—先导泄油口

对于流量规格较大的被试阀，满足图 4-119 或图 4-121 要求试验是不现实的。在此情况下，对带阀芯位移反馈的阀，关闭图 4-119 中的截止阀 S3 和 S7，即可有效地封闭阀口 A。对于需要在阀口 A 来调节压力且带阀芯位置反馈的大流量规格的阀，可采取符合图 4-124 要求的试验回路。在这两种情况下，使用阀芯位置信号作输入信号。因此，试验报告的数据应注明所使用的试验方法。

根据 GB/T 786.1—2021，对图 4-123（原标准图 11）中一些图形符号如主溢流阀 2、外部先导油源溢流阀 4、被试阀 5、压力传感器 6、位置传感器 8、温度指示器 11、压力表 12 等进行了修改，如图 4-124 所示。

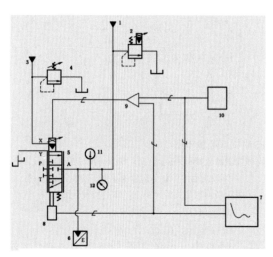

图 4-123　试验回路（可选择）——动态测试
（原标准图 11）

1—主油源；2—主溢流阀；3—外部先导油源；
4—外部先导油源溢流阀；5—被试阀；6—压
力传感器；7—数据采集（装置）；8—位置
传感器；9—阀控放大器；10—信号发生器；
11—温度指示器；12—压力表；A—控制油口；
P—进油口；T—回油口；X—先导进油口；
Y—先导泄油口

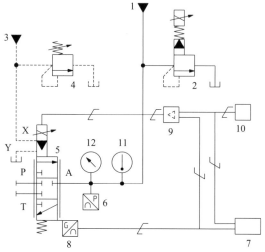

图 4-124　试验回路（可选择）——动态测试
（修改图）

1—主油源；2—主溢流阀；3—外部先导油源；
4—外部先导油源溢流阀；5—被试阀；6—压
力传感器；7—数据采集（装置）；8—位置
传感器；9—阀控放大器；10—信号发生器；
11—温度指示器；12—压力表；A—控制油口；
P—进油口；T—回油口；X—先导进油口；
Y—先导泄油口

4.4.7　压力控制阀试验方法（摘自 GB/T 15623.3—2022）

安全提示：试验过程应充分考虑人员和设备的安全。

在 GB/T 15623.3—2022《液压传动　电调制液压控制阀　第 3 部分：压力控制阀试验方法》中规定：试验方法对所有类型阀的试验装置，应使用符合图 4-125、图 4-127 或图 4-129 要求的试验回路。同时声明"所有图形符号应符合 GB/T 786.1 和 GB/T 4728.1 规定。"

图 4-125、图 4-127 和图 4-129 所示的试验回路是完成试验所需的最基本要求，没有包含为防止元件出现意外故障所需的安全装置。

作者注　1. GB/T 15623.3—2022 适用于通用液压设备用电调制溢流阀、电调制减压阀。

　　2. GB/T 4728.1 现行标准为 GB/T 4728.1—2018《电气简图用图形符号　第 1 部分：一般要求》。

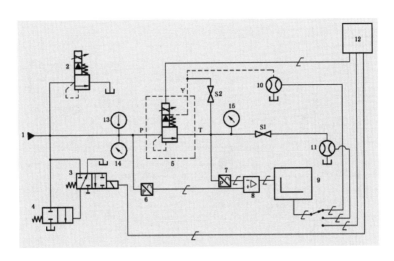

图 4-125　溢流阀试验回路（原标准图 1）

1—油源；2—系统溢流阀；3—卸荷阀的先导阀；4—卸荷阀；5—被试阀；6,7—压力传感器；
8—差动放大器；9—数据采集（装置）；10,11—流量计；12—信号发生器；13—温度计；
14,15—压力表；S1,S2—截止阀；P—进油口；T—回油口；Y—先导泄油口

　　根据 GB/T 786.1—2021，对图 4-125（原标准图 1）中一些图形符号如系统溢流阀 2、卸荷阀 4、被试阀 5、流量计 10 和 11 等进行了以下修改（见图 4-126）。

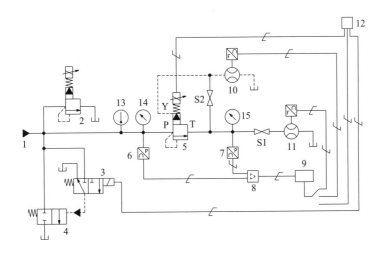

图 4-126　溢流阀试验回路（修改图）

1—油源；2—系统溢流阀；3—卸荷阀的先导阀；4—卸荷阀；5—被试阀；6,7—压力传感器；
8—差动放大器；9—数据采集（装置）；10,11—流量计；12—信号发生器；13—温度计；
14,15—压力表；S1,S2—截止阀；P—进油口；T—回油口；Y—先导泄油口

　　① 修改了系统溢流阀 2 和被试阀 5 的图形符号。在 GB/T 786.1—2021 中没有原标准图中的图形符号。

② 修改了卸荷阀的先导阀 3，将二位四通电磁换向阀修改为二位三通电磁换向阀，并修改了连接，如将接油箱连接在 T 口上。

③ 修改了卸荷阀 4（二位二通液动换向阀）的液压控制，增加了液压力作用符号。

④ 修改温度计 13 和压力表 14 相对位置，以符合 JB/T 7033—2007《液压传动　测量技术通则》。

⑤ 使压力传感器 7 和压力表 15 的测量点一致。

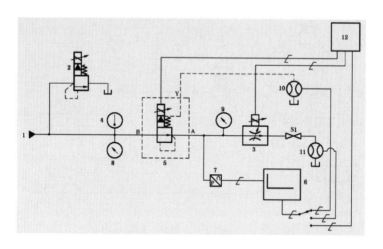

图 4-127　减压阀试验回路（原标准图 2）
1—油源；2—系统溢流阀；3—流量控制阀；4—温度计；5—被试阀；6—数据采集（装置）；
7—压力传感器；8,9—压力表；10,11—流量计；12—信号发生器；
A—出油口；B—进油口；S1—截止阀；Y—先导泄油口

根据 GB/T 786.1—2021，对图 4-127（原标准图 2）中一些图形符号如系统溢流阀 2、被试阀 5、流量计 10 和 11 等进行了修改，如图 4-128 所示。

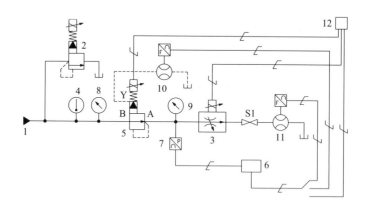

图 4-128　减压阀试验回路（修改图）
1—油源；2—系统溢流阀；3—流量控制阀；4—温度计；5—被试阀；6—数据采集（装置）；
7—压力传感器；8,9—压力表；10,11—流量计；12—信号发生器；
A—出油口；B—进油口；S1—截止阀；Y—先导泄油口

根据 GB/T 786.1—2021，对图 4-129（原标准图 3）中一些图形符号如系统溢流阀 2、被试阀 5 等进行了修改，如图 4-130 所示。

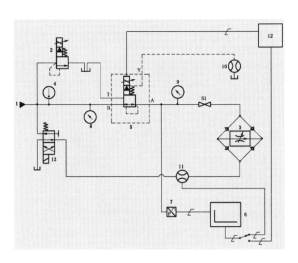 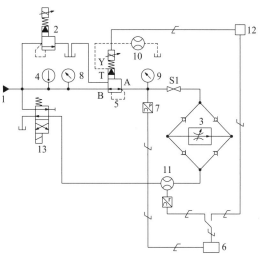

图 4-129　带反向溢流功能的减压阀试验回路
（原标准图 3）

1—油源；2—系统溢流阀；3—流量控制阀；4—温度计；
5—被试阀；6—数据采集（装置）；7—压力传感器；
8,9—压力表；10,11—流量计；12—信号发生器；
13—方向阀；T—回油口；A—出油口；B—进油口；
S1—截止阀；Y—先导泄油口

图 4-130　带反向溢流功能的减压阀试验回路
（修改图）

1—油源；2—系统溢流阀；3—流量控制阀；4—温度计；
5—被试阀；6—数据采集（装置）；7—压力传感器；
8,9—压力表；10,11—流量计；12—信号发生器；
13—方向阀；T—回油口；A—出油口；B—进油口；
S1—截止阀；Y—先导泄油口

4.5　列管式油冷却器试验方法（摘自 JB/T 7356—2016）

在 JB/T 7356—2016《列管式油冷却器》中给出了热交换器性能试验原理，如图 4-131
所示。

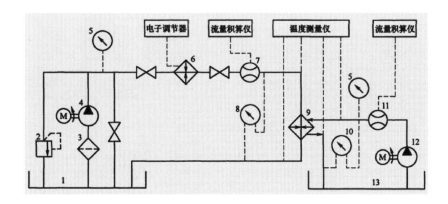

图 4-131　热交换器性能试验原理图（原标准图 6）

1—油箱；2—安全阀；3—过滤器；4—液压泵；5—压力表；6—电加热器；7,11—流量计；
8,10—压差计；9—被测冷却器；12—水泵；13—水箱

根据 GB/T 786.1—2021，对图 4-131（原标准图 6）中一些图形符号如安全阀 2、压力
表 5、压差计 8 和 10、被测冷却器 9 等进行了修改，见图 4-132。

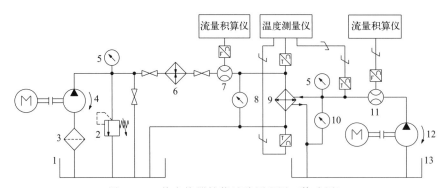

图 4-132 热交换器性能试验原理图（修改图）

1—油箱；2—安全阀；3—过滤器；4—液压泵；5—压力表；6—电加热器；7,11—流量计；

8,10—压差计；9—被测冷却器；12—水泵；13—水箱

作者注 "电子调节器"不是二次仪表，删掉了。

4.6 液压过滤器压降流量特性的评定（GB/T 17486—2006）

GB/T 17486—2006《液压过滤器 压降流量特性的评定》中给出的典型的试验回路原理图如 4-133 所示。

根据 GB/T 786.1—2021，对图 4-133（原标准图 1）中一些图形符号如油箱 1、变量泵 2、取样阀 4、温度计 5、被试过滤器 6、压力表 7、压差传感器 8、流量计 10、热交换器 11、旁路（通）限流阀 12、溢流阀 13 等进行了修改，如图 4-134 所示。

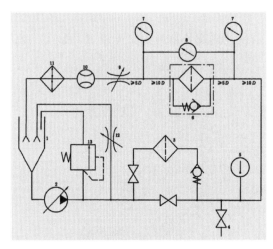

图 4-133 测量过滤器压降流量特性的典型试验
回路原理图（原标准图 1）

1—油箱；2—变量泵；3—净化过滤器；4—取样阀；
5—温度计；6—被试过滤器；7—压力表；
8—压差传感器；9—背压阀；10—流量计；
11—热交换器；12—旁路（通）限流阀；13—溢流阀

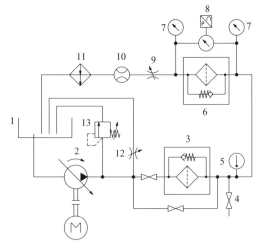

图 4-134 测量过滤器压降流量特性的典型试验
回路原理图（修改图）

1—油箱；2—变量泵；3—净化过滤器；4—取样阀；
5—温度计；6—被试过滤器；7—压力表；
8—压差传感器；9—背压阀；10—流量计；
11—热交换器；12—旁路（通）限流阀；13—溢流阀

讨论

原标准给出的"图 1 测量过滤器压降流量特性的典型试验回路原理图"及其中的图形

符号存在一些问题，下面进行初步讨论。

① 原标准规定："应使用圆锥底的油箱"，但又规定："试验台不应有盲路、环路、死角，这些区域会使污染物滞留，并在随后的试验中重新进入系统。"锥角不超过 90° 的圆锥底油箱，回油在油面以下扩散，这种结构油箱无法使污染物在油箱底部沉淀。据此，GB/T 17486—2006 图 1 中的油箱不应采用类似于 GB/T 18853—2002（2015）《液压传动过滤器　评定滤芯过滤性能的多次通过方法》中的油箱。GB/T 18853—2002（2015）中的油箱"与一般液压传动系统的油箱不同，具有特殊的结构和功能，所以未采用 GB/T 786.1 规定的图形符号，而采用了原 ISO 标准中的表达方式。"

② 无法理解原标准图 1 中串联在净化过滤器 3 管路上的单向阀的作用，现将其修改为"带有旁路（通）单向阀的过滤器"。

4.7　评定滤芯过滤性能的多次通过方法（GB/T 18853—2015）

在 GB/T 18853—2015《液压传动过滤器　评定滤芯过滤性能的多次通过方法》中规定："过滤器性能试验回路，由'过滤器试验系统'和'污染物注入系统'组成。"基本试验设备的系统原理图如图 4-135 所示。其声明："采用的图形符号符合 GB/T 786.1。"

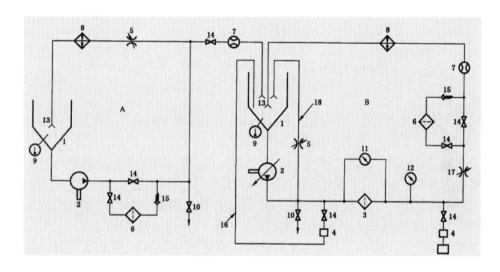

图 4-135　系统原理图（原标准图 B.1）

1—油箱[a]；2—泵；3—被试过滤器；4—颗粒计数系统（APC）；5—节流阀；6—净化过滤器；7—流量计；
8—温度调节器；9—温度计；10—取样阀；11—压差计；12—压力表；13—扩散器；14—截止阀；15—单向阀；
16—可选油箱回路；17—节流阀（用于背压）；18—可选旁通回路；A—污染物注入系统；B—过滤器试验系统
　[a]此油箱与一般液压传动系统的油箱不同，具有特殊的结构和功能，所以未采用 GB/T 786.1 规定的图形
　　符号，而采用了原 ISO 标准中的表达方式。

作者注　原标准图 B.1 中两台液压泵分别为定量泵和变量泵，但仅给出一个序号，一个名称。

根据 GB/T 786.1—2021，对图 4-135 中一些图形符号如泵 2、被试过滤器 3、颗粒计数系统（APC）4、节流阀 5、净化过滤器 6、温度调节器 8、压差计 11、压力表 12、单向阀 15、节流阀 17 等进行了修改，如图 4-136 所示。

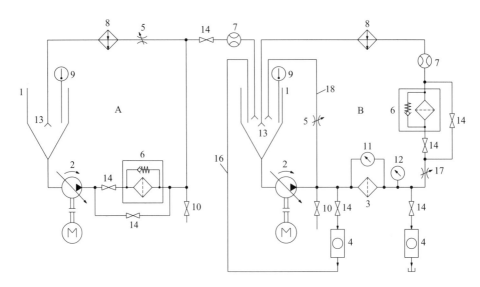

图 4-136　系统原理图（修改图）

1—（回）油箱[a]；2—泵；3—被试过滤器；4—颗粒计数系统（APC）；5—节流阀；6—净化过滤器；7—流量计；
8—温度调节器；9—温度计；10—取样阀；11—压差计；12—压力表；13—扩散器；14—截止阀；（15—单向阀[b]；）
16—可选油箱回路；17—节流阀（用于背压）；18—可选旁通回路；A—污染物注入系统；B—过滤器试验系统

[a] 此油箱与一般液压传动系统的油箱不同，具有特殊的结构和功能，所以未采用 GB/T 786.1 规定的图形符号，而采用了原 ISO 标准中的表达方式。

[b] 单向阀 15 在图 4-136 中集成在净化过滤器 6 中。

讨论

原标准给出的"图 B.1　系统原理图"及其中的图形符号存在一些问题，下面进行初步讨论。

① 在 GB/T 18853—2015 引言中指出："实际上，液压油携带污染物持续地流经过滤器，直至过滤器流阻达到预定的极限压差（旁通阀开启压力或压差指示器设定的压差）。"但因无法理解原标准图 B.1 中串联在净化过滤器 6 管路上的单向阀的作用，现将其修改为"带有旁路（通）单向阀的过滤器"，且删掉了单向阀 15 的序号和名称。

② 根据 GB/T 37162.1—2018《液压传动　液体颗粒污染度的监测　第 1 部分：总则》的介绍，经"在线分析"的液压流体可"回到油箱或废液箱"，在修改图中修改为"回油箱"。

③ 为了使液压流体在管道中处于紊流状态，液压泵应能变量，因此在修改图中将定量泵修改为变量泵。

4.8　液压快换接头试验方法（摘自 GB/T 7939.2—2024）

在 GB/T 7939.2—2024《液压传动连接　试验方法　第 2 部分：快换接头》中规定：将被试快换接头装入如图 4-137 所示试验装置中，进行压降（Δp）试验。

根据 GB/T 786.1—2021，对图 4-137 中一些图形符号如被试快换接头 1、流量计等进行了修改，如图 4-138 所示。

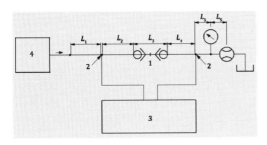

图 4-137　压降试验回路（原标准图 7）
1—被试快换接头；2—测压点；
3—压差测量装置；4—流量控制装置
注：尺寸 L_1 至 L_5 为要求的最小长度。

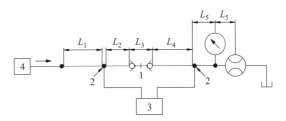

图 4-138　压降试验回路（修改图）
1—被试快换接头；2—测压点；
3—压差测量装置；4—流量控制装置
注：尺寸 L_1 至 L_5 为要求的最小长度。

4.9　液压挖掘机中央回转接头试验方法（摘自 GB/T 25629—2021）

在 GB/T 25629—2021《液压挖掘机　中央回转接头》中规定：中央回转接头液压管路耐久性试验台试验回路原理图见图 4-139。

作者注　原标准 3-1 和 3-2 为"滤清器"。

根据 GB/T 786.1—2021，对图 4-139 中一些图形符号如溢流阀 2-1 和 2-2、截止阀 4-1～4-4、无级变速电机 5-1、压（力）差计 7-1、量杯 10-1 和 10-2 等进行了修改，如图 4-140 所示。

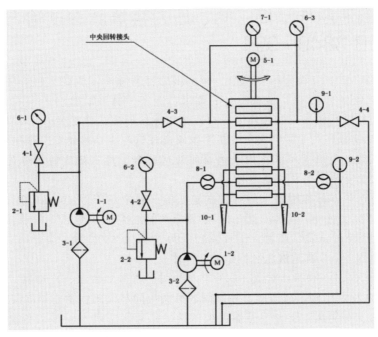

图 4-139　中央回转接头耐久性试验台试验回路原理图（原标准图 A.1）
1-1,1-2—液压泵；2-1,2-2—溢流阀；3-1,3-2—过滤器；4-1～4-4—截止阀；5-1—无级变速电机（接传感器）；
6-1～6-3压力表（在各压力表处接传感器，反馈至计算机以图表形式显示并记录）；7-1—压（力）差计
（接传感器）；8-1,8-2—流量计（接传感器）；9-1,9-2—温度计（接传感器）；10-1,10-2—量杯

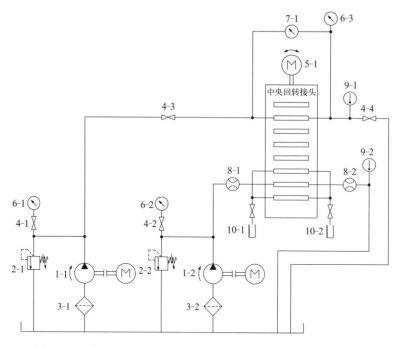

图 4-140　中央回转接头耐久性试验台试验回路原理图（修改图）

1-1,1-2—液压泵；2-1,2-2—溢流阀；3-1,3-2—过滤器；4-1～4-4—截止阀；5-1—无级变速电机（接传感器）；

6-1～6-3—压力表（在各压力表处接传感器，反馈至计算机以图表形式显示并记录）；7-1—压（力）差计

（接传感器）；8-1,8-2—流量计（接传感器）；9-1,9-2—温度计（接传感器）；10-1,10-2—量杯

4.10　飞机液压作动筒、阀、压力容器脉冲试验方法（摘自 GJB 3849—99）

在 GJB 3849—99《飞机液压作动筒、阀、压力容器脉冲试验要求和方法》中规定：脉冲试验台应满足 GJB 1772 中 Ⅱ 型试验台的要求，能产生脉冲试验所要求的交变脉冲压力，并能对脉冲试验的循环频率、脉冲峰值压力、升率等参数按试验要求进行调试。

作者注　在 GJB 1772—93《飞机液压系统及附件试验台通用规范》中规定："Ⅱ 类试验台一般是固定式的，是用于维修车间或试验间的试验台，使用场地的环境是需要一定控制的。该类试验台用于检测飞机液压附件。"

本试验台可产生本标准所要求的脉冲试验波形，其中 GJB 3849—99 中图 1 "压力腔脉冲波形"、图 2 "交变脉冲波形——阻尼波"、图 4 "回油腔脉冲波形" 所示脉冲试验波形由图 4-141 所示液压脉冲试验台产生，GJB 3849—99 中图 3 "交变脉冲波形——正弦波" 所示脉冲试验波形由图 4-143 所示液压脉冲试验台产生。

根据 GB/T 786.1—2021，对图 4-141 中一些图形符号如主泵、冷却器、（精）过滤器、（主）溢流阀、远程调压阀、减压阀、控制阀、可调单向节流阀、蓄能器、四通阀、增压缸、补油泵、溢流阀、安全阀、压力传感器、被试件、二通阀、可加温油箱等进行了修改，如图 4-142 所示。

根据 GB/T 786.1—2021，对图 4-143 中一些图形符号如主泵、冷却器、（精）过滤器、（主）溢流阀、远程调压阀、蓄能器、伺服阀、增压缸、补油泵、溢流阀、安全阀、压力传感器、二通阀、可加温油箱等进行了修改，如图 4-144 所示。

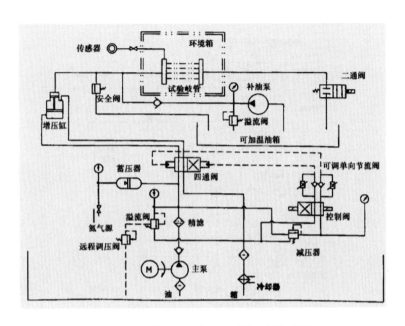

图 4-141 液压脉冲试验台原理图Ⅰ（原标准图 A1）

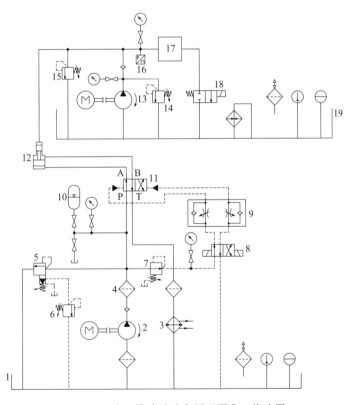

图 4-142 液压脉冲试验台原理图Ⅰ（修改图）

1—油箱；2—主泵；3—冷却器；4—（精）过滤器；5—（主）溢流阀；6—远程调压阀；7—减压阀；8—控制阀；
9—可调单向节流阀；10—蓄能器；11—四通阀；12—增压缸；13—补油泵；14—溢流阀；15—安全阀；
16—压力传感器；17—被试件；18—二通阀；19—可加温油箱

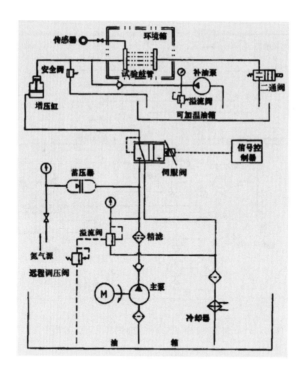

图 4-143　液压脉冲试验台原理图Ⅱ（原标准图 A2）

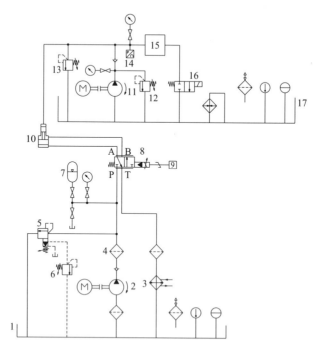

图 4-144　液压脉冲试验台原理图Ⅱ（修改图）

1—油箱；2—主泵；3—冷却器；4—（精）过滤器；5—（主）溢流阀；6—远程调压阀；7—蓄能器；
8—伺服阀；9—信号控制器；10—增压缸；11—补油泵；12—溢流阀；13—安全阀；
14—压力传感器；15—被试件；16—二通阀；17—可加温油箱

4.11　承压壳体额定疲劳寿命和额定静态爆破压力旋装滤检验方法（摘自 GB/T 42155—2023）

在 GB/T 42155—2023《液压传动　旋装滤检验方法　承压壳体额定疲劳寿命和额定静态爆破压力》中规定：使用一次性滤芯及有限寿命的旋装滤承压壳体，其额定疲劳寿命和额定静态爆破压力旋装滤检验方法的典型试验台原理图见图 4-145。

作者注　在 GB/T 42155—2023 中给出术语"旋装滤"的定义："由滤芯、壳体和其他附件组装成的不可分割的过滤器总成。"

根据 GB/T 786.1—2021，对图 4-145 中一些图形符号如油箱 1、泵 2、被试旋装滤 3、进油压力控制阀 4、电磁阀 5 和 6、出油压力控制阀 7、压力测量仪 8、控制元件 9、热交换器 10、恒温调节器 11 等进行了修改，如图 4-146 所示。

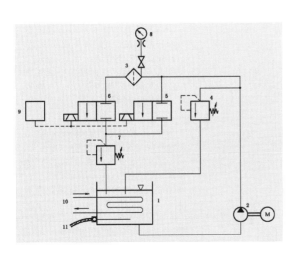

图 4-145　典型试验台原理图（原标准图 2）
1—油箱；2—泵；3—被试旋装滤；4—进油
压力控制阀；5,6—电磁阀；7—出油压力控
制阀；8—压力测量仪；9—控制元件；
10—热交换器；11—恒温调节器

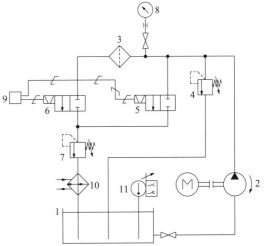

图 4-146　典型试验台原理图（修改图）
1—油箱；2—泵；3—被试旋装滤；4—进油
压力控制阀；5,6—电磁阀；7—出油压力控
制阀；8—压力测量仪；9—控制元件；
10—热交换器；11—恒温调节器

作者注　在 GB/T 42155—2023 中规定："5.14　压力测量仪　直接或尽可能地安装在旋装滤接头或底座上，不应安装在向被试旋装滤提供试验液的管路中。"但根据 GB/T 786.2—2018 的规定："回路图不必考虑元件在实际组装中的物理排列关系。"关于压力测量仪 8 在此修改图中如此绘制也应是被允许的。

讨论

原标准给出的"图 2　典型试验台原理图"及其中的图形符号存在一些问题，下面进行初步讨论。

① GB/T 42155—2023 图 2 中的图形符号，不符合 GB/T 786.1—2021 的规定，具体问题见表 4-2。

表 4-2　GB/T 42155—2023 图 2 中的图形符号问题

序号	GB/T 42155—2023 图 2 中的图形符号	GB/T 786.1—2021 规定的图形符号	问题
1	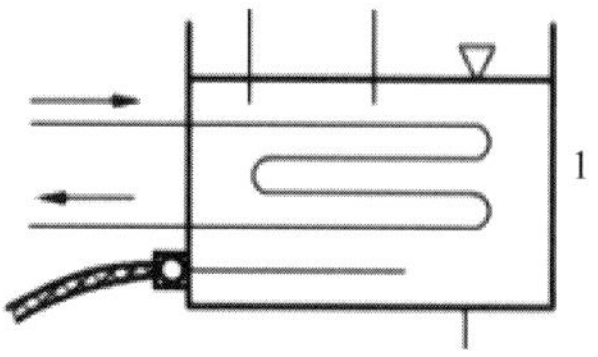	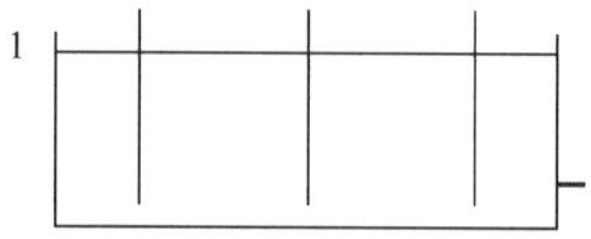	①GB/T 786.1—2021 规定的"油箱"图形符号中没有"液面"这一要素,也没有作用于液面上的"气压力的作用方向"图形符号 ②GB/T 786.1—2021 规定的油箱盖上尺寸为 1M
2	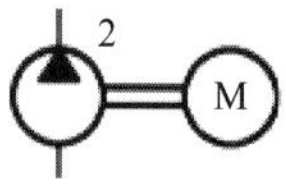	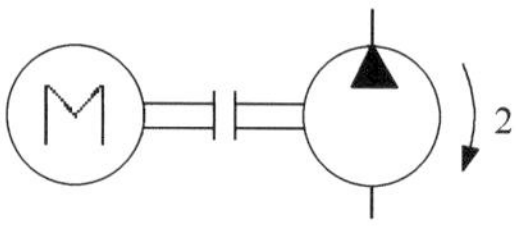	①一幅液压回路中的所有图形符号都应按相同的模数尺寸(M)绘制,而液压泵(主泵)的图形符号与其中阀的图形符号比较,明显偏小 ②"电动机"的图形符号也存在相同问题。表示"电动机"的"M"是图形符号,不是由所用制图软件自行生成的
3	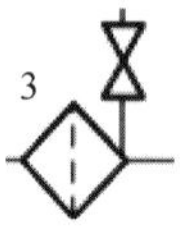	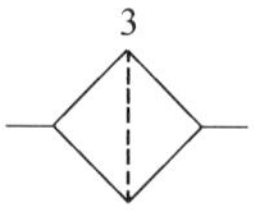	①按规定压力测量仪应直接或尽可能地安装在旋装滤接头或底座上,但其如此绘制不合适 ②与同一幅液压回路图中液压泵(主泵)和阀的图形符号比较,其模数尺寸(M)也有问题
4	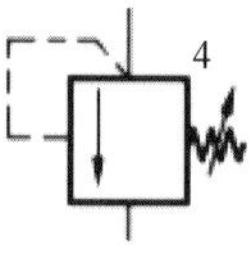	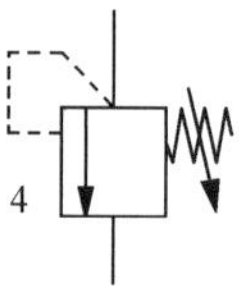	①"流体流过阀的通道和方向"图形符号应与阀的框线相连 ②"流体流过阀的通道和方向"是元素,不是制图软件自行生成的 ③溢流阀内的控制管路绘制得不准确 ④调压弹簧大小、与阀框线相对位置,以及可调节(弹簧)方向大小都不准确 ⑤与同一幅液压回路图中液压泵(主泵)的图形符号比较,其模数尺寸(M)有问题
5	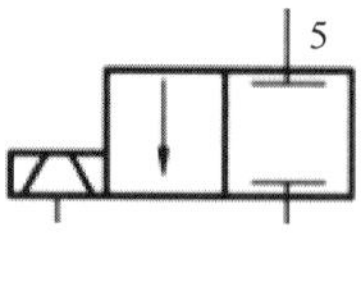	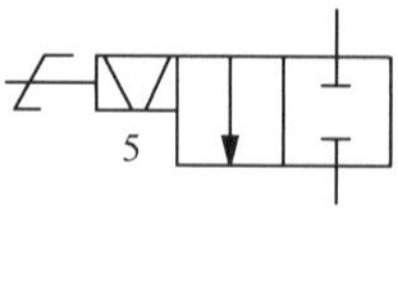	①"流体流过阀的通道和方向"图形符号应与阀的框线相连,否则在阀换向后将无法与阀外部端口相连 ②阀内"封闭管路"图形符号绘制得不准确 ③"双线圈"控制要素的图形符号与阀框线比较,其大小不准确 ④在 GB/T 786.1—2021 中规定了表示"电线"的图形符号,电线的引出位置宜如修改图所示
6	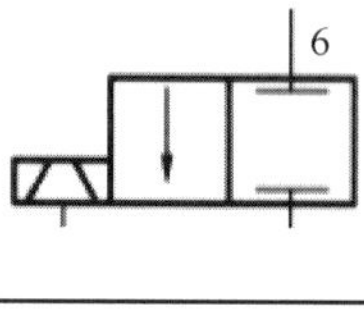	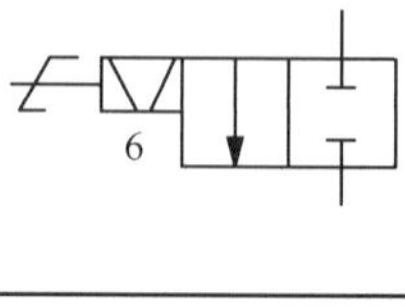	见序号 5 相关内容

序号	GB/T 42155—2023 图 2 中的图形符号	GB/T 786.1—2021 规定的 图形符号	问题
7			见序号 4 相关内容
8			①与同一幅液压回路图中阀的图形符号比较,其模数尺寸(M)有问题 ②"压力指示"是元素,不是制图软件自行生成的 ③压力表(压力测量仪 8)阻尼图形符号绘制得不准确
9			①在 GB/T 786.1—2021 中规定的"开关、转换器和其他类似器件的框线"□为 3M ②应引出两根电线,分别控制阀 5 和 6
10			①在 GB/T 786.1—2021 中规定了"温度调节器"的图形符号 ②修改图参考了在 GB/T 786.1—2021 中规定的"采用液体冷却的冷却器"的图形符号
11			①在 GB/T 786.1——2021 中规定了"电接点温度计"的图形符号 ②带有一个常开、一个常闭可调电气触点的电接点压力表可用于控制"温度调节器" ③或以 GB/T 786.1—2021 中规定的温度传感器图形符号代替

② 液压泵吸油管路应安装截止阀,否则将无法拆装液压泵。

③ 液压泵吸油管路不宜直接由油箱的底部引出,这样经油箱沉淀的污染物容易被液压泵吸入液压系统。

4.12 液压传动系统和元件中压力波动测定方法（液压泵精密法）(摘自 GB/T 41980.1—2022)

在 GB/T 41980.1—2022《液压传动　系统和元件中压力波动的测定方法　第 1 部分:液压泵（精密法）》规定:试验台的总体原理图见图 4-147。应包括满足液压泵工作条件所需的所有过滤器、冷却器、油箱、加载阀和任何辅助泵。

作者注　在原标准图 2 中,被试液压泵没有给出序号及名称。

根据 GB/T 786.1—2021,对图 4-147 中一些图形符号如波尔登管式压力表 1、直动式溢流阀 3、加载阀 4、压力传感器 7、背压阀 8、冷却器 10 等进行了修改,如图 4-148 所示。

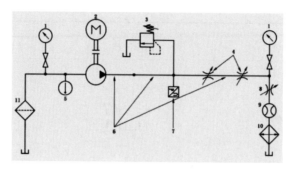

图 4-147　双压力/双系统方法测试装置的总体原理图（原标准图 2）

1—波尔登管式压力表；2—调速电机；3—直动式溢流阀；4—加载阀；5—温度计；6—硬直管；
7—压力传感器（用于静压）；8—背压阀；9—流量计；10—冷却器；11—过滤器

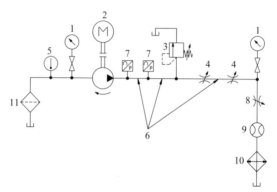

图 4-148　双压力/双系统方法测试装置的总体原理图（修改图）

1—波尔登管式压力表；2—调速电机；3—直动式溢流阀；4—加载阀；5—温度计；6—硬直管；
7—压力传感器（用于静压）；8—背压阀；9—流量计；10—冷却器；11—过滤器

讨论

原标准给出的"图 2　双压力/双系统方法测试装置的总体原理图"及其中的图形符号存在一些问题，下面进行初步讨论。

① 根据相关标准规定，波尔登管式压力表 1 应距"被试液压泵"较近，温度计 5 应距"被试液压泵"较远，而不是相反。

② 压力表 1 中的"压力指示"是要素，不应由制图软件自行生成。

③ 直动式溢流阀 3 的图形符号中，"控制要素弹簧"和"可调节（弹簧）"图形不能重叠。其弹簧与阀框线相对位置不准确。

④ 加载阀 4 和背压阀 8 图形符号中的"可调节（节流）"图形应是选择错了。

⑤ 同样，直动式溢流阀 3 图形符号中的"流体流过阀的通道和方向"图形、压力传感器 7 中的"输出信号（电气模拟信号）"图形和冷却器 10 图形符号中的"热交换器要素"图形都是要素，不应由制图软件自行生成。

⑥ 根据该标准"图 3　出口管路布置"图，在修改图上添加了一个压力传感器 7。

第**5**章

各文献液压系统（回路）图重绘及讨论

本章选取了于 2019～2023 年间出版的 2 本图书及发表的 12 篇论文中的一些液压回路图或液压系统图，按照 GB/T 786.1—2021 和 GB/T 786.2—2018 进行了重新绘制，并对其中一些问题进行了初步讨论（一般不深度涉及其液压系统原理问题），希望同读者一道进一步规范流体传动系统及元件的图形符号和回路图。

5.1　飞机液压元件试验台液压原理图和试验回路图

作者注　在第 5.1 节中，原文献（图书）液压原理图或试验回路图中的图形符号大多不符合 GB/T 786.1—2009（2021），所摘录原文献的表述也仅是为了说明图形符号或它们的连接。

5.1.1　耐久性试验台液压原理图

原文献中表述："耐久性试验台一般用于液压元件的寿命试验，通常要求该类试验台可调节最高和最低动作压力和试验温度，且能自动循环。图 10.2 所示为耐久性试验台的原理图，……，对电磁阀 2、7 同时通电，液压泵 1 处于卸荷状态，……。"

（蓄能器）耐久性试验液压原理图见图 5-1。

作者注　1. 原文献图 10.2 中压力表 4 和压力表 5 之间元件未给出序号和名称。

2. 原文献序号 2 和 7 为"电磁阀"，序号 8 和 13 为"油滤"，序号 11 为"蓄压器"，序号 12 为"温度表"。

根据 GB/T 786.1—2021，对图 5-1 中一些图形符号如液压泵 1、二位二通电磁换向阀 2 和 7、溢流阀 3、压力表 4 和 5、节流阀 6、过滤器 8、压力继电器 9 和 10、蓄能器（被试件）11、温度计 12、温度调节器 13 等进行了修改，如图 5-2 所示。

讨论

原文献给出的"图 10.2　蓄能器耐久性试验台简图"及其中的图形符号存在一些问题，下面进行初步讨论。

① 原文献液压泵 1 的图形符号不符合 GB/T 786.1 和 GB/T 30208 等相关标准规定。在该文献其他地方也有相同问题，不再一一指出。

第 5 章　各文献液压系统（回路）图重绘及讨论　**257**

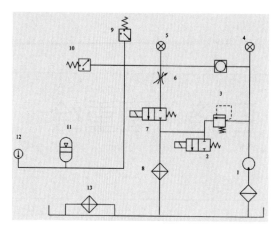

图 5-1 （蓄能器）耐久性试验台液压原理图
（原文献图 10.2）

1—液压泵；2,7—二位二通电磁换向阀；3—溢流阀；
4,5—压力表；6—节流阀；8—过滤器；
9,10—压力继电器；11—蓄能器（被试件）；
12—温度计；13—温度调节器

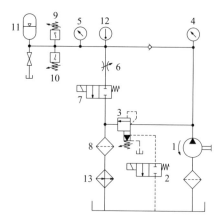

图 5-2 （蓄能器）耐久性试验台
液压原理图（修改图）

1—液压泵；2,7—二位二通电磁换向阀；
3—溢流阀；4,5—压力表；6—节流阀；
8—过滤器；9,10—压力继电器；
11—蓄能器（被试件）；12—温度计；
13—温度调节器

② 压力表 4 和压力表 5 之间没有给出序号和名称的元件不可能是"颗粒计数器"，常见的较为合理的设计应是单向阀。

③ 根据 GB/T 30208—2013，原文献压力表 4 和压力表 5 的图形符号应是"压力指示器"。

④ 在原文献中，接在溢流阀 3 出口的电磁阀 2 不能使"液压泵 1 处于卸荷状态"。

⑤ 仅安装加热器，不能使试验温度双向调节（如冷却）。应设计安装温度调节器。仅表示原理，在修改图中将温度调节器设计安装在回油管路上。

⑥ 为了安全，试验后被试蓄能器 11 中的液压流体必须泄压。

5.1.2 阻力试验台液压原理图

原文献中表述："测量一般采用四点测量法（测量）压力损失，……。""图 10.4 所示为采用四点测量法的阻力试验台原理图，被试元件 8 两端的压力损失用一个 U 形压力计测量，而管路损失采用另一个 U 形压力计测量。"

阻力试验台液压原理图见图 5-3。

作者注　原文献序号 11 为"电磁阀"；序号 13 为"油滤"。

根据 GB/T 786.1—2021，对图 5-3 中一些图形符号如液压泵 1、溢流阀 2、节流阀 3 和 10、蓄能器 4、温度计 5 和 9、二位三通电磁换向阀 11、流量计 12、过滤器 13 等进行了修改，如图 5-4 所示。

作者注　根据 GB/T 30208—2013 绘制的压力计 6 和 7。

讨论

原文献给出的"图 10.4　阻力试验台简图"及其中的图形符号存在一些问题，下面进行初步讨论。

① 原文献中表述："通过对节流阀 3、10 进行调整可调节流过被试元件 8 的流量，通过溢流阀 2 可调定液压泵 1 的输出压力。"可能有问题，或是此液压原理图设计有问题，因为

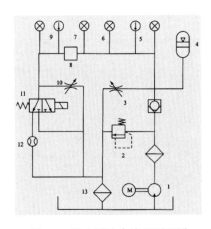
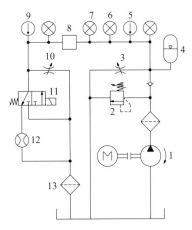

图 5-3　阻力试验台液压原理图　　　　　图 5-4　阻力试验台液压原理图
（原文献图 10.4）　　　　　　　　　　　　（修改图）

1—液压泵；2—溢流阀；3,10—节流阀；　　　　1—液压泵；2—溢流阀；3,10—节流阀；
4—蓄能器；5,9—温度计；6,7—压力计；　　　　4—蓄能器；5,9—温度计；6,7—压力计；
8—被试元件；11—二位三通电磁换向阀；　　　8—被试元件；11—二位三通电磁换向阀；
12—流量计；13—过滤器　　　　　　　　　　　12—流量计；13—过滤器

只有在溢流阀 2 处于溢流状态下才可"调定液压泵 1 的输出压力"，此时流过被试元件 8 的流量不全是由旁路（通）节流阀 3 调整的。

② 原文献中表述："二位三通电磁阀 11 所起的作用是不测量流量时让油液直接流回油箱，需测量流量时让油液流经流量计 12。"可能有问题，或是此液压原理图设计有问题，因为通过节流阀 10 的流量没有被测量。

5.1.3　冲击试验台液压原理图

原文献中表述："图 10.5 所示为采用矩形压力波的发生装置的冲击试验台原理图。溢流阀 2 可调定液压泵 14 输出的最高压力，……。""节流阀 7 可调节换向阀 9 的换向速度，……。""节流阀 11 的作用是控制压力下降的速度。"

作者注　在该文献其他表述中也没有涉及序号为 16 的"增压器"。

冲击试验台液压原理图见图 5-5。

作者注　1. 原文献序号 1 为"油滤"，序号 3 和 8 为"压力计"，序号 4 为"蓄压器"，序号 7 和 11 为"节流阀"，序号 9 为"换向阀"，序号 10 为"试元件"，序号 12 为"换向阀"。

2. 在 GB/T 30208—2013 中称为"蓄压器"。

根据 GB/T 786.1—2021，对图 5-5 中一些图形符号如过滤器 1、溢流阀 2 和 13、压力表 3 和 8、蓄能器 4、节流阀 5、温度计 6、单向节流阀 7 和 11、三位四通液控换向阀 9、二位四通电磁换向阀 12、液压泵 14 和 15 等进行了修改，如图 5-6 所示。

讨论

原文献给出的"图 10.5　冲击试验台原理图"及其中的图形符号存在一些问题，下面进行初步讨论。

① 原文献换向阀 12 的 P 口与溢流阀 13 的出口连接，这样换向阀 12 无法控制三位四通液控换向阀（主阀）9，溢流阀 13 也无法调定（限制）液压泵 15 输出的最高工作压力。

② 与液压系统未连接的增压器 16，因不清楚其如何使用，所以修改图中也没有该元件。

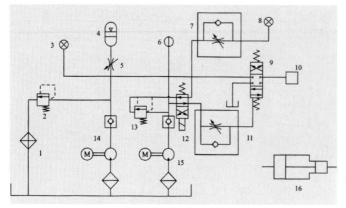

图 5-5　冲击试验台液压原理图（原文献图 10.5）
1—过滤器；2,13—溢流阀；3,8—压力表；4—蓄能器；
5—节流阀；6—温度计；7,11—单向节流阀；
9—三位四通液控换向阀；10—被试元件；
12—二位四通电磁换向阀；14,15—液压泵；16—增压器

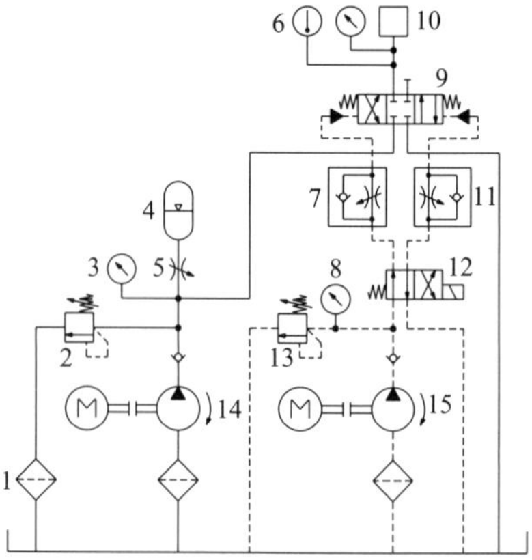

图 5-6　冲击试验台液压原理图（修改图）
1—过滤器；2,13—溢流阀；3,8—压力表；
4—蓄能器；5—节流阀；6—温度计；
7,11—单向节流阀；9—三位四通液控换向阀；
10—被试元件；12—二位四通电磁换向阀；
14,15—液压泵

5.1.4　耐压试验台液压原理图

原文献中表述："耐压试验台的原理如图 10.6 所示，……。二位二通电磁阀 10 和溢流阀 2 共同控制油泵 1 的压力。若对二位二通电磁阀 10 通电，切断了溢流阀 2 的控制管路，油泵 1 处于供压状态，输出压力基本等于溢流阀 2 的调整压力；若对二位二通电磁阀 10 断电，接通了溢流阀 2 的控制管路，则可实现油泵 1 的卸荷。""当电磁阀 3 断电时，由油泵 1 输出的压力油直接通过节流阀 4 流回油箱，导致油滤 6 的进口接受的压力最低。"

耐压试验台液压原理图见图 5-7。

作者注　1. 在该文献的第 10.1.2 节"液压元件的试验台及功用"中，"5. 耐压试验台"与"7. 耐压试验台"文字叙述内容相同，其中"图 10.9　耐压试验台原理图"仅是"图 10.6　耐压试验台原理图"的镜像，但图 10.9 下序号和名称给出了"11—温度计"，而在图 10.6 中该元件未给出序号和名称（油箱内最左侧的元件）。

2. 原文献序号 3、8 和 10 为"电磁阀"，序号 5 为"压力计"，序号 6 为"被试油滤"，序号 9 为"油滤"。

根据 GB/T 786.1—2021，对图 5-7 中一些图形符号如液压泵 1、溢流阀 2、二位四通电磁换向阀 3、节流阀 4、压力表 5、被试过滤器 6、截止阀 7、二位二通电磁换向阀 8 和 10、过滤器 9 等进行了修改，如图 5-8 所示。

作者注　根据原文献图 10.9，序号 11 的元件为温度计。

讨论

原文献给出的"图 10.6　耐压试验台原理图"及其中的图形符号存在一些问题，下面进行初步讨论。

① 在原文献中对电磁阀 8 没有表述。但是将"冷却水"通过电磁阀 8 接入液压系统应是错误的。

② 在原文献中将溢流阀 2 出口与液压泵 1 出口连接是错误的。

③ 在原文献中有的将管路连接在换向阀 3、10 阀的机能位的框线上是错误的。

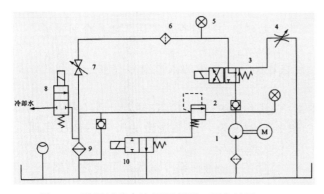

图 5-7 耐压试验台液压原理图（原文献图 10.6）
1—液压泵；2—溢流阀；3—二位四通电磁换向阀；
4—节流阀；5—压力表；6—被试过滤器；
7—截止阀；8,10—二位二通电磁换向阀；9—过滤器

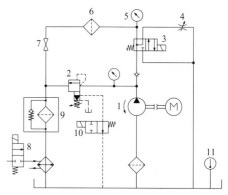

图 5-8 耐压试验台液压原理图（修改图）
1—液压泵；2—溢流阀；3—二位四通电磁换向阀；
4—节流阀；5—压力表；6—被试过滤器；
7—截止阀；8,10—二位二通电磁换向阀；
9—过滤器；11—温度计

5.1.5 高压试验台液压原理图Ⅰ和Ⅱ

（1）高压试验台液压原理图Ⅰ

原文献中表述："图 10.7 所示为某高压试验台原理图。……。若对换向阀 3 和 2 同时通电，被试元件 4 将被来自油泵 1 的油液快速充满。充油完毕后，自动切断换向阀 2 和 3 的电，被试元件的回油与进油油路同时关闭。当进行高压试验时，换向阀 8 的右端通电，油泵 10 与被试元件 4 之间形成通路，油泵 10 向增压器 7 提供压力油，通过增压器 7 的增压作用后，打开单向阀 6，流入被试元件 4。试验完成后，同时对换向阀 3 和换向阀 8 进行通电，实现被试元件 4 卸（泄）压，油泵 1 将被试元件 4 的油液通过单向阀 5 输入到增压器的左腔。"

高压试验台液压原理图Ⅰ见图 5-9。

作者注 原文献序号 1 和 10 为"油泵"，序号 2、3 和 8 都为"换向阀"。

根据 GB/T 786.1—2021，对图 5-9 中一些图形符号如液压泵 1 和 10、二位三通电磁换向阀 2、二位二通电磁换向阀 3、单向阀 5 和 6、增压器 7、三位四通电磁换向阀 8、溢流阀 9 等进行了修改，如图 5-10 所示。

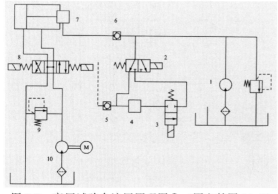

图 5-9 高压试验台液压原理图Ⅰ（原文献图 10.7）
1,10—液压泵；2—二位三通电磁换向阀；3—二位二通
电磁换向阀；4—被试件；5,6—单向阀；7—增压器；
8—三位四通电磁换向阀；9—溢流阀

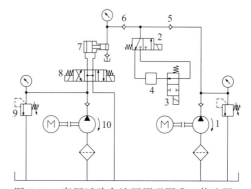

图 5-10 高压试验台液压原理图Ⅰ（修改图）
1,10—液压泵；2—二位三通电磁换向阀；
3—二位二通电磁换向阀；4—被试件；
5,6—单向阀；7—增压器；
8—三位四通电磁换向阀；9—溢流阀

作者注　因无法理解原文献的表述，修改图中对二位三通电磁换向阀 2、二位二通电磁换向阀 3 和被试件 4 的所在回路未进行修改，且电磁换向阀能否承受高压也是个问题。

讨论

原文献给出的"图 10.7　某高压试验台原理图"及其中的图形符号存在一些问题，下面进行初步讨论。

①　若换向阀 2 和 3 同时通电，被试件 4（以其右侧为进油口，左侧为出油口表述）仅有进油通道，而没有回油通道；若换向阀 2 和 3 同时断电，进油通道关闭，还是没有回油通道。

②　增压器 7 输出的油不仅供给被试件 4，同时还会向液压泵 1 输入，可能致使增压器 7 输出的不是高压油。

③　不清楚液压泵 1 如何将被试件 4 的油液通过单向阀 5 输入增压器的左腔。况且，单向阀 5 反向是无法通过的；增压器的左腔在哪里也不清楚。

（2）高压试验台液压原理图Ⅱ

原文献中表述："图 10.8 所示为另一种高压试验台原理图，它采用压缩空气推动增压器作为高压液压源的产生装置。……，空气减压器 2 和两个空气滤 1 和 3 组成冷气减压装置。""它对被试元件的加压过程为：增压器 8 的左腔流入来自冷气减压装置的压缩空气，活塞向右运动，右腔产生很高的压力，使油箱中的油液通过单向阀 11 和单向阀 9 后被输入到被试元件。"

高压试验台液压原理图Ⅱ见图 5-11。

作者注　原文献序号 1 和 3 为"空气滤"，序号 2 为"空气减压器"，序号 4 为"低压气压表"，序号 5 为"油滤"，序号 6 为"高压压力表"，序号 7 为"换向阀"。

根据 GB/T 786.1—2021，对图 5-11 中一些图形符号如过滤器 1 和 5、减压阀 2、压力表 4 和 6、二位二通电磁换向阀 7、增压器 8、单向阀 9 和 11、截止阀 10 等进行了修改，如图 5-12 所示。

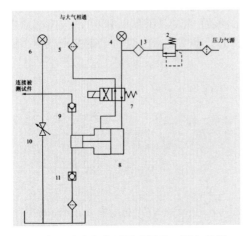

图 5-11　高压试验台液压原理图Ⅱ（原文献图 10.8）
1,3,5—过滤器；2—减压阀；4,6—压力表；
7—二位二通电磁换向阀；8—增压器；
9,11—单向阀；10—截止阀

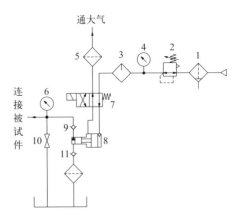

图 5-12　高压试验台液压原理图Ⅱ（修改图）
1,5—过滤器；2—减压阀；3—油雾器；
4、6—压力表；7—二位二通电磁换向阀；
8—增压器；9,11—单向阀；10—截止阀

作者注　根据 GB/T 786.1—2021 中的说明：气源处理装置包括手动排水过滤器、手动调节式溢流减压阀、压力表和油雾器，将修改图中元件 3 修改为油雾器。

讨论

原文献给出的"图 10.8 另一种高压试验台原理图"及其中的图形符号存在一些问题，下面进行初步讨论。

① 一般气源处理装置是由手动排水过滤器、手动调节式溢流减压阀、压力表和油雾器组成。

② 单向阀 11 应是设计安装反了，其无法从油箱吸油。

5.1.6 液压泵试验液压回路图Ⅰ和Ⅱ

（1）液压泵试验液压回路图Ⅰ

原文献中表述："图 10.10 所示为闭式试验回路原理图。……。被试泵 8 由电动机驱动，在液压泵的轴和电机轴连接之间有转数（速）表（计）和扭（转）矩仪，分别用于测量转速和扭（转）矩。""补油泵从油箱把油液吸入系统中，通过溢流阀控制补油泵处于吸油状态或卸荷状态。"

液压泵试验液压回路图Ⅰ见图 5-13。

作者注 在原文献图 10.10 中没有给出转速计和扭（转）矩仪的序号和名称。

根据 GB/T 786.1—2021，对图 5-13 中一些图形符号如溢流阀 1、压力表 4、补油泵 7、被试泵 8 等进行了修改，如图 5-14 所示。

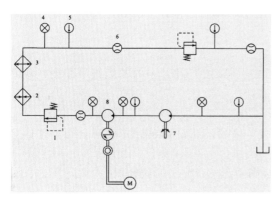

图 5-13 液压泵试验液压回路图Ⅰ（原文献图 10.10）
1—溢流阀；2—加热器；3—冷却器；4—压力表；
5—温度计；6—流量计；7—补油泵；8—被试泵

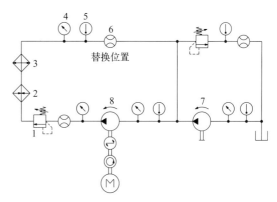

图 5-14 液压泵试验液压回路图Ⅰ（修改图）
1—溢流阀；2—加热器；3—冷却器；4—压力表；
5—温度计；6—流量计；7—补油泵；8—被试泵

讨论

原文献给出的"图 10.10 闭式试验回路原理图"及其中的图形符号存在一些问题，下面进行初步讨论。

① 根据相关标准，原文献图 10.10 所示"闭式试验回路原理图"，不是闭式回路。

② 不清楚补油泵是如何"通过溢流阀控制补油泵处于吸油状态或卸荷状态"的。

（2）液压泵试验液压回路图Ⅱ

原文献中表述："图 10.11 所示为液压泵冲击压力试验回路图。……，通过电磁换向阀 4 调整被试液压泵 2 的输出压力，使之处于这两个值（20％和 100％额定压力）之一，并可实现切换。"

液压泵试验液压回路图Ⅱ见图 5-15。

作者注 原文献序号 4 为"电磁换向阀"。

根据 GB/T 786.1—2021，对图 5-15 中一些图形符号如溢流阀 1 和 3、被试液压泵 2、三位五通电磁换向阀 4、行程开关 5 和 7，作动筒 6 等进行了修改，如图 5-16 所示。

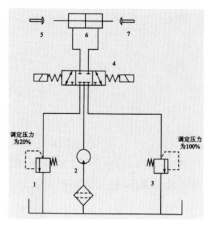

图 5-15　液压泵试验液压回路图Ⅱ
（原文献图 10.11）
1,3—溢流阀；2—被试液压泵；4—三位五
通电磁换向阀；5,7—行程开关；6—作动筒

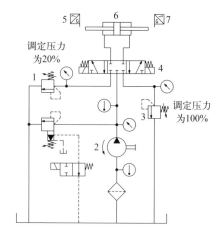

图 5-16　液压泵试验液压回路图Ⅱ（修改图）
1,3—溢流阀；2—被试液压泵；
4—三位五通电磁换向阀；
5,7—行程开关；6—作动筒

作者注　两个溢流阀 1 和 3 至少有一个接在了电磁换向阀 4 的 T 口，这样连接是否可以值得商榷。

讨论

原文献给出的"图 10.11　液压泵冲击压力试验回路图"及其中的图形符号存在一些问题，下面进行初步讨论。

① 电磁换向阀 4 中位为五口，而左、右位分别为三口，显然其左、右位绘制错误。

② 电磁换向阀 4 处于中位时被试液压泵 2 出口堵死，还没有设计安装安全阀，这样会诱发危险。

③ 原文献图 10.11 中没有设计安装压力表，则溢流阀 1 的 20% 额定压力调定压力、溢流阀 3 的 100% 额定压力调定压力无法调定。

5.1.7　液压马达试验液压回路图Ⅰ和Ⅱ

（1）液压马达试验液压回路图Ⅰ

原文献中表述："图 10.12 所示为液压马达试验回路原理图。……。远程溢流阀 2 的作用是实现液压泵 1 的卸荷和（作为）安全阀，当做（作）卸荷阀用时，需与二位二通电磁阀 4 配合。……。被试液压马达 6 的转速由节流阀 3 进行调节，……。"

液压马达试验液压回路图Ⅰ见图 5-17。

作者注　1. 原文献图注中"10—电磁阀"在原文献图 10.12 中未给出序号。

2. 原文献序号 2 为"远控溢流阀"，序号 4、5 和 10 均为"电磁阀"，序号 7 为"转速表"，序号 9 为"耗能装置"。

根据 GB/T 786.1—2021，对图 5-17 中一些图形符号如液压泵 1、先导式溢流阀 2、节流阀 3、二位二通电磁换向阀 4、三位四通电磁换向阀 5、被试液压马达 6、转速计 7、扭（转）矩仪 8、负载 9、二位三通电磁换向阀 10、流量计 11 等进行了修改，如图 5-18 所示。

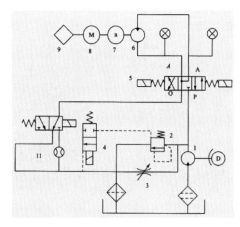

图 5-17　液压马达试验液压回路图 I
（原文献图 10.12）

1—液压泵；2—先导式溢流阀；3—节流阀；
4—二位二通电磁换向阀；5—三位四通电磁换向阀；
6—被试液压马达；7—转速计；8—扭（转）矩仪；
9—负载；10—二位三通电磁换向阀；11—流量计

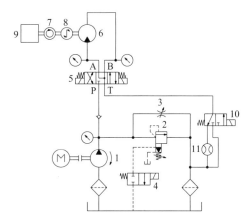

图 5-18　液压马达试验液压回路图 I
（修改图）

1—液压泵；2—先导式溢流阀；3—节流阀；
4—二位二通电磁换向阀；5—三位四通电磁换向阀；
6—被试液压马达；7—转速计；8—扭（转）矩仪；
9—负载；10—二位三通电磁换向阀；11—流量计

讨论

原文献给出的"图 10.12　液压马达试验回路原理图"及其中的图形符号存在一些问题，下面进行初步讨论。

① 原文献给出"2—远程溢流阀"，但远程溢流阀应为直动式溢流阀，而非先导式溢流阀。只有先导式溢流阀+电磁换向阀可以组成电磁溢流阀。

② 标准规定的液压马达试验方法参见第 4.1 节。如通常在被试液压马达进油管路上设计安装流量计。

③ 如被试液压马达 6 为单向马达，则设计安装三位四通电磁换向阀 5 值得商榷。

（2）液压马达试验液压回路图 II

原文献中表述："图 10.13 所示液压马达试验回路原理图可用于液压马达启动和反转试验。它的主要组成元件有：……、传感器 5、被试液压马达 6、……。""压差传感器用来测量液压马达 6 的进出油压力差。"

液压马达试验液压回路图 II 见图 5-19。

作者注　1. 原文献图注中"11—节流阀"，在原文献图 10.13 中给出序号。

2. 原文献序号 3 和 4 为"电磁阀"，序号 5 为"传感器"，序号 9 为"双向油泵"。

根据 GB/T 786.1—2021，对图 5-19 中一些图形符号如溢流阀 2 和 12、二位三通电磁换向阀 3、二位四通电磁换向阀 4、压差传感器（压差表）5、被试液压马达 6、测速发电机（转速计）7、单向阀 10、节流阀 11 等进行了修改，如图 5-20 所示。

讨论

原文献给出的"10.13　液压马达试验回路原理图"及其中的图形符号存在一些问题，下面进行初步讨论。

① 在原文献图 10.13 中，把传感器 5 绘制成了"单向阀"的图形符号。

② 电磁换向阀 4 右位流动流道绘制错误。

③ 在不考虑此图中各图形符号间比例等情况下，图 10.13 中的（单向）液压泵 1 和 13、双向油泵 9 图形符号，绘制得都是正确的。但将被试液压马达 6 图形符号与双向油泵 9 图形

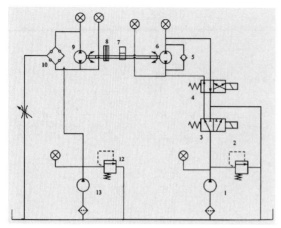

图 5-19 液压马达试验液压回路图Ⅱ（原文献图 10.13）
1,13—液压泵；2,12—溢流阀；3—二位三通电磁换向阀；
4—二位四通电磁换向阀；5—压差传感器（压差表）；
6—被试液压马达；7—测速发电机（转速计）；8—飞轮；
9—双向液压泵；10—单向阀；11—节流阀

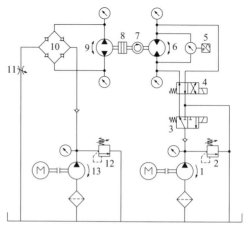

图 5-20 液压马达试验液压回路图Ⅱ（修改图）
1,13—液压泵；2,12—溢流阀；3—二位三通电磁
换向阀；4—二位四通电磁换向阀；5—压差传感器
（压差表）；6—被试液压马达；7—测速发电机
（转速计）；8—飞轮；9—双向液压泵；
10—单向阀；11—节流阀

符号绘制成一样，则是错误的。液压马达 6 图形符号的问题在于其"液压力的作用方向"绘制错误。

④ 标准规定的液压马达起动性的测定方法可参见第 4.1.9 节。

5.1.8 换向阀试验液压回路图

原文献中表述："图 10.14 为换向阀试验回路原理图。被试换向阀为图中的换向阀 9，是电液动换向阀。""溢流阀 4 所起的作用是对被试换向阀 9 的背压进行控制。""减压阀 14 可调节部分由液压泵 1 输出的压力油的压力，该低压压力油输送到被试的电液动换向阀的先导电磁阀中，压力表 12 显示出低压压力油的压力值。手动换向阀 13 也可以控制被试换向阀 9 的换向，将手动换向阀 13 的左右两腔分别与被试换向阀 9 的两个控制油口连通，即可实现换向。"

换向阀试验液压回路图见图 5-21。

作者注 原文献序号 5～8 和 12 为"压力计"，序号 9 为"换向阀"，序号 13 为"电磁阀"，序号 14 为"溢流阀"。

根据 GB/T 786.1—2021，对图 5-21 中一些图形符号如液压泵 1、节流阀 2、溢流 3 和 4 阀、压力表 5～8 和 12、三位四通电液动换向阀（被试阀）9、作动筒 10、流量计 11、三位四通手动换向阀 13、减压阀 14 等进行了修改，如图 5-22 所示。

讨论

原文献给出的"图 10.14 换向阀试验回路原理图"及其中的图形符号存在一些问题，下面进行初步讨论。

① 在原文献图 10.14 中给出的元件 14 为溢流阀，其图形符号也与该图中溢流阀 4 一样，但是与原文献中表述的却不一致（减压阀 14）。现根据其表述及试验回路原理，在修改图中改为减压阀。

② 压力计 5～8 和 12 的图形符号与流量计 11 的图形符号一样，应是流量计 11 的图形符号绘制错误。

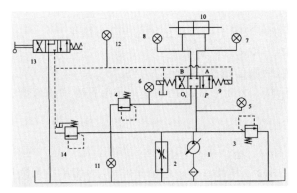

图 5-21　换向阀试验液压回路图（原文献图 10.14）
1—液压泵；2—节流阀；3,4—溢流阀；
5~8,12—压力表；9—三位四通电液动换向阀
（被试阀）；10—作动筒；11—流量计；
13—三位四通手动换向阀；14—减压阀

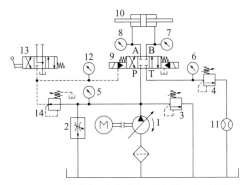

图 5-22　换向阀试验液压回路图（修改图）
1—液压泵；2—节流阀；3,4—溢流阀；
5~8,12—压力表；9—三位四通电液动
换向阀（被试阀）；10—作动筒；
11—流量计；13—三位四通手
动换向阀；14—减压阀

5.1.9　溢流阀试验液压回路图

原文献中表述："图 10.16 为溢流阀试验回路原理图。它的组成元件有：液压源、……。液压源为试验回路提供压力油。""换向阀 6 用于控制被试溢流阀 5 的卸荷。""溢流阀的一般试验方法如下：①稳态压力-流量特性试验。通过调节旁通阀 2 将流过被试溢流阀 5 的流量调定在所需流量，通过换向阀 6 调节压力值，一般包括阀的最高和最低压力值。……④最低工作压力试验。若溢流阀采用先导控制型式，则被试溢流阀 5 的卸荷可通过一个卸荷控制的换向阀 6 切换先导及回路来完成，然后逐点测出各流量时被试溢流阀 5 的最低工作压力。"

溢流阀试验液压回路图见图 5-23。

作者注　1. 原文献中"液压源"未给出序号和名称。

2. 原文献序号 4 为"压力计"。

根据 GB/T 786.1—2021，对图 5-23 中一些图形符号如液压源、溢流阀（安全阀）1、旁通阀 2、压力表 4、被试溢流阀 5、换向阀 6、节流阀 8 等进行了修改，如图 5-24 所示。

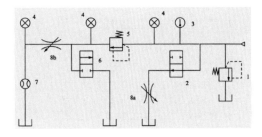

图 5-23　溢流阀试验液压回路图
（原文献图 10.16）
1—溢流阀（安全阀）；2—旁通阀；3—温度计；
4—压力表；5—被试溢流阀；6—换向阀；
7—流量计；8—节流阀

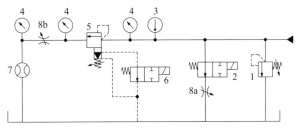

图 5-24　溢流阀试验液压回路图（修改图）
1—溢流阀（安全阀）；2—旁通阀；3—温度计；4—压力表；
5—被试溢流阀；6—换向阀；7—流量计；8—节流阀

讨论

原文献给出的"图 10.16　溢流阀试验回路原理图"及其中的图形符号存在一些问题，

下面进行初步讨论。

① 原文献图 10.16 中所示为气源，不是液压油源，因为其正三角内没有涂黑。

② 换向阀 6 连接在被试溢流阀 5 的出口，不能同被试溢流阀 5 一起组成电磁溢流阀，不能实现"通过换向阀 6 调节压力值，一般包括阀的最高和最低压力值。"

③ 根据原文献中表述，修改图中被试溢流阀 5 采用了先导控制型式，由先导式溢流阀＋电磁换向阀 6 组成了电磁溢流阀。

5.1.10 调速阀试验液压回路图

原文献中表述："图 10.17 为调速阀试验回路原理图。……，流量计 10 的作用则是测量流量被试调速阀 7 的流量。""调速阀的一般试验内容如下：①……。⑥油温变化对流量的影响试验。调节被试调速阀 7 的开度，使流过其的流量约为最小稳定流量的 1～2 倍。被试调速阀 7 的进口压力通过溢流阀 2 调节后达到额定压力的 20%。然后开启加热器 4 对回路中油液进行加热，使油温升高到某一较高温度（100℃）。在此过程中，油温每升高 10℃，需测量一次流过被试调速阀 7 的流量，要求流量变化率不超过规定值。"

作者注　原文献在摘录范围内（包括省略内容）没有"5—液压马达"的任何表述。

调速阀试验液压回路图见图 5-25。

作者注　原文献序号 3 和 4 都为"油滤"（原文献文中称"加热器 4"），序号 5 为"液压马达"，序号 6 和 8 都为"压力计"。

根据 GB/T 786.1—2021，对图 5-25 中一些图形符号如液压泵 1、溢流阀 2 和 9、过滤器 3、温度调节器 4、温度计 5、压力表 6 和 8、被试调速阀 7、流量计 10 等进行了修改，如图 5-26 所示。

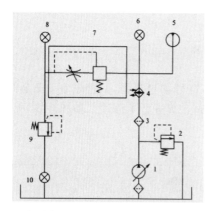

图 5-25　调速阀试验液压回路图（原文献图 10.17）

1—液压泵；2,9—溢流阀；3—过滤器；
4—温度调节器；5—温度计；6,8—压力表；
7—被试调速阀；10—流量计

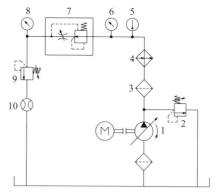

图 5-26　调速阀试验液压回路图（修改图）

1—液压泵；2,9—溢流阀；3—过滤器
4—温度调节器；5—温度计；6,8—压力表
7—被试调速阀；10—流量计

讨论

原文献给出的"图 10.17　调速阀试验回路原理图"及其中的图形符号存在一些问题，下面进行初步讨论。

① 元件 5 不可能是原文献图 10.17 中的"5—液压马达"。参考 JB/T 10366—2014《液压调速阀》，其只可能是温度计。

② 在 GB/T 786.1 中没有规定调速阀的图形符号。修改图中的图形符号是根据 JB/T 10366—2014 绘制的。

③ 修改图中将原文献图注中的油滤 4（正文中"加热器 4"）修改为温度调节器 4。

5.1.11　液压缸试验液压回路图

原文献中表述："图 10.18 为液压缸试验油路原理图。……，单向阀 6 和溢流阀 5 与液压缸 9 左油腔形成通回油路，从而控制液压缸 9 左油腔阻力，单向阀 10 和溢流阀 11 与液压缸 9 右油腔形成通回油路，从而共同控制液压缸 9 右油腔阻力，因此可以调节被试液压缸 12 的负载。"

作者注　形成"通回油路"，这样的表述不规范。

液压缸试验液压回路图见图 5-27。

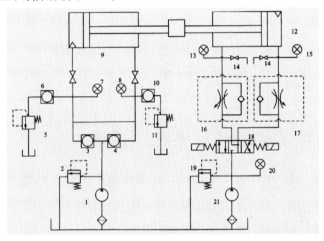

图 5-27　液压缸试验液压回路图（原文献图 10.18）

1,21—液压泵；2,5,11,19—溢流阀；3,4,6,10—单向阀；7,8,13,15,20—压力表；9—液压缸；
12—被试液压缸；14—截止阀；16,17—单向节流阀；18—三位四通电磁换向阀

作者注　原文献序号 7、8、13、15 和 20 为"压力计"，序号 14 为"节流阀"，序号 18 为"电磁换向阀"。

根据 GB/T 786.1—2021，对图 5-27 中一些图形符号如液压泵 1 和 21，溢流阀 2、5、11 和 19，单向阀 3、4、6 和 10，压力表 7、8、13、15 和 20，液压缸 9，被试液压缸 12，截止阀 14，单向节流阀 16 和 17，三位四通电磁换向阀 18 等进行了修改，如图 5-28 所示。

讨论

原文献给出的"图 10.18　液压缸试验油路原理图"及其中的图形符号存在一些问题，下面进行初步讨论。

① 液压泵 21 可能带载起动，其所在回路没有回油管路。

② 在 GB/T 786.1—2021 和 GB/T 30208—2013 中都没有原文献图 10.18 所示那样的单向阀图形符号。

③ 原文献图 10.18 中将单向阀 3 的出口管路和单向阀 4 的出口管路直接连通，亦即将液压缸 9 的无杆腔与有杆腔直接连通，将导致液压缸 9 无法对被试液压缸 12 加载。

④ 与 GB/T 15622—2005 中图 3、图 4 和图 5 比较，其三位四通电磁换向阀 18 的 T 口没有设计安装流量计，液压缸一些试验内容如"内泄漏试验"，原文献图 10.18 所示液压回路可能无法完成。

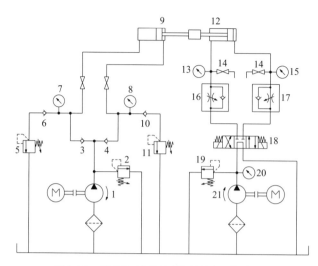

图 5-28　液压缸试验液压回路图（修改图）

1,21—液压泵；2,5,11,19—溢流阀；3,4,6,10—单向阀；7,8,13,15,20—压力表；9—液压缸；
12—被试液压缸；14—截止阀；16，17—单向节流阀；18—三位四通电磁换向阀

5.2　液压元件试验台液压系统原理图

作者注　原文献（图书）中大量的"二通盖板式插装阀"的图形符号不符合 GB/T 786.1 的规定。

5.2.1　溢流阀出厂试验台液压系统原理图

原文献中表述："（1）试验台的被试件　试验台的被试件主要是行走机械液压系统的溢流阀（板式阀或螺纹插装式阀），主安全阀及工作液压缸大小腔的限压安全阀。（2）试验台的功能定位　试验台可按照 GB/T 8105—1987《压力控制阀试验方法》、JB/T 10374—2013《液压溢流阀》、JB/T 10371—2013《液压卸荷溢流阀》对被试件完成如下试验：耐压试验、调压范围及压力稳定性试验、内泄漏试验、压力损失试验、稳定压力-流量特性试验、外泄漏试验。试验过程控制采用手动、半自动和自动三种模式，试验数据通过数显仪表显示和计算机采集。（3）……。（4）试验台的组成　试验台由液压动力系统、电控系统、试验台架和计算机测试系统组成。其中，液压动力系统包含主泵站、控制阀块、循环冷却系统；试验台架由双作用限压安全阀安装板、板式溢流阀安装板、插装式溢流阀安装板和两个台架油路块组成。""溢流阀出厂试验台液压系统原理图如图 4-1 所示。泵站油路块的控制阀和两个台架油路块的控制阀均为插装阀结构。"

溢流阀出厂试验台液压系统原理图见图 5-29。

作者注　1. 原文献序号 12.1、12.2 为"流量计"，序号 24 为"冷却加热器"。

2. 原文献序号 15、17、19、21 二通插装阀中没有"电磁阀"。

根据 GB/T 786.1—2021，对图 5-29 中一些图形符号如截止阀 2.1～2.3、电动机 3.1～3.4、柱塞泵 4.1 和 4.2、安全阀 5 和 22、远程调压比例溢流阀 6、电磁阀 7～9 和 14～21、温度计 10.1 和 10.2、温度调节器 24、液位控制器 26 等进行了修改，如图 5-30 所示。

讨论

原文献给出的"图 4-1　溢流阀出厂试验台液压系统原理"图及其中的图形符号存在一

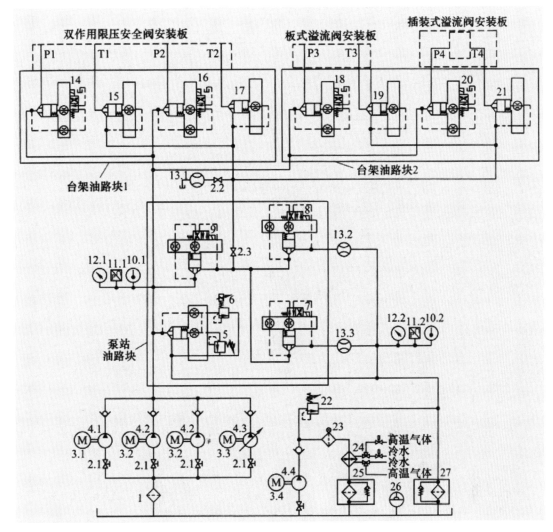

图 5-29　溢流阀出厂试验台液压系统原理图（原文献图 4-1）

1,23,25,27—过滤器；2.1～2.3—截止阀；3.1～3.4—电动机；4.1,4.2—柱塞泵；4.3—比例控制变量泵；
4.4—液压泵；5,22—安全阀；6—远程调压比例溢流阀；7～9,14～21—电磁阀（二通插装阀）；10.1,10.2—温度计；
11.1,11.2—压力传感器；12.1,12.2—压力表；13.1～13.3—流量计；24—温度调节器；26—液位控制器

些问题，下面进行初步讨论。

① 根据 GB/T 786.1—2021 的规定，原文献图 4-1 中元件 5 和 6 所在二通插装阀（带有比例压力调节和手动最高压力设计功能的二通插装阀），其是方向控制插装阀的插件，不是压力（和方向）控制插装阀的插件。

② 在现行各液压元件试验标准中一般都规定了压力和温度的测量点位置，例如："压力测量点应在紧邻被试元件的管路上，距被试元件油口端面的距离应为（2～4）d。温度测量点应在紧邻压力测量点的管路上，距压力测量点的距离应为（2～4）d，并离被试元件更远。"

③ 在 GB/T 786.1—2021 中仅有"液位指示器（油标）""液位开关""电子液位监控器（带有模拟信号输出）"图形符号，而原文献中元件 26 的图形符号是液位指示器，不是液位控制器。

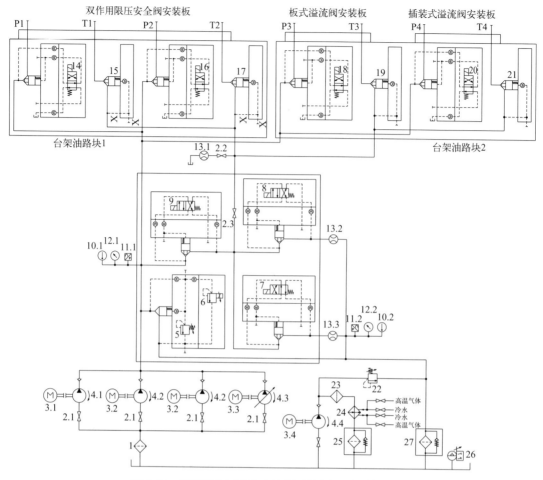

图 5-30　溢流阀出厂试验台液压系统原理图（修改图）

1,23,25,27—过滤器；2.1~2.3—截止阀；3.1~3.4—电动机；4.1,4.2—柱塞泵；4.3—比例控制变量泵；
4.4—液压泵；5,22—安全阀；6—远程调压比例溢流阀；7~9,14~21—电磁阀（二通插装阀）；10.1,10.2—温度计；
11.1,11.2—压力传感器；12.1,12.2—压力表；13.1~13.3—流量计；24—温度调节器；26—液位控制器

5.2.2　流量放大阀试验台液压系统原理图

原文献中表述："……，流量放大阀是工程行走机械全液压转向驱动系统中的控制阀。"
"流量放大阀出厂试验台的液压系统主要由主油路、控制油路、循环油路和漏油回收油路组
成。""流量放大阀试验台的液压系统原理如图 4-6 所示。"

流量放大阀试验台液压系统原理图见图 5-31。

作者注　1. 原文献序号 6 为"三位换向阀"，序号 16 为"液位计"，序号 17 为"油温
传感器"，序号 20 为"二位电磁阀"。

2. 图 5-31（原文献图 4-6）中两个 7.8 的编号有误。

根据 GB/T 786.1—2021，对图 5-31 中一些图形符号如泵组 1、球阀 2、单向阀 3、比例
流量阀 4、流量计/变送器 5、三位四通电磁换向阀 6、压力表 7、压力变送器 8、溢流阀 9、
过滤器 10、二通插装阀 11、液压缸 12、节流阀 13、水用电磁阀 14、换热器 15、液位计
（控制器）16、温度计 17、安全阀 18、液位控制器 19、二位三通电磁换向阀 20 等进行了修
改，如图 5-32 所示。

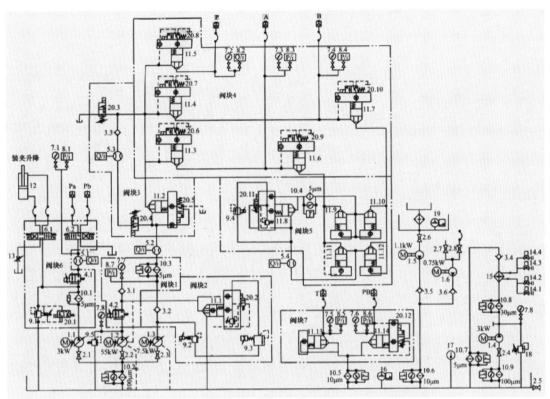

图 5-31 流量放大阀试验台液压系统原理图 (原文献图 4-6)

1—泵组；2—球阀；3—单向阀；4—比例流量阀；5—流量计/变送器；6—三位四通电磁换向阀；7—压力表；
8—压力变送器；9—溢流阀；10—过滤器；11—二通插装阀；12—液压缸；13—节流阀；14—水用电磁阀；
15—换热器；16,19—液位控制器；17—温度计；18—安全阀；20—二位三通电磁换向阀

讨论

原文献给出的"图 4-6 流量放大阀试验台的液压系统原理"图及其中的图形符号存在一些问题，下面进行初步讨论。

① 溢流阀 9-2 (7.5kW 泵) 为先导式溢流阀，而溢流阀 9.5 (55kW) 却为直动式溢流阀。

② 换向阀 6.1 的 P、T 口连接错误。

③ 压力变送器 8.1 前设计安装截止阀 (或压力表开关)，这样不可以。

④ 二位三通电磁换向阀 20.4 连接错误。

⑤ 原文献中表述："阀块 5 用于油口 A 和 B 间双向油流的回油路加载压力调节。若被试阀先导控制口 Pb 为高压，Pa 口通油箱，则被试阀 P 口通 B 口、T 口通 A 口，此时电磁阀 20.6、20.7 断电，电磁阀 20.8、20.9、20.10 通电，主泵压力油进被试阀 P 口到 B 口，又经二通阀 11.7、11.10 流入由二通阀 11.8、换向阀 20.11 和比例溢流阀 9.4 组成的加载调节阀组，再经流量计 5.4、二通阀 11.11、11.16 流到 A 口，经被试阀 T 口回油箱。"原文这段表述涉及两个问题：a. 二通插装阀 11.8 除控制元件换向阀 20.11 和比例溢流阀 9.4 外，还有一个溢流阀 (没有给出序号和名称)，从图形符号判断其可能是电磁溢流阀 (与二通插装阀 11.1 图形符号基本相同)；但从原理判断，其应是"带有比例压力调节和手动最高压力设定功能的二通插装阀，而换向阀 20.11 多余 (修改图已经删掉)。"b. 在原文献图 4-6 中没有二通阀 11.16，应是二通阀 11.6。

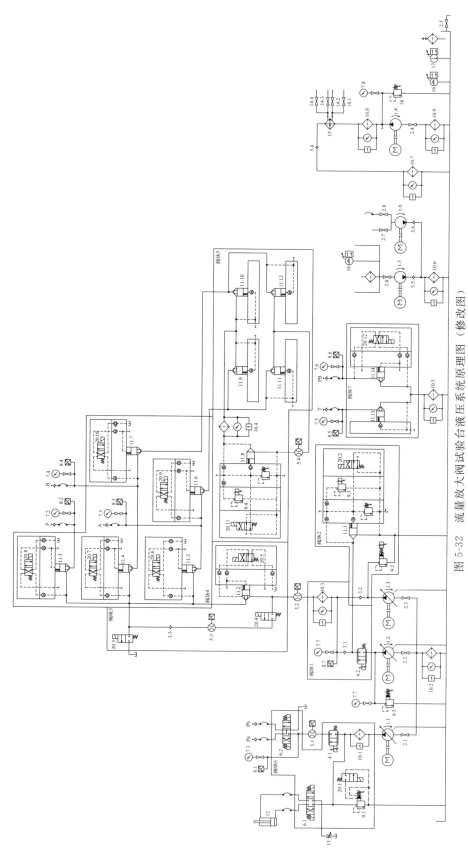

图 5-32 流量放大阀试验台液压系统原理图（修改图）

1—泵组；2—球阀；3—单向阀；4—比例流量阀；5—流量计/变送器；6—三位四通电磁换向阀；7—压力表；
8—压力变送器；9—溢流阀；10—过滤器；11—二通插装阀；12—液压缸；13—节流阀；14—水用电磁阀；
15—换热器；16、19—液位控制器；17—温度计；18—安全阀；20—二位三通电磁换向阀

⑥ 管路直接通过溢流阀 9.4、泄油箱内的滤油器，都是错误的。

5.2.3 分配阀出厂试验台液压系统原理图

原文献中表述："装载机分配阀实际就是用于装载机工作装置驱动控制的液压多路阀。装载机工作装置驱动液压缸主要有动臂升降缸和铲斗驱动缸，有的装载机还配有夹臂缸或侧卸缸。因此装载机分配阀有两联式和三联式两种规格。""分配阀出厂试验了参照 JB/T 8729—2013《液压多路换向阀》进行。""试验台液压系统主要由泵站主油路、通断控制油路 A、通断控制油路 B、先导控制油路、旁路循环油路和漏油回收油路组成。""（3）先导控制油路　先导控制油路的液压泵电动机组 21 由定量柱塞泵 A2F10 配置 5.5kW 的电动机组成。先导控制液压泵的压力由溢流阀 22 调定，通往被试阀各先导控制油口 Pa2、Pb2、Pa1、Pb1、Pa3、Pb3 的各先导控制压力分别由手柄操作的三通减压阀 20.1、20.2、20.3 调节。""（三联）分配阀出厂试验台液压系统原理如图 4-15 所示。"

分配阀出厂试验台液压系统原理图见图 5-33。

作者注　原文献序号 6、7、13、14、16、18.1～18.8 为"锥阀组"，序号 9 为"压力控制阀"，序号 17 为"电磁球阀"。

根据 GB/T 786.1—2021，对图 5-33 中一些图形符号如柱塞泵电动机组 1～5，二通插装阀 6、7、13、14、16、18.1～18.8，比例溢流阀 8，溢流阀 9 和 22，过滤器 10 和 12，热交换器 11，流量计 15.1 和 15.2，二位二通电磁换向座阀 17，压力传感器 19.1 和 19.2，三通减压阀 20.1～20.3，液压泵电动机组 21 等进行了修改，如图 5-34 所示。

讨论

原文献给出的"图 4-15　分配阀出厂试验台液压系统原理"图及其中的图形符号存在一些问题，下面进行初步讨论。

① 在 GB/T 786.1—2021 和 JB/T 10830—2008 中没有规定这样的"电磁球阀"图形符号。

② 先导控制油路中阀 20.1～20.3 的图形符号不准确，其不是"二位三通换向阀"。在 JB/T 10208—2013《液压挖掘机用先导阀　技术条件》中有这样的"先导阀"原理表述可以参考："移动阀芯时，随着手柄摆角的增大或减少，工作口的压力应随之增加或减少，并当手柄停在任意位置时所对应的压力恒定"。

作者认为："如对液压元件和配管结构、原理和功能（作用）不够了解，则无法准确、深入地认识、清晰地理解液压图形符号。"

5.2.4 典型液压阀瞬态特性试验台液压试验主回路原理图

原文献中表述："试验台设置三个测试工位，分别进行平衡阀、伺服阀和溢流阀的瞬态性能测试，伺服阀测试工位还可进行电液比例多路阀瞬态性能测试。试验台由液压油源、液压试验回路、计算机控制与数据采集系统、试验台架等组成。""典型液压阀瞬态特性试验台液压试验主回路原理如图 9-19 所示。"

典型液压阀瞬态特性试验台液压试验主回路原理图见图 5-35。

作者注　原文献序号 3 为"二位电磁阀"，序号 13 为"三位换向阀"，序号 25 为"二位换向阀"。

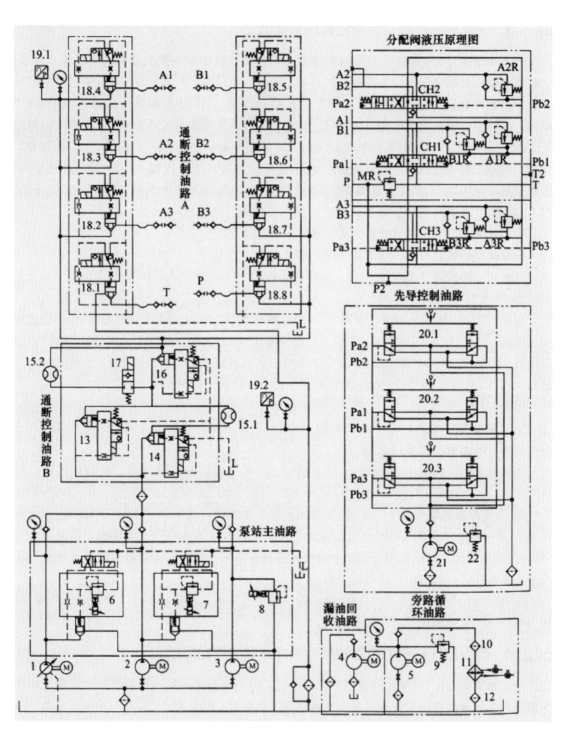

图 5-33　分配阀出厂试验台液压系统原理图（原文献图 4-15）

1~5—柱塞泵电动机组；6,7,13,14,16,18.1~18.8—二通插装阀；8—比例溢流阀；9,22—溢流阀；
10,12—过滤器；11—热交换器；15.1,15.2—流量计；17—二位二通电磁换向座阀；
19.1,19.2—压力传感器；20.1~20.3—三通减压阀；21—液压泵电动机组

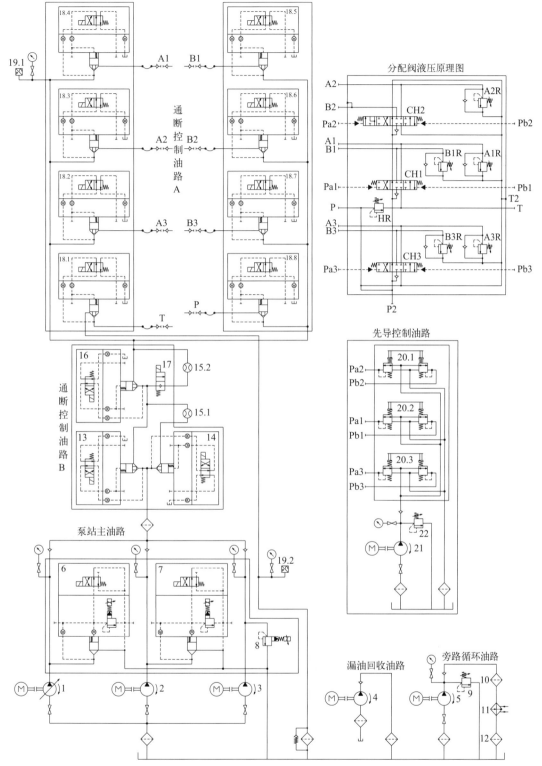

图 5-34 分配阀出厂试验台液压系统原理图（修改图）

1～5—柱塞泵电动机组；6,7,13,14,16,18.1～18.8—二通插装阀；8—比例溢流阀；
9,22—溢流阀；10,12—过滤器；11—热交换器；15.1,15.2—流量计；17—二位二通电磁换向座阀；
19.1,19.2—压力传感器；20.1～20.3—三通减压阀；21—液压泵电动机组

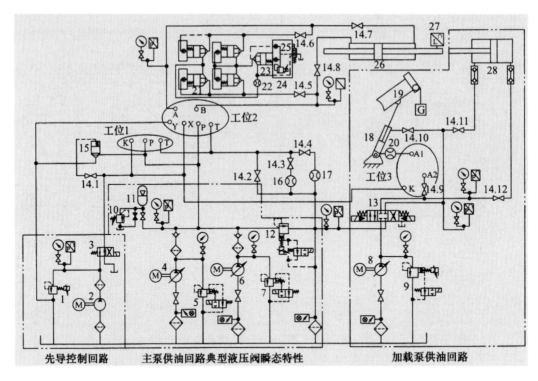

图 5-35　典型液压阀瞬态特性试验台液压试验主回路原理图（原文献图 9-19）

1—比例溢流阀；2—先导泵电动机组；3—二位四通电磁换向阀；4,6,8—变量泵电动机组；5,7—电磁溢流阀；
9,12—比例溢流卸荷阀；10—溢流阀；11—蓄能器；13—三位四通电液换向阀；14.1~14.12—截止阀；
15,21—二通插装阀；16,17,20,22—流量计；18—变幅液压缸；19—动臂台架；23—二通压力插装阀；
24—先导比例溢流阀；25—二位四通电磁换向阀；26—伺服液压缸；27—位移传感器；28—加载液压缸

　　根据 GB/T 786.1—2021，对图 5-35 中一些图形符号如比例溢流阀 1，先导泵电动机组 2，二位四通电磁换向阀 3，变量泵电动机组 4、6 和 8，电磁溢流阀 5 和 7，比例溢流卸荷阀 9 和 12，溢流阀 10，蓄能器 11，三位四通电液换向阀 13，截止阀 14.1～14.12，二通插装阀 15 和 21，流量计 16、17、20 和 22，变幅液压缸 18，动臂台架 19，二通压力插装阀 23，先导比例溢流阀 24，二位四通电磁换向阀 25，伺服液压缸 26，位移传感器 27，加载液压缸 28 等进行了修改，如图 5-36 所示。

讨论

　　原文献给出的"图 9-19　典型液压阀瞬态特性试验台液压试验主回路原理"图及其中的图形符号存在一些问题，下面进行初步讨论。

　　① 原文献图 9-19 中阀 13T 口油路上的压力表和压力传感器似多余，修改图中已删掉。

　　② 当截止阀 14.1 处于关闭状态，二通插装阀 15 的状态可能不确定。

　　③ 在 GB/T 786.1—2021 中规定"G"为传感器"位置或长度"输入信号的代号，而"L"为传感器"液位"输入信号的代号。在 GB/T 786.1—2009 中也是如此。

5.2.5　转向液压缸出厂试验台主试验系统液压原理图

　　原文献中表述："转向液压缸试验台为两工位配置，可同时进行两根（个）液压缸试验，

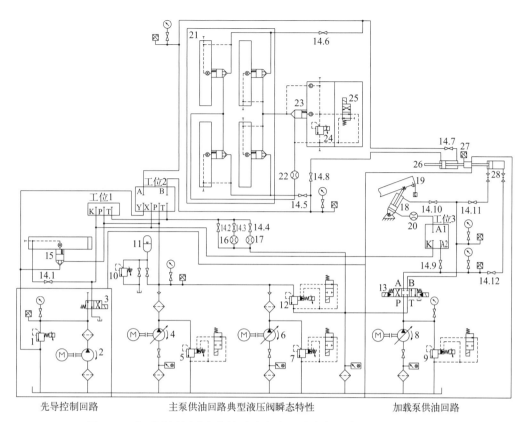

图 5-36 典型液压阀瞬态特性试验台液压试验主回路原理图（修改图）

1—比例溢流阀；2—先导泵电动机组；3—二位四通电磁换向阀；4,6,8—变量泵电动机组；5,7—电磁溢流阀；

9,12—比例溢流卸荷阀；10—溢流阀；11—蓄能器；13—三位四通电液换向阀；14.1～14.12—截止阀；

15,21—二通插装阀；16,17,20,22—流量计；18—变幅液压缸；19—动臂臂架；23—二通压力插装阀；

24—先导比例溢流阀；25—二位四通电磁换向阀；26—伺服液压缸；27—位移传感器；28—加载液压缸

主要完成装载机转向液压缸的试运行、起动压力特性试验、耐压试验、行程检测等。试验过程控制有手动、半自动和自动三种模式可供选择。试验数据由计算机采集处理并通过数字显示仪表显示。""转向液压缸出厂试验台液压系统由辅助液压系统和主试验系统组成。""主试验系统由配置完全相同的两套液压系统组成，每套液压系统都可以单独完成一台被试液压缸的出厂试验，且两套液压系统相互独立，互不干涉。""转向液压缸出厂试验台主试验系统的液压原理图如图 5-2 所示。"

转向液压缸出厂试验台主试验系统液压原理图见图 5-37。

作者注　原文献序号 13.1～13.6 为"二位电磁换向阀"，序号 15.1～15.4 为"二通球阀"，序号 18.1～18.4 为"二位电磁换向球阀"。

根据 GB/T 786.1—2021，对图 5-37 中一些图形符号如过滤器 1.1～1.5，截止阀 2.1～2.4、2.6～2.22，泵 3.1～3.4，泵 4.1，电动机 5.1～5.4、比例溢流阀 6 和 7，压力表 8.1～8.4、8.6～8.12，单向阀 9.1～9.5，压力继电器 10.1 和 10.2，二通插装阀 11.1、11.2、17.1～17.8，溢流阀 12.1 和 12.2，二位四通电磁换向阀 13.1～13.6，压力传感器 14.1～14.6，二位二通电磁换向座阀 15.1～15.4，高压油储罐 16.1 和 16.2，二位三通电磁换向座阀 18.1～18.4，控制盖板 19.1～19.8，梭阀 20.1～20.4，带双单向阀的快换接头 21.1～21.8，软管总成 22.1～22.4，被试液压缸 23.1 和 23.2 等进行了修改，如图 5-38 所示。

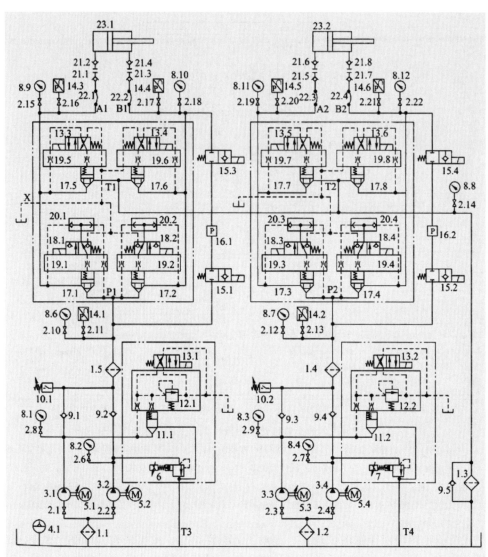

图 5-37 转向液压缸出厂试验台主试验系统液压原理图（原文献图 5-2）

1.1～1.5—过滤器；2.1～2.4,2.6～2.22—截止阀；3.1～3.4—泵；4.1—液位计；5.1～5.4—电动机；
6,7—比例溢流阀；8.1～8.4,8.6～8.12—压力表；9.1～9.5—单向阀；10.1,10.2—压力继电器；
11.1,11.2,17.1～17.8—二通插装阀；12.1,12.2—溢流阀；13.1～13.6—二位四通电磁换向阀；
14.1～14.6—压力传感器；15.1～15.4—二位二通电磁换向座阀；16.1,16.2—高压油储罐；
18.1～18.4—二位三通电磁换向座阀；19.1～19.8—控制盖板；20.1～20.4—梭阀；
21.1～21.8—带双单向阀的快换接头；22.1～22.4—软管总成；23.1,23.2—被试液压缸

讨论

原文献给出的"图 5-2 转向液压缸出厂试验试验台主试验系统的液压原理"图及其中的图形符号存在一些问题，下面进行初步讨论。

① 原文献图 5-2 中阀 15.1～15.4 图形符号不符合 GB/T 786.1 的规定，也不符合 JB/T 10830—2008 规定的电磁座阀的机能符号。

② 修改图中的阀 15.1～15.4、高压油储罐 16.1 和 16.2 为作者自行绘制。

③ 原文献中表述："内泄漏试验试验时，现使被试液压缸 23.1 有杆腔和高压油储罐 16.1 均充满压力为 32MPa 的高压试验油，然后将二通球阀 15.1、15.3 断电，封闭被试液

压缸 23.1 有杆腔和高压油储罐 16.1，保压 5min 后，用压差计测量被试液压缸 23.1 有杆腔和高压油储罐 16.1 的压力差，该压力差即为液压缸内泄漏对应的压降。"但其图 5-2 中没有设计安装压差计。

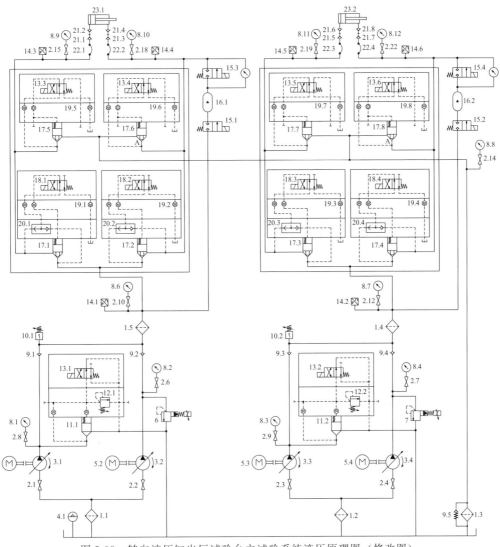

图 5-38　转向液压缸出厂试验台主试验系统液压原理图（修改图）

1.1～1.5—过滤器；2.1～2.4,2.6～2.10，2.12,2.14,2.15，2.18,2.19,2.22—截止阀；3.1～3.4—泵；4.1—液位计；5.1～5.4—电动机；6,7—比例溢流阀；8.1～8.4,8.6～8.12—压力表；9.1～9.5—单向阀；10.1,10.2—压力继电器；11.1,11.2,17.1～17.8—二通插装阀；12.1,12.2—溢流阀；13.1～13.6—二位四通电磁换向阀；14.1～14.6—压力传感器；15.1～15.4—二位二通电磁换向座阀；16.1,16.2—高压油储罐；18.1～18.4—二位三通电磁换向座阀；19.1～19.8—控制盖板；20.1～20.4—梭阀；21.1～21.8—带双单向阀的快换接头；22.1～22.4—软管总成；23.1,23.2—被试液压缸

　　④ 压力传感器通过截止阀安装在管路上并不适合，修改图中将这些截止阀删掉。

5.2.6　液压缸通用试验台液压系统原理图

　　原文献中表述："液压缸通用试验台液压系统原理（一个工位）如图 5-5 所示。图中包含了高压油路、主油路、漏油回收油路和循环油路。"

　　液压缸通用试验台液压系统原理图见图 5-39。

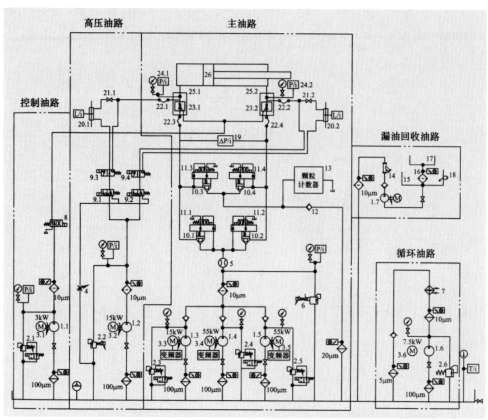

图 5-39　液压缸通用试验台液压系统原理图（原文献图 5-5）

1.1～1.7—液压泵；2.1～2.6—溢流阀；3.1～3.6—电动机；4—节流阀；5—高压流量计；6—比例溢流阀；7—冷却器；
8,11.1～11.4—二位四通电磁换向阀；9.1～9.4—二位四通电磁换向座阀；10.1～10.4—二通插装阀；12—单向阀；
13—颗粒计数器；14—除水器；15—回收油箱；16—过滤器；17—接油盘；18—液位控制器；19—压差传感器；
20.1,20.2—微小流量计；21.1,21.2—截止阀；22.1～22.4—连接软管；23.1,23.2—液控单向阀；
24.1,24.2—压力传感器；25.1,25.2—高压油路块；26—被试液压缸

作者注　原文献序号 1.1～1.7 为"泵"，序号 6 为"溢流阀"，序号 8 为"电磁换向阀"，序号 9.1～9.4 为"电磁球阀"，序号 10.1～10.4 为"插装阀"。

根据 GB/T 786.1—2021，对图 5-39 中一些图形符号如液压泵 1.1～1.7，溢流阀 2.1～2.6，电动机 3.1～3.6，节流阀 4，高压流量计 5，冷却器 7，二位四通电磁换向阀 8，11.1～11.4，二位四通电磁换向座阀 9.1～9.4，二通插装阀 10.1～10.4，单向阀 12，颗粒计数器 13，除水器 14，回收油箱 15，过滤器 16，接油盘 17，液位控制器 18，压差传感器 19，微小流量计 20.1 和 20.2，截止阀 21.1 和 21.2，连接软管 22.1～22.4，液控单向阀 23.1 和 23.2，压力传感器 24.1 和 24.2，高压油路块 25.1 和 25.2，被试液压缸 26 等进行了修改，如图 5-40 所示。

讨论

原文献给出的"图 5-5　液压缸通用试验台液压系统原理（一个工位）"图及其中的图形符号存在一些问题，下面进行初步讨论。

① 安装在泵出口处的"带有光学阻塞指示器的过滤器"，其指示器应设计安装在过滤器的入口而不是出口。宜设计安装"带有光学压差指示器的过滤器"。而安装在泵入口处的"带有光学阻塞指示器的过滤器"，其指示器应设计安装在过滤器的出口而不是入口，如液压泵 1.1～1.6 入口处过滤器，但液压泵 1.7 却设计安装在过滤器的入口（在修改图中已修改，其他图如图 5-42 也有相同问题，但不再一一指出了）。

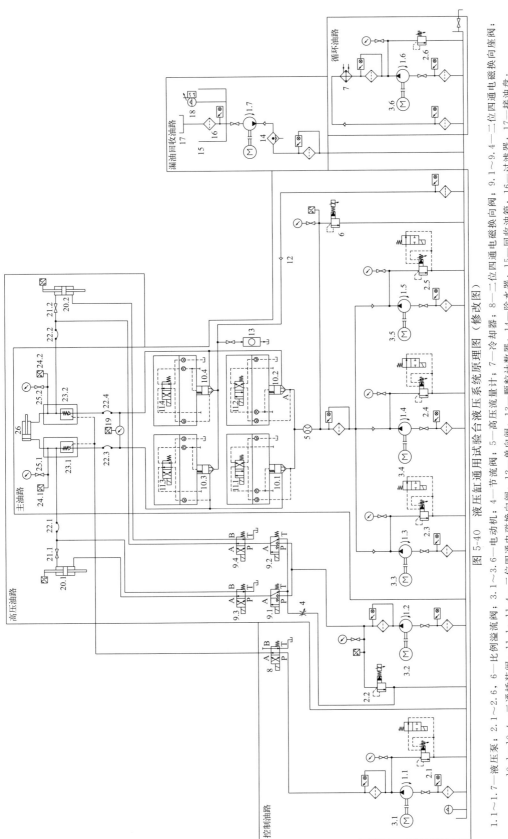

图 5-40　液压缸通用试验台液压系统原理图（修改图）

1.1~1.7—液压泵；2.1~2.6、6—比例溢流阀；3.1~3.6—电动机；4—节流阀；5—高压流量计；7—冷却器；8—二位四通电磁换向阀；9.1~9.4—二位四通电磁换向座阀；
10.1~10.4—二通插装阀；11.1~11.4—二位四通电磁换向阀；12—单向阀；13—颗粒计数器；14—除水器；15—回收油箱；16—过滤器；17—接油盘；
18—液位控制阀；19—压差传感器；20.1、20.2—压差控制器；21.1、21.2—截止阀；22.1~22.4—连接软管；
23.1、23.2—液控单向阀；24.1、24.2—压力传感器；25.1、25.2—高压油路块；26—被试液压缸

② 原文献中表述："三台柱塞泵的合流油路上设置了高压流量计5，可对主油路的流量进行实时监测。合流油路的压力由比例溢流阀6调定。""比例溢流阀"与"溢流阀"的图形符号不同，在此不宜将"比例溢流阀"简称为"溢流阀"。

③ 原文献中表述："主油路的进出油路之间设置了差压传感器19，用于液压缸起动压力的监测。"但这样的"起动压力"检测并不符合相关标准的规定。

④ 在同一幅液压回路图中的各元件都应按一个模数尺寸绘制，不能根据元件的名称来确定其相对大小，如微小流量计20.1和20.2。

⑤ 原文献中表述："柱塞泵1.2的压力由比例溢流阀2.2调节，最高工作压力为63MPa。四只二位三通电磁球阀9.1～9.4用于控制试验时高压油路和被试液压缸两油口的通断以及高压脉冲试验的频率。"但是阀9.3和9.4的P、T口不可随意互换。阀8等也存在相同的问题。

⑥ 根据GB/T 37162.1—2018，"在线颗粒计数器"前应设计安装"取样阀"。并根据该标准给出的术语和定义以及"工作方式示意图"，对GB/T 786.1—2021中规定的"在线颗粒计数器"图形符号进行了修改。

5.2.7　集中液压油源式液压缸出厂试验台液压系统原理图

原文献中表述："集中液压油源式液压缸出厂试验台液压系统由集中液压油源装置和试验工位液压装置组成，具备大流量冲洗和出厂试验两项功能。集中液压油源式液压缸出厂试验台的液压系统原理如图5-9所示。"

集中液压油源式液压缸出厂试验台液压系统原理图见图5-41。

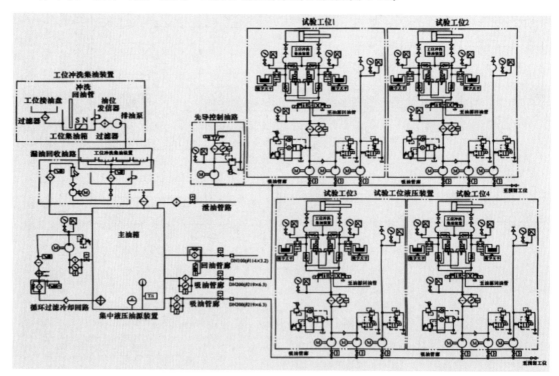

图5-41　集中液压油源式液压缸出厂试验台液压系统原理图（原文献图5-9）

原文献中表述："集中液压油源装置包括主油箱及其附件、吸油管廊、回油管路、泄油管路、循环过滤冷却回路、漏油回收油路和先导控制回路。集中液压油源装置的液压原理如

图 5-10 所示。"

集中液压油源装置液压系统原理图见图 5-42。

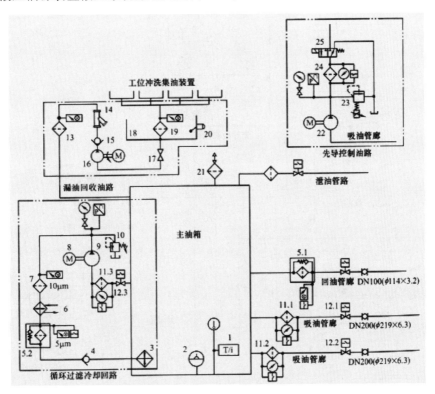

图 5-42　集中液压油源装置液压系统原理图（原文献图 5-10）

1—温度计；2—液位计；3—电加热器；4—单向阀；5.1、5.2、7、13—过滤器；6—热交换器；8—电动机；
9—循环液压泵；10—溢流阀；11.1～11.3—带有压差指示器和压力开关的吸油过滤器；12.1～12.3—蝶式截止阀；
14—除水器；15—单向阀；16—回收液压泵；17—截止阀；18—回收油箱；19—吸油过滤器；20—液位传感器；
21—空气滤清器；22—液压泵；23—比例溢流阀；24—出油过滤器；25—二位三通电磁换向阀

作者注　原文献序号 1 为"液温计"，序号 11.1～11.3 为"吸油过滤器"，序号 20 为
"油位传感器"，序号 25 为"二通电磁阀"。

根据 GB/T 786.1—2021，对图 5-42 中一些图形符号如温度计 1，液位计 2，电加热器
3，单向阀 4，过滤器 5.1、5.2、7 和 13，热交换器 6，电动机 8，循环液压泵 9，溢流阀
10，带有压差指示器和压力开关的吸油过滤器 11.1～11.3，蝶式截止阀 12.1～12.3，除水
器 14，单向阀 15，回收液压泵 16，截止阀 17，回收油箱 18，吸油过滤器 19，液位传感器
20，空气滤清器 21，液压泵 22，比例溢流阀 23，出油过滤器 24，二位三通电磁换向阀 25
等进行了修改，如图 5-43 所示。

讨论

原文献给出的"图 5-9　集中液压油源式液压缸出厂试验台液压系统原理"图、"图 5-10
集中液压油源装置的液压原理"图及其中的图形符号存在一些问题，下面进行初步讨论。

① 在 GB/T 786.1 中温度计和温度传感器各有其图形符号，修改图中温度计 1 的图形
符号为作者自行绘制。

② 液位计 2 亦即液位指示器（油标）应是可以观测到的，因此设计安装在油箱内是不
合适的。

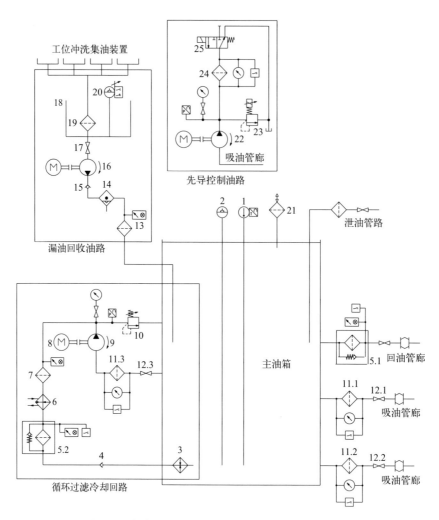

图 5-43   集中液压油源装置液压系统原理图（修改图）

1—温度计；2—液位计；3—电加热器；4—单向阀；5.1,5.2,7,13—过滤器；6—热交换器；8—电动机；
9—循环液压泵；10—溢流阀；11.1～11.3—带有压差指示器和压力开关的吸油过滤器；12.1～12.3—蝶式截止阀；
14—除水器；15—单向阀；16—回收液压泵；17—截止阀；18—回收油箱；19—吸油过滤器；20—液位传感器；
21—空气滤清器；22—液压泵；23—比例溢流阀；24—出油过滤器；25—二位三通电磁换向阀

原文献中表述："试验工位液压装置为实现四个试验工位提供高压和中压的动力液压油，并完成被试液压缸试验过程所需的各种受控动作。……。单工位液压装置的液压原理如图 5-11 所示。"

单工位液压装置的液压原理图见图 5-44。

作者注   1. 原文献序号 4.2、4.3 为"卸荷溢流阀"，序号 7 为"传感器"，序号 8 为"换向阀"，序号 10.1、10.2 为"二位四通电磁阀"，序号 12.1、12.2 为接油盘，序号 13.1、13.2 为"二通球阀"

2. 不清楚中压快换接头或高压快换接头中"中压"或"高压"。现行标准 GB/T 40565.1—2024（报批稿）、GB/T 40565.2—2021、GB/T 40565.3—2021 和 GB/T 40565.4—2021 的最高工作压力也都是依据 GB/T 2346 或 GB/T 7937 给出的。

根据 GB/T 786.1—2021，对图 5-44 中一些图形符号如蝶阀 1.1～1.3，电动机 2.1～

2.3，内啮合齿轮泵 3.1、3.2，柱塞泵 3.3，比例溢流阀 4.1，电磁溢流阀 4.2 和 4.3，单向阀 5，出油过滤器 6，压力传感器 7 和 14.1～14.3，三位四通电液换向阀 8，液控单向阀 9.1～9.4，二位四通电磁换向阀 10.1 和 10.2，压力表 11.1～11.4，接油盘 12.1 和 12.2，二位二通电磁换向座阀 13.1 和 13.2，中压快换接头 15.1 和 15.2，高压快换接头 15.3，被试液压缸 16 等进行了修改，如图 5-45 所示。

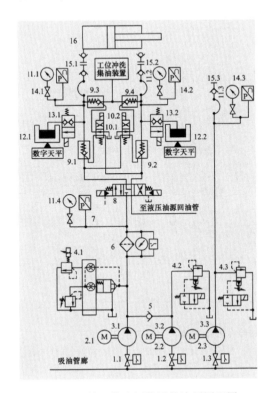

图 5-44　单工位液压装置的液压原理图
（原文献图 5-11）

1.1～1.3—蝶阀；2.1～2.3—电动机；3.1,3.2—内啮合齿轮泵；3.3—柱塞泵；4.1—比例溢流阀；4.2,4.3—电磁溢流阀；5—单向阀；6—出油过滤器；7，14.1～14.3—压力传感器；8—三位四通电液换向阀；9.1～9.4—液控单向阀；10.1,10.2—二位四通电磁换向阀；11.1～11.4—压力表；12.1,12.2—量杯；13.1,13.2—二位二通电磁换向座阀；15.1,15.2—中压快换接头；15.3—高压快换接头；16—被试液压缸

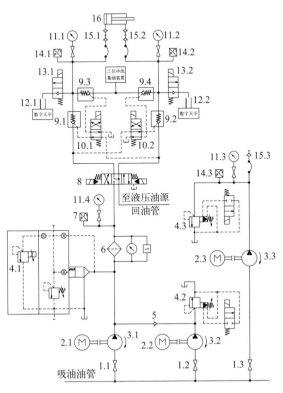

图 5-45　单工位液压装置的液压原理图（修改图）

1.1～1.3—蝶阀；2.1～2.3—电动机；3.1,3.2—内啮合齿轮泵；3.3—柱塞泵；4.1—比例溢流阀；4.2,4.3—电磁溢流阀；5—单向阀；6—出油过滤器；7,14.1～14.3—压力传感器；8—三位四通电液换向阀；9.1～9.4—液控单向阀；10.1,10.2—二位四通电磁换向阀；11.1～11.4—压力表；12.1,12.2—量杯；13.1，13.2—二位二通电磁换向座阀；15.1,15.2—中压快换接头；15.3—高压快换接头；16—被试液压缸

讨论

原文献给出的"图 5-9　集中液压油源式液压缸出厂试验台液压系统原理图"、"图 5-11单工位液压装置的液压原理"图及其中的图形符号存在一些问题，下面进行初步讨论。

① 压力传感器 14.1 在原文献图 5-9 中标注错了元件（标注在压力表开关处）。

② 将压力传感器分别给出序号 7、14.1～14.3，其中 14.3 还没有给出名称，这样不合适。

③ 尽管 GB/T 786.1—2021 中规定："依据 ISO 81714-1，当创建图形符号时，可对基本要素进行镜像或旋转。"但对于二位四通电磁换向阀 10.1 和 10.2 这样的镜像，就会涉及P、T 口问题。

5.2.8 采用加载液压缸的大型液压缸性能试验台液压原理图

原文献中表述："采用加载液压缸的大型液压缸性能试验台的液压原理如图 5-17 所示。液压系统由主试验回路、加载回路、高压回路、漏油回收油路、循环过滤冷却回路组成。"

采用加载液压缸的大型液压缸性能试验台液压原理图见图 5-46（即原文献图 5-17）。

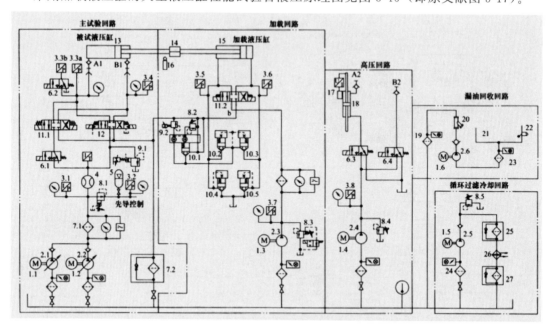

图 5-46　采用加载液压缸的大型液压缸性能试验台液压原理图（原文献图 5-17）

1.1～1.6—电动机；2.1～2.6—液压泵；3.1～3.8—压力传感器；4—流量计；5—蓄能器；6.1～6.4—二位三通电磁换向座阀；7.1—高压过滤器；7.2—回油过滤器；8.1—减压阀；8.2～8.5—溢流阀；9.1，9.2—比例溢流阀；10.1～10.5—二通插装阀；11.1，11.2—三位四通电磁换向阀；12—三位四通电液换向阀；13—被试液压缸；14—力传感器；15—加载液压缸；16—位移传感器；17—精密位移传感器；18—计量缸；19—过滤器；20—除水器；21—回收油箱；22—液位开关；23，24—吸油过滤器；25，27—回油过滤器；26—冷却器

作者注　原文献序号 6.1～6.4 为"电磁球阀"，序号 11.1、11.2 为"电磁换向阀"，序号 12 为"电液换向阀"，序号 22 为"油位发信器"。

根据 GB/T 786.1—2021，对图 5-46 中一些图形符号如电动机 1.1～1.6，液压泵 2.1～2.6，压力传感器 3.1～3.8，流量计 4，蓄能器 5，二位三通电磁换向座阀 6.1～6.4，高压过滤器 7.1，回油过滤器 7.2，减压阀 8.1，溢流阀 8.2～8.5，比例溢流阀 9.1 和 9.2，二通插装阀 10.1～10.5，三位四通电磁换向阀 11.1 和 11.2，三位四通电液换向阀 12，被试液压缸 13，力传感器 14，加载液压缸 15，位移传感器 16，精密位移传感器 17，计量缸 18，过滤器 19，除水器 20，回收油箱 21，液位开关 22，吸油过滤器 23 和 24，回油过滤器 25 和 27，冷却器 26 等进行了修改，如图 5-47 所示。

讨论

原文献给出的"图 5-17　采用加载液压缸的大型液压缸性能试验台的液压原理"图及其中的图形符号存在一些问题，下面进行初步讨论。

① 试验台上的压力表宜通过压力表开关与系统连接。

② 液压缸试验台上如果采用带一个单向阀的快换接头，其带单向阀端应与液压系统连接，而不是相反。

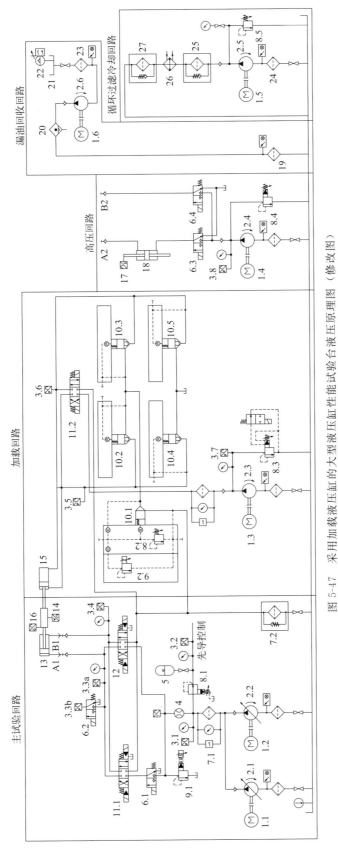

图 5-47　采用加载液压缸的大型液压缸性能试验台液压原理图（修改图）

1.1～1.6—电动机；2.1～2.6—液压泵；3.1～3.8—压力传感器；4—流量计；5—蓄能器；6.1～6.4—二位三通电磁换向座阀；7.1—高压过滤器；7.2—回油过滤器；
8.1—减压阀；8.2～8.5—溢流阀；9.1、9.2—比例溢流阀；10.1～10.5—二通插装阀；11.1、11.2—三位四通电磁换向阀；12—三位四通电液换向阀；
13—被试液压缸；14—力传感器；15—加载液压缸；16—位移传感器；17—精密位移传感器；18—计量缸；19—过滤器；
20—除水器；21—回收油箱；22—液位开关；23、24—吸油过滤器；25、27—回油过滤器；26—冷却器

③ 阀 6.1 的 T 口应接油箱。

④ 原文献中表述："……，输出高压油的压力由溢流阀 8.4 调节，最大输出压力为 60MPa。"采用直动式溢流阀是否合适值得商榷。

⑤ 泵出口应安装压力表，否则溢流阀将无法调定。

5.2.9 AGC 伺服液压缸性能试验台液压系统原理图

原文献中表述："AGC 伺服液压缸性能试验台液压系统原理如图 9-22 所示。"

AGC 伺服液压缸性能试验台液压系统原理图见图 5-48。

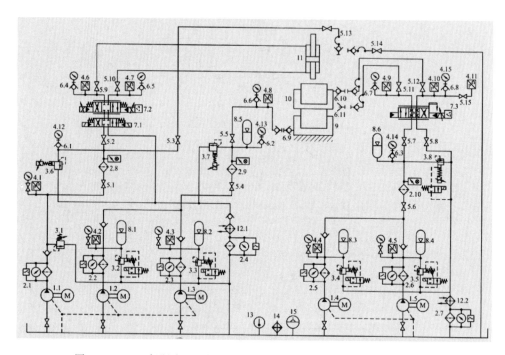

图 5-48　AGC 伺服液压缸性能试验台液压系统原理图（原文献图 9-22）

1.1～1.5—液压泵电动机组；2.1～2.10—过滤器；3.1～3.8—溢流阀；4.1～4.11—压力传感器；4.12～4.15—压力表；
5.1～5.15—截止阀；6.1～6.8—测压接头；6.9～6.11—快换接头；7.1—三位四通电液换向阀；7.2,7.3—伺服阀；
8.1～8.6—蓄能器；9—加载液压缸；10—被试伺服液压缸；11—摩擦力测试缸；12.1,12.2—冷却器；
13—温度计；14—加热器；15—液位计

作者注　原文献序号 3.2、3.3、3.5 应为电磁溢流阀，序号 3.6、3.7 应为比例溢流阀，序号 3.8 应为带电磁卸荷的比例阀，序号 6.1～6.8 为"单向阀"，序号 6.9～6.11 为"快速接头"，序号 7.1 为"换向阀"。

根据 GB/T 786.1—2021，对图 5-48 中一些图形符号如液压泵电动机组 1.1～1.5、过滤器 2.1～2.10、溢流阀 3.1～3.8、压力传感器 4.1～4.11、压力表 4.12～4.15、截止阀 5.1～5.15、单向阀 6.1～6.8、快换接头 6.9～6.11、三位四通电液换向阀 7.1、伺服阀 7.2 和 7.3、蓄能器 8.1～8.6、加载液压缸 9、被试伺服液压缸 10、摩擦力测试缸 11、冷却器 12.1 和 12.2、温度计 13、加热器 14、液位计 15 等进行了修改，如图 5-49 所示。

讨论

原文献给出的"图 9-22　AGC 伺服液压缸性能试验台液压系统原理"图及其中的图形符号存在一些问题，下面进行初步讨论。

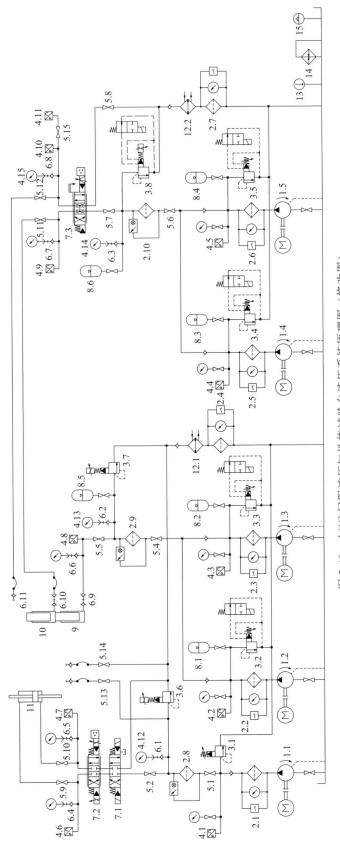

图 5-49　AGC 伺服液压缸性能试验能试验台液压系统原理图（修改图）

1.1～1.5—液压泵电动机组；2.1～2.10—过滤器；3.1～3.8—溢流阀；4.1～4.11—压力表；4.12～4.15—压力传感器；5.1.5、2、5.4～5.15—截止阀；6.1～6.8—测压接头，6.9～6.11—快换接头；7.1—三位四通电液换向阀，7.2、7.3—伺服阀；8.1～8.6—蓄能器；9—加载液压缸；10—被试伺服液压缸；11—摩擦力测试缸；12.1、12.2—冷却器；13—温度计；14—加热器；15—液位计

① 如果压力表仅连接于序号为6.1～6.8"单向阀"，则被测点油流无法到达压力表，亦即存在原理错误。其或应是一种带有一个单向阀的测压接头。

② 原文献中表述："3 试验台性能参数 4）摩擦力测试缸最高试验压力：31.5MPa。"溢流阀3.1宜采用先导式溢流阀。

③ 根据GB/T 3766—2015的规定："有充气式蓄能器的液压系统应自动卸掉蓄能器的液体压力或彻底隔离蓄能器。"应设计安装截止阀以彻底隔离蓄能器。

④ "带有光学阻塞指示器的过滤器"，其连接"光学阻塞指示器"端是液压流体入口，而不是相反。

⑤ 将截止阀5.3和5.13串联起来使用，没有必要。

⑥ 截止阀5.14所在回路，不应直接回油箱。

5.2.10 工程装备液压泵和液压马达综合试验台液压系统原理图

原文献中表述："图6-3所示为工程装备液压泵和液压马达综合试验台液压系统原理图。试验台液压系统由液压泵试验台架、液压泵调压模块、液压马达试验台架、流量监测模块、先导控制油路、循环过滤冷却回路、油箱等部分组成。其中，流量监测模块、先导控制油路、循环过滤冷却回路为液压泵试验及液压马达试验的共用部分。"

工程装备液压泵和液压马达综合试验台液压系统原理图见图5-50。

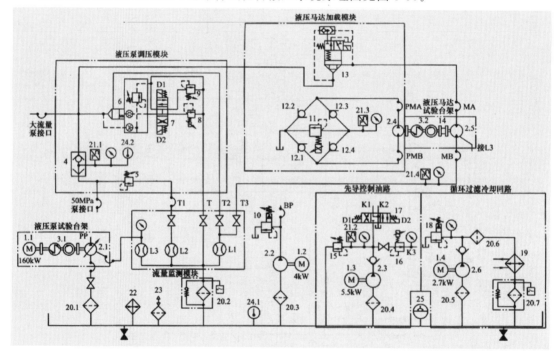

图5-50 工程装备液压泵和液压马达综合试验台液压系统原理图（原文献图6-3）

1.1—变频调速电动机；1.2—补油电动机；1.3—先导电动机；1.4—循环电动机；2.1—被试液压泵（或液压马达试验中的动力液压泵）；2.2—补油液压泵；2.3—先导液压泵；2.4—加载液压泵（液压马达试验中）；2.5—被试液压马达；2.6—循环液压泵；3.1,3.2—转速转矩仪；4—梭阀；5—溢流阀；6—二通插装式调压锥阀；7—三位四通换向阀；8,11—比例溢流阀；9—先导溢流阀；10,15,18—调压溢流阀；12.1～12.4—单向阀；13—二通插装阀；14—电磁离合器；16—比例减压阀；17—三位四通换向阀；19—冷却器；20.1,20.3～20.5—吸油过滤器；20.2,20.7—回油过滤器；20.6—出油过滤器；21.1～21.4—压力传感器；22—加热器；23—空气滤清器；24.1,24.2—温度计；25—液位计；L1～L3—流量计

作者注　原文献序号 13 为"二通开关锥阀"。

根据 GB/T 786.1—2021，对图 5-50 中一些图形符号如变频调速电动机 1.1，补油电动机 1.2，先导电动机 1.3，循环电动机 1.4，被试液压泵（或液压马达试验中的动力液压泵）2.1，补油液压泵 2.2，先导液压泵 2.3，加载液压泵（液压马达试验中）2.4，被试液压马达 2.5，循环液压泵 2.6，转速转矩仪 3.1 和 3.2，梭阀 4，溢流阀 5，二通插装式调压锥阀 6，三位四通换向阀 7，比例溢流阀 8 和 11，先导溢流阀 9，调压溢流阀 10、15 和 18，单向阀 12.1~12.4，二通插装阀 13，电磁离合器 14，比例减压阀 16，三位四通换向阀 17，冷却器 19，吸油过滤器 20.1 和 20.3~20.5，回油过滤器 20.2 和 20.7，出油过滤器 20.6，压力传感器 21.1~21.4，加热器 22，空气滤清器 23，温度计 24.1 和 24.2，液位计 25，流量计 26.1~26.3 等进行了修改，如图 5-51 所示。

讨论

原文献给出的"6-3　试验台液压系统原理图"及其中的图形符号存在一些问题，下面进行初步讨论。

① 二通插装式调压锥阀 6 选用中位 H（P、T、A 和 B 都相通）型的三位四通换向阀 7，且先导溢流阀 9 接阀 7 的 A 口，比例溢流阀 8 接阀 7 的 B 口，这样在阀 7 中位时，阀 8 和阀 9 都接 T 口，亦即都接阀 6 的 C 口。

② 液压泵调压模块中 50MPa 泵出口的溢流阀 5 应采用先导式溢流阀，而循环过滤冷却回路中液压泵 2.6 出口溢流阀 18 采用先导式溢流阀则值得商榷。

③ 原文献中表述："被试液压马达加载模式为双向加载液压泵加载。"但其图 6-3 中加载液压泵（液压马达试验中）2.4 的图形符号却为"定量泵、马达"。

5.2.11　盾构机液压泵和液压马达试验台液压系统原理图

原文献中表述："盾构机液压泵和液压马达试验台液压系统的原理如图 6-11 所示。""试验台液压系统包括试验主回路、辅助补油回路和先导控制回路。"

盾构机液压泵和液压马达试验台液压系统原理图见图 5-52。

作者注　原文献序号 11 为"开关二通插装锥阀块"。

根据 GB/T 786.1—2021，对图 5-52 中一些图形符号如三相四极异步电动机 1.1、变频调速电动机 1.2、双输出轴变频调速电动机 1.3、齿轮泵（先导泵）2.1、叶片泵（辅助泵）2.2、被试液压泵（主泵）2.3、被试（或加载）液压马达 2.4、吸油过滤器 3.1~3.3、回油过滤器 3.4、比例溢流阀 4.1 和 4.5、溢流阀 4.2~4.4、二位四通电磁换向阀 5.1 和 5.2、三位四通电磁换向阀 5.3、压力传感器 6.1~6.3、压力表 7.1~7.7、温度计 8.1 和 8.2、转矩转速仪 9.1 和 9.2、流量计 10.1~10.6、二通插装锥阀块 11、调压插装锥阀块 12、电磁离合器 13、冷却器 14、液位计 15、永磁铁 16、加热器 17、截止阀 18.1~18.5 等进行了修改，如图 5-53 所示。

讨论

原文献给出的"图 6-11　盾构机液压泵和液压马达试验台液压系统原理"图及其中的图形符号存在一些问题，下面进行初步讨论。

① 在原文献图 6-11 中，先导控制回路和辅助补油回路的液压泵出口都没有设计安装单向阀，这样的设计在一些特殊情况下可能会有问题。

② 在 GB/T 786.1 中规定了"永磁体"的图形符号。

③ 原文献中表述："液压泵-液压马达的双出轴电动机驱动台架，由被试液压泵 2.3、……、被试（或加载）液压马达 2.4 等组装而成。"且其图 6-11 的液压泵是双向流动、带有外泄漏油路的变量泵，液压马达是双向旋转、带有外泄漏油路的变量马达，但是根据其试验主回路，被试液压泵 2.3 和被试（或加载）液压马达 2.4 仅能单向流动/单向旋转。

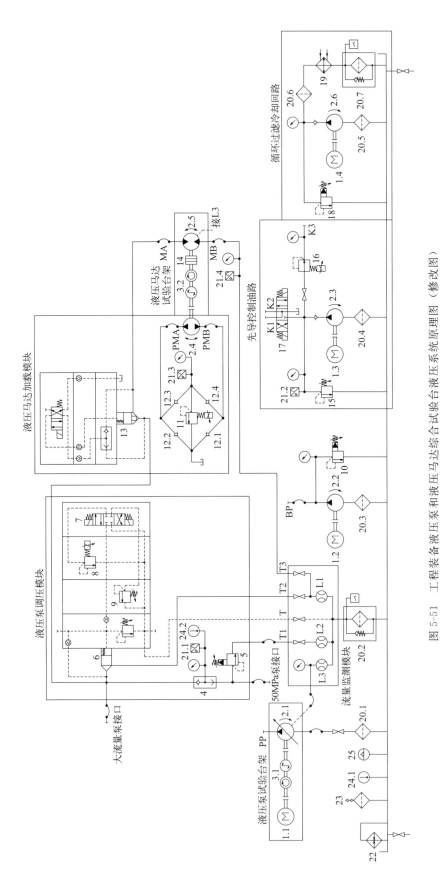

图 5-51 工程装备液压泵和液压马达综合试验台液压系统原理图（修改图）

1.1—变频调速电动机；1.2—补油电动机；1.3—先导电动机；1.4—循环电动机；2.1—被试液压泵（或液压马达试验中的动力液压泵）；2.2—补油液压泵；2.3—先导液压泵；
2.4—加载液压泵；2.5—加载液压泵（液压马达试验中）；2.6—循环液压泵；3.1.3.2—被试液压马达；4—梭阀；5—溢流阀；6—二通插装式调流阀；7—二通四通换向阀；
8.11~12—调压溢流阀；10.15.18—比例溢流阀；12.1~12.4—单向阀；13—二通插装阀；14—电磁离合器；16—比例减压阀；17—三位四通换向阀；
9—先导溢流阀；20.1.20.3~20.5—吸油过滤器；20.2.20.7—回油过滤器；20.6—出油过滤器；21.1~21.4—压力传感器；
19—冷却器；20.1、20.3~20.5—吸油过滤器；24.1.24.2—温度计；25—流量计；
22—加热器；23—空气滤清器；24.1.24.2—温度计；25—液位计；L1~L3—流量计

294   新国标液压图形符号规范应用实例

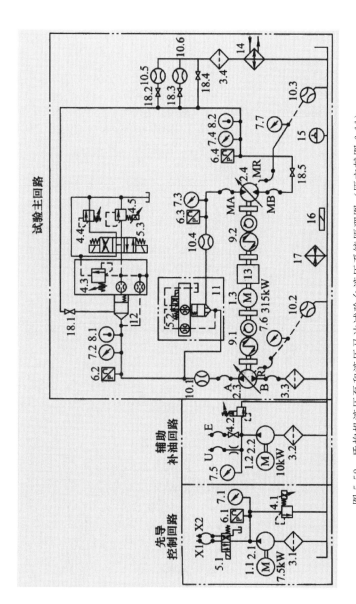

图 5-52 盾构机液压泵和液压马达试验台液压系统原理图（原文献图 6-11）

1.1—三相四极异步电动机；1.2—变频调速电动机；1.3—双输出轴变频调速电动机；2.1—齿轮泵（先导泵）；2.2—叶片泵（辅助泵）；2.3—被试液压泵（主泵）；
2.4—被试（或加载）液压马达；3.1~3.3—液压换向阀；3.4—回油过滤器；4.1,4.5—比例溢流阀；4.2~4.4—溢流阀；5.1,5.2—二位四通电磁换向阀；
5.3—三位四通电磁换向阀；3.1~3.3—吸油过滤器；6.1~6.3—压力传感器；7.1~7.7—压力表；8.1,8.2—温度计；9.1,9.2—流量计；10.1~10.6—流量计；
11—二通插装锥阀块；12—调压插装锥阀块；13—电磁离合器；14—冷却器；15—液位计；16—永磁铁；17—加热器；18.1~18.5—截止阀

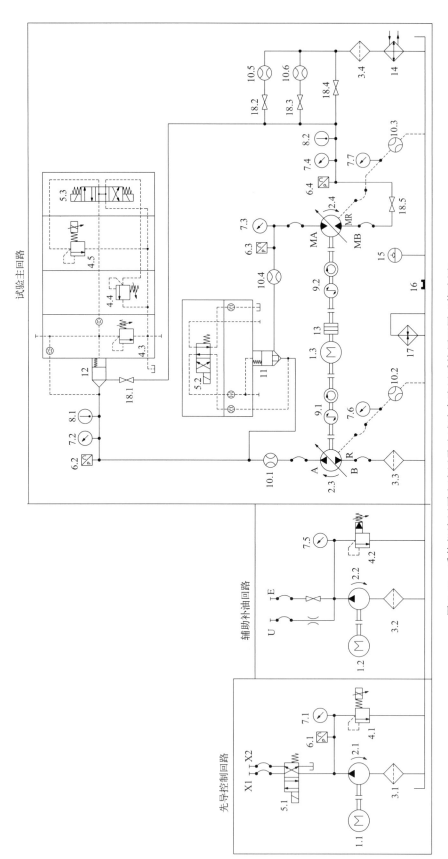

图 5-53 盾构机液压泵和液压马达试验台液压系统原理图（修改图）

1.1—三相四极异步电动机；1.2—变频调速电动机；1.3—双输出轴变频调速电动机；2.1—齿轮泵（先导泵）；2.2—叶片泵（辅助泵）；2.3—被试液压泵（主泵）；
2.4—被试液压马达（或加载）液压马达；3.1~3.3—吸油过滤器；3.4—回油过滤器；4.1~4.5—比例溢流阀；4.2~4.4—溢流阀；5.1.5.2—二位四通电磁换向阀；
5.3—三位四通电磁换向阀；6.1~6.3—压力传感器；7.1~7.7—压力表；8.1,8.2—温度计；9.1,9.2—温度计；10.1~10.6—流量计；
11—二通插装锥阀；12—调压插装锥阀块；13—电磁离合器；14—冷却器；15—液位计；16—永磁铁；17—加热器；18.1~18.5—截止阀

④ 修改图中的"封闭管路"图形符号为作者添加。

5.2.12 挖掘机维修用液压泵和液压马达试验台液压系统原理图

原文献中表述："根据试验台设计原则、试验项目与方法等要求，挖掘机维修用液压泵和液压马达试验台液压系统的原理如图 6-26 所示。挖掘机维修用液压泵和液压马达试验台液压系统包括先导控制回路、液压马达试验回路、液压泵试验回路和循环过滤冷却回路。"

挖掘机维修用液压泵和液压马达试验台液压系统原理图见图 5-54。

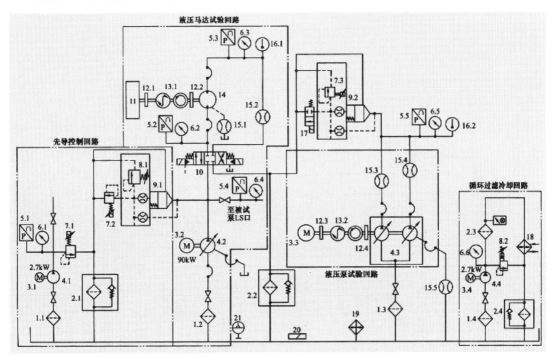

图 5-54 挖掘机维修用液压泵和液压马达试验台液压系统原理图（原文献图 6-26）

1.1~1.4—吸油过滤器；2.1~2.4—回油过滤器；3.1—先导泵电动机；3.2—供油液压泵电动机；3.3—变频调速电动机；
3.4—循环泵电动机；4.1—先导泵；4.2—供油泵；4.3—被试液压泵；4.4—循环泵；5.1~5.5—压力传感器；
6.1~6.6—压力表；7.1~7.3—比例溢流阀；8.1,8.2—溢流阀；9.1,9.2—二通插装阀；10—三位四通
电液换向阀；11—电涡流测功机；12.1~12.4—联轴器；13.1,13.2—转速转矩仪；14—被试液压马达；
15.1,15.2,15.5—涡轮流量计；15.3,15.4—齿轮流量计；16.1,16.2—温度计；
17—二位二通电磁换向阀；18—冷却器；19—加热器；20—永磁铁；21—液位计

作者注 原文献序号 9.1 和 9.2 为"二通调压锥阀组"，序号 10 为"三位四通换向阀"，序号 17 为"二位二通换向阀"，序号 21 为"油箱液位计"。

根据 GB/T 786.1—2021，对图 5-54 中一些图形符号如吸油过滤器 1.1~1.4，回油过滤器 2.1~2.4，先导泵电动机 3.1，供油液压泵电动机 3.2，变频调速电动机 3.3，循环泵电动机 3.4，先导泵 4.1，供油泵 4.2，被试液压泵 4.3，循环泵 4.4，压力传感器 5.1~5.5，压力表 6.1~6.6，比例溢流阀 7.1~7.3，溢流阀 8.1 和 8.2，二通插装阀 9.1 和 9.2，三位四通电液换向阀 10，电涡流测功机 11，联轴器 12.1~12.4，转速转矩仪 13.1 和 13.2，被试液压马达 14，涡轮流量计 15.1、15.2 和 15.5，齿轮流量计 15.3 和 15.4，温度计 16.1 和 16.2，二位二通电磁换向阀 17，冷却器 18，加热器 19，永磁铁 20，液位计 21 等进行了修改，如图 5-55 所示。

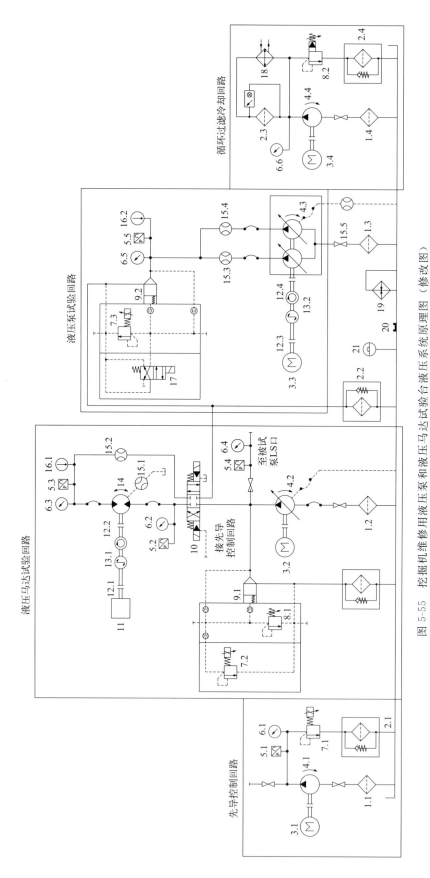

图 5-55　挖掘机维修用液压泵和液压马达试验台液压系统原理图（修改图）

1.1～1.4—吸油过滤器；2.1～2.4—回油过滤器；3.1—先导泵电动机；3.2—供油液压泵电动机；3.3—变频调速电动机；3.4—循环泵电动机；4.1—先导泵；
4.2—先导泵电动机；4.3—被试液压泵；4.4—循环泵；5.1～5.5—压力表；6.1～6.6—压力传感器；7.1～7.3—比例溢流阀；8.1,8.2—溢流阀；9.1,9.2—二通插装阀；
10—三位四通电液换向阀；11—电涡流测功机；12.1～12.4—联轴器；13.1,13.2—被试液压马达；14—转速转矩仪；15.1,15.2—齿轮流量计；15.3,15.4—齿轮流量计；16.1,16.2—温度计；17—二位二通电磁换向阀；18—冷却器；19—水磁铁；20—加热器；21—液位计

讨论

原文献给出的"图 6-26 挖掘机维修用液压泵和液压马达试验台液压系统原理"图及其中的图形符号存在一些问题，下面进行初步讨论。

① 原文献中表述："(2) 液压马达试验回路　液压马达试验回路由供油液压泵 4.1 供油，其压力由控制二通调压阀组 9.1 的比例溢流阀 7.2 调节。"因此，二通插装阀 9.1 应属于"液压马达试验回路"，而不是"先导控制回路"。同样，二通插装阀 9.2 也应属于"液压泵试验回路"。

② "液压马达试验回路"中溢流阀宜单独回油箱。

③ 尽管 GB/T 786.2—2018 中规定："回路图不必考虑元件在实际组装中的物理排列关系。"但是压力传感器 5.3、压力表 6.3 和温度计 16.1 宜靠近被试液压马达 14，而不是涡轮流量计 15.2。

④ 在 2.7kW 循环泵电动机 3.4 驱动的循环泵 4.4 的出口设计安装直动式溢流阀即可。

5.3　其他一些液压试验台液压原理图

作者注　在第 5.3 节的各文献（论文）中的"液压试验台原理""液压系统工作原理""液压原理""液压系统原理""液压试验系统原理"其图形符号有很多不符合 GB/T 786.1—2009（2021）及 GB/T 30208—2013。

5.3.1　飞机管路系统红油液压试验台液压原理图

原文献中表述："针对飞机部件管路系统的检测需求，采用自动化和计算机全数字式控制方式，设计研制红油液压试验台，能有效检测飞机部件管路系统的密封性，具有检测精度高、操作简单、工作稳定和使用寿命长等特点。"

飞机管路系统红油液压试验台液压原理图见图 5-56。

作者注　原文献图中没有"气控截止阀 1"。

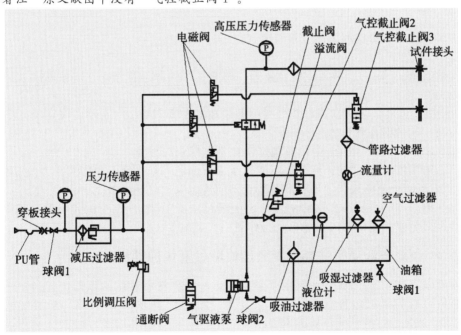

图 5-56　飞机管路系统红油液压试验台液压原理图（原文献图 1）

根据 GB/T 786.1—2021，对图 5-56 中一些图形符号如减压过滤器、压力传感器、比例调压阀、通断阀、气驱液泵（连续气液增压器）、电磁阀、高压压力传感器、溢流阀、气控截止阀 2 和 3、试件接头、管路过滤器、流量计、空气过滤器、吸湿过滤器、吸油过滤器、油箱等进行了修改，如图 5-57 所示。

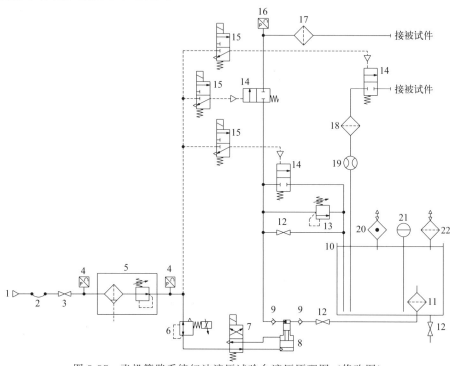

图 5-57　飞机管路系统红油液压试验台液压原理图（修改图）

1—气源；2—软管（PU管）；3—球阀；4—压力传感器；5—减压过滤器；6—比例调压阀；7—二位四通电磁换向阀（通断阀）；8—气驱液泵；9—单向阀；10—油箱；11—吸油过滤器；12—截止阀；13—溢流阀；14—二位二通气动换向阀（气控截止阀）；15—二位三通电磁换向阀（电磁阀）；16—高压压力传感器；17—压力管路过滤器；18—（回油）管路过滤器；19—流量计；20—吸湿过滤器；21—液位指示（液位计）；22—通气过滤器（空气过滤器）

作者注　比例调压阀按三通减压阀绘制。

讨论

原文献给出的"图 1　液压试验台原理"图及其中的图形符号存在一些问题，下面进行初步讨论。

①"减压过滤器"名称和图形符号有问题。在 GB/T 786.1—2021 中规定了"手动排水过滤器与减压阀的组合件"的图形符号。

② 在 GB/T 786.1—2021 中没有规定"比例调压阀"。

③ 原文献中给出的"气驱液泵"不能连续工作问题，如果没有单向阀 9（原文献中没有图 5-57 中所示两个单向阀），"气驱液泵"也不能连续输出红油。

④ 在 GB/T 786.1—2021 中没有规定"吸湿过滤器"。图 5-57 中的"吸湿过滤器"图形符号（具有聚结水功能的通气过滤器）为作者自行绘制。

5.3.2　小型随车起重机性能检测液压试验台液压原理图

原文献中表述："为了提高小型随车起重机出厂起重性能测试的方便性和高效性，依照随车起重机自身的车载吊臂工作性能，设计了一种基于 PLC 控制的液压平台检测设备。""结果表明：应用设计的液压试验台对 2t 和 3.5t 小型随车起重机进行起重性能测试，其结果符合厂家设定的起重机性能参数范围。"

小型随车起重机性能检测液压试验台液压原理图见图 5-58。

作者注　原文献序号 1～3 为"三位四通电磁比例换向阀"。

根据 GB/T 786.1—2021，对图 5-58 中一些图形符号如三位四通比例换向阀 1、2 和 3，平衡阀 4 和 5，液控单向阀 6 和 7，液压泵 10；二位二通电磁换向阀 12 和 13，先导式溢流阀 14，直动式溢流阀 15 和 16，压力表 17、18、19 和 20，单向阀 21，蓄能器 22 和 23，变幅液压缸 24，伸缩液压缸 25，流量传感器 27、28、29 和 30，压力传感器 31、32、33 和 34 等进行了修改，如图 5-59 所示。

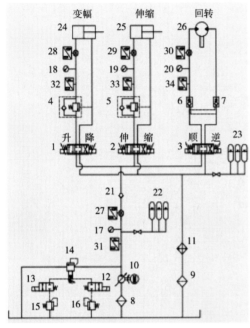

图 5-58　小型随车起重机性能检测液压
试验台液压原理图（原文献图 2）

1～3—三位四通比例换向阀；4，5—平衡阀；
6，7—液控单向阀；8，9—过滤器；10—液压泵；
11—冷却器；12，13—二位二通电磁换向阀；
14—先导式溢流阀；15，16—直动式溢流阀；
17～20—压力表；21—单向阀；22，23—蓄能器；
24—变幅液压缸；25—伸缩液压缸；26—回转液压
马达；27～30—流量传感器；31～34—压力传感器

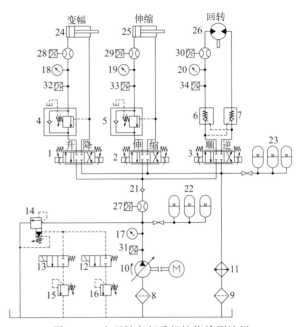

图 5-59　小型随车起重机性能检测液压
试验台液压原理图（修改图）

1～3—三位四通比例换向阀；4,5—平衡阀；6,7—液控
单向阀；8,9—过滤器；10—液压泵；11—冷却器；
12,13—二位二通电磁换向阀；14—先导式溢流阀；
15,16—直动式溢流阀；17～20—压力表；21—单向阀；
22,23—蓄能器；24—变幅液压缸；25—伸缩
液压缸；26—回转液压马达；27～30—流量
传感器；31～34—压力传感器

讨论

原文献给出的"图 2　液压系统工作原理"图及其中的图形符号存在一些问题，下面进行初步讨论。

① 原文献"2.3　回转回路"与现行标准的液压马达试验不同，具体请参见本书第 4.1 节中的液压马达试验方法。

② 原文献中表述："2.4　多级溢流阀调压回路　1）工作原理　工作时的起始油压力为最低档（挡）油压，只需二位二通电磁换向阀 12 电磁铁得电，阀位右移，系统油压就会降低至设定的压力值；若需升高油压，只需二位二通电磁换向阀 11 电磁铁得电，阀位左移，完成中档（挡）油压的切换。当二位二通电磁换向阀电磁铁不得电时，液压系统切换到高档（挡）油压。"现在的问题是在其图 2 中元件 11 是冷却器。

③ 作为专用液压试验设备，在三位四通比例换向阀 T 口设计安装蓄能器，是否必要值得商榷。

5.3.3 风洞液压设备用多功能移动油源液压原理图

原文献中表述："为提高国内某风洞液压设备的运行保障能力，研制一种多功能的移动油源，并进行仿真分析与现场调试。该移动油源满足移动灵活、结构和控制接口快速对接等需求，当风洞液压设备发生故障时，可应急备用；移动油源可以作为液压试验台，对油缸进行地面试验。相对于传统的油缸试验台，所设计的移动油源具备加载油缸主动位置控制和主动补油等优势，可为类似移动油源设计提供参考。"

风洞液压设备用多功能移动油源液压原理图见图 5-60。

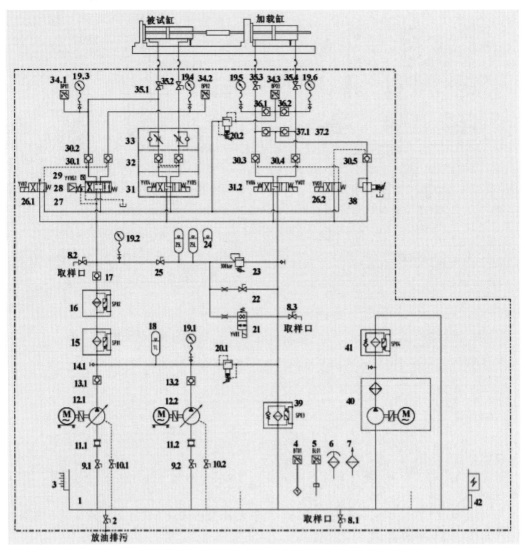

图 5-60 风洞液压设备用多功能移动油源液压原理图（原文献图 3）

1—油箱；2,10—低压球阀；3—液位温度计；4—温度传感器；5—液位传感器；6—空气滤清器；7—除湿滤清器；8—针阀；9—蝶阀；11—挠性接管；12—电机泵组；13,17,36,37—单向阀；14—测压接头；15,16—高压过滤器；18,24—蓄能器；19—压力表；20—先导溢流阀；21—电磁球阀；22—板式球阀；23—直动式溢流阀；25,35—高压球阀；26—电磁换向阀；27～29—伺服阀；30—液控单向阀；31—电液换向阀；32—叠加式液控单向阀；33—叠加式双单向节流阀；34—压力传感器；38—先导式减压阀；39—回油过滤器；40—油冷机；41—过滤器；42—人孔盖

作者注 不清楚同一伺服阀给出了三个序号的原因是什么。

根据 GB/T 786.1—2021,对图 5-60 中一些图形符号如低压球阀 2 和 10,液位温度计 3,温度传感器 4,液位传感器 5,空气滤清器 6,除湿滤清器 7,针阀 8,蝶阀 9,电机泵组 12,单向阀 13、17、36 和 37,测压接头 14,高压过滤器 15 和 16,蓄能器 18 和 24,先导溢流阀 20,电磁球阀 21,板式球阀 22,直动式溢流阀 23,高压球阀 25 和 35,电磁换向阀 26,伺服阀 27、28 和 29,液控单向阀 30,电液换向阀 31,叠加式液控单向阀 32,叠加式双单向节流阀 33,压力传感器 34,先导式减压阀 38,回油过滤器 39,油冷机 40,过滤器 41 等进行了修改,如图 5-61 所示。

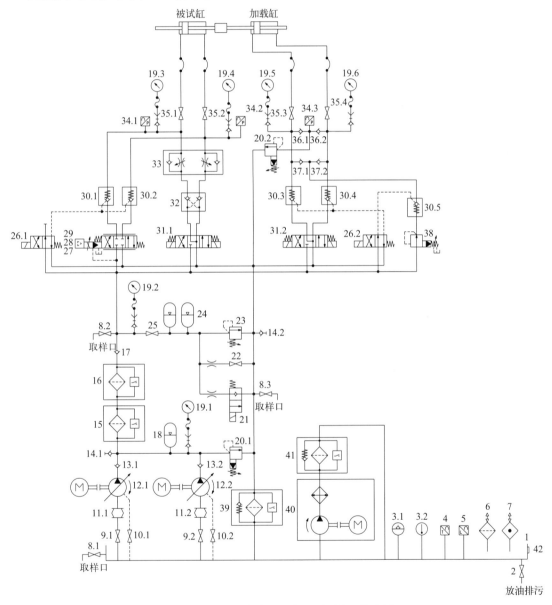

图 5-61 多功能移动油源液压原理图(修改图)

1—油箱;2,10—低压球阀;3—液位温度计;4—温度传感器;5—液位传感器;6—空气滤清器;7—除湿滤清器;8—针阀;9—蝶阀;11—挠性接管;12—电机泵组;13,17,36,37—单向阀;14—测压接头;15,16—高压过滤器;18,24—蓄能器;19—压力表;20—先导溢流阀;21—电磁球阀;22—板式球阀;23—直动式溢流阀;25,35—高压球阀;26—电磁换向阀;27~29—伺服阀;30—液控单向阀;31—电液换向阀;32—叠加式液控单向阀;33—叠加式双单向节流阀;34—压力传感器;38—先导式减压阀;39—回油过滤器;40—油冷机;41—过滤器;42—人孔盖

讨论

原文献给出的"图3 移动油源液压原理"图及其中的图形符号存在一些问题,下面进行初步讨论。

① 根据 GB/T 17489—2022,修改了油箱取样阀的安装位置。

② 根据 GB/T 38276—2019 绘制了挠性接头(挠性接管)。

③ 参考 GB/T 30208—2013 中规定的"抑制器",绘制了压力表阻尼器。

5.3.4 某大型装备液压试验台液压原理图

原文献中表述:"针对大型装备(如 300MN 模锻水压机、125MN 卧式挤压机和 250MN 难变形卧式挤压机)昂贵、影响力大和生产任务紧等不适合直接对它进行现场试验的问题,设计一种大型装备的液压试验台。""为从特性与机制上分析这些装备的液压系统的综合性能,需要在实验室构建的能反映装备负载特点的试验台,实现对现场情况进行模拟和试验,以真实地再现大型装备的工作过程,实现液压元件性能参数的验证。这对大型设备的故障排除、功能分析及设备性能的提升有重要意义。"

某大型装备液压试验台液压原理图见图 5-62。

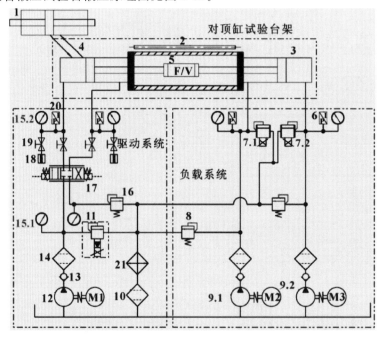

图 5-62 某大型装备液压试验台液压原理图(原文献图 2)

1—对称缸(备件);2—位移传感器;3—负载缸;4—驱动缸(可拆);5—拉压力传感器;6,20—压力传感器;
7—比例压力阀;8—溢流阀;9—负载泵;10—回油滤油器;11—先导式电磁溢流阀;12—驱动泵;13—单向阀;
14—高压滤油器;15—压力表;16—背压阀;17—比例换向阀;18—量杯;19—截止阀;21—冷却器

作者注 原文献序号 17 为"电液比例换向阀"。

根据 786.1—2021,对图 5-62 中一些图形符号如对称缸(备件)1、位移传感器 2、负载缸 3、驱动缸(可拆)4、拉压力传感器 5、压力传感器 6 和 20、比例压力阀 7、溢流阀 8、负载泵 9、回油滤油器 10、先导式电磁溢流阀 11、驱动泵 12、单向阀 13、高压滤油器 14、压力表 15、背压阀 16、比例换向阀 17、量杯 18、截止阀 19、冷却器 21 等进行了修改,如图 5-63 所示。

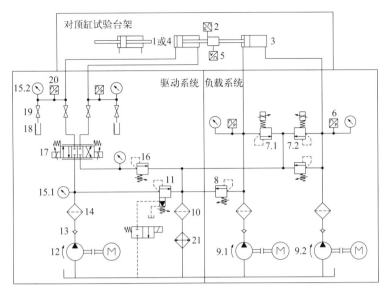

图 5-63 某大型装备液压试验台液压原理图（修改图）

1—对称缸（备件）；2—位移传感器；3—负载缸；4—驱动缸（可拆）；5—拉压力传感器；6,20—压力传感器；
7—比例压力阀；8—溢流阀；9—负载泵；10—回油滤油器；11—先导式电磁溢流阀；12—驱动泵；13—单向阀；
14—高压滤油器；15—压力表；16—背压阀；17—比例换向阀；18—量杯；19—截止阀；21—冷却器

讨论

原文献给出的"图 2 液压系统原理"图及其中的图形符号存在一些问题，下面进行初步讨论。

① 原文献图 2 中元件 11 的图形符号应为"比例溢流阀"。

② 根据原文献图 2 下"11—先导式电磁溢流阀"，及原文献中表述"2.2 试验台的工作原理 试验台采用 3 台定量泵为系统供油，采用对顶缸加载，利用先导电磁溢流阀实现油泵的空载启动"，修改件 11，绘制为电磁溢流阀。

③ 原文献中表述："采用截止阀调节驱动液压缸的外泄漏量，以模拟外泄漏情况下液压缸的动态特性。"这样设计较为新颖。

④ 以序号 9.1 和 9.2 两台负载泵分别为负载缸 3 的两腔供油，这样设计是否合理值得商榷。

5.3.5 中央回转接头性能试验台液压原理图

原文献中表述："中央回转接头是连接工程机械（液压挖掘机）固定部分与旋转部分的液压系统管路，使其上下两部分的系统管路具有 360°相对回转运动而不发生干涉的液压部件。""目前 GB/T 25629—2010（已被 GB/T 25629—2021 代替）已给出了一种中央回转接头耐久性液压试验系统，对其工作原理及特性进行分析，并在分析的基础原理上提出一种全新的可适用于中央回转接头各性能试验的试验系统方案以供参考。"

中央回转接头性能试验台液压原理图见图 5-64。"其中，压力计、转矩传感器、流量计等布置方式和原方案相同。"或参见本书第 4.9 节"液压挖掘机中央回转接头试验方法（摘自 GB/T 25629—2021）"。

作者注 原文献序号 16 和 17 为"二位二通换向球阀"。

根据 GB/T 786.1—2021，对图 5-64 中一些图形符号如过滤器 1～6、变量泵 7 和 8、电动机 9 和 10、溢流阀 11～14、二位二通电磁换向座阀 16 和 17、二位二通换向阀 18、变量马达 19 等进行了修改，如图 5-65 所示。

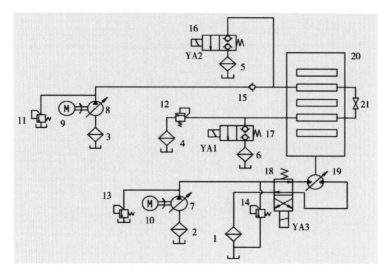

图 5-64 中央回转接头性能试验台液压原理图（原文献图 4）

1～6—过滤器；7,8—变量泵；9,10—电动机；11～14—溢流阀；15—单向阀；16,17—二位二通
电磁换向座阀；18—二位二通换向阀；19—变量马达；20—中央回转接头；21—截止阀

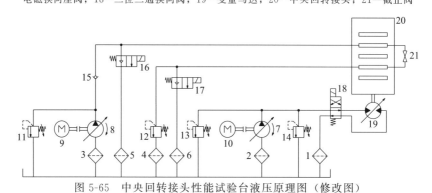

图 5-65 中央回转接头性能试验台液压原理图（修改图）

1～6—过滤器；7,8—变量泵；9,10—电动机；11～14—溢流阀；15—单向阀；16,17—二位二通
电磁换向座阀；18—二位二通换向阀；19—变量马达；20—中央回转接头；21—截止阀

讨论

原文献给出的"图 4 适应性改进后的液压试验系统原理图"及其中的图形符号存在一些问题，下面进行初步讨论。

① 如果溢流阀 13 和 14 其中一个作为安全阀，则另一个的作用不清楚。

② 对于"密封性"和"耐久性"试验，在原文献图 4 中对泄漏如何测试没有说明。

5.3.6 某型比例压力流量集成阀液压试验台液压原理图

原文献中表述："针对目前研制的某型比例压力流量集成阀的液压硬件选配和控制系统设计问题，研发了相应的液压试验台，并对试验台做了性能测试研究。""……，同时采用液压计算机辅助测试技术（CAT）实现了系统的数据采集、显示和数据控制处理功能；""试验台通过对液压硬件的选择、控制系统的集成化和软件程序的优化，提高了测试元件的范围和测试的精度；相较于现有的试验台，所设计的试验台具有高采样频率、高集成化和多功能化等特征。"

某型比例压力流量集成阀液压试验台液压原理图见 5-66。

作者注 原文献序号 2 为"电机"。

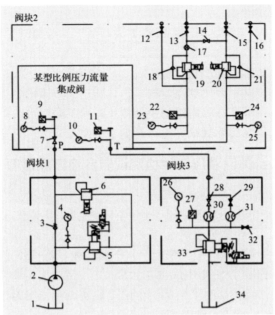

图 5-66　某型比例压力流量集成阀液压试验台液压原理图（原文献图 1）

1,34—油箱；2—液压泵；3—单向阀；4,8,10,23,25,26—耐震压力表；5,33—电磁溢流阀；6,19,20—比例溢流阀；
7,12,13,15,16—管式截止阀；9,11,22,24,27—压力传感器；14,28—板式高压球阀；
17,30,31—高精度流量计；18,21—单向阀；29,32—板式球阀

根据 GB/T 786.1—2021，对图 5-66 中一些图形符号如油箱 1 和 34，液压泵 2，单向阀 3，耐震压力表 4、8、10、23、25 和 26，电磁溢流阀 5 和 33，比例溢流阀 6、19 和 20，压力传感器 9、11、22、24 和 27，管式截止阀 7、12、13、15 和 16，板式高压球阀 14 和 28，高精度流量计 17、30 和 31，单向阀 18 和 21，板式球阀 29 和 32 等进行了修改，如图 5-67 所示。

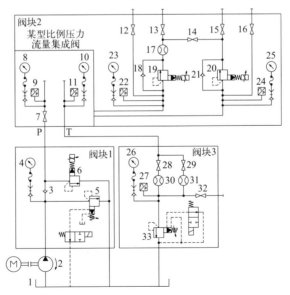

图 5-67　某型比例压力流量集成阀液压试验台液压原理图（修改图）

1—油箱；2—液压泵；3—单向阀；4,8,10,23,25,26—耐震压力表；5,33—电磁溢流阀；6,19,20—比例溢流阀；
7,12,13,15,16—管式截止阀；9,11,22,24,27—压力传感器；14,28—板式高压球阀；17,30,31—高精度流
量计；18,21—单向阀；29,32—板式球阀

讨论

原文献给出的"图 1 某型比例压力流量集成阀液压试验原理图"及其中的图形符号存在一些问题，下面进行初步讨论。

① 原文献油箱 1 和油箱 34 应为一个油箱。

② 原文献将电磁溢流阀 5 和比例溢流阀 6 出口相连是严重的错误，二者均应接油箱。

③ 将耐震压力表与一半带有单向阀的快换接头连接是错误的。

④ 关于电调制液压控制阀的试验方法可参见本书第 4.4 节。

5.3.7 机轮刹车系统关键液压元件检测试验台液压原理图

原文献中表述："为满足机轮刹车关键液压元件维修或出厂前各项性能检测需求，设计了一种自动化程度高的刹车元件性能检测试验台，……。""其关键液压元件包括机轮刹车分配阀、机轮刹车组合阀、机轮刹车传输器；……。液压试验台即是用来对液压元件的性能及工作状态进行检测的一种装置，可最大限度回复产品性能，延长使用寿命，提供经济效益。"

作者注 该文献给出了参照设计依据："GB/T 786.1《液压气动图形符号》、GB/T 2346《流体传动系统及元件》、GB/T 3766—2001《液压系统通用技术条件》、GJB 1184A—2005《航空机轮和刹车装置通用规范》等。"

该文献发表于 2022 年以此而论，所参照的标准应为：GB/T 786.1—2021《流体传动系统及元件 图形符号和回路图 第 1 部分：图形符号》、GB/T 2346—2003《流体传动系统及元件 公称压力系列》、GB/T 3766—2015《液压传动 系统及其元件的通用规则和安全要求》。

机轮刹车系统关键液压元件检测试验台液压原理图见图 5-68。

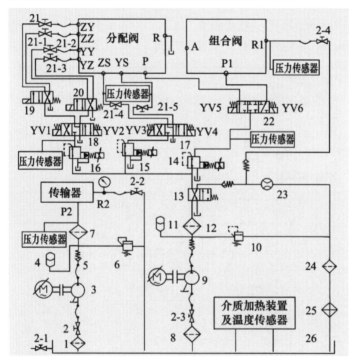

图 5-68 机轮刹车系统关键液压元件检测试验台液压原理图（原文献图 1）

1,7,8,12,24—过滤器；2—手动球阀；3—小泵组；4,11—蓄能器；5—软管及单向阀；6,10—溢流阀；9—大泵组；13,17~20,22—电磁换向阀；14~16—(三通比例)减压阀；21—电动球阀；23—流量计；25—冷却器；26—油箱

作者注　原文献序号 1、7、8、12、24 为"油滤"，序号 25 为"散热器"。

根据 GB/T 786.1—2021，对图 5-68 中一些图形符号如过滤器 1、7、8、12 和 24，手动球阀 2，小泵组 3，蓄能器 4 和 11，软管及单向阀 5，溢流阀 6 和 10，大泵组 9，电磁换向阀 13、17～20、22，减压阀 14、15 和 16，电动球阀 21，流量计 23，冷却器 25，油箱 26 等进行了修改，如图 5-69 所示。

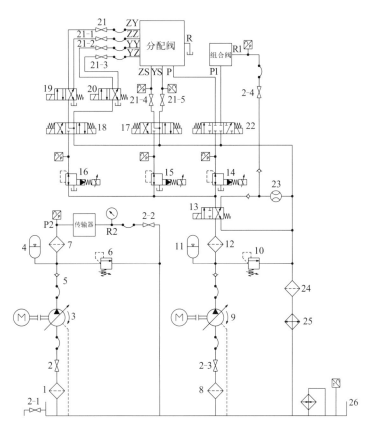

图 5-69　机轮刹车系统关键液压元件检测试验台液压原理图（修改图）
1,7,8,12,24—过滤器；2—手动球阀；3—小泵组；4,11—蓄能器；5—软管及单向阀；
6,10—溢流阀；9—大泵组；13,17～20,22—电磁换向阀；14～16—（三通比例）减压阀；
21—电动球阀；23—流量计；25—冷却器；26—油箱

讨论

原文献给出的"图 1　液压系统原理"图及其中的图形符号存在一些问题，下面进行初步讨论。

① 根据原文献图 1 中的图形符号，元件 14、15 和 16 应为三通比例减压阀。

② 在 GB/T 786.1—2021 中没有规定"电动球阀"的图形符号，在修改图中以"截止阀"代替。

③ 将原文献中文字表述"压力传感器"和"介质加热装置及温度传感器"修改为用图形符号表示。

④ 尽管原文献中表述："3.1　液压系统设计　结合模块化设计思想，将液压系统分为供油系统、液压介质循环系统、液压介质加温及冷却系统 3 大模块，……。"但其图 1 中没有具体标出这些模块。

5.3.8 机械功率回收式液压泵和马达试验台液压原理图

原文献中表述："针对传统大功率液压泵马达试验台采用节流阀或溢流阀方式加载，导致能量均以热能的形式浪费的问题，设计了一种可对开式液压泵、闭式液压泵和液压马达进行性能测试的机械补偿功率回收式试验系统。"

机械功率回收式液压泵和马达试验台液压原理图见图 5-70。

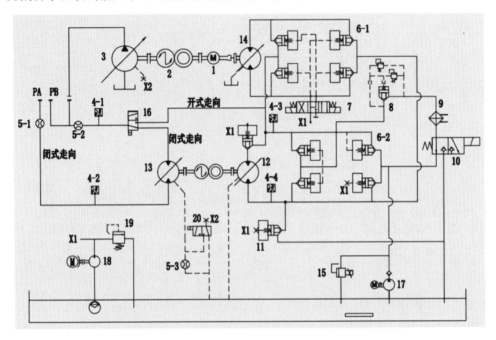

图 5-70 机械功率回收式液压泵和马达试验台液压原理图（原文献图 2）
1—双输出轴电机；2—扭（转）矩仪；3—被测柱塞泵；4—压力传感器；5—流量计；6—桥式回路；7—三位四通
电磁换向阀；8—比例溢流阀；9—水塔（板式冷却器）；10—二位三通电磁换向座阀；11—二通插装阀；
12—加载马达；13—被测马达；14—功率回收马达；15—比例溢流阀；16，20—二位三通电磁换向阀；
17—补油泵；18—控制油泵、电机；19—溢流阀

作者注 在原文献中"电动三通球阀"10 与"电动三通球阀"16、20 的图形符号不一样。

根据 GB/T 786.1—2021，对图 5-70 中一些图形符号如双输出轴电机 1，扭（转）矩仪 2，被测柱塞泵 3，压力传感器 4，流量计 5，桥式回路 6，三位四通电磁换向阀 7，比例溢流阀 8，水塔（板式冷却器）9，二位三通电磁换向座阀 10，二通插装阀 11，加载马达 12，被测马达 13，功率回收马达 14，比例溢流阀 15，二位三通电磁换向阀 16 和 20，补油泵 17，控制油泵、电机 18，溢流阀 19 等进行了修改，如图 5-71 所示。

讨论

原文献给出的"图 2 液压系统原理图"及其中的图形符号存在一些问题，下面进行初步讨论。

① 原文献中表述："由于双向变量泵在试验过程中输出流量大小和方向都发生变化，进出油口方向会发生改变，故很难在一个闭合油路中实现功率回收。因此液压试验台设置电动三通球阀将开式回路与闭式回路分开，形成一个半闭式的液压系统，同时通过液压桥路控制功率回收马达的旋转方向，即可满足对开式泵、闭式泵和液压马达三种不同柱塞元件的测试

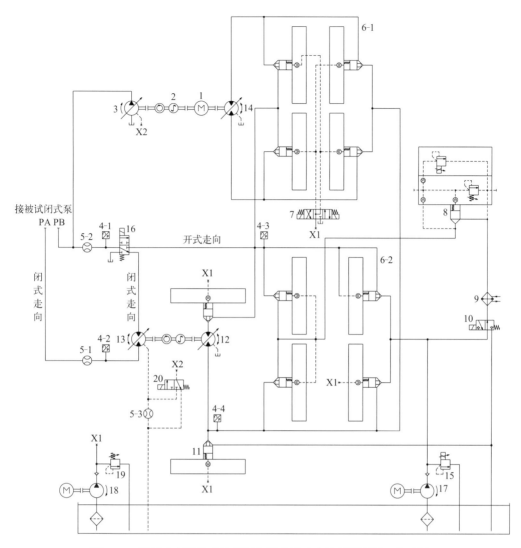

图 5-71 机械功率回收式液压泵和马达试验台液压原理图（修改图）

1—双输出轴电机；2—扭（转）矩仪；3—被测柱塞泵；4—压力传感器；5—流量计；6—桥式回路；7—三位四通
电磁换向阀；8—比例溢流阀；9—水塔（板式冷却器）；10—二位三通电磁换向座阀；11—二通插装阀；
12—加载马达；13—被测马达；14—功率回收马达；15—比例溢流阀；16，20—二位三通电磁换向阀；
17—补油泵；18—控制油泵、电机；19—溢流阀

要求。机械补偿功率回收式液压泵马达试验系统，如图 2 所示。"而在其图 2 中没有"双向
变量泵"。

② 在原文献中"电动三通球阀 16"（其图形符号为二位三通电磁换向阀）所用为 P、
A、B 口，而不是 P、T、A 口。

③ 原文献中表述："闭式泵测试试验时，将被试闭式泵安装在被试泵 3 处，闭式泵的
A、B 口与 PA、PB 口连接。补油泵 17 在测试过程中补充陪试马达和功率回收马达的泄漏
量。"而在其图 2 中没有"陪试马达"，或是"被试马达""被测马达"。

④ 用控制油泵直接控制 X1 来操纵各二通插装阀，这样也仅可能是表示了一个原理，况
且其还是三位四通电磁换向阀 7 的油源。

5.3.9　基于 LabVIEW 液压元件综合试验系统液压原理图

原文献中表述："针对当前液压元件的测试要求，研发一套基于虚拟仪器的液压测控系统。……。采用 LabVIEW 开发该试验系统的测控系统，实现数据的采集处理功能。该测试系统采用基于虚拟仪器的计算机检测与控制技术，具有性能高、可扩张性、性价比高、无缝集成、系统开放性强的优点。""试验马达时，泵作为负载。换向阀 10 控制马达转向，单向阀 11.1～11.4 构成整流阀组，其作用是在闭式液压泵换向时自动切换进出油口与补油源 P2、背压加载阀 13 的连接。换向阀 12 控制泵、马达的出油是否经过流量计，是则选择回路（T1），否则直接回油箱（T2）。"

基于 LabVIEW 液压元件综合试验系统液压原理图见图 5-72。

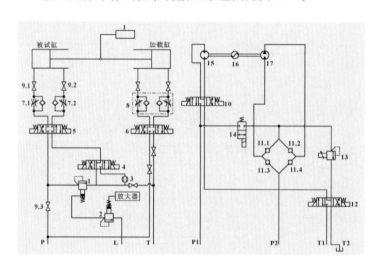

图 5-72　基于 LabVIEW 液压元件综合试验系统液压原理图（原文献图 2）

1—先导溢流阀；2—比例调压阀；3—流量计；4～6,10,12—三位四通电磁换向阀；7—单向节流阀；8—双单向节流阀；9—截止阀；11—单向阀；13—背压加载阀；14—二位二通电磁换向阀；15—马达；16—扭（转）矩仪；17—泵

作者注：1. 原文献序号 4～6、10、12、14 为"换向阀"。

2. 如被试缸和加载缸间的元件（没有给出名称）给出的序号为 1，则与先导溢流阀 1 重复。

根据 GB/T 786.1—2021，对图 5-72 中一些图形符号如先导溢流阀 1，比例调压阀 2，流量计 3，三位四通电磁换向阀 4～6、10 和 12，单向节流阀 7，双单向节流阀 8，单向阀 11，背压加载阀 13，二位二通电磁换向阀 14，马达 15，扭（转）矩仪 16，泵 17 以及被试缸和加载缸等进行了修改，如图 5-73 所示。

讨论

原文献给出的"图 2　液压系统原理"图及其中的图形符号存在一些问题，下面进行初步讨论。

① 根据"双单向节流阀 8 通过调节油液的流速控制加载缸的运动速度。"在原文献图 2 中被试缸和加载缸间的元件（疑似序号 1，但没有给出名称）应为速度传感器（或位置传感器）。

② 根据原文献中的表述，其图 2 中三位四通电磁换向阀 12 应将 A 口与 T1、B 口与 T2 连接。

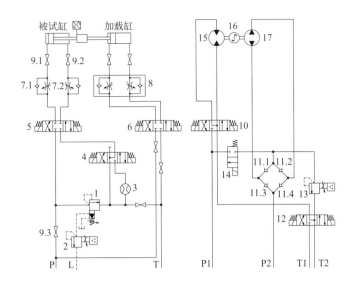

图 5-73　基于 LabVIEW 液压元件综合试验系统液压原理图（修改图）

1—先导溢流阀；2—比例调压阀；3—流量计；4～6,10,12—三位四通电磁换向阀；

7—单向节流阀；8—双单向节流阀；9—截止阀；11—单向阀；13—背压加载阀；

14—二位二通电磁换向阀；15—马达；16—扭（转）矩仪；17—泵

5.3.10　一种多功能液压试验台液压原理图

原文献中表述："设计了一种多功能液压试验台，……。结合企业产品设计研发需要，试验台能满足液压阀、液压缸等多项测试。""在工程机械（如运梁车、架桥机、搬运车等特种施工机械）液压系统中，应用了大量液压阀和液压缸等，这些液压元件的性能和技术指标直接影响液压系统的性能，找到元件的故障能更好地解决液压系统的故障，以及恢复液压系统。""1）换向阀测试模块　换向阀测试模块预留了 P、T、A、B 接口。将换向阀按测试需要连接，在 P、T、A、B 口都配置有压力传感器（PS），测试换向阀性能。回路中配置有电磁球阀（DQF），用来实现系统的通断或桥式功能，使用电磁球阀能保证回路泄漏量极小。配置有量筒测量换向阀的泄漏。比例溢流阀可以调定试验压力，0～315bar 范围无级可调。""2）液压缸测试模块　本测试模块预留了 A、B、X、Y 接口，既能测试液压缸，也能测试单向阀、减压阀、溢流阀、调速阀等。配置有压力传感器（PS），测试液压缸等试验压力。回路中配置有电磁球阀（DQF），系统中设置液控单向阀，油缸可在任意位置锁紧。配置比例换向阀，形成控制回路，测量元件的各性能。"

一种多功能液压试验台液压系统原理图见原文献图 1（包括主测试系统、先导控制系统、吸油系统和冷却系统），试验测试模块之一换向阀测试模块见图 5-74，试验测试模块之二液压缸测试模块见图 5-75。

根据 GB/T 786.1—2021，对图 5-74 和图 5-75 中一些图形符号等进行了修改；如图 5-76 和图 5-77 所示。

讨论

原文献给出的"图 2　换向阀测试模块"图和"图 3　液压缸测试模块"图及其中的图形符号存在一些问题，下面进行初步讨论。

① 在原文献图 2 中阀 60 的 T 口封闭而没有接油箱，原文献图 3 中也有相同的问题。

② 在原文献图 2 中比例溢流阀 46 安装在换向阀的 T 口，理解其作用为背压阀。作为换向阀测试模块，"比例溢流阀可以调定试验压力，0～315bar 范围无级可调"值得商榷。

③ 在原文献图 3　中有"被测阀"，而没有被试液压缸。

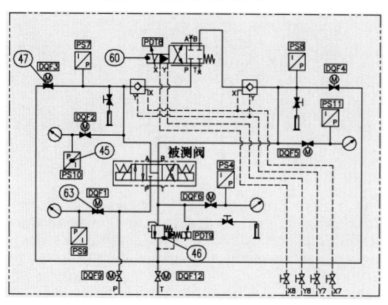

图 5-74　换向阀测试模块（原文献图 2）

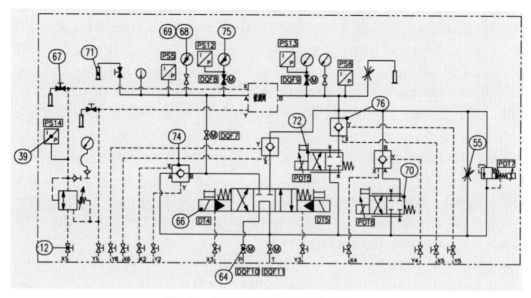

图 5-75　液压缸测试模块（原文献图 3）

④ 如原文献图 3 用于液压缸测试，因阀 66 的 A 口与被试液压缸 A 口间没有设置液控单向阀，所以被试液压缸无法利用"系统中设置液控单向阀"可在任意位置锁紧。其他如对 A 口所连腔体加载也无法实现。

⑤ 在 GB/T 786.1—2021 中，没有两修改图中各液控单向阀的 Y 口（先导泄油口或泄油口）。

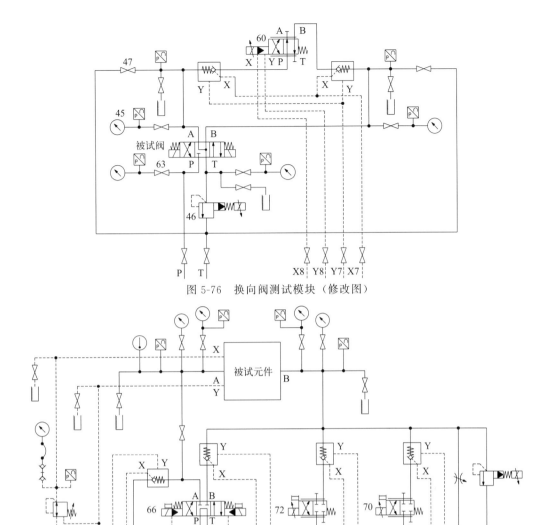

图 5-76　换向阀测试模块（修改图）

图 5-77　液压缸测试模块（修改图）

5.3.11　基于模块化的液压阀综合试验台液压原理图

原文献中表述："液压阀在很大程度上影响着液压系统的正常工作，为了检验液压阀的性能指标，设计了对多种液压阀进行多项性能测试的综合试验。同时为了实现试验台的自动化，……。引入了模块化设计思想，进行测试软件的二次开发，将所需功能以模块化的方式处理，……，实现了试验台自动化调节系统压力及流量，满足性能测试要求；……。"

基于模块化的液压阀综合试验台液压原理图见图 5-78。

作者注　原文献序号 9 为"电液换向阀"，序号 10 为"电磁球阀"。

根据 GB/T 786.1—2021，对图 5-78 中一些图形符号如油箱 1、加热器 2、液位计 3、电动机 4 和 19、比例泵 5、控制泵 6、过滤器 7、比例溢流阀 8、三位四通电液换向阀 9、二位三通电磁换向座阀 10、电磁溢流阀 11 和 16、流量计 12、高压球阀 13、压力表开关 15、空气滤清器 17、温度传感器 18、循环泵 20、过滤器 21、冷却器 22、电磁水阀 23 等进行了修改，如图 5-79 所示。

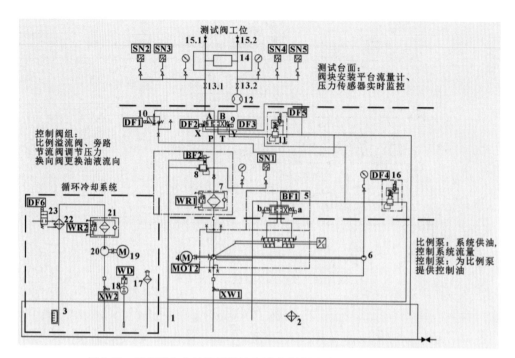

图 5-78　基于模块化的液压阀综合试验台液压原理图（原文献图 2）

1—油箱；2—加热器；3—液位计；4,19—电动机；5—比例泵；6—控制泵；7—过滤器；8—比例溢流阀；
9—三位四通电液换向阀；10—二位三通电磁换向座阀；11,16—电磁溢流阀；12—流量计；13—高压球阀；
14—测试阀块安装平台；15—压力表开关；17—空气滤清器；18—温度传感器；20—循环泵；
21—过滤器；22—冷却器；23—电磁水阀

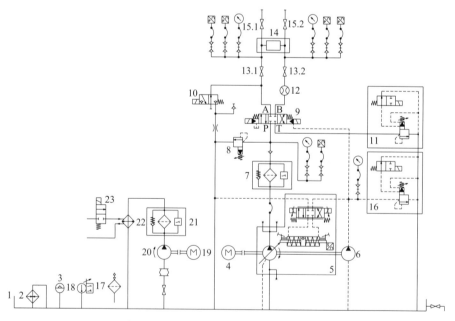

图 5-79　基于模块化的液压阀综合试验台液压原理图（修改图）

1—油箱；2—加热器；3—液位计；4,19—电动机；5—比例泵；6—控制泵；7—过滤器；8—比例溢流阀；9—三位四通
电液换向阀；10—二位三通电磁换向座阀；11,16—电磁溢流阀；12—流量计；13—高压球阀；14—测试阀块安装平台；
15—压力表开关；17—空气滤清器；18—温度传感器；20—循环泵；21—过滤器；22—冷却器；23—电磁水阀

讨论

原文献给出的"图2 试验台的液压系统原理图"及其中的图形符号存在一些问题，下面进行初步讨论。

① 原文献图2给出的说明："控制泵：为比例泵""提供控制油"。比例泵应是一种变量泵，但图2中所示为定量泵图形符号（见图2中控制泵6）。

② 作为液压阀综合试验台，仅有三位四通电液换向阀9控制的A口和B口（也为被测试控制油口）是不够的。

③ 一些标准规定的液压阀试验方法，参见本书第4.2节。

5.3.12 自动变速箱操纵装置液压试验台液压原理图

原文献中表述："自动变速箱AMT，能够根据动力传动系统内部和外部的状态，以及行驶工况不同，自动选择合适的传动速比。""操纵装置是车用自动变速箱进行选、换档（挡）的执行机构，……。在对操纵装置所做的寿命试验过程中，而是希望该试验台：一方面在自动挂档（挡）摘档（挡）过程中，能够完全模拟受力与位移的变化，另一方面还要便于操作人员对操纵装置进行检测和调整。""操纵装置液压试验台主要由液压站部分和电控部分组成，如图（1）所示。""液压站部分主要的执行机构是一根（个）伺服油缸20，该伺服油缸20一端与被测操纵装置联（连）接，能够提供给被测操纵装置在挂档（挡）行程中所需不同的力，并且伺服油缸20能够停在任意位置，满足各种挂档（挡）动作和挂档（挡）行程。同时，……。"

自动变速箱操纵装置液压试验台液压原理图见图5-80。

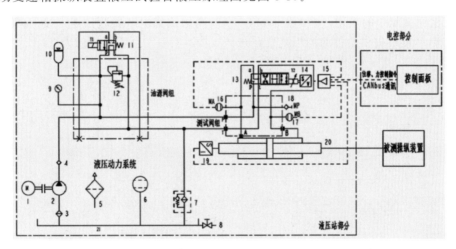

图5-80　自动变速箱操纵装置液压试验台液压原理图（原文献图1）
1—电动机；2—主泵；3—吸油过滤器；4—单向阀；5—空气过滤器；6—液位计；7—回油过滤器；8—截止阀；
9—压力表；10—蓄能器；11—二位四通电磁换向阀；12—溢流阀；13—三位四通比例换向阀；14—电压式
位移传感器；15—控制器；16，17—压力传感器；18—堵头；19—电流式位移传感器；20—伺服油缸

作者注　原文献序号13为"电比例换向阀"。

根据GB/T 786.1—2021，对图5-80中一些图形符号如电动机1、主泵2、吸油过滤器3、单向阀4、空气过滤器5、液位计6、回油过滤器7、截止阀8、压力表9、蓄能器10、二位四通电磁换向阀11、溢流阀12、三位四通比例换向阀13、电压式位移传感器14、压力传感器16和17、电流式位移传感器19、伺服油缸20等进行了修改，如图5-81所示。

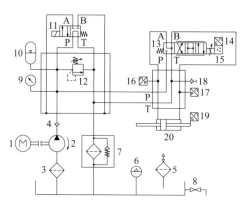

图 5-81　自动变速箱操纵装置液压试验台液压原理图（修改图）

1—电动机；2—主泵；3—吸油过滤器；4—单向阀；5—空气过滤器；6—液位计；7—回油过滤器；8—截止阀；
9—压力表；10—蓄能器；11—二位四通电磁换向阀；12—溢流阀；13—三位四通比例换向阀；14—电压式
位移传感器；15—控制器；16，17—压力传感器；18—堵头；19—电流式位移传感器；20—伺服油缸

讨论

原文献给出的"操作装置液压控制系统的工作原理如图（1）中液压站部分"及其中的图形符号存在一些问题，下面进行初步讨论。

① "油源阀组"中仅有溢流阀 12；而"测试阀组"中无液压阀。

② 在 GB/T 786.1—2021 中规定 G 表示传感器的"位置或长度"输入信号；S 表示传感器的"速度或频率"输入信号。

③ 根据原文献中的表述，"伺服油缸 20 一端与被测操纵装置联（连）接"间应设计安装力传感器，"能够提供给被测操纵装置在挂档（挡）行程中所需不同的力"。

附 录

附录 A　图形符号术语（摘自 GB/T 15565—2020）

GB/T 15565—2020 界定的图形符号等方面的术语及其定义摘录见附表 A-1。

附表 A-1　图形符号术语

序号	术语	定义
2.1.1	符号	表达一定事物或概念，具有简化特征的视觉形象
2.1.2	图形符号	以图形为主要特征，信息的传递不依赖于语言的符号
2.1.3	文字符号 文字代号	以字母、数字、汉字等或它们的组合形成的符号
2.2.1	图形	在二维空间以点、线和面构建的可视形状
2.2.2	图像	在二维空间对客观事物如实描绘或呈现的视觉画面
2.2.3	字符	单一的字母、数字、标点符号或其他特定符号
2.2.4	名称	用于标示和提及图形符号的专用名词或短语 注：名称仅为图形符号提供独一无二的名字而不描述其应用
2.2.5	含义	图形符号所要传递的信息
2.2.6	说明	解释图形符号的功能和应用场所的文字
2.2.7	功能	图形符号所要表示的对象的用途或作用
2.2.7.1	排斥功能	图形符号不表示的对象或相关对象所具有的功能
2.2.8	否定	表示与肯定相反或否认具体事务存在的一种方法
2.2.9	符号族	使用具有特定含义的图形特征表示共同概念的一组图形符号
2.3.1	通用符号	适用多个领域、专业或普遍使用的图形符号
2.3.2	专用符号	只适用某个领域、专业或专为某种需要而使用的图形符号
2.3.3	详细符号	表示对象的功能、类型和/或外部特征等细节的图形符号
2.3.4	方框符号	用以表示元件、设备等的组合及其功能，既不给出元件、设备的细节也不考虑所有的连接，形状为矩形的图形符号
2.3.5	简化符号	省略部分符号细节的图形符号
2.3.6	基本符号 一般符号	表示一类事物或其特征，或作为符号族中各个图形符号组成基础的较简明的图形符号
2.3.7	特定符号	将限定要素或其他符号要素附加在基本符号之上形成的含义确定的图形符号
2.4.1	技术产品文件用图形符号 tpd 符号	用于技术产品文件，表示对象和/或功能，或表明生产、检验和安装的特定指示的图形符号
2.4.1.1	简图用符号	在简图中表示系统或设备各组成部分之间相互关系的技术产品文件图形符号
2.4.1.2	标注用符号	表示在产品设计、制造、测量和质量保证等全过程中涉及的几何特征（如尺寸、距离、角度、形状、位置、定向等）和制造工艺等的技术产品文件用图形符号
2.4.2	设备用图形符号	用于各种设备，作为操作指示或显示其功能、工作状态的图形符号
2.4.2.1	显示符号	呈现设备的功能或工作状态的设备用图形符号
2.4.2.2	控制符号	作为操作指示的设备用图形符

序号	术语	定义
2.4.2.3	图标	呈现在设备屏幕上表示计算机系统对象和/或应用程序功能的可交互设备用图形符号 注:图标可分为静态图标、根据用户的输入改变的交互式图标和根据设备状态改变的动态图标
2.4.3	标志用图形符号	在基本模型上设计的,在标志上使用的图形符号 注:用于表示公共、安全、交通、包装储运等信息
2.4.3.1	公共信息图形符号	向公众传递信息,无需专业培训或训练即可理解的标志用图形符号
2.5.1.1	清晰性	字符之间或符号细节之间能够被相互区分的特性
2.5.1.2	区分性	图形符号之间在构图上具有明显差异并能够容易地彼此区分的特性
2.5.1.3	理解性	图形符号能够被理解为所要表达含义的特性
2.5.1.4	记忆性	图形符号所表示的对象和/或含义能够被记住的特性
2.5.1.5	一致性	〈图形符号〉不同的图形符号中表达同一含义的符号要素以及具有同一语义关系的符号要素间相互位置相同的特性
2.5.4.1	符号要素	具有特定含义的图形符号的组成部分
2.5.4.2	限定要素	附加于基本符号或其他图形符号之上,以提供某些确定或附加信息,不能单独使用的符号要素 注:基本符号也可作为限定要素使用
2.5.4.3	符号细节	构成符号要素的可由视觉分辨的最小单元
2.5.4.4	关键细节 重要细节	对于图形符号的理解或图形符号的完整必不可少的符号细节
2.5.4.5	否定要素	否定图形符号全部或部分含义的符号要素 注:否定要素通常包括斜杠和叉形两种形式

附录 B 最新版本国家标准主要技术变化

与 GB/T 786.1—2009 相比,除编辑性修改外,GB/T 786.1—2021 的主要技术变化见附表 B-1。

附表 B-1 GB/T 786.1 最新版本主要技术变化

序号	GB/T 786.1—2009	GB/T 786.1—2021	说明
1		—	删除了 2009 年版"电器(气)操纵的气动先导控制机构"示例
2			修改 2009 年版二位四通方向控制阀非初始机能位中两个顺向箭头为两个交叉箭头
3			修改 2009 年版二位三通方向控制阀内的双向箭头为单向箭头,单向阀的方向进行了变更 作者注　单向阀的方向与 JB/T 10830—2008 规定的"座阀机能"不同
4		—	删除了 2009 年版"比例方向控制阀,直接控制"其中一个示例
5			删除了 2009 年版伺服阀示例控制要素中的油箱

序号	GB/T 786.1—2009	GB/T 786.1—2021	说明
6			修改了 2009 年版步进电机驱动符号
7			2021 年版增加了三通比例加压阀的图形符号的泄漏油箱 作者注　图形符号已在第 2 章第 2.4 节中勘误
8			修改了 2009 年版比例溢流阀的两个控制要素,将其分开布置,附加先导级置于机能位右上角,带集成电子器件的先导级置于机能位右侧下方 作者注　2021 年版"电子方法器"是错误的,现已修改为"电子加法器"
9			删除了 2009 年版图形符号非初始机能位的进、出口延伸线
10			修改 2009 年版减压插装阀插件(滑阀结构,常闭,带有集成的单向阀)A 口的虚线为实线
11			2021 年版增加了带有先导端口的控制盖板 X 口延伸线
12			修改 2009 年版梭阀内的虚线为实线

序号	GB/T 786.1—2009	GB/T 786.1—2021	说明
13			修改 2009 年版换向阀油口的实线为虚线
14			修改 2009 年版二通插装阀(带有减压功能，低压控制)中 A、B 两口实线相连为不相连
15			修改 2009 年版应用示例中图形符号的先导控制管路实线为虚线

序号	GB/T 786.1—2009	GB/T 786.1—2021	说明
16			修改 2009 年版气压复位的先导油口的点线为虚线
17			修改 2009 年版气压复位的外部压力源的实线为虚线
18			修改 2009 年版内控制线的实线为虚线
19		—	删除了 2009 年版中位机能的示例
20			2021 年版增加了进、出口表示气压源的实线空心三角标志
21		—	删除了 2009 年版"用来保护两条供给管道的防气蚀溢流阀"(气动应用实例)示例
22	—		2021 年版增加了两个新的(双作用气缸)应用示例

序号	GB/T 786.1—2009	GB/T 786.1—2021	说明
23			修改了 2009 年版"压差计"的图形符号进、出线的画法,将进、出线均画在下侧修改为分别画在上、下两侧
24			修改了 2009 年版"手动排水分离器"的图形符号排水线,将实线改为虚线 作者注 仅对 7.4.4.16 和 7.4.4.19 进行了修改,其他仍为实线
25			2021 年版增加了"流动通道和方向的指示"中表示"流道"的箭头的角度和尺寸的规定 作者注 不是"流道"的箭头,而是"运动方向""旋转方向""压力""扭(转)矩""速度"指示(箭头)

序号	GB/T 786.1—2009	GB/T 786.1—2021	说明
26			修改了 2009 年版"膜片,囊"的尺寸 5M 为 2.5M
27	—		2021 年版增加了两个新的基本要素符号
28			修改 2009 年版"气压增压直动机构"的图形符号表示先导控制气源的实线为虚线 作者注　2021 年版"气压增压制动机构",是错误的,现已修改为"气压增压直动机构"
29			2021 年版增加了表示应用示意的示例
30			2021 年版增加了"调节要素"中表示"可调节"的箭头的角度和尺寸的规定

序号	GB/T 786.1—2009	GB/T 786.1—2021	说明
30			2021年版增加了"调节要素"中表示"可调节"的箭头的角度和尺寸的规定

序号	GB/T 786.1—2009	GB/T 786.1—2021	说明
31			2021年版增加了"电器(气)数字输出信号"表示数字信号的"♯"的尺寸规定

附录 C　航空航天液压系统和组件图形符号（摘自 GB/T 30208—2013）

GB/T 30208—2013 规定的航空航天液压、气动系统和组件图形符号及连接件、测量和指示装置、阀、泵和马达、作动筒等组件的图形符号见附表 C-1。

GB/T 30208—2013 适用于航空航天流体系统及附件。

作者注　在航空航天液压领域，可将"附件"理解为 GB/T 17446 中的"元件"。

该标准规定的常用线宽：$T = 0.25mm$（0.010in），低压回路等；$1.5T = 0.4mm$（0.015in），轮廓线和框图线；$3T = 0.64 \sim 0.75mm$（0.025~0.030in），高压回路。

附表 C-1　航空航天液压系统和组件图形符号

基本符号			
序号	组件名称	图形符号	说明
3.1	基本符号		
3.1.1	能量转换装置：泵、马达、主油缸（主单元）	14.0 mm　0.56 in	摆动液压缸、限流器
3.1.2	热交换器（冷凝器、加热器、温度控制器）	13.0 mm　0.50 in	
3.1.3	电动机、空气涡轮、空气贮存器、发电机	11.0 mm　0.44 in	
3.1.4	辅助泵、马达、可拆卸的过滤器滤芯、转动附件	9.5mm　0.38in	压力控制器、热机、过滤器
3.1.5	阀用驱动电动机、蓄压器、空气瓶	8.0mm　0.31in	控制阀、单向阀、流量调节阀
3.1.6	压力表、指示器	6.5mm　0.25in	辅助压力控制器、压力、温度开关，传感器等
3.1.7	管路单向阀、旁通阀、涡轮和发动机（内部）	5.0mm　0.19in	先导阀、过滤器附件（交替 6.5mm） 作者注　不理解"（交替 6.5mm）"
3.1.8	先导阀、手轮、滚轮、分离器	4.0mm　0.16in　L	热螺线管执行机构 $L = 6.5mm(0.25in)$ 双匝引示信号 $L = 8.0mm(0.31in)$
3.1.9	高压管接头、辅助分离装置	2.5mm　0.10in	

序号	组件名称	图形符号	说明
3.1.10	低压管接头、销轴	1.5mm 0.06in	
3.1.11	仪表接点、热敏元件、毛细管	0.8mm 0.03in	
3.2	线条宽度和符号框图线尺寸		
3.2.1	边界线、轮廓线和框图线		
3.2.1.1		8.0T 1.5T	货舱、轮舱等的边界线
3.2.1.2		max 6.0T	仪表板上、舱门、操纵台上的附件的边界线
3.2.1.3		1.5T	组件轮廓线,当符号末端不清楚并和其他符号相连时用于区别一组符号,元件不可以从飞机上拆下
3.2.1.3.1		4.0T	多支管轮廓线,管路中的模块或螺栓紧固件都是可拆卸的。也可以从非模块组件中区别模块附件
3.2.1.4		1.5T	由多功能阀元件组成的小型阀组件和一些类型的流量控制阀轮廓(线)
3.2.1.5		1.5T	通用流量控制阀轮廓线
3.2.1.5.1		1.5T	考虑流量特性的非限位阀轮廓线
3.2.1.6	阀框图线		
3.2.1.6.1		(1) (2)	单方框图 (1)表示压力操纵的二通或三通控制阀,见 3.2.1.6.4 (2)用于其他类型的阀和附件,但是一般不适用于选择阀
3.2.1.6.2			多方框图,二位阀,每个方框代表一种可选通路,一般适用于选择阀。加长的框图用来表示多通阀
3.2.1.6.3			多方框图,二位二通阀,中间方框为过渡位置
3.2.1.6.4			多方框图,二位阀,适用于两个选定位置之间无过渡位置的阀
3.2.1.6.5			表示二通阀,适用于三通或多通阀。两个选定位置之间有一个过渡区,阀处于过渡位置时除泄漏外,各条通路均处于关闭状态
3.2.1.6.6			除 3.2.1.6.5 所述外,对系统操纵来说过渡位置是非常重要的,可以考虑第三条通路或中立位置,一般适用于伺服阀

序号	组件名称	图形符号	说明
3.2.1.6.7			三位三通阀,多用于选择阀
3.2.1.6.8			多于三位的阀或与一组控制装置连接在一起的阀
3.2.1.6.9	中位　拉伸 活动面板　右移 左移		本方框图是对以上所有阀的移动图解,图示了阀动作时如何在压力和流量条件下进行控制
3.2.1.7	(1)　(2)		初级状态装置框图,此装置可控制流体物理性能 (1)热交换器 (2)过滤器和分离器
3.2.1.8	3　C		框图或轮廓线内部含有数字(或字母),表示了完整细节在其他地方显示 符号⊕表示细节显示不完全
3.2.1.9	$4R$　R		空气式油箱、蓄压器、空气瓶 空气式油箱:$R=5.5\text{mm}(0.22\text{in})$ 蓄压器、空气瓶:$R=4.0\text{mm}(0.16\text{in})$
3.2.1.10			旋转能量转换装置基本框图(泵或马达),也可表示手摇泵、刹车阀
3.2.1.10.1			辅助装置、旋转装置、可拆卸的过滤器元件、单向阀、滚轮、轴销等
3.2.1.10.2			摆动装置
3.2.1.11	S　L		过渡段框图,见3.2.1.6.3和3.2.1.6.4 过滤器元件,见3.4.1.1 适合的S和L长度
3.2.2	通用流体管路		
3.2.2.1 3.2.2.1.1	(1)　(2)　(3)		流体——流源和方向 (1)表示压力源 (2)液体流动方向 (3)内部液压先导阀、泵或马达元件
3.2.2.1.2	(1)　(2)　(3)　(4)		(1)表示气源 (2)气体流动方向 (3)内部气压先导阀、泵或马达元件、气体压力 (4)排气口或流体排放管路通大气
3.2.2.1.3	$1.0T$　*　* *		管路或阀中正常流动方向 * 两个方向都可流动 * * 可替换箭头方向

序号	组件名称	图形符号	说明
3.2.2.1.4	➤ 3.0T		自由流动方向,一般放在符号框图下方。为了表示自由流体,箭头标记放在附件上
3.2.2.2 3.2.2.2.1 3.2.2.2.2	3.0T ＊ ＊＊ S L		＊高压(所有的压力值都比回油压力高) ＊＊高压控制管路
3.2.2.3 3.2.2.3.1 3.2.2.3.2 3.2.2.3.3	1.0T ＊ ＊＊ S L //// //// //// S＊＊＊		＊低压回油管路:所有与油箱相通的回油管路和排放管路 ＊＊低压控制管路,排放管路通大气 ＊＊＊吸油管路:和油箱相连至泵入口 S:大约1.25mm(或0.05in) L:大约5.0mm(或0.19in) ＊导管末端见3.2.1.5,3.2.2.3.1(1.0T)管路用于微(型)阀轮廓线(3.2.1.4,3.2.1.5,3.2.1.5.1)和框图线(3.2.1.6) ＊＊控制管路3.2.2.2.1或3.2.2.3.1,用于流体接口
3.2.2.4	交叉/连接		
3.2.2.4.1	R		交叉管路 R=2.0mm(或0.08in)
3.2.2.4.2	d D		连接管路 d=1.5mm(或0.06in) D=2.5mm(或0.10in) 轮廓线内D和d可以减小
3.2.2.5	4P 6S 020		管路编号:流体系统编号,如1,2,3,4(或A、B、C、D等) 管体壁厚,单位为mm或in 导管材料 A——铝合金 S——不锈钢 T——钛合金 管体外径,单位为mm或in 流体流动方向(气体或液体) 管路功能 P——压力 R——回油 S——吸油等 其他管路(上、下等)根据需要进行设计
3.2.2.6	2L L 1/2L 1.0T		表示燃油管路。由于没有其他燃油管路符号标准,用于完整燃油-液压油散热器符号 L:见3.2.2.2.2
3.2.2.7	L 1.0T ●●●●●●●●●●		表示毛细管路 L:见3.2.2.2.2

序号	组件名称	图形符号	说明
3.2.3	接头、软管		
3.2.3.1 3.2.3.1.1 3.2.3.1.2		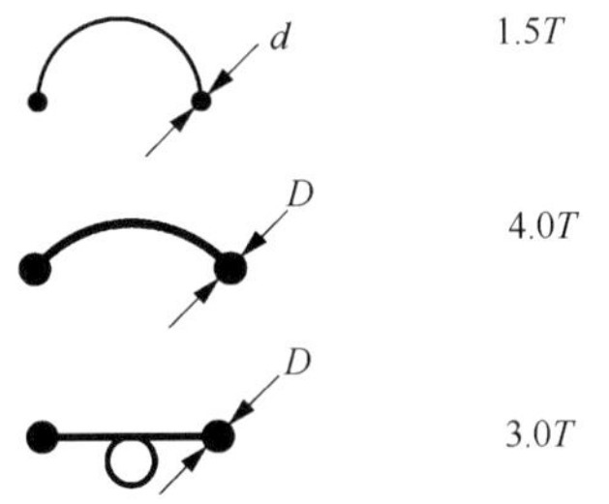d 1.5T D 4.0T D 3.0T	软管(通用符号) d:见 3.2.2.4.2 软管 D:见 3.2.2.4.2 螺旋管、盘旋管或弯曲管路
3.2.3.2		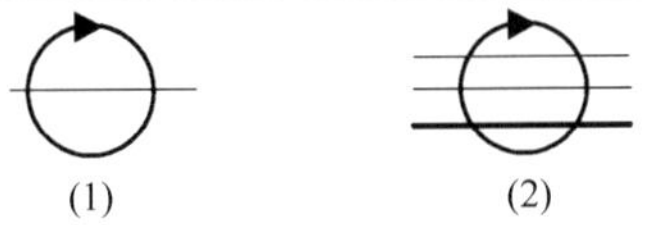(1) (2)	旋转接头 (1)单通路接头 (2)独立的多通路旋转接头
3.2.3.3		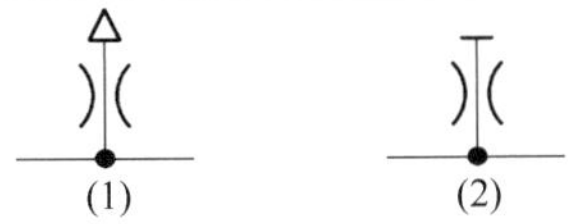(1) (2)	排放接头 (1)连续排放 (2)间歇排放
3.2.3.4	接头		
3.2.3.4.1		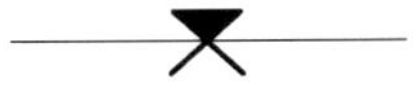	永久性接头(仅在重要的地方表示)
3.2.3.4.2		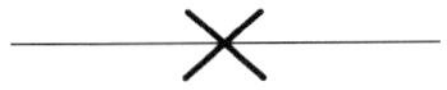	可拆卸接头(仅在重要的地方表示)
3.2.3.4.3		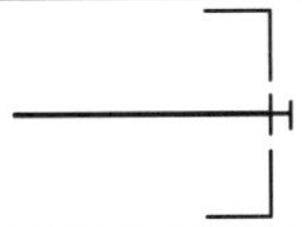	堵塞端口,充填端口,增加端口堵盖,防尘盖
3.2.3.4.4		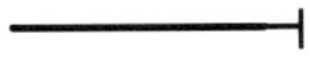	盲管
3.2.3.5		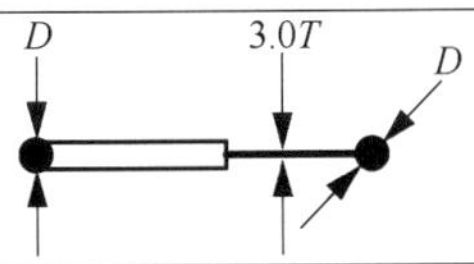D 3.0T D	可伸出接头简化符号 D:见 3.2.2.4.2
3.2.4	机械、电气和功能符号		
3.2.4.1		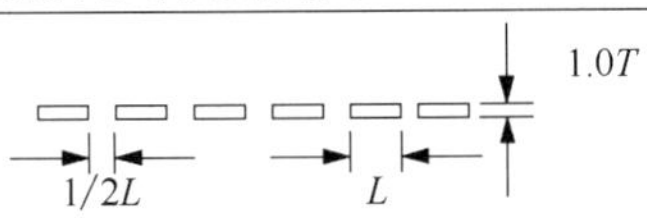1.0T 1/2L L	机械连接 L:见 3.2.2.2.2
3.2.4.2		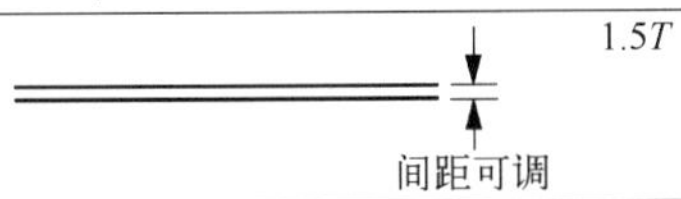1.5T 间距可调	轴或活塞杆,阀旋转轴只用单线
3.2.4.3		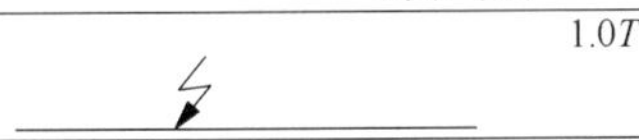1.0T	电气线路
3.2.4.4		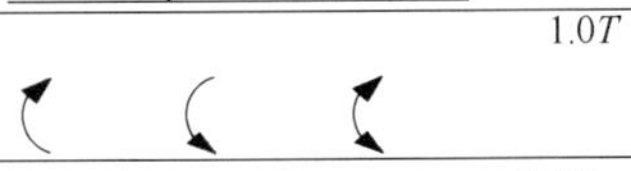1.0T	表示旋转方向 表示轴旋转方向的箭头应靠近旋转轴
3.2.4.5		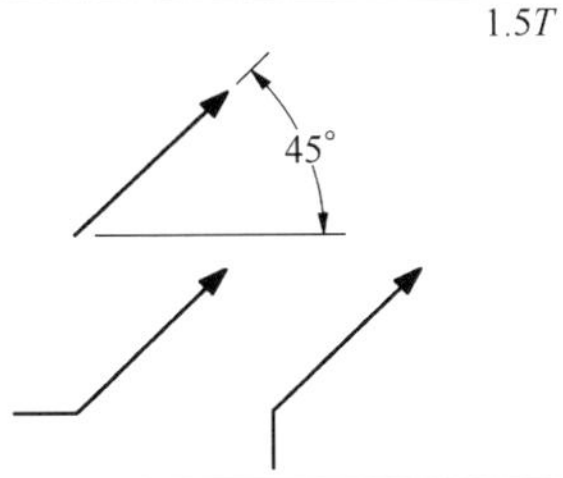1.5T 45°	表示泵、弹簧和螺线管等可调设备的通用符号。箭头可以弯曲,如图示可添加改变控制量值的方法 飞机上多应用此符号表示变量泵,增加的压力补偿符号表示泵的流量变化范围宽而压力变化范围窄 安全阀等由厂家设置其可调性能,没有表示符号

序号	组件名称	图形符号	说明
3.2.4.6	1.5T 间距可调		用于机械连接的弹簧,缸体内部回程弹簧等
3.2.4.7	1.5T		有固定支点,地面或接地点的铰链装置。也用于表示运动附件的(分)固定在结构上的部分
3.2.4.8	1.5T		压力补偿、仪表或传感器指针
3.2.5	控制符号(除注释外线条宽度均为1.5T)		
3.2.5.1	机械或人工(手动)		
3.2.5.1.1		或 或	阀控用弹簧
3.2.5.1.2			人工控制的通用符号
3.2.5.1.3	(1) (2) (3)		(1)按动式 (2)拉动式 (3)按-拉式
3.2.5.1.4			手柄式
3.2.5.1.5	(1) (2)		(1)单向踏板式 (2)双向踏板式
3.2.5.1.6	(1) (2)		(1)机械控制的通用符号 (2)顶杆式
3.2.5.1.7	(1) (2) (3)		(1)机械滚轮式 (2)机械滚轮式——单向 (3)机械滚轮式——双向
3.2.5.1.8	1.0T		远程人工或机械操纵,或表示单元或元件之间的机械关系(见3.2.4.1)
3.2.5.1.9	L		定位机构 缺口数根据实际定位数而定 短线表示了正在使用的缺口 为了方便,缺口放于符号的两端 缺口表示内部锁定机构 $L=5.0$mm(0.19in)～8.0mm(0.31in)
3.2.5.1.10			防止在固定点上卡死的装置
3.2.5.2	电气控制		
3.2.5.2.1	或		单线圈电磁铁、定电流控制
3.2.5.2.2	或		单线圈力矩马达、变电流控制
3.2.5.2.3	或 或		双线圈力矩马达控制
3.2.5.2.4	或		换向马达控制

序号	组件名称	图形符号	说明
3.2.5.3	温度控制		
3.2.5.3.1	或		局部温度(或热)控制 作者注 组成图形符号的元素不应重叠。以下同
3.2.5.3.2			远距离感温控制
3.2.5.3.3	流体管路		温度补偿(出现在组件轮廓线内时)
3.2.5.6	压力(见 3.7.6.1.2 和 3.7.6.1.3)		
3.2.5.6.1	流体管路 (1) (2) (3)		(1)表示压力补偿(完整符号) (2)如(1)(压力补偿的简化符号,用于在轮廓线内) (3)流量调节
3.2.5.6.2		先导控制,术语"先导"可理解为 (1)阀芯末端用活塞移动阀芯(非通用符号,见 3.2.1.6.9) (2)滑阀、单向阀、提升阀等独立活塞机械连接;伺服装置 (3)两通、三通或四通微型阀将压力直接作用于主选择阀阀芯末端(见 3.7.1.6.1,3.7.2.1.1,3.7.2.2.1 的完整符号) (4)提升阀的微型受载弹簧作为压力限制器将形成一个压力平衡来移动主提升阀 (5)喷嘴挡板或电液伺服阀第一级相似部分	
3.2.5.6.3		"差动控制"可理解为 (1)和滑阀、提升阀等非相等面积机械连接,小面积处有一恒值压力 (2)传感器活塞面积大于和其机械连接的先导阀面积如 3.2.5.6.2(4),但开与关提供了范围较宽的差动值	
3.2.5.6.4	(1) (2)		(1)远距离压力控制,或是由附件内其他部分控制 (2)(1)的末端连有两个控制源(如 3.2.5.8.1) 该符号为通用先导控制符号,压力方向不要求
3.2.5.6.5			当被其他控制激活时,内部加压式先导控制 当处于正常关闭状态,可应用于 3.2.5.6.2(2)
3.2.5.6.6			当被其他控制激活时,表示内部卸(泄)压式先导控制 可应用于 3.2.5.6.2(2),当正常打开时可应用于 3.2.5.6.2(3)
3.2.5.6.7	(1) (2)		(1)表示二级加压先导控制(第一级引导第二级进行先导控制) (2)表示二级卸(泄)压或状态限制先导控制,和 3.2.5.6.6、3.2.5.6.2 一起应用,后者应用于阀芯或用于 3.2.5.6.3(2)
3.2.5.6.8			差动控制,应用于 3.2.5.6.3(1)和其相似附件
3.2.5.6.9	(1) (2)		直接先导和组合先导控制 (1)和(2)中当压力大于弹簧力时,右通道动作 (2)应用于 3.2.5.6.2(4)(压力限制)
3.2.5.7	MAN		对于新符号或需要特殊强调说明的可用文字注明控制方式
3.2.5.8	复合控制		
3.2.5.8.1			一个信号和第二个信号,两个都可以控制元件工作

序号	组件名称	图形符号	说明
3.2.5.8.2			一个信号或另一个信控制元件工作
3.2.5.8.3			电磁铁和先导阀控制元件工作,或人工单独控制元件工作
3.2.5.8.4			电磁铁和先导阀控制元件工作,或人工和先导阀控制元件工作(压力中心)
3.2.5.8.5			表示电磁铁和先导阀控制元件工作,或人工和先导阀控制元件工作,或者人工单独控制元件工作
3.2.5.8.6			电磁先导控制通用符号[3.2.5.2.1和3.2.5.6.4(2)结合]

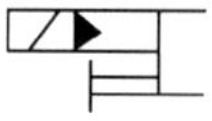

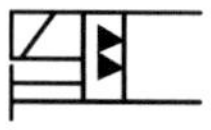

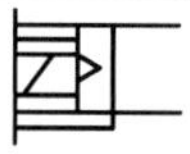

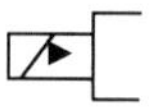

说明:对所有的示例,▶(液压)或▷(气压)控制元件是任意选取的,控制信号是可以互换的。见3.2.2.1.1和3.2.2.1.2

3.3	油箱、蓄压器和气瓶		
3.3.1	油箱 以下为表示各类油箱的特性提供了基本图形符号,也提供了基本连接管路。其他项如液位指示、安全阀、卸荷阀、加油口盖和放气活门等按照应用情况可以添加。其他类型和派生的应使用相似符号,并和设计保持一致 安装示意图中,油箱应根据飞机航向而定。所有框图线均为1.5T		
3.3.1.1			开式油箱直接与大气连通
3.3.1.2			增压油箱(油气接触)
3.3.1.3			波纹管式油箱(油气分离)
3.3.1.4			压力控制(或自供增压油箱)

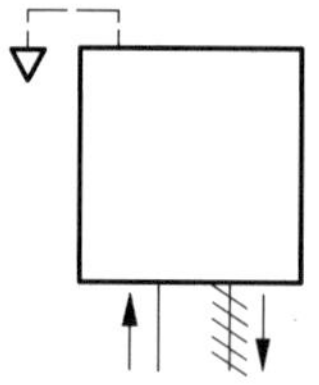

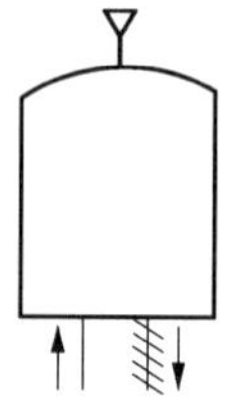

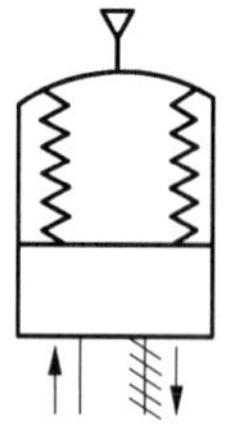

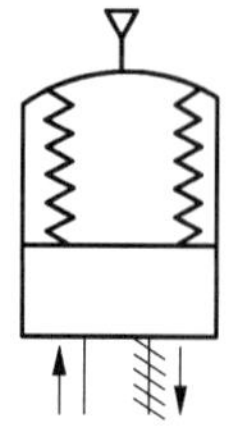

序号	组件名称	图形符号	说明
3.3.1.5	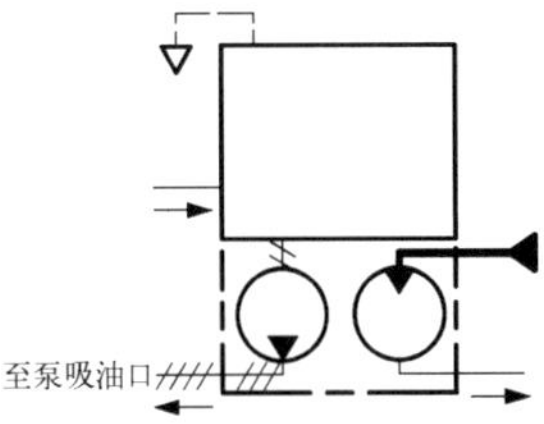		开式油箱,带液压马达驱动的增压泵
3.3.1.6			开式油箱通用符号。溢流油箱或附件油箱 说明:油箱符号和电气接地符号类似,但不适用于表示飞机上返回主油箱的回油管路(见 3.2.2.3.1,3.7.6.2)
3.3.1.7			增压油箱通用符号 增压活塞为水平放置 轮廓线见 3.1.3 和 3.2.1.9
3.3.1.8	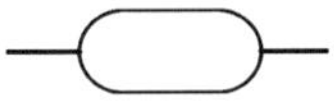		空气贮存器 用于气压系统 活塞为水平放置 轮廓线见 3.1.3 和 3.2.1.9
3.3.2	蓄压器		线条宽度均为 1.5T 除注释外,轮廓线见 3.1.5 和 3.2.1.9
3.3.2.1			蓄压器通用符号 未表示供压指示装置
3.3.2.2	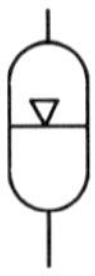		气液式蓄压器 符号也用于隔膜(球形)式或活塞(圆柱)式蓄压器 作者注 "气压"图形符号应居中。以下同
3.3.2.3	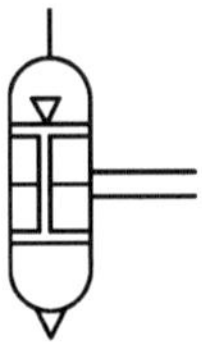		补偿式蓄压器(自动式或返回流动式) 低压腔和高压腔都放置相同体积的油液 最低腔(低于低压腔)通大气 没有标准框图线
3.3.2.4			弹簧预压式蓄压器 应用见 3.9.2
3.3.3			空气瓶 此符号可用于球形和圆柱形气瓶

在 3.3.1.5 图中标注: 至泵吸油口

序号	组件名称	图形符号	说明
3.4	油液调节器		
3.4.1	过滤器	框图线见 3.1.4,3.2.1.7 和 3.8.13	
3.4.1.1		(1)　　　　(2)	(1)原位不可拆卸或对回路功能中无压差指示器的过滤器或滤网的通用符号(见 3.2.1.11) (2)用于限流阀滤网的简化符号
3.4.1.2			在原位可拆卸的过滤器 不考虑轮廓线类型
3.4.1.3			可更换滤芯并带旁通阀的过滤器
3.4.1.4			可更换滤芯并带压差指示器的过滤器
3.4.1.4.1			和 3.4.1.4 相同,并带检测信号器的过滤器
3.4.1.5			可更换滤芯,带自动管路切断装置、压差指示器、温度锁闭装置、电保险丝和手动复位按钮的过滤器,内装压力开关
3.4.1.6		任意半径	可更换滤芯,带有自动管路切断装置(显示完整符号,和 3.4.1.5 可替换)、旁通阀、压差指示器、温度锁闭装置、电保险丝和手动复位按钮的过滤器 作者注　"单向阀的阀座"应是 90°的
3.4.1.7			可更换滤芯,带有自动管路切断装置、压差指示器、手动复位按钮、温度锁闭装置、手动超控、原位功能测试端口(显示堵盖)和采样端口(显示堵盖)的过滤器
3.4.2	水分离器和过滤分离器		
3.4.2.1			人工排水式水分离器
3.4.2.2			自动放水式水分离器

序号	组件名称	图形符号	说明
3.4.2.3		人工放水式过滤分离器 自动排水时(式)参见 3.4.2.2	
3.4.2.4		化学干燥器	
3.4.3	热交换器		
3.4.3.1		液压油-燃油散热器 外部管路表示冷却介质为液体,见 3.2.2.6	
3.4.3.2		液压油-燃油散热器 外部三角表示冷却介质为空气	
3.4.3.3	 (1)　　　(2)	(1)表示加热器 (2)表示温度调节器 尽管在飞机回路中不常用,也包括了热进出的符号表示,没有表示外部介质	
3.5	能量转换装置——作动筒、作动器		
3.5.1	直线作动器(作动筒)	线条均为 1.5T	
3.5.1.1	 (1) (2)	(1)作动筒通用符号,用于预先回路中;⊕表示可选择 (2)小液压缸作为附件元件	
3.5.1.2		双向作动筒	
3.5.1.3		单向作动筒 压力可以反向进入有排气口的活塞杆腔 *作者注　如果液压流体进入活塞杆腔,液压流体即直接排入大气,这是不允许的*	
3.5.1.4		弹簧复位式单向作动筒 *作者注　其中的弹簧不是序号 3.2.4.6 规定的"缸体内部回程弹簧"*	
3.5.1.5		对于回路功能,活塞杆直径相对于空腔直径是很显著的	
3.5.1.6		两端活塞杆直径可相等或不相等	
3.5.1.7		套筒式单向作动筒	
3.5.1.8		位置作动筒	
3.5.1.9		具有整体筒体和同一进出口的并列作动筒	

序号	组件名称	图形符号	说明
3.5.1.10			旋转端作动筒,两端口绕活塞杆旋转
3.5.1.11			活塞两端装有缓冲器的作动筒
3.5.1.12			活塞头一端装有缓冲器的作动筒 显示活塞头 作者注 "活塞头"或为"活塞"
3.5.1.13			活塞头部和筒端有锁定机构的作动筒通用符号 符号应用于活塞或筒端带有锁定装置的作动筒
3.5.1.14			活塞杆和筒端有锁定机构,在行程两段(端)装有自锁指示器的作动筒
3.5.1.15			增压器 作者注 此图形符号有问题,两活塞间客腔可能困油
3.5.1.16			刹车作动筒简化符号
3.5.2	非直线作动器		
3.5.2.1			旋转或摆动式作动器 作者注 在 GB/T 786.1—2021 中的"摆动执行器/旋转驱动装置"带有油压力或气压力的作用方向图形符号
3.5.3	飞行控制助力器 飞行控制助力器可通过液压缸活塞和杆部及末端支座的斜影线进行识别。通常有连接阀作为组合件,接地符号显示了和移动缸体固定结构的连接 复杂系统中,机械连接的表示形式都是相同的		
3.5.3.1			筒体移动的助力器 固定支点位于给定比例加载反馈的输入端
3.5.3.2			筒体移动全功率串联助力器
3.5.3.3			筒体固定全流量双筒并联助力器
3.6	能量转换装置——液压泵、马达、发动机		
3.6.1	液压泵		
3.6.1.1	液压泵——动力驱动		
3.6.1.1.1			单向定量泵,壳体排油口与吸油口相连 框图线见 3.1.1

序号	组件名称	图形符号	说明
3.6.1.1.2			单向变量泵通用符号,规定的变量控制并不重要 壳体排油和旋转可选择
3.6.1.1.3		完整符号　　简化符号	带压力补偿的单向变量泵,有壳体排油口
3.6.1.1.4			和3.6.1.1.3类似,不同之处在于壳体排油口被堵住,轴漏油口通大气
3.6.1.1.5		(1)　　　　(2)	(1)和3.6.1.1.3类似,不同之处在于增加了带电磁铁控制的卸荷阀 (2)和(1)类似,不同之处在于增加了闭锁阀,见3.7.5.3
3.6.1.1.6		信号输入　信号输入 完整符号　简化符号	双向变量伺服阀(偏心泵)控制的液压泵 单向旋转并带有壳体回油
3.6.1.2	液压泵——人工驱动		
3.6.1.2.1		(1)　(2)　(3)　(4)	手摇泵通用符号 (1)单向直线动作 (2)双向直线动作 (3)单向旋转动作 (4)双向旋转动作
3.6.1.2.2			主阀装置的脚踏式液压泵(或控制,或主作动筒)
3.6.1.2.3		主阀 (1)	使用远程油箱的双控液压泵,主阀(1)作为伺服装置 主动/从动装置将操纵主阀动作
3.6.1.2.4		(1)	应急-备用刹车主作动筒 通过与主阀相连的机械连杆机构,脚踏控制主动液压泵工作。 增加了回油管路端口,可通过系统回油进行补充
3.6.1.2.5			主刹车作动筒(或装置),回油至内部油箱,并有外部注入口

序号	组件名称	图形符号	说明
3.6.2	马达、泵马达、功率传递装置		
3.6.2.1			双向定量马达,有壳体排油口 说明:对于马达,内部三角形向内指
3.6.2.2			泵马达 一个方向操纵为泵,另一个方向操纵为马达
3.6.2.3			能量转换装置 有很大能量输入的一半驱动马达,再驱动另一半的液压泵
3.6.2.4			能量转换装置 单向能量转换,单向旋转
3.6.2.5		完整符号 简化符号	变排量压力补偿马达,油液单向流动,并有壳体排油
3.6.3	气动泵、压气机、马达		
3.6.3.1			定量压气机
3.6.3.2			真空泵
3.6.3.3			双向气动马达
3.6.4	主动驱动和被动驱动装置(即电动机、发电机、冲压空气涡轮)		
3.6.4.1		M 或 M	电动机 框图线见 3.1.3
3.6.4.1.1		M	马达泵 电动机驱动变量泵
3.6.4.2			发电机 框图线见 3.1.3
3.6.4.2.1			液压马达驱动发电机

序号	组件名称	图形符号	说明
3.6.4.3	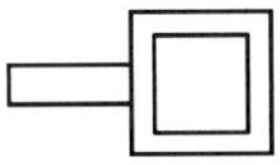		活塞式热机
3.6.4.4	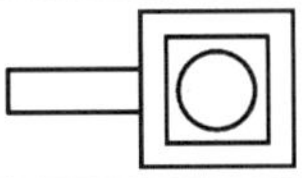		燃气涡轮热机
3.6.4.5	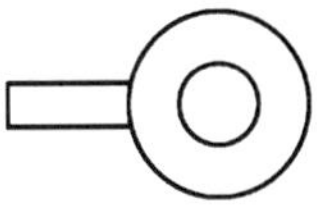		空气涡轮
3.6.4.6	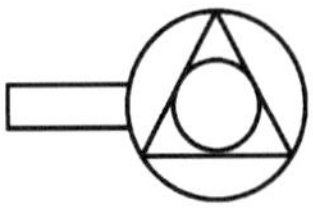		冲压空气涡轮
3.7	控制阀		
3.7.1	两通阀		
3.7.1.1			人工控制阀通用符号 符号用于阀类型或常态流动方式对系统功能不要求的场合
3.7.1.1.1	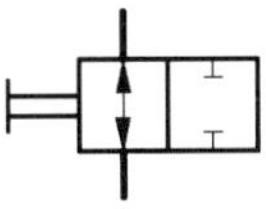		双向(可在任一接口处加压)人工控制阀通用符号 图示为常开状态
3.7.1.1.2	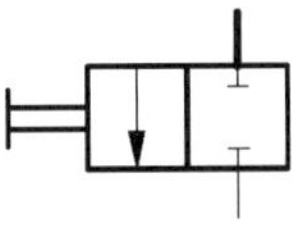		非双向(通常情况下仅允许向一个接口处加压)人工控制阀通用符号 图示为常闭状态 说明:仅需要人工控制时示出
3.7.1.2			蓄压器放气阀,图示为堵帽
3.7.1.3	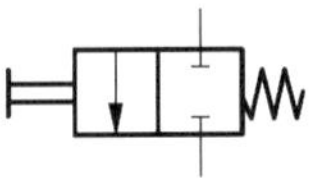		常闭式、弹簧复位人工控制阀
3.7.1.3.1	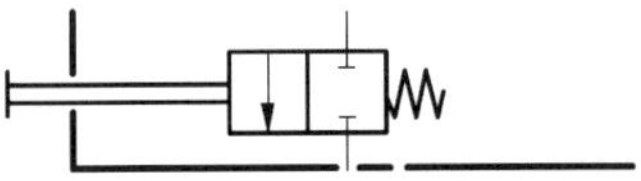		人工控制符号可引到各种组合符号的外边
3.7.1.4	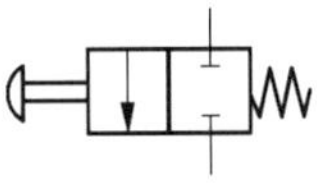		常闭式、弹簧复位按钮式控制阀通用符号 应用:放气阀
3.7.1.5	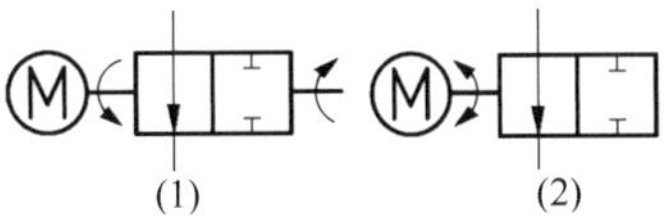	(1)　　　(2)	(1)电机操纵的控制阀,逆时针旋转为常开,顺时针旋转为常闭 (2)对旋转方向不要求
3.7.1.6	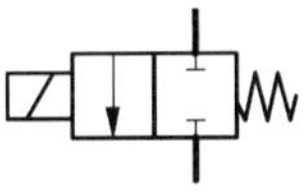		电磁控制阀 直接作用式常闭电磁阀
3.7.1.6.1	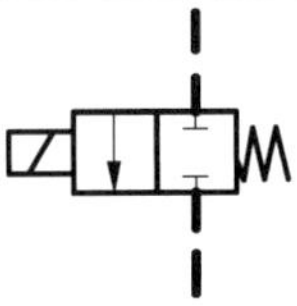		先导阀(完整符号) 在完整阀符号中使用,尤其适用于组合阀,可从其操纵的主阀上拆卸 框图线见3.1.7

序号	组件名称	图形符号	说明
3.7.1.7			机械操纵阀 常闭非限位阀 流动状态取决于操纵位置
3.7.1.7.1			针阀 流动状态取决于操纵位置 需要人工控制时在手柄处示出
3.7.1.8		(1)　　　　(2)	压力控制阀,见 3.2.5.6.2(2) (1)内部控制 (2)外部控制 应用:闭锁阀(通过阀的压力降并不依赖实际压力)
3.7.2	三通阀		
3.7.2.1			直接作用式常闭电磁阀 应用:截止阀
3.7.2.1.1			先导阀(完整符号) 在完整符号中使用,尤其适用于组合阀,可从其操纵的主阀上拆卸 框图线见 3.1.7
3.7.2.2			直接作用式常闭电磁阀 应用:防滑刹车阀
3.7.2.2.1			先导阀(完整符号) 在完整符号中使用,尤其适用于组合阀,可从其操纵的主阀上拆卸 框图线见 3.1.7
3.7.2.3			常闭机械控制阀 应用:顺序阀
3.7.2.4			先导式常开电磁或人工控制阀
3.7.2.5			先导式常闭电磁阀 中间方框表示从打开到关闭过程全部孔口关闭(无混流),见 3.2.1.6.3
3.7.2.6			先导式常开阀 外部先导控制打开,内部先导控制关闭 应用于方向控制阀组件
3.7.3	四通阀、多通阀和多板阀		
3.7.3.1			中位打开的电磁/先导控制阀 控制的中位符号表示通过加压或卸(泄)压指定操作对系统功能的影响并不重要

序号	组件名称	图形符号	说明
3.7.3.2		P R C1 C2	电磁铁内部先导控制阀,仅弹簧力使阀恢复到中立位置(通过压力使其动作),中位打开 图示为简化符号 3.2.5.6.5 的控制器和 3.2.5.2.1 相连接,强调弹簧使阀芯处于中位的重要性
3.7.3.2.1		P R C1 C2	功能和 3.7.3.2 相同 非模块阀 完整符号见 3.7.2.1.1 操作控制见 3.2.5.6.4(1)
3.7.3.3		P R C1 C2	电磁铁内部先导控制,弹簧力将阀芯恢复至中位[通过卸(泄)压动作],中位打开 图示为简化符号 3.2.5.6.7(2)的控制器和 3.2.5.2.1 相连接,强调弹簧恢复中位的重要性
3.7.3.3.1		P R C1 C2	功能和 3.7.3.3 相同 组合阀由可从组件上拆下的电磁先导阀和主阀构成,见 3.7.2.2.1 电磁阀外的虚线(点画线)框线大小任意 包括了中间阀芯,操纵如 3.2.5.6.4(1)和 3.2.5.6.6 图示为简化符号 说明:和简单符号相比,主阀流路改变是由于左侧电磁阀由 C1 口(右侧电磁阀控制 C2 口)的高压流量直接控制
3.7.3.4 3.7.3.4.1 3.7.3.4.2 3.7.3.4.3 3.7.3.4.4 3.7.3.4.5 3.7.3.4.6 3.7.3.4.7 3.7.3.4.8 3.7.3.4.9 3.7.3.4.10		P R C1 C2	流动方向选择 各图示表示了四通阀的各种流动方向 这些符号不能表示完整的四通阀,也没图示其控制
3.7.3.5		C1 C2 P R	选择阀 三位四通先导控制,中立开启 用于中立位置打开的系统 作者注 中位是 M 机能

序号	组件名称	图形符号	说明
3.7.3.6			相位控制阀(仅需要一个控制符号) 多口阀示例
3.7.3.7			多板阀 阀在第一方框位置有缺口,在第三方框位置即备用位置有缺口和弹簧中位 仅需要一个信号控制 *作者注　左二位也是 M 机能*
3.7.4	非限位阀、动力刹车阀、伺服阀和伺服组合阀		
3.7.4.1			动力刹车阀 左方框表示脱开刹车状态 右方框表示在刹车状态 经由刹车管路的刹车压力与踏板载荷相平衡的过渡过程,所有孔口关闭为保持刹车状态
3.7.4.2			机械伺服阀 中立位置有压力增益和泄漏要求,可用于飞行控制系统
3.7.4.3			机械串联控制伺服阀的简化符号,为双系统输入输出,可用于飞行控制系统助力器
3.7.4.4			并联控制伺服阀的简化符号,为双系统输入输出,可用于飞行控制系统助力器
3.7.4.5			电液先导控制流量伺服阀简化符号 3.2.5.2.3 的控制器和 3.2.5.6.4 联用 *作者注　左侧线圈绘制得不完整(缺作用方向)*
3.7.4.6			电液先导控制压力伺服阀简化符号 3.2.5.2.2 的控制器和 3.2.5.6.4(2)联用
3.7.4.7			复杂伺服组合阀的简化符号 可用于飞行控制系统助力器
3.7.5	自动和半自动阀——单向型		
3.7.5.1			单向阀 左侧流体和弹簧从同一方向动作关闭单向阀,右侧流体的作用力压缩弹簧,打开单向阀 通常弹簧较轻,可以在简化符号中省略 说明:弹簧加载单向阀一般视为卸荷阀,见 3.7.6.2.2(B)

序号	组件名称		图形符号	说明
3.7.5.1.1	完整符号	简化符号 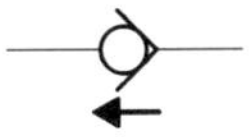		线性安装单向阀符号,自由流向箭头应标记于壳体上,以避免可能发生的安装错误,阀底座简化符号应有箭头 框图线见 3.1.7
3.7.5.2				先导控制单向阀,以先导控制方式使单向阀打开 如简化单向阀元件利用先导压力使其动作,使得两通路打开 简单(化)符号中,先导压力以邻近管路相同方式控制单向阀 框图线见 3.1.5 和 3.1.8 作者注 "简化符号中"或为"简单符号中"。以下同
3.7.5.3				先导控制单向阀,以先导控制方式使单向阀关闭 如简化单向阀元件利用先导压力使其动作,使得两通路关闭,反向打开 简单(化)符号中,先导压力以邻近管路相同方式控制单向阀
3.7.5.4				转换阀 双压力源,无混流,双通路,停在死区中间有防护措施
3.7.5.4.1				转换阀,有混流,双通路简化符号,混流对系统影响不大
3.7.5.4.2				快速排气阀 进口卸荷时,出口可自由排气
3.7.5.5				具有热膨胀阀的作动筒锁定阀 当 C2 腔增压时,单向阀保持打开,允许由 C1(此时为低压腔)流进阀内,见 3.7.5.2 和 3.7.5.3
3.7.5.6	快卸接头 作者注 "拆开,为单向流动"有问题			
3.7.5.6.1	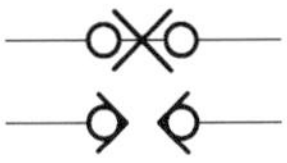	连接,为自由流动 拆开,为单向流动		由半个接头根据某种标准连接在一起,也可是集成元件,作为可拆卸大附件的一部分
3.7.5.6.2	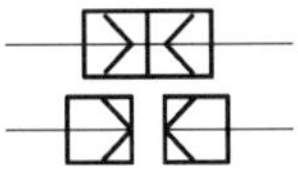	连接,为自由流动 拆开,为单向流动		由半个接头连接在一起,主要为快速或频繁拆卸而设计(快速拆装)
3.7.5.6.3	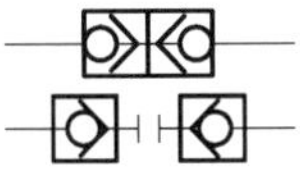	连接,为自由流动 拆开,为单向流动		这种阀通常作为快卸接头,常用于地面保障设备,仅有半个接头作为机载部分长期和飞机连接 这种快卸接头可设计成推-拉结合式、螺纹式、齿轮齿条式等机械连接 快卸接头应增加防尘堵帽
3.7.5.6.4				远距离控制快卸接头 图示为反向液压动作 可以机械、电气等交替控制

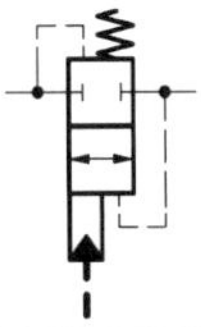

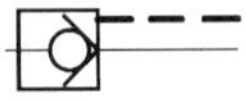

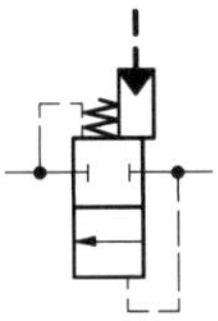

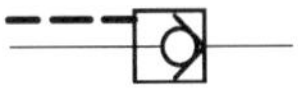

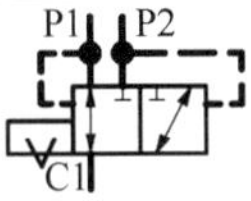

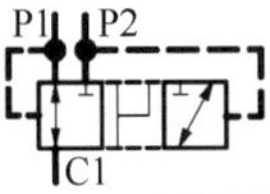

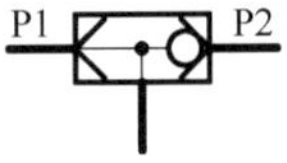

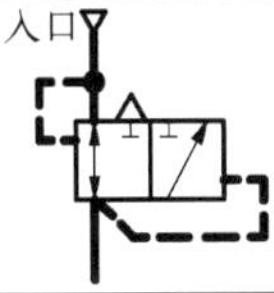

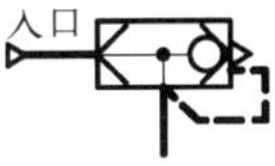

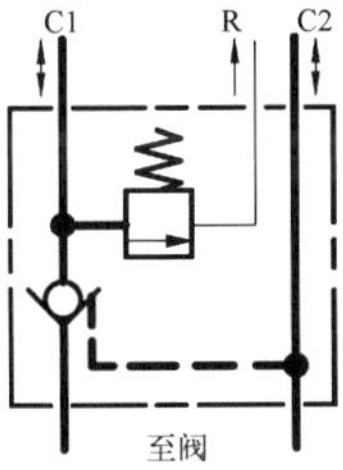

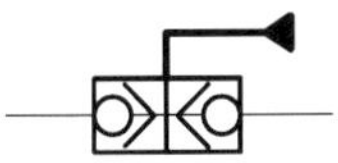

序号	组件名称	图形符号	说明
3.7.5.6.5			其他地面保证设备的快卸接头(如刹车快卸接头)等,也如3.7.5.6.1所示,但其尺寸较小
3.7.6	自动和半自动阀——压力控制		
3.7.6.1	压力控制单框阀 设想非限位单框阀的框图线是可移动的,表示在怎样的压力和流量条件下可控制阀动作 术语"非限位"在此表示全自动阀(由受支配的流体压力完全控制)全流量和复位条件之间的变化范围 然而,半自动控制阀(由受支配的外部控制自动操纵)外部条件可以改变,"非限位"条件扩展为全"打开"或全"关闭"状态 以下符号不代表完整的阀,示例所有的流路均为低压		
3.7.6.1.1	两通常开 (虚线符号表示设想的操纵位置)　两通常闭　三通常开　表明流动方向		
3.7.6.1.2	(1)　(2)　(3) (4)　(5)		(1)表示阀内部受上游压力影响 (2)表示阀内部受下游压力影响 (3)表示阀内部受上、下游压力差影响 (4)为(3)外部加先导控制的压力阀(半自动阀),也用于(1)和(2) 说明:上述均为阀的通用符号,或者表示直接动作,或者表示先导控制 (5)表示阀直接动作,即无先导或者先导分开图示
3.7.6.1.3	说明:各种类型的压力控制阀都有唯一的名称(如溢流阀、减压阀、卸荷阀、背压阀),工业用阀都有相似结构和功能,小的改动即可将一种阀转换成另一种阀。因此,相对于默认的名称,符号的图形差别有时更隐蔽,在3.7.6.1.2中的控制说明也适用于其他类型		
3.7.6.2	溢流阀 溢流阀有多种结构类型,包括直动式二级(或复合或先导控制)阀,如活塞平衡阀或活塞面积差分阀(后者活塞面积减至小弹簧尺寸),尽管动态特性有很大差别,阀都是执行相同的基本功能。事实上,以上都是压力差阀,其设置受封闭回路回油管路长度和/或直径引起的回压安全流量的影响(经由差分活塞阀放大) 简化符号可解释以上任意类型,因为邻近使用了小油箱符号,回压可省略下游先导管路,回油压力从出口通过连续(接)管路进入。用于飞机系统的平衡溢流阀,其进口压力是通过下游压力平衡的,在此也给出了图形符号		
3.7.6.2.1	(1) 或　(2)　(3)		溢流阀 压差直接作用式或复合(先导控制)作用式溢流阀 (1)一级阀 (2)一级阀 (3)二级阀
3.7.6.2.2	完整符号　简化符号 (A) (B)		压差直接作用式溢流阀 当进口压力高于设定的弹簧载荷力和出口压力之和时阀打开 推荐完整符号或简化符号(A)作为系统优先选用,常闭位置表示正常系统条件,卸荷压力(油液)从高压至低压管路 简化符号(B)表示阀处于打开状态,这是系统的频繁工作状态,也可表示附件中的局部旁通阀(表示间断工作),(压力)卸荷至和管路相近的压力水平 应用:背压阀、油滤旁通阀、高压打开单向阀 作者注　一些溢流阀应可调节

序号	组件名称	图形符号	说明
3.7.6.2.3			双热膨胀阀 两个小流量压力腔溢流阀,两阀独立动作,共用一条回油管路。可从一条或两条管路卸荷由于温度增加而引起的过高的压力
3.7.6.2.4			溢流阀——出口通大气(排气阀)直接作用式
3.7.6.2.5			先导控制平衡活塞式溢流阀,有内外先导控制。有外部先导机构,压力开始上升导致先导移位,通过主阀活塞的压力达到非平衡状态,此时阀打开 通过减小外部先导压力可直接使压力为非平衡状态 见3.7.6.1 (1)完整符号 (2)简化符号
3.7.6.3			平衡溢流阀 不考虑出口压力,当进口压力不变,出口打开时,有压力补偿作用
3.7.6.4			顺序阀 如3.7.6.3,增加了反向自由流动
3.7.6.5			靠压差进行先导控制的卸荷阀 加载(接通)——主系统阀和系统传感器活塞分别达到压力平衡,先导阀弹簧克服传感器压力保持先导阀关闭 卸荷(切断)——压力上升可微动打开先导阀,传感器活塞处于不平衡状态,最后完全打开先导阀,因此主阀将换向至泵卸荷,单向阀关闭 接通和切断之间的压差是由于传感器活塞面积和先导提升阀面积之差形成的 见3.2.5.6.7(2) 说明:点画线符号用于表示主阀和自动快速动作控制保持一致(无节流) 见3.2.1.6.2和3.2.5.6.9
3.7.6.6			直动式或先导式减压阀通用符号 基本功能见3.7.6.6.1 *作者注* 减压阀应可调节
3.7.6.6.1			直接作用式二通减压阀 只要进口压力高于出口压力,则在进口压力变化的情况下,输出压力基本恒定 如果出口管路是闭塞的,由于阀内泄漏的影响,出口压力将经常上升至进口压力的水平

序号	组件名称	图形符号	说明
3.7.6.6.2			**直接作用式三通减压阀** 下游压力不能高于溢流阀压力,下游压力将维持在接近减压设置的水平,见3.7.6.1.1
3.7.7	自动和半自动阀——流量控制		
3.7.7.1			**节流阀** 表示流量控制或压力控制时将减少元件或装置的流通面积 通用符号,图示为管路节流时无框图线
3.7.7.1.1			**可调节流阀** 不常用于飞机系统,若使用,符号表示阀不能调节到完全关闭状态
3.7.7.2			**带滤网的双向节流阀**
3.7.7.3			**带滤网的单向节流阀**
3.7.7.4	完整符号　简化符号 (1) (2)		**压力补偿流量调节阀** 如果进口压力维持在出口压力之上,而不低于最小的需求增量,即可通过改变进口压力提供充分的恒定流量 仅反向流量节流 阀不能完全关闭 (1)首选最大透明度 (2)框图线上的箭头表示恒流量输出 作者注　"仅反向流量节流"表述不一定准确,或应为"仅正向流量有压力补偿"
3.7.7.4.1			**带压力补偿双向流量调节阀**(双向流量限制),在任一方向上流动时流量恒定
3.7.7.5	简化符号 (1) (2)		**管路保险(液压保险)** 左侧流量逐渐移动小球直到右侧阀座并截断流量 (1)1型——压力平衡时自复位,自由反向流动 (2)2型——仅反向流动复位
3.7.7.6			**分流阀** 把左侧流量准确地按比例分配给出口管路 反向流量是不精确的
3.7.7.6.1			**分流集流阀** 两个方向流量均准确地按比例分配
3.7.7.7	负载 P　　　R		**流量感应阀** 低流量通过回油,当流量增加时,压差逐渐增加,节流阀关闭,压力平衡时自复位 应用:空气增压涡轮调节
3.7.7.8	完整符号　　通用符号		**流量计阀** 压力传感器可测量通过节流阀的压差,压力表应在流量范围内校准 在工作条件下,超出压力表流量范围的大流量由旁路通过

序号	组件名称	图形符号	说明
3.7.7.9			热控制阀(温度热控制阀) 当在温度控制范围内,阀以调制方式从一个位置移向另一个位置,在响应阶段传感器单元控制阀不能关闭 应用:控制流体进入热交换器
3.8	仪表或其他		
3.8.1			压力开关
3.8.2			压力传感器
3.8.3			油缸锁开关
3.8.4			温度开关
3.8.5			温度传感器
3.8.6			压力表(非实物连接点)
3.8.6.1		(1) (2)	(1)压力指示器 (2)压差指示器
3.8.7			温度计(非实物连接点)
3.8.8			流量计(流速)
3.8.8.1			流速指示
3.8.9			流量计(累计)
3.8.10			液位计
3.8.11		(1) (2)	喷嘴 (1)液压 (2)气压
3.8.12			文氏管
3.8.13	油滤附件		
3.8.13.1			带手动复位按钮的压差指示器
3.8.13.2			温度锁闭

序号	组件名称	图形符号	说明
3.8.13.3			电涌保险丝
3.8.13.4			杂质检测信号器
3.8.13.5			当滤网拆掉时两侧管路自动切断装置,见 3.4.1.6
3.8.14			空速管
3.8.15			空气管路附件
3.8.16			抑制器 (泵脉动抑制器)
3.8.17			节流板
说明:用这些符号图示的高压或低压管路模型是任意选用的并可交换			
3.9	组合符号及系统原理图		
3.9.1	起落架控制组件		

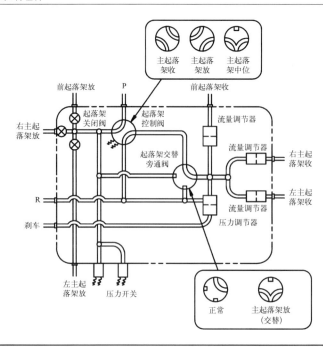

序号	组件名称	图形符号	说明

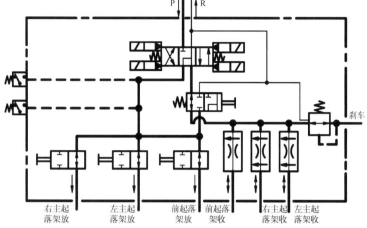

右主起落架放　　左主起落架放　　前起落架放　　前起落架收　　右主起落架收　　左主起落架收

说明：

所有框图线阀都为封装阀

| 3.9.2 | 手动应急动力刹车系统 |

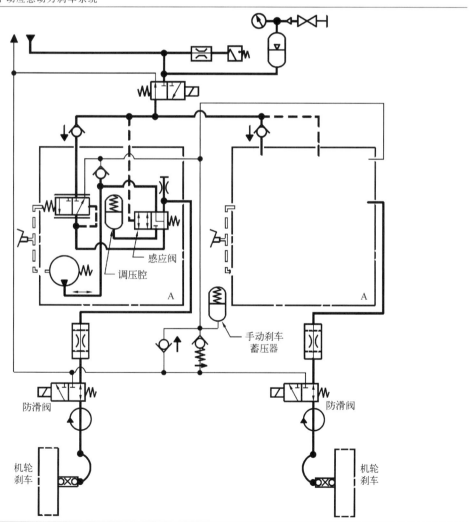

序号	组件名称	图形符号	说明
3.9.3	液压能源系统		

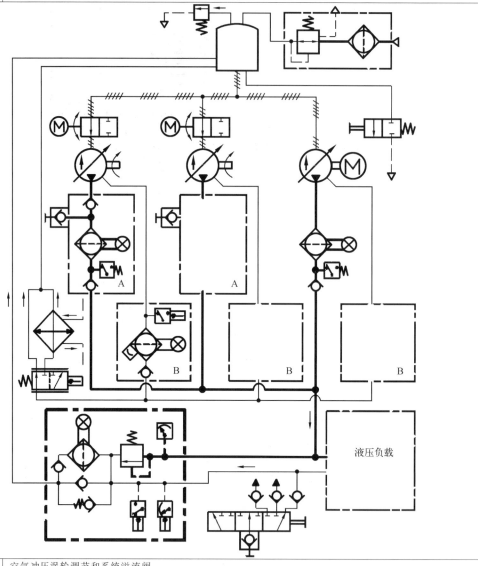

| | 空气冲压涡轮调节和系统溢流阀 | | 参考压力:
A 阀——23.4MPa 复位
　　　　23.4MPa 全流量
B 阀——0.7MPa 压差
C1、C2 和 C3 阀——相互作用,无系统要求
11.0MPa 时为 13.25L/min
20.3MPa 时为 15.90L/min
符号:
A 阀——溢流阀,见 3.7.6.2.1
B 阀——高压控制单向阀,见 3.7.6.2.2
C1 和 C2 阀——流量感应阀组件,见 3.7.7.7,除去节流阀下游载荷管路
C3——旁路(通)阀,见 3.7.6.2.2 |
| 3.9.4 | | | |

序号	组件名称	图形符号	说明
3.9.5	双向电液压力刹车伺服阀		每个力矩马达向第二级状态提供压差信号,按比例分配电流信号,可通过测量压力(从刹车阀测得)和刹车压力的比率进行平衡 ⊕表示增加第二功能的通用符号,如停机刹车切断回油管路功能
3.9.6	带压力补偿的组合式变量泵		旋转部件可从飞机上卸下 见3.2.1.3和3.7.5.6.1

附录 D　润滑系统图形符号（摘自 GB/T 38276—2019）

GB/T 38276—2019 规定的润滑系统图形符号见附表 D-1。

GB/T 38276—2019 规范性引用了 GB/T 786.1—2009《流体传动系统及元件图形符号和回路图　第 1 部分：用于常规用途和数据处理的图形符号》（已被 GB/T 786.1—2021《流体传动系统及元件　图形符号和回路图　第 1 部分：图形符号》代替），但其中有一些图形符号不符合 GB/T 786.1 的规定（有的以"作者注"进行了提示），使用时请注意。

附表 D-1　润滑系统图形符号

序号	符号	术语
4.1.1		油或气管路
4.1.2		控制线路
4.1.3		组合元件线
4.1.4		组件范围
4.1.5		相交管
4.1.6		交叉管
4.1.7		软管总成
4.1.8		管路缩颈
4.1.9		盲法兰接头
4.1.10		法兰接头
4.1.11		快换接头

序号	符号	术语
4.1.12		挠性接头
4.1.13		润滑点
4.1.14		放气点
4.1.15		定量润滑泵
4.1.16		变量润滑泵 作者注 "可调节（泵/马达）"不符合 GB/T 786.1—2021 的规定
4.1.17		电动机 作者注 在 GB/T 786.1—2021 中"M"是图形符号。以下同
4.1.18		直流电动机
4.1.19		交流电动机
4.1.20		泵装置
4.1.21		油箱
4.1.22		蓄能器
4.1.23		单向阀
4.1.24		加热器 作者注 在 GB/T 786.1—2021 中箭头是图形符号。以下同
4.1.25		液体冷却的冷却器
4.1.26		空冷式冷却器

序号	符号	术语
4.1.27		带手动切换的双筒过滤器 作者注 上下三通球阀缺少机械连接
4.1.28		Y 型(形)过滤器
4.1.29		过滤器
4.1.30		磁过滤器 作者注 "永磁铁"不符合 GB/T 786.1—2021 的规定
4.1.31		空气滤清器 作者注 在 GB/T 17446—2024 中已将其修改为"通气器"
4.1.32		分水滤气器 作者注 1. 在 GB/T 38276—2019 中给出了术语"分水滤气器"的定义:"将压缩气体中的水汽、油滴等杂质从气体中分离出去的元件。" 2. 在 GB/T 786.1—2021 中称为"带有手动排水分离器的过滤器"
4.1.33		梭阀 作者注 符号内缺两个流体管路的连接(点)
4.1.34		换向阀(操纵型式未标出)
4.1.35		减压阀 作者注 减压阀包括其弹簧、外泄等不符合 GB/T 786.1—2021 的规定
4.1.36		溢流阀 作者注 溢流阀不符合 GB/T 786.1—2021 的规定
4.1.37		卸荷阀 作者注 阀的流动通道间距离不准确
4.1.38		节流孔板

序号	符号	术语
4.1.39		节流阀 作者注 "节流"不符合 GB/T 786.1—2021 的规定
4.1.40		可调节流阀 作者注 "节流阀"不符合 GB/T 786.1—2021 的规定。以下同
4.1.41		可调单向节流阀
4.1.42		电动阀
4.1.43		常闭式电磁阀
4.1.44		常开式电磁阀
4.1.45		双线圈自保式电磁阀
4.1.46		调速阀 作者注 1. 在 GB/T 38276—2019 中给出了术语"调速阀"的定义:"阀前后压差不随负载压力变化而变化,使出口流量保持恒定的流量控制阀。" 2.GB/T 30208—2013 中规定:"框图线上的箭头表示恒流量输出。"
4.1.47		常开球阀 常闭球阀
4.1.48		常开闸阀 常闭闸阀
4.1.49		常开截止阀 常闭截止阀
4.1.50		蝶阀
4.1.51		压力控制器 作者注 在 GB/T 38276—2019 中给出了术语"压力控制器"的定义:"借助压力使电接触点接通或断开的仪器。"
4.1.52		压差控制器 作者注 在 GB/T 38276—2019 中给出了术语"压差控制器"的定义:"借助压差(超过或低于一个设定值)使电接触点接通或断开的仪器。"

序号	符号	术语
4.1.53		液位控制器 作者注　在 GB/T 38276—2019 中给出了术语"液位控制器"的定义："借助液位变化使电接触点接通或断开的仪器。"
4.1.54		温度控制器 作者注　在 GB/T 38276—2019 中给出了术语"温度控制器"的定义："借助温度变化使电接触点接通或断开的仪器。"
4.1.55		油流控制器 作者注　在 GB/T 38276—2019 中给出了术语"流量控制器"的定义："借助流量变化使电接触点接通或断开的仪器。"
4.1.56		压力表
4.1.57		压差表 作者注　在 GB/T 786.1—2021 中已"将进出线均画在下侧修改为分别画在上下两侧。"
4.1.58		温度计
4.1.59		流量计
4.1.60		压力变送器 作者注　在 GB/T 38276—2019 中给出了术语"变送器"的定义："将被测物理量转化成可传输直流电信号的元件,如:液位、压力、压差、流量、温度等。"
4.1.61		压差变送器
4.1.62		流量变送器
4.1.63		温度变送器
4.1.64		液位变送器
4.1.65		积水报警器 作者注　在 GB/T 38276—2019 中给出了术语"积水报警器"的定义："用来检测油箱中积水量,并及时报警的元件。"
4.1.66		铂电阻 作者注　在 GB/T 38276—2019 中给出了术语"铂热电阻"的定义："以铂丝为材料,其电阻值随着温度的变化而变化的导热元件。"
4.1.67		过压指示器
4.1.68		油流指示器 作者注　在 GB/T 38276—2019 中给出了术语"油流指示器"的定义："观察管道内油介质流动情况的元件。"

序号	符号	术语
4.1.69		液位计
4.1.70	(电气)	功能指示器 (以单线分配器为例)
4.1.71	(机械)	
4.1.72		润滑脉冲计数器
4.1.73		颗粒计数器 作者注 GB/T 786.1—2021中规定了"在线颗粒计数器"的图形符号
4.1.74		端子箱
4.1.75		电控柜
4.1.76		油雾器
4.1.77		节流分配器 (以3个出油口为例)
4.1.78		可调节节流分配器 (以3个出油口为例)
4.1.79		单线分配器 (以3个出油口为例)
4.1.80	和	双线分配器 (以8个和4个出油口为例)
4.1.81		递进分配器 (以8个出油口为例)
4.1.82		凝缩嘴
4.1.83		喷雾嘴

序号	符号	术语
4.1.84		喷油嘴
4.1.85		时间控制器
4.1.86		循环控制器
4.1.87		油气分配器
4.1.88		油气混合器

参 考 文 献

[1] 王海兰. 物流机械液压系统结构原理与使用维护［M］. 北京：机械工业出版社，2010.

[2] 张绍九，等. 液压同步系统［M］. 北京：化学工业出版社，2010.

[3] 张利平. 液压传动系统设计与使用［M］. 北京：化学工业出版社，2010.

[4] 王晓伟，张清，等. 液压挖掘机构造与维修手册［M］. 北京：化学工业出版社，2010.

[5] 张海平. 液压螺纹插装阀［M］. 北京：机械工业出版社，2011.

[6] 崔培雪，冯宪琴. 典型液压气动回路 600 例［M］. 北京：化学工业出版社，2011.

[7] 史青录. 液压挖掘机［M］. 北京：机械工业出版社，2011.

[8] 宁辰校. 液压气动图形符号及识别技巧［M］. 北京：化学工业出版社，2012.

[9] 吴博. 液压系统使用与维修手册［M］. 北京：机械工业出版社，2012.

[10] 李松晶，王清岩，等. 液压系统经典设计实例［M］. 北京：化学工业出版社，2012.

[11] 张利平. 液压控制系统设计与使用［M］. 北京：化学工业出版社，2013.

[12] 丁继斌. 液压回路轻松入门［M］. 北京：化学工业出版社，2013.

[13] 宋锦春，陈建文. 液压伺服与比例控制［M］. 北京：高等教育出版社，2013.

[14] 张海平. 液压速度控制技术［M］. 北京：机械工业出版社，2014.

[15] 常同立. 液压控制系统［M］. 北京：清华大学出版社，2014.

[16] 吴博. 液压阀使用与维修手册［M］. 北京：机械工业出版社，2014.

[17] 陈锦耀，张晓宏. 图解工程机械液压系统构造与维修［M］. 北京：化学工业出版社，2014.

[18] 刘军营，韩克镇，许同乐. 液压与气压传动［M］. 北京：机械工业出版社，2015.

[19] 湛从昌，陈新元. 液压可靠性最优化与智能故障诊断［M］. 北京：冶金工业出版社，2015.

[20] 张海平，等. 实用液压测试技术［M］. 北京：机械工业出版社，2015.

[21] 张利平. 现代液压技术应用 220 例［M］. 3 版. 北京：化学工业出版社，2015.

[22] 卞永明. 大型构件液压同步提升技术［M］. 上海：上海科学技术出版社，2015.

[23] 刘宝权，王军生，张岩，等. 带钢冷连轧液压与伺服控制［M］. 北京：科学出版社，2016.

[24] 李松晶，向东，张玮. 轻松看懂液压气动系统原理图［M］. 北京：化学工业出版社，2016.

[25] 汪首坤. 液压控制系统［M］. 北京：北京理工大学出版社，2016.

[26] 成大先. 机械设计手册［M］. 6 版. 北京：化学工业出版社，2016.

[27] 张利平. 液压气动技术速查手册［M］. 北京：化学工业出版社，2016.

[28] 汪建业，王明智. 机械润滑设计手册与图集［M］. 北京：机械工业出版社，2016.

[29] 方庆琯，等. 现代冶金设备液压传动与控制［M］. 北京：机械工业出版社，2016.

[30] 许同乐. 机械工程测试技术［M］. 2 版. 北京：机械工业出版社，2016.

[31] 张戊社，宁辰校. 液压气动图形符号及识别［M］. 北京：化学工业出版社，2017.

[32] 张应龙. 快速看懂液压气动系统图［M］. 北京：化学工业出版社，2017.

[33] 唐颖达，刘尧. 液压回路分析与设计［M］. 北京：化学工业出版社，2017.

[34] 张应龙. 液压与气动识图［M］. 3 版. 北京：化学工业出版社，2017.

[35] 谢苗，魏晓华. 液压元件设计［M］. 北京：煤炭工业出版社，2017.

[36] 杨培元，朱福元. 液压系统设计简明手册［M］. 北京：机械工业出版社，2017.

[37] 张利平. 现代液压系统使用维护及故障诊断［M］. 北京：化学工业出版社，2017.

[38] 宋锦春. 现代液压技术概述［M］. 北京：冶金工业出版社，2017.

[39] 张利平. 液压元件选型与系统成套技术［M］. 北京：化学工业出版社，2017.

[40] 贾铭新. 液压传动与控制［M］. 4 版. 北京：电子工业出版社，2017.

[41] 闻邦椿. 机械设计手册［M］. 6 版. 北京：机械工业出版社，2017.

[42] 姚建均. 液压测试技术［M］. 北京：化学工业出版社，2018.

[43] 张海平. 白话液压［M］. 北京：机械工业出版社，2018.

[44] 唐颖达，刘尧. 电液伺服阀/液压缸及其系统［M］. 北京：化学工业出版社，2018.

［45］ 秦大同，谢里阳. 现代机械设计手册［M］. 2 版. 北京：化学工业出版社，2019.

［46］ 胡邦喜，赵静一. 冶金行业液压润滑原理图标准图册［M］. 秦皇岛：燕山大学出版社，2019.

［47］ 韩桂华，高炳微，孙桂涛，等. 液压系统设计技巧与禁忌［M］. 3 版. 北京：化学工业出版社，2019.

［48］ 杨洁. 装备液压与气动技术［M］. 北京：化学工业出版社，2019.

［49］ 张利平. 液压元件与系统故障诊断排除典型案例［M］. 北京：化学工业出版社，2019.

［50］ 刘银水，李壮云. 液压元件与系统［M］. 4 版. 北京：机械工业出版社，2019.

［51］ 张利平. 电液控制阀及系统使用维护［M］. 北京：化学工业出版社，2020.

［52］ 向东，李松晶. 轻松看懂液压气动系统原理图［M］. 北京：化学工业出版社，2020.

［53］ 刘延俊. 液压与气压传动［M］. 4 版. 北京：机械工业出版社，2020.

［54］ 宁辰校. 液压传动入门与提高［M］. 北京：化学工业出版社，2020.

［55］ 张彪，李松晶，等. 液压气动系统经典设计实例［M］. 北京：化学工业出版社，2020.

［56］ 王晓晶，苏晓宁，张健. 新型液压元件及选用［M］. 北京：化学工业出版社，2020.

［57］ 姜继海，张健，张彪. 液压传动［M］. 6 版. 哈尔滨：哈尔滨工业大学出版社，2020.

［58］ 崔祚，周帮伦，高麒麟，等. 飞机液压系统［M］. 北京：北京航空航天大学出版社，2021.

［59］ 宋锦春. 液压与气压传动［M］. 4 版. 北京：科学出版社，2021.

［60］ 吴晓明. 液压多路阀原理及应用实例［M］. 北京：机械工业出版社，2022.

［61］ 常同立. 液压控制系统：上册［M］. 北京：清华大学出版社，2022.

［62］ 方庆琯. 现代液压试验技术与案例［M］. 北京：机械工业出版社，2022.

［63］ 常同立. 液压控制系统：下册［M］. 北京：清华大学出版社，2022.

［64］ 张利平. 现代液压气动系统结构原理·使用维护·故障诊断［M］. 北京：化学工业出版社，2022.

［65］ 张利平. 液压阀原理、使用与维护［M］. 4 版. 北京：化学工业出版社，2022.

［66］ 王宝忠，等. 超大型多功能液压机［M］. 北京：机械工业出版社，2023.

［67］ 唐颖达，刘尧. 液压机液压传动与控制系统设计手册［M］. 北京：化学工业出版社，2023.

［68］ 宁辰校，张戌社. 液压识图实例详解［M］. 北京：化学工业出版社，2023.